俄罗斯数学精品译丛

“十二五”国家重点图书

广义解析函数（上）

Generalized Analytic Function (I)

[苏] 依·涅·维库阿 著

中国科学院数学研究所偏微分方程组 译

HITP
哈爾濱工業大學出版社
HARBIN INSTITUTE OF TECHNOLOGY PRESS

内 容 简 介

本书是根据1959年苏联莫斯科数理出版社(Государственпое издательство физико-математинческой литературы, Москва. 1959)出版的依·涅·维库阿(И. Н. Векуа)院士的《广义解析函数》(*Обобщенные аналитические функции*)一书翻译的,它是作者在1952年发表的总结性论文《一阶椭圆型微分方程组与边值问题及其在薄壳理论上的应用》的更完善、更深刻的发展.

全书分两部分,中译本分上、下册出版.上册包括原书第一部分内容,叙述了广义解析函数一般理论的基础和边值问题.

本书读者对象是高等学校数学力学系高年级学生、研究生,以及各有关偏微分方程、函数论、微分几何曲面论、弹性薄壳等方面的科学工作者,特别可作为高等学校数学力学系专门化课程的教学参考书以及开展研究工作之用.

图书在版编目(CIP)数据

广义解析函数.上/(苏)依·涅·维库阿著;中国科学院数学研究所偏微分方程组译.—哈尔滨:哈尔滨工业大学出版社,2019.1

ISBN 978-7-5603-7797-1

Ⅰ.①广… Ⅱ.①依…②中… Ⅲ.①广义解析函数—高等学校—教材 Ⅳ.①O174.55

中国版本图书馆CIP数据核字(2018)第267119号

策划编辑 刘培杰 张永芹
责任编辑 张永芹 刘家琳
封面设计 孙茵艾
出版发行 哈尔滨工业大学出版社
社 址 哈尔滨市南岗区复华四道街10号 邮编 150006
传 真 0451-86414749
网 址 http://hitpress.hit.edu.cn
印 刷 哈尔滨圣铂印刷有限公司
开 本 787mm×1092mm 1/16 印张 17.5 字数 361千字
版 次 2019年1月第1版 2019年1月第1次印刷
书 号 ISBN 978-7-5603-7797-1
定 价 98.00元

序言

解析函数的古典理论，向来主要是用在和分析及其应用有联系的这样一些领域，在那里或者要用到柯西一黎曼方程组；或者要用到其他的方程，而这些方程的解可用比较简单的柯西一黎曼方程组的解来表示．例如，流体动力学和弹性理论的平面问题就是这样．然而近十年来这些理论的应用范围大大地扩充了．特别是它已渗透到椭圆型方程的一般理论中．这方面的研究，开始很自然地限于具有解析系数的方程，然而，近年来它们已扩充到具有非解析系数的方程并得到了一些结果，这些结果大大地扩充了解析函数的古典理论及其应用范围．这些推广已被扩展到与十分广泛的一类含两个自变量的一阶椭圆型微分方程组的解族相联的函数类．在这一类中(它甚至也包含在通常意义下不可微函数的确定的族)，保持着单复变解析函数的一系列基本的拓扑性质(唯一性定理、辐角原理，等等)．此外，推广了这样的解析事实：如泰勒展开、洛朗展开、柯西积分公式，等等．由于这些情况，我们所考虑的函数在书中称为广义解析函数．

本书的第一部分讨论了广义解析函数一般理论的各种不同问题.这里不仅叙述了这一理论的基础,同时也考虑了范围十分广泛的边值问题.本书的理论叙述建立在一系列的关系式和公式上,它们把所讨论的微分方程组的解族与单复变解析函数类联系了起来.这些基本关系式和公式构成了全部理论的基础,使我们能把研究归结为解析函数古典理论的研究.应该指出,这些结果是过去关于具有解析系数方程的研究的进一步发展.这里,正如在解析的情形下一样,解的积分表达式是通过仅依赖于方程系数的核来表示的.在这些理论叙述中利用了复区域的积分方程,它们就其性质来说是应用于解析情形的沃尔泰拉型积分方程.

任何数学理论的作用和意义,只有当这个理论和研究的现实对象联系起来时,才能最好地表露出来.这种联系不仅使理论由于具体内容而得以充实,而且可正确地确定它的发展途径.假如理论的结果使它的应用范围大为扩充,那么,这显然就是它的生命力的标志.在这方面,广义解析函数理论的可能性是很广阔的.它和分析、几何与力学的很多分支(拟保角映射、曲面论、薄壳理论、气体动力学及其他)有深刻的联系.

新的分析工具使我们对正曲率曲面的无穷小变形和凸薄壳无弯矩应力平衡状态时所出现的几何问题和力学问题,可以做广泛而且深刻的研究.这些问题在书中的第二部分有足够全面的讨论.这些讨论引出一系列新的结果,除此以外,它使得我们能更全面地揭露广义解析函数的几何意义和力学意义.

遗憾的是,在本书范围内不能把广义解析函数理论的许多其他重要应用讲得足够全面.对拟保角映射问题的应用只指出了极概略的结果.在这方面重要的结果是最近由 Б. В. 保亚斯基[11]得到的.另外也指出了对非线性问题的某些应用.虽然我们的研究主要是以线性微分方程为基础,但所得的结果在研究非线性椭圆型方程的性质时大可利用.

应该指出,书中包含了作者和他的学生们的许多初次发表的结果.此外,第四章的补充是由 Б. В. 保亚斯基写的.

在准备付印本书的手稿时,В. С. 维诺格拉多夫、Л. С. 克拉布科娃、孙和生、全哲荣(朝鲜)等给了作者很大的帮助.所有的图形是由 Ю. П. 克里文科夫完成的. А. В. 比查奇、Б. В. 保亚斯基、И. И. 达尼柳克和 Э. Г. 帕兹涅克都阅读过本书的全文,并提出了一系列宝贵的意见和建议,感谢他们.对所有这些人,谨致以衷心的谢意.

И. Н. 维库阿

1958 年 7 月 2 日

于莫斯科

◎目录

第一部分　广义解析函数一般理论的基础和边值问题

第一部分　广义解析函数一般理论的基础和边值问题

在本书的这一部分中，主要将注意力集中在建立点 $z=x+\mathrm{i}y$ 的复函数 $w(z)$ 的一般理论，$w(z)$ 满足形如

$$\partial_{\bar{z}}w+Aw+B\overline{w}=F\quad\left(\partial_{\bar{z}}\equiv\frac{1}{2}\left(\frac{\partial}{\partial x}+\mathrm{i}\frac{\partial}{\partial y}\right)\right)\tag{1}$$

的方程，而此方程是下面形式的实方程组

$$\frac{\partial u}{\partial x}-\frac{\partial v}{\partial y}+au+bv=f,\frac{\partial u}{\partial y}+\frac{\partial v}{\partial x}+cu+dv=g\tag{2}$$

的复数写法. 最后的方程组是更一般形式的椭圆型方程组（第二章，§7）的标准形式，十分广泛的一类二阶偏微分方程亦归结为方程组(2)（第三章，§9).

在今后的讨论中，我们将假定方程(1)的系数 A，B 及其自由项 F 在所考虑的域内是 p 次可和函数，$p>2$. 对于所研究的方程类做这样的扩充，不仅按纯理论的要求是合理的，而且正如我们将在以后屡次确定的，就实用观点来说，也是合理的.

但是建立这种方程的理论不属于通常的古典范围. 为此目的就必须要求采用勒贝格积分理论、泛函分析以及其他的工具. 因此在带有辅助性质的第一章中，考虑了不同的函数类和泛函空间，而且也研究了某些特殊算子的性质. 但是应该指出，为了理解这里所叙述的材料，只要有大学课程大纲范围内相应领域的知识就完全足够了.

第二章主要是论证正二次型

$$a(x,y)\mathrm{d}x^2+2b(x,y)\mathrm{d}x\mathrm{d}y+c(x,y)\mathrm{d}y^2\tag{3}$$

整体的化为标准型的可能性. 研究这个问题所用的方法是作者早在[14в]① 中指出过的，并以利用最简单的关于域的奇异积分方程为基础. 应当指出，此积分

① 参考文献见下册.

方程的研究主要依据齐格蒙特－卡尔台伦关于奇异积分在柯西主值意义下的性质(第一章，§9,2)的一个重要定理(参看[36a,б]).在这一章中证明了这样的基本定理:若 a,b,c 有界可测(在平面上),且处处满足二次型严格为正的条件 $ac-b^2\geqslant\Delta_0>0$,则存在变换

$$x=x(\xi,\eta),y=y(\xi,\eta)$$

实现平面 $z=x+\mathrm{i}y$ 到平面 $\zeta=\xi+\mathrm{i}\eta$ 的相互单值和连续的映射,使得二次型(3)在此变换下化为标准型

$$\Lambda(\mathrm{d}\xi^2+\mathrm{d}\eta^2)\quad(\Lambda\neq 0)$$

此结果对我们有辅助意义.首先,它在证明二阶椭圆型方程和椭圆型方程组化为标准型的可能性中有用;其次,它在解决曲面上建立等距和共轭等距曲线网的几何问题时有用.后面的结果主要用在本书的第二部分,第二部分研究了曲面无穷小变形和薄壳无矩理论的几何和力学问题.还应该指出,用在这一问题中的研究方法,在拟保角映射理论(参看[11г])中开辟了新的途径.

构成全书主要核心的第三章和第四章,基本上是作者工作(参看[14a])的改写并在许多地方是重要的补充说明.书中反映了那个时期苏联和国外数学家所得到的结果,其中有倍尔斯的重要研究(参看[5a,б,в]).

在第三章中叙述了方程(1)的解的一般性质,而在第四章中叙述了椭圆型方程的各种边值问题,并且在这一章占中心地位的是对具有边界条件

$$\alpha u+\beta v=\gamma \tag{4}$$

的方程组(2)的边值问题的详细研究.

第一章 某些函数类和算子

§1 函数类和泛函空间

本节将考虑常常用到的一些函数类和泛函空间. 我们只限于考虑两个自变量的函数.

1. 设 $C(\overline{G})$ 是闭域 $\overline{G}$ 上的点 $z=x+\mathrm{i}y$ 的连续函数的集合. 如果用公式

$$C(f,\overline{G}) \equiv C(f) = \max_{z\in\overline{G}} |f(z)| \tag{1.1}$$

来定义集合 $C(\overline{G})$ 中元素 f 的范数, 则我们就得到一个巴拿赫型的完备赋范空间. 着重指出空间 $C(\overline{G})$ 的一个性质: 如果 $f\in C(\overline{G})$ 和 $g\in C(\overline{G})$, 则乘积 $fg\in C(\overline{G})$, 而且

$$C(fg) \leqslant C(f)C(g)$$

应该指出, 在本书中, 我们使用对巴拿赫型空间中元素范数的不是十分普通的符号: 如果 x 是空间 X 的元素, 那么用 $X(x)$ 记作元素 x 的范数. 有时也写成 $X(x)\equiv \|x\|_X$.

设函数 f 以及它的直到 m 阶的偏微商都在域 G 内连续. 我们将以 $C^m(G)$ 来表示这种函数的集合. 这个集合是在复数域上的线性流形或简称为线形. 如果 f 和它的直到 m 阶的偏微商都在闭域 $\overline{G}$ 上连续, 则将写作 $f\in C^m(\overline{G})$. 必须指出, 在边界点 z_0 的微商是由区域内部同阶微商的极限来定义

$$\left(\frac{\partial^{k+l} f}{\partial x^k \partial y^l}\right)_{z_0} = \lim_{z\to z_0} \frac{\partial^{k+l} f}{\partial x^k \partial y^l} \quad (k,l=0,1,2,\cdots)$$

若用公式

$$C^m(f,\overline{G}) = C^m(f) = \sum_{k=0}^{m} \sum_{l=0}^{k} C\left(\frac{\partial^k f}{\partial x^{k-l} \partial y^l}, \overline{G}\right) \tag{1.2}$$

来定义 $C^m(\overline{G})$ 中元素 f 的范数，则我们得到一个巴拿赫型完备空间.

显然，若 $f, g \in C^m(\overline{G})$，则

$$fg \in C^m(\overline{G}) \text{ 且 } C^m(fg) \leqslant C^m(f) C^m(g)$$

我们约定 $C^0 \equiv C$.

设 $f(z)$ 在闭域 $\overline{G}$ 上满足条件

$$|f(z_1) - f(z_2)| \leqslant H |z_1 - z_2|^\alpha \quad (0 < \alpha \leqslant 1) \tag{1.3}$$

其中 z_1, z_2 是属于 $\overline{G}$ 的任意点，H 和 α 是与点 z_1, z_2 的选择无关的正常数. 满足不等式(1.3) 的数 H 的下确界我们记为 $H(f)$（或 $H(f,\alpha)$，或者也可写成 $H(f,\alpha,\overline{G})$），并称作函数 f 的赫尔德常数. 显然

$$H(f) \equiv H(f,\alpha,\overline{G}) = \sup_{z_1, z_2 \in \overline{G}} \frac{|f(z_1) - f(z_2)|}{|z_1 - z_2|^\alpha}$$

$$|f(z_1) - f(z_2)| \leqslant H(f) |z_1 - z_2|^\alpha \quad (0 < \alpha \leqslant 1) \tag{1.4}$$

显然，在最后的不等式中，不可以用小于 $H(f)$ 的常数 H' 来代替 $H(f)$.

今后将用 $H_\alpha(\overline{G})$ 表示满足形如不等式(1.4) 的并且有相同的 $\alpha(0 < \alpha \leqslant 1)$ 的函数集合.

不等式(1.4) 称为赫尔德条件. 集合 $H_\alpha(\overline{G})$ 还时常用 $\mathrm{Lip}(\alpha, \overline{G})$ 表示.

用记号 $C_\alpha(\overline{G})$ 表示满足不等式(1.4) 的一切有界函数的集合，并且 $C_\alpha(\overline{G})$ 中的所有元素都有相同的赫尔德指数 $\alpha(0 < \alpha \leqslant 1)$.

如果 G 是有界域，那么显见集合 $C_\alpha(\overline{G})$ 和 $H_\alpha(\overline{G})$ 相同：$C_\alpha(\overline{G}) \equiv H_\alpha(\overline{G})$. 但在无界域的情形，事情就不一样了. 在这种情况下 $C_\alpha(\overline{G}) \subset H_\alpha(\overline{G})$，并且可以指出函数，它属于 $H_\alpha(\overline{G})$，而不属于 $C_\alpha(\overline{G})$. 函数 $r^\alpha = |z|^\alpha$ 就是一例.

如果用公式

$$C_\alpha(f,\overline{G}) \equiv C_\alpha(f) = C(f,\overline{G}) + H(f,\alpha,\overline{G}) \tag{1.5}$$

来定义集合 $C_\alpha(\overline{G})$ 中元素 f 的范数，则我们就得到巴拿赫型完备空间. 若 $f, g \in C_\alpha(\overline{G})$，则 $fg \in C_\alpha(\overline{G})$ 且 $C_\alpha(fg) \leqslant C_\alpha(f) C_\alpha(g)$.

设 $f \in C_\alpha(\overline{G})$，$g \in C_\beta(\overline{G})$. 若函数 $g(z)$ 的值属于函数 $f(z)$ 的定义域，则

$$f_*(z) \equiv f[g(z)] \in C_{\alpha\beta}(\overline{G})$$

事实上

$$\begin{aligned}|f_*(z')-f_*(z'')| &\leqslant |f(g(z'))-f(g(z''))|\\ &\leqslant H_\alpha(f)\,|g(z')-g(z'')|^\alpha\\ &\leqslant H_\alpha(f)[H_\beta(g)]^\alpha\,|z'-z''|^{\beta\alpha}\end{aligned}$$

我们还要考虑巴拿赫型空间 $C_\alpha^m(\bar{G})$，它的元素是满足条件

$$\frac{\partial^m f}{\partial x^{m-k}\partial y^k}\in C_\alpha(\bar{G})\quad(k=0,1,\cdots,m;0<\alpha\leqslant 1)$$

的空间 $C^m(\bar{G})$ 中的元素.

用公式

$$C_\alpha^m(f,\bar{G})\equiv C_\alpha^m(f)=C^m(f)+\sum_{k=0}^{m}H\left(\frac{\partial^m f}{\partial x^{m-k}\partial y^k},\alpha,\bar{G}\right)\tag{1.6}$$

来定义空间 $C_\alpha^m(\bar{G})$ 中元素的范数. 若 $f,g\in C_\alpha^m(\bar{G})$，那么，$fg\in C_\alpha^m(\bar{G})$，并且

$$C_\alpha^m(fg,\bar{G})\leqslant C_\alpha^m(f)C_\alpha^m(g)\tag{1.6a}$$

指出一个易于推导的不等式：若 $f,g\in C_\alpha(\bar{G})$，则

$$C_\alpha(fg,\bar{G})\leqslant C_\alpha(f,\bar{G})C(g,\bar{G})+C(f,\bar{G})G_\alpha(g,\bar{G})\tag{1.7}$$

若 $C_\alpha(f)\leqslant M,C_\alpha(g)\leqslant M,C(f)\leqslant\varepsilon,C(g)\leqslant\varepsilon$，则从不等式(1.7)导出

$$C_\alpha(fg,\bar{G})\leqslant 2M\varepsilon\tag{1.8}$$

换句话说，若 $C_\alpha(\bar{G})$ 中有界集的元素 f 和 g 按空间 $C(\bar{G})$ 的范数很小，则它们的乘积按空间 $C_\alpha(\bar{G})$ 的范数很小. 这个事实以后将会用到(第二章，§4,1).

上述定义可以推广到当 G 覆盖整个 z 平面的情形. 今后我们用 E 表示全平面.

记号 $C^m(E)(C_\alpha^m(E))$ 被理解为满足条件：$f(z),f\left(\frac{1}{z}\right)\in C^m(E_1)(C_\alpha^m(E_1))$ 的 $f(z)$ 的集合，其中 E_1 是单位圆 $|z|\leqslant 1$. 因此可以讨论巴拿赫型空间 $C^m(E)$ 和 $C_\alpha^m(E)$.

2. 设在 G 内给定的函数 $f(z)$ 满足不等式

$$\iint_{G'}|f(z)|^p\mathrm{d}x\mathrm{d}y<M_{G'}\quad(p\geqslant 1)\tag{1.9}$$

其中 G' 是域 G 的任意闭的(有界)子域，而 $M_{G'}$ 一般来说是依赖于 G' 的常数，并且 p 对所有的 $G'\subset G$ 是相同的. 这种函数集将用 $L_p(G)$ 表示. 这样一来，在 $L_p(G)$ 中的函数都是 p 次幂在 G 的每一个闭子集上可和的函数.

现在考虑满足以下条件的函数集合

$$L_p(f)\equiv L_p(f,\bar{G})=\left(\iint_G|f(z)|^p\mathrm{d}x\mathrm{d}y\right)^{\frac{1}{p}}<\infty\tag{1.10}$$

这个集合我们用记号 $L_p(\bar{G})$ 表示，而非负的数 $L_p(f)$ 称作集合 $L_p(\bar{G})$ 的元素 f

的范数. 众所周知，$L_p(\bar{G})$ 是一个巴拿赫型完备空间. 借助于赫尔德和闵可夫斯基不等式可以证明这一点. 这里我们引进的这些不等式，以后将时常用到它们(参看[79a]).

赫尔德不等式 如果

$$f_k \in L_{p_k}(\bar{G}) \quad (k=1,\cdots,n)$$

$$\frac{1}{p}=\frac{1}{p_1}+\cdots+\frac{1}{p_n}\leqslant 1$$

那么

$$f_1 f_2 \cdots f_n \in L_p(\bar{G})$$

且

$$L_p(f_1 f_2 \cdots f_n) \leqslant L_{p_1}(f_1)\cdots L_{p_n}(f_n) \quad (p \geqslant 1) \tag{1.11}$$

闵可夫斯基不等式 如果

$$f_1, f_2, \cdots, f_n \in L_p(\bar{G})$$

那么

$$f_1+\cdots+f_n \in L_p(\bar{G})$$

且

$$L_p(f_1+\cdots+f_n) \leqslant L_p(f_1)+\cdots+L_p(f_n) \quad (p \geqslant 1) \tag{1.12}$$

我们还要指出函数类 $L_p(\bar{G})$ 的一系列性质，此处不加证明地引进它们(参看[78,79a]).

定理 1.1 如果 $f \in L_p(\bar{G})$，并且在 G 外 $f=0$，那么，对任一 $\varepsilon>0$ 可以找到 $\delta(\varepsilon)>0$，使

$$\left(\iint\limits_G |f(z+\Delta z)-f(z)|^p \mathrm{d}x\mathrm{d}y\right)^{\frac{1}{p}} < s \quad (|\Delta z| < \delta(\varepsilon)) \tag{1.13}$$

这个性质我们称作 $L_p(\bar{G})$ 中函数 $f(z)$ 在度量 $L_p(\bar{G})$ 意义下的连续性，或称作 p 次平均连续性①.

如果在不等式(1.13) 中 $\delta(\varepsilon)$ 与 $L_p(\bar{G})$ 中某集合的元素的选取无关，我们就说，此集合是在度量 L_p 意义下一致连续.

定理 1.2 设 $L_p(\bar{G})(p>1)$ 类中函数序列 f_n 强收敛于函数 $f \in L_p(\bar{G})$

$$L_p(f-f_n) \to 0 \quad (n \to \infty)$$

在这样的情况下：(1) 序列 f_n 按度量收敛于 f，即对任意固定的 $\alpha>0$，有

$$\operatorname{mes} \mathscr{E}(|f-f_n| \geqslant \alpha) \to 0 \quad (n \to \infty)$$

---

① 在 C. Л. 索伯列夫的著作[79a] 中证明了不等式(1.13)，L_p 中函数的这个性质称作“整体连续性”.

(2) 序列 f_n 弱收敛于 f，即

$$\lim_{n\to\infty}\iint_G f_n g\,\mathrm{d}x\,\mathrm{d}y=\iint_G fg\,\mathrm{d}x\,\mathrm{d}y \tag{1.14}$$

其中 g 是共轭函数类 $L_q(\bar{G})\left(q=\dfrac{p}{p-1}\right)$ 中的任一函数.

(3) 从 f_n 中可选出子序列 f_{n_k}，它在 G 内几乎处处收敛于 $f(z)$.

$L_p(\bar{G})$ 类中的函数集合称作致密的，如果这个集合的元素的任何无穷序列都包含着一个强收敛(在度量 L_p 的意义下)于同一集合的元素的子序列.

定理 1.3 $L_p(\bar{G})$ 类中函数集合为致密的充要判别法，是一致有界和等度连续(在度量 L_p 意义下).

还要引进在 $L_p(\bar{G})$ 中弱致密集合的概念. $L_p(\bar{G})$ 中元素集合称作是弱致密的，如果这个集合元素的任一无穷序列都包含着一个弱收敛于 $L_p(\bar{G})$ 中某元素的子序列.

定理 1.3′ $L_p(\bar{G})$ 类中函数集合为弱致密的充要判别法，是此集合在度量 L_p 意义下一致有界.

定理 1.3 和定理 1.3′ 的证明可以从[79a]中找到.

一般来说，在 $L_p(\bar{G})$ 中，由序列的弱收敛性推不出该序列是强收敛的. 可是存在 $L_p(\bar{G})$ 的子空间，在这个子空间中强收敛和弱收敛是等价的(参看下面7).

3. 设 $f\in L_p(\bar{G})$，在 G 外 $f=0$，且

$$\left(\iint_G |f(z+\Delta z)-f(z)|^p\,\mathrm{d}x\,\mathrm{d}y\right)^{\frac{1}{p}}\leqslant B|\Delta z|^{\alpha}\quad(0<\alpha\leqslant 1) \tag{1.15}$$

其中 Δz 是任意复数，而 B 是不依赖于 Δz 的常数. 满足不等式(1.15)的常数 B 的下确界记为 $B(f)$ 或 $B(f,G,\alpha,p)$. 显然

$$B(f)=\sup\frac{\left(\iint_G |f(z+\Delta z)-f(z)|^p\,\mathrm{d}x\,\mathrm{d}y\right)^{\frac{1}{p}}}{|\Delta z|^{\alpha}} \tag{1.16}$$

而且这里 α,p,G 是固定的，Δz 取任何的值. 显然，在不等式(1.15)中可以取 $B(f)$ 作为 B. 但不可以取小于 $B(f)$ 的常数.

包含满足不等式(1.15)的函数的集合 $L_p^{\alpha}(\bar{G})$ 称为巴拿赫型完备空间，如果它的元素的范数由以下等式给定

$$L_p^{\alpha}(f)\equiv L_p^{\alpha}(f,\bar{G})=L_p(f,\bar{G})+B(f,\bar{G},\alpha,p) \tag{1.17}$$

4. 如果 G 是有界域，那么，显然有关系

$$C_\alpha^m(\bar{G}) \subset C^m(\bar{G}) \subset L_p(\bar{G}) \subset L'_p(\bar{G}) \tag{1.18}$$

$$(m \geqslant 0, 0 < \alpha \leqslant 1, p > p' \geqslant 1)$$

但是在无界域的情况下，后两个关系一般来说并不成立. 因此在无界域的情况下考虑下面的集合是合适的：

(1) $L_pC_\alpha^m(\bar{G})$ 表示 $L_p(\bar{G})$ 与 $C_\alpha^m(\bar{G})$ 的交集；

(2) $L_pL_{p'}(\bar{G})$ 表示 $L_p(\bar{G})$ 与 $L_{p'}(\bar{G})$ 的交集.

这些集合如果按下列的方式确定它的元素的范数，那么它们就称为巴拿赫型空间：

(1) 如果 $f \in L_pC_\alpha^m(\bar{G})$，那么 $L_pG_\alpha^m(f) = L_p(f) + C_\alpha^m(f)$；

(2) 如果 $f \in L_pL_{p'}(\bar{G})$，那么 $L_pL_{p'}(f) = L_p(f) + L_{p'}(f)$.

一般地，如果有两个巴拿赫型空间 X 和 Y，并且交集 XY 非空，那么在用等式 $XY(x) = X(x) + Y(x)$ 定义了 XY 中元素 x 的范数之后，便得到一个新的巴拿赫型空间，用 XY 表示.

5. 考虑下面的在全平面 E 上定义的函数空间是重要的.

设 $f(z)$ 定义在全平面 E 上，同时满足条件

$$f(z) \in L_p(E_1), f_v(z) = |z|^{-v} f\left(\frac{1}{z}\right) \in L_p(E_1) \quad (p \geqslant 1) \tag{1.19}$$

这里 E_1 是圆 $|z| \leqslant 1$，而 v 是某个实数. 这样的函数集合我们记作 $L_{p,v}(E)$ 或简写成 $L_{p,v}$. 如果 $f \in L_p(E)$，$p \geqslant 1$，那么

$$\iint\limits_{|\zeta| \geqslant 1} |f(\zeta)|^p \mathrm{d}x\mathrm{d}y = \iint\limits_{|\zeta| \leqslant 1} |\zeta|^{-4} \left| f\left(\frac{1}{\zeta}\right) \right|^p \mathrm{d}x\mathrm{d}y$$

$$= \iint\limits_{|\zeta| \leqslant 1} \left(|\zeta|^{-\frac{4}{p}} \left| f\left(\frac{1}{\zeta}\right) \right| \right)^p \mathrm{d}x\mathrm{d}y$$

这就表示 $L_p(E) \equiv L_{p,\frac{4}{p}}(E)$. 如果 $\mu \leqslant \dfrac{4}{p} \leqslant v$，那么对于 $|\zeta| \leqslant 1$，$|\zeta|^{-\mu p} \geqslant |\zeta|^{-4} \geqslant |\zeta|^{-vp}$. 因此显见

$$\iint\limits_{|\zeta| \leqslant 1} |\zeta|^{-\mu p} \left| f\left(\frac{1}{\zeta}\right) \right|^p \mathrm{d}x\mathrm{d}y \leqslant \iint\limits_{|\zeta| \leqslant 1} |\zeta|^{-4} \left| f\left(\frac{1}{\zeta}\right) \right|^p \mathrm{d}x\mathrm{d}y$$

$$\leqslant \iint\limits_{|\zeta| \leqslant 1} |\zeta|^{-vp} \left| f\left(\frac{1}{\zeta}\right) \right|^p \mathrm{d}x\mathrm{d}y$$

由此推得关系

$$L_{p,\mu}(E) \supset L_p(E) \equiv L_{p,\frac{4}{p}}(E) \supset L_{p,v}(E) \quad (p\mu \leqslant 4 \leqslant pv) \tag{1.19a}$$

如果用公式

$$L_{p,v}(f) = L_p(f, E_1) + L_p(f_v, E_1) \quad (p \geqslant 1) \tag{1.19b}$$

来定义 $L_{p,v}$ 中元素 f 的范数，那么不难证明，它是巴拿赫型完备线性赋范空间. 如果 g 为全平面上的有界可测函数，那么，若 $f \in L_{p,v}$，则显然 $fg \in L_{p,v}$，如果 G 是有界集合，那么 $L_p(\bar{G}) \subset L_{p,v}(E)$，这里 v 是任意数，并且我们认为 $L_p(\bar{G})$ 中的元素在 $\bar{G}$ 外等于零. 不难看出，如果

$$f \in L_p(\bar{G})$$

那么

$$L_{p,v}(f,E) \leqslant M_0 L_p(f,\bar{G}) \quad (M_0 = \text{常数})^{①} \tag{1.20}$$

设 $C_{\alpha,v}(E)$ 或 $C_{\alpha,v}$ 是在全平面 E 上连续且满足以下条件的函数集合

$$f(z) \in C_\alpha(E_1), f_v(z) = |z|^{-v} f\left(\frac{1}{z}\right) \in C_\alpha(E_1) \quad (0 \leqslant \alpha \leqslant 1)^{②} \tag{1.21}$$

如果用公式

$$C_{\alpha,v}(f) = C_\alpha(f,E_1) + C_\alpha(f_v,E_1) \tag{1.22}$$

来定义 $C_{\alpha,v}$ 中元素 f 的范数，那么它就是巴拿赫型完备空间.

6. 设 $f \in C^m(G)$，除此以外，存在集合 G 的这样的闭子集 G_f，在 G_f 外 $f = 0$. 这种函数集合用记号 $D_m^0(G)$ 表示，并且应该指出的是对集合 $D_m^0(G)$ 中每个元素 f，闭子集 G_f 可以是 G 本身. 显然 $D_m^0(G)$ 是线性流形，即线形.

$D_m^0(G)$ 中具有任意阶偏微商的函数所组成的子集用 $D_\infty^0(G)$ 表示. 显然 $D_\infty^0(G)$ 也是线形. 线形 $D_\infty^0(G)$（包括任何的 $D_m^0(G)$）的重要性质在于它在空间 $C, C_\alpha^m, L_p, L_p^\alpha$ 中是稠密的. 我们引入相应的定理的确切陈述.

定理 1.4 线性流形 $D_\infty^0(\bar{G})$ 在任何空间 $L_p^\alpha(\bar{G})$ 中（$p \geqslant 1, 0 \leqslant \alpha \leqslant 1$）都是稠密的③.

换句话说，如果 $f \in L_p^\alpha(\bar{G})$，那么可以找出 $D_\infty^0(G)$ 中的元素序列 f_n，它按 $L_p^\alpha(\bar{G})$ 中的度量收敛于 f，即

$$L_p^\alpha(f - f_n, \bar{G}) \to 0 \quad (n \to \infty)$$

定理 1.5 如果 $f \in C_\alpha^m(\bar{G})$，而 G_* 是包含 $\bar{G}$ 的开集，那么，存在 $D_\infty^0(G_*)$ 中的元素序列 f_n，它按 $C_\alpha^m(\bar{G})$ 中的度量收敛于 f，即当 $n \to \infty$ 时 $C_\alpha^m(f - f_n,$

---

① 今后不再每次重复，我们总以字母 M（有时给它添上不同的附标）表示常数，并且在需要特别强调 M 对各种参数的依赖性的时候，我们才使用附标，例如，如果 M 仅仅依赖于 p，则写成 M_p，又如果 M 还依赖于域，则写成 $M_p(G)$，等等.

② 我们把 $C_0(E_1)$ 理解为 $C(E_1)$.

③ L_p^0 即是指 L_p.

$\bar{G}) \to 0$.

这里我们不引进这些定理的证明，它们可以利用所谓平均函数的性质来证明(参看[79a]第一章，§2).

7. 设 $\Phi(z)$ 是 G 中的关于 z 的单值解析函数，在 G 的内部它可以有孤立奇点(极点和本性奇点)的离散集合. 这种函数集合用 $\mathfrak{U}_0^*(G)$ 表示. 如果 $f, g \in \mathfrak{U}_0^*$，那么，显然

$$f \pm g, fg, \frac{f}{g}, f(g(z)) \in \mathfrak{U}_0^*$$

在最后那个关系式中，$g(z)$ 的值自然要属于 $f(z)$ 的定义域.

我们还要考虑，集合 $\mathfrak{U}_0^* C(G) \equiv \mathfrak{U}_0(G), \mathfrak{U}_0 L_p(G)$，等等.

集合 $\mathfrak{U}_0(G)C_\alpha^m(\bar{G})$ 和 $\mathfrak{U}_0(G)L_p^\alpha(\bar{G})$ 分别是空间 $C_\alpha^m(\bar{G})$ 和 $L_p^\alpha(\bar{G})$ 的闭子空间.

对于 $\mathfrak{U}_0(G)C_\alpha^m(\bar{G})$ 这个结论显然正确. 我们现在对 $\mathfrak{U}_0(G)L_p^\alpha(\bar{G})$ 加以证明. 这只要对 $\mathfrak{U}_0(G)L_p(\bar{G})(p \geqslant 1)$ 证明就足够了. 应该证明 $\mathfrak{U}_0(G)L_p(\bar{G})$ 是 $L_p(\bar{G})$ 的元素的闭的线性流形. 设 Φ_n 是 $\mathfrak{U}_0(G)L_p(\bar{G})$ 中的元素序列，满足条件

$$L_p(\Phi_n - \Phi_m, \bar{G}) \to 0 \quad (n, m \to \infty)$$

由此推出 Φ_n 平均收敛于 $L_p(\bar{G})$ 类中某函数 Φ. 应该证明 Φ 在 G 内全纯，即 $\Phi \in \mathfrak{U}_0(G)L_p(\bar{G})$.

设 G_{δ_0} 是域 G 内与 G 的边界的距离大于或等于 δ_0 的点的集合. 那么根据全纯函数的中值公式，在集合 G_{δ_0} 中每一点都有等式

$$\Phi_n(z) - \Phi_m(z) = \frac{1}{\pi\delta^2} \iint\limits_{|\zeta - z| \leqslant \delta} [\Phi_n(\zeta) - \Phi_m(\zeta)] \mathrm{d}\xi \mathrm{d}\eta \quad (0 < \delta < \delta_0, z \in G_{\delta_0})$$

由此借助于赫尔德不等式得

$$\begin{aligned} |\Phi_n(z) - \Phi_m(z)| &\leqslant \frac{1}{\pi\delta^2} \iint\limits_{|\zeta - z| \leqslant \delta} |\Phi_n(\zeta) - \Phi_m(\zeta)| \mathrm{d}\xi \mathrm{d}\eta \\ &\leqslant \left(\frac{1}{\pi\delta^2}\right)^{\frac{1}{p}} \left(\iint\limits_{|\zeta - z| \leqslant \delta} |\Phi_n(\zeta) - \Phi_m(\zeta)|^p \mathrm{d}\xi \mathrm{d}\eta \right)^{\frac{1}{p}} \\ &\leqslant (\pi\delta^2)^{-\frac{1}{p}} L_p(\Phi_n - \Phi_m, \bar{G}) \end{aligned}$$

这个不等式指明序列 Φ_n 在任意 G_δ 集上一致收敛. 于是极限函数 Φ_δ 在 G_δ 内全纯. 我们要证 $\Phi_\delta = \Phi$，这从下面的不等式就可得到

$$L_p(\Phi_\delta - \Phi, G_\delta) \leqslant L_p(\Phi_\delta - \Phi_n, G_\delta) + L_p(\Phi_n - \Phi, \bar{G})$$

显然，当 $n \to \infty$ 时不等式右端对任意正数 δ 都趋于零. 这样一来，Φ 就在 G 内全纯，这即是所要证明的.

现在证明 $\mathfrak{U}_0 L_p(\bar{G})$ 中元素序列 Φ_n 的强收敛性，可由它们在 $L_p(\bar{G})$ 中的弱收敛性推出. 设 $\Phi_n \xrightarrow{\text{弱}} \Phi_0 \in L_p(\bar{G})$. 在此情形下，根据定理 1.3′，集合 $\{\Phi_n\}$ 一致有界：$L_p(\Phi_n, \bar{G}) \leqslant M$. 但是，从中值公式立即得：$\{\Phi_n\}$ 在度量 C 的意义下在 G 内一致有界. 于是按熟知的蒙德耳定理（参看[57]），从 $\{\Phi_n\}$ 中可挑出一子序列 $\{\Phi_{n_k}\}$，它在 G 内一致收敛于 $\mathfrak{U}_0 L_p(\bar{G})$ 类中的某元素 Φ，并且，显然 $\Phi_{n_k} \xrightarrow{\text{弱}} \Phi$. 但是，按假定 $\Phi_{n_k} \xrightarrow{\text{弱}} \Phi_0$，于是 $\Phi_0 \equiv \Phi \in \mathfrak{U}_0 L_p(\bar{G})$. 现在不难发现 Φ_n 在 G 内一致收敛，也强收敛于 Φ，这即是所要证明的. 应当注意，我们并不事先假设 Φ_0 在 G 内全纯.

于是就有：

定理 1.6 如果在 G 内全纯的函数序列 Φ_n 在 $L_p(\bar{G})(p \geqslant 1)$ 中弱收敛，那么它便在 G 内一致收敛，于是，极限函数在 G 内全纯.

还得注意，$\mathfrak{U}_0 C(E)$ 是常数集合，而 $\mathfrak{U}_0 L_p(E)$ 只包含恒等于零的函数. 这些从刘维尔定理易于推出.

8. 我们还要考虑一些一般来说不可积的函数类.

设 $\mathfrak{U}_0^* \times L_p(G)$ 是形如 $f = \Phi g$ 的函数集合，其中 $\Phi \in \mathfrak{U}_0^*(G)$，$g \in L_p(G)$，$p \geqslant 1$. 显然 $\mathfrak{U}_0^* \times L_p(G)$ 比 $L_p(G)$ 广.

换句话说，如果在 $\mathfrak{U}_0^*(G)$ 中找出这样的解析函数 Φ，使得 $\Phi f \in L_p(G)$，则我们说 $f \in \mathfrak{U}_0^* \times L_p(G)$ 类. 在这种情形下 Φ 称作 f 的解析可积因子，而 f 称作拟可积函数. 可以指出，拟可积函数类是十分广泛的. 这个函数类，例如，包括有极型 $|z - z_0|^{-\alpha}$ 的奇性的可测函数类，这里 α 是任何实数. 而在点 z_0 附近 $(z - z_0)^{[\alpha]}$ 便是它的可积因子，这里 $[\alpha]$ 是 α 的整数部分.

如果 $f \in \mathfrak{U}_0^* \times L_p(G)$，$g \in \mathfrak{U}_0^* \times L_q(G)$，$\frac{1}{p} + \frac{1}{q} = 1$，那么 $fg \in \mathfrak{U}_0^* \times L_1(G)$. 可是，如果 $f, g \in \mathfrak{U}_0^* \times L_p(G)$，那么 $f + g$ 一般来说不属于 $\mathfrak{U}_0^* \times L_p(G)$，因而 $\mathfrak{U}_0^* \times L_p(G)$ 不是线性流形. 所以，我们还得考虑集合 $\Sigma\mathfrak{U}_0^* \times L_p(G)$，它包含拟可积函数类 $\mathfrak{U}_0^* \times L_p(G)$ 的一切线性组合.

设 $f = \Phi g$，其中 $\Phi \in \mathfrak{U}_0^*(G)$，$g \in C(G)$. 这种函数集我们用 $\mathfrak{U}_0^* \times C(G)$ 表示. 而它们的线性组合，则用 $\Sigma\mathfrak{U}_0^* \times C(G)$ 来表示.

在第三章中我们将会遇到形如 $f = \Phi e^g$ 的函数，其中 $\Phi \in \mathfrak{U}_0^*(G)$，而 $g \in \Sigma\mathfrak{U}_0^* \times C_\alpha(E)$. 显然，函数 f 一般来说不是拟可积的. 这个函数类用记号 $\mathfrak{U}_0^* \times e^{\Sigma\mathfrak{U}_0^* \times C_\alpha(E)}$ 表示.

§2　曲线类和区域类·保角映射的某些性质

1. 设 Γ 是一条简单闭的或非闭的可求长的约当曲线. 于是它的方程可以写成

$$z(s)=x(s)+\mathrm{i}y(s) \tag{2.1}$$

其中 $z(s)$ 是曲线 Γ 上的对应于弧长 s 的点. 而 s 是由 Γ 上某固定点算起的. 设 l 是曲线 Γ 的长度,我们总可以如此选择计算弧长的起点,使之满足条件 $0\leqslant s\leqslant l$. 函数 $z(s)$ 在闭区间 $0\leqslant s\leqslant l$ 上是连续的,并且,如果 Γ 是闭曲线,则 $z(0)=z(l)$. 所以,当 Γ 是闭曲线时,$z(s)$ 是周期函数,其周期等于曲线长.

如果函数 $z(s)$ 直到 m 阶的导数都在闭区间 $0\leqslant s\leqslant l$ 上连续,我们就说,曲线 Γ 属于 C^m 类. 此外,如果第 m 阶导数 $z^m(s)$ 在 $0\leqslant s\leqslant l$ 上还满足指数为 $\alpha\,(0<\alpha\leqslant 1)$ 的赫尔德条件,那么就说 $\Gamma\in C_\alpha^m$.

设 Γ 是逐段光滑闭曲线,它由 C_α^m 类中的有限条弧线组成. 设 $v_1\pi,\cdots,v_k\pi$ 是这条曲线在角点处的内角,假定 $0<v_j\leqslant 2(j=1,\cdots,k)$. 这种曲线集用记号 $C^m_{\alpha,v_1,\cdots,v_k}$ 表示.

如果 $z(s)$ 是变量 s 的解析函数,那么 Γ 就称作解析曲线. 这种曲线类用 $\mathfrak{U}$ 表示,也可以考虑逐段解析的闭曲线类 $\mathfrak{U}_{v_1,\cdots,v_k}$.

如果 G 的边界由有限条简单闭的或非闭的可求长约当曲线组成,它们彼此间没有公共点,那么我们就说 G 属于 C 类. 如果这些曲线也是闭的,同时又属于 $C^m(C_\alpha^m,C^m_{\alpha,v_1,\cdots,v_k},\mathfrak{U},\mathfrak{U}_{v_1,\cdots,v_k})$ 类,那么就说 G 属于 $C^m(C^m_{\alpha,v_1,\cdots,v_k},\mathfrak{U},\mathfrak{U}_{v_1,\cdots,v_k})$ 类.

2. 设在简单可求长约当曲线 Γ 上给定函数 $f(z)$,$z\in\Gamma$. 我们把它当作弧长 s 的函数 $f(z(s))=f(s)$. 如果 $f(s)$ 以及它的直到 m 阶微商都在闭区间 $0\leqslant s\leqslant l$ 上连续,那么就说 f 属于 $C^m\Gamma$ 类. 此外,如果 $f^{(m)}(s)$ 满足指数为 α 的赫尔德条件,$0<\alpha\leqslant 1$,那么就说 $f\in C_\alpha^m(\Gamma)$.

集合 $C^m(\Gamma)$ 和 $C_\alpha^m(\Gamma)$ 将是巴拿赫型空间,如果我们以下面的方式定义它们的元素的范数

$$C^m(f,\Gamma)=\sum_{k=0}^m C\left(\frac{\mathrm{d}^k f}{\mathrm{d}s^k},\Gamma\right)\quad (f\in C^m(\Gamma))$$

$$C_\alpha^m(f,\Gamma)=C^m(f,\Gamma)+H\left(\frac{\mathrm{d}^m f}{\mathrm{d}s^m},\Gamma,\alpha\right)\quad (f\in C_\alpha^m(\Gamma))$$

其中 $C(f,\Gamma)$ 和 $H(f,\Gamma,\alpha)$ 为下面的量

$$C(f,\Gamma)\equiv\max_{t\in\Gamma}|f(t)|,H(f,\Gamma,\alpha)\equiv\sup_{t_1,t_2\in\Gamma}\frac{|f(t_1)-f(t_2)|}{|t_1-t_2|^{\alpha}}$$

3. 设 G_z 是 z 平面上的区域，它的余集由 $m+1$ 个连续统 $G_0,G_1,\cdots,G_m$ 组成. 我们将认为这些连续统至少包含两个点. 在这种情形下，众所周知(参看[40a])，域 G_z 可以保角地映射到 ζ 平面上由圆周 $\Gamma_0,\Gamma_1,\cdots,\Gamma_m$ 所围的标准区域 G_ζ，并且 Γ_0 是单位圆周 $|\zeta|=1$，它的中心 $\zeta=0$ 属于 G_ζ，而圆 $\Gamma_1,\cdots,\Gamma_m$ 都在 Γ_0 内. 对实现 G_ζ 到 G_z 的映射函数 $z=\varphi(\zeta)$，还可以要求它满足预先给定的条件

$$\varphi(0)=z_0,\varphi'(0)>0 \tag{2.2}$$

其中 z_0 是 G_z 中事先给定的任意一点. 众所周知，在条件(2.2)下 $\varphi(\zeta)$ 是唯一的.

函数 $\varphi(\zeta)$ 以及反函数 $\psi(z)$ 的边界性质，显然依赖于 G_z 的边界的光滑性. 这里，在对于 G_z 的边界的光滑性的各种不同的假定下，我们不加证明地(只指明相应的来源)引进某些关于这些函数在闭域 $\bar{G}_z$ 和 $\bar{G}_\zeta$ 上的连续性的定理.

定理 1.7 如果 G_z 的边界是简单闭的约当曲线 $L_0,L_1,\cdots,L_m$，并且 L_0 内包含其他的曲线，那么 $\varphi(\zeta)$ 和 $\psi(z)$ 相应地在闭域 $G_\zeta+\Gamma$ 和 G_z+L 上连续. 这里 $L=L_0+L_1+\cdots+L_m$，$\Gamma=\Gamma_0+\Gamma_1+\cdots+\Gamma_m$. 同时，圆周 Γ_j 是曲线 L_j 的同胚象，有

$$\Gamma_j=\psi(L_j)\quad(j=0,\cdots,m)$$

定理 1.8 如果曲线 $L_0,L_1,\cdots,L_m\in C_\alpha^k(k\geqslant 0,0<\alpha<1)$，那么

$$\varphi(\zeta)\in C_\alpha^k(G_\zeta+\Gamma),\psi(z)\in C_\alpha^k(G_z+L)$$

定理 1.9 如果 $L\in C^1_{\alpha,v_1,\cdots,v_j}(0<\alpha<1,0<v_j\leqslant 2)$，那么

$$\psi(z)\in C_{v'}(G_z+L),\varphi(\zeta)\in C_{v''}(G_\zeta+\Gamma)$$

其中

$$v'=\min\left(1,\frac{1}{v_1},\cdots,\frac{1}{v_k}\right),v''=\min(1,v_1,\cdots,v_k)$$

在边界上的内角为 $v_j\pi$ 的角点 z_j 附近，函数

$$\psi_j(z)=\frac{\psi(z)-\psi(z_j)}{(z-z_j)^{\frac{1}{v_j}}} \tag{2.3}$$

当 $z\to z_j$ 时趋于完全确定的极限值 $\psi_j(z_j)\neq 0$. 此外，在 z_j 附近 $\psi(z)$ 的微商有形式

$$\psi'(z)=(z-z_j)^{\frac{1}{v_j}-1}\psi_0(z) \tag{2.4}$$

其中 $\psi_0(z)$ 是连续函数，并且 $\psi_0(z_j)\neq 0$.

如果 ζ_j 是 z_j 的象，那么在 ζ_j 附近，函数

$$\varphi_j(\zeta)=\frac{\varphi(\zeta)-\varphi(\zeta_j)}{(\zeta-\zeta_j)^{v_j}} \tag{2.5}$$

当 $\zeta\to\zeta_j$ 时趋向于完全确定的极限 $\varphi_j(\zeta_j)\neq 0$. 此外，在 ζ_j 附近

$$\varphi'(\zeta)=(\zeta-\zeta_j)^{v_j-1}\varphi_0(\zeta) \tag{2.6}$$

其中 $\varphi_0(\zeta)$ 是连续函数，并且 $\varphi_0(\zeta_j)\neq 0$.

这些定理的证明在很多别的著作中已给出了(参看[13]). 而对于这个问题的相当完全的文献，读者可以在[22] 中查到.

这里我们要指出，根据前面已引入的公式(2.3) 和(2.4)，可以证明函数 $\varphi(\zeta)$ 和函数 $\psi(z)$ 在闭域上的赫尔德意义下的连续性.

从公式(2.3) 明显地看到，在角点 z_j 的邻域内函数 $\psi(z)$ 有形式

$$\psi(z)=\psi(z_j)+(z-z_j)^{\frac{1}{v_j}}\psi_j(z) \tag{2.7}$$

在 L 的每一段不包含角点的闭弧上，$\psi(z)$ 有连续的微商. 所以，有界函数 $\psi_j(z)$ 在 z_j 的附近除角点外，处处有微商，并且，由于公式(2.4) 在 z_j 邻域内满足不等式

$$\left|\frac{\mathrm{d}\psi_j(z)}{\mathrm{d}z}\right|\leqslant\frac{M_0}{|z-z_j|}\quad(M_0=\text{常数})$$

可是在这些条件下，如同穆斯赫利什维利在[60a](第一章，§7) 中所证明的一样，形如等式(2.7) 的函数在 L 上的点 z_j 的邻域内属于 $C_{v_j'}$ 类，$v_j'=\min\left(1,\frac{1}{v_j}\right)$. 在边界 L 的不包含角点的闭弧上 $\psi(z)\in C_1$. 所以不难看出，在整个边界 L 上函数 $\psi\in C_{v'}(L)$，其中 $v'=\min(1,v_1',\cdots,v_k')$. 由此也推得 $\psi(z)\in C_{v'}(G_z+L)$(参看[60a] 第一章，§22)，类似地证明 $\varphi(\zeta)\in C_{v''}(G_\zeta+\Gamma)$，其中 $v''=\min(1,v_1,\cdots,v_k)$.

§3 柯西型积分的某些性质

在本节中我们将证明柯西型积分的一个重要性质，它们在今后将不止一次地被用到.

定理 1.10 设 $G\in C_\alpha^{m+1}$，而 $f\in C_\alpha^m(\Gamma)$，其中 Γ 是 G 的边界，$\Gamma\in C_\alpha^{m+1}$，$0<\alpha<1, m\geqslant 0$，那么柯西型积分

$$\Phi(z)=\frac{1}{2\pi\mathrm{i}}\int_\Gamma\frac{f(t)\mathrm{d}t}{t-z} \tag{3.1}$$

属于 $C_{\alpha}^{m}(G+\Gamma)$ 类.

证明　用分部积分法易于确定

$$\Phi^{(m)}(z)=\frac{1}{2\pi \mathrm{i}}\int_{\Gamma}\frac{f_{m}(t)\mathrm{d}t}{t-z} \tag{3.2}$$

其中

$$f_{m}(t)\equiv\frac{\mathrm{d}^{m}f}{\mathrm{d}t^{m}}=\overline{t'(s)}\frac{\mathrm{d}}{\mathrm{d}s}\left(\overline{t'(s)}\frac{\mathrm{d}}{\mathrm{d}s}\left(\cdots\overline{t'(s)}\frac{\mathrm{d}f}{\mathrm{d}s}\right)\right)$$

$$t'(s)=\frac{\mathrm{d}t}{\mathrm{d}s}$$

而且在等式右边运算$\overline{t'(s)}\dfrac{\mathrm{d}}{\mathrm{d}s}$重复$m$次.因为$t'(s),f\in C_{\alpha}^{m}(\Gamma)$,所以,$f_{m}(t)\in C_{\alpha}(\Gamma)$.所以,根据熟知的柯西型积分的性质(参看[60a]第一章,§22),函数 $\Phi^{(m)}(z)\in C_{\alpha}(\bar{G})$,$0<\alpha<1$,即 $\Phi\in C_{\alpha}^{m}(\bar{G})$,这是所要证明的.

下面的不等式

$$C_{\alpha}^{m}(\Phi,\bar{G})\leqslant MC_{\alpha}^{m}(f,\Gamma)\quad (M=\text{常数}) \tag{3.3}$$

也成立.当$m=0$时这个不等式的证明容易由穆斯赫利什维利在[60a](第一章,§19,§20,§22)中的讨论得出.借助于公式(3.2),它容易推广到$m>0$的一般情形.

附注　当$m=0$时,有关区域的要求可以稍微减弱,也就是成立下面的定理(参看[60a]第一章,§21):

定理1.11　如果$G\in C^{1}$,$f\in C_{\alpha}(\Gamma)$,$0<\alpha<1$,那么$\Phi(z)\in C_{\alpha}(G+\Gamma)$,导数 $\Phi'(z)$ 有估计式

$$|\Phi'(z)|<C_{\alpha}(f)\delta^{\alpha-1}\quad (0<\alpha<1) \tag{3.4}$$

其中δ是点z和G的边界的距离.

从最后的不等式推出 $\Phi'(z)\in L_{p}(\bar{G})$,其中$p$是满足条件

$$1<p<\frac{1}{1-\alpha} \tag{3.5}$$

的任意数,而且,显然有

$$L_{p}(\Phi',\bar{G})\leqslant MC_{\alpha}(f,\Gamma)\quad (M=\text{常数}) \tag{3.6}$$

由于这个附注,在定理1.10的条件下就有

$$L_{p}(\Phi^{(m+1)},\bar{G})\leqslant MC_{\alpha}^{m}(f,\Gamma) \tag{3.7}$$

从条件(3.5)推得:当$\dfrac{1}{2}<\alpha<1$时,$p>2$.

§4 非齐次柯西－黎曼方程组

1. 考虑非齐次柯西－黎曼方程组

$$\frac{\partial u}{\partial x}-\frac{\partial v}{\partial y}=g(x,y),\frac{\partial u}{\partial y}+\frac{\partial v}{\partial x}=h(x,y) \tag{4.1}$$

这里 g,h 是实变量 x,y 给定的实函数. 这个方程组可以写成下面的形式

$$\frac{\partial w}{\partial \bar{z}}=f,f=\frac{g+\mathrm{i}h}{2},w=u+\mathrm{i}v \tag{4.2}$$

这里

$$\frac{\partial w}{\partial \bar{z}}=\frac{1}{2}\left(\frac{\partial w}{\partial x}+\mathrm{i}\frac{\partial w}{\partial y}\right)\equiv \partial_{\bar{z}}w\equiv w_{\bar{z}} \tag{4.3}$$

在今后我们还会考虑运算

$$\frac{\partial w}{\partial z}\equiv \partial_{z}w\equiv w_{z}=\frac{1}{2}\left(\frac{\partial w}{\partial x}-\mathrm{i}\frac{\partial w}{\partial y}\right) \tag{4.4}$$

我们约定称量 $\partial_{\bar{z}}w$ 和 $\partial_{z}w$ 为 w 对于 $\bar{z}$ 和 z 的偏微商. 易于看出，对于 x 和 y 的偏微商，可以通过它们用以下公式表示

$$\frac{\partial w}{\partial x}=\frac{\partial w}{\partial z}+\frac{\partial w}{\partial \bar{z}},\frac{\partial w}{\partial y}=\mathrm{i}\frac{\partial w}{\partial z}-\mathrm{i}\frac{\partial w}{\partial \bar{z}}$$

以后会看到，∂_{z}，$\partial_{\bar{z}}$ 可以作为原始的微分运算，这种运算不需要借助于对 x,y 的偏微商而直接予以定义.

如果把运算 ∂_{z}，$\partial_{\bar{z}}$ 用到解析函数 $\Phi(z)$，那么就有

$$\frac{\partial \Phi}{\partial \bar{z}}=0,\frac{\partial \Phi}{\partial z}=\Phi'(z) \tag{4.5}$$

第一个等式是柯西－黎曼方程组的复数写法，而第二个等式则是解析函数对自变量 z 的微商. 如果 $w\in C^{1}(G)$，而 $\Phi\in \mathfrak{U}_{0}(G)$，那么显然有

$$\partial_{\bar{z}}(\Phi w)=\Phi\partial_{\bar{z}}w,\partial_{z}(\bar{\Phi}w)=\bar{\Phi}\partial_{z}w \tag{4.6}$$

设 $G\in C$，且 $w\in C^{1}(\bar{G})$，那么借助格林公式容易推得公式

$$\begin{cases}\displaystyle\iint_{G}\frac{\partial w}{\partial \bar{z}}\mathrm{d}x\mathrm{d}y=\frac{1}{2\mathrm{i}}\int_{\Gamma}w(z)\mathrm{d}z\\ \displaystyle\iint_{G}\frac{\partial w}{\partial z}\mathrm{d}x\mathrm{d}y=-\frac{1}{2\mathrm{i}}\int_{\Gamma}w(z)\mathrm{d}\bar{z}\end{cases} \tag{4.7}$$

不难看出,如果 $w \in C^1(G)$,且在闭域 $\overline{G}$ 上连续①,那么这些公式成立.

如果 ζ 是 G 内的一固定点,那么由式(4.7)和(4.6)有

$$\frac{1}{2i}\int_{\Gamma}\frac{w(z)dz}{z-\zeta}-\frac{1}{2i}\int_{|z-\zeta|=\varepsilon}\frac{w(z)dz}{z-\zeta}=\iint_{G_\varepsilon}\frac{\partial w(z)}{\partial \bar{z}}\frac{dxdy}{z-\zeta} \tag{4.8}$$

其中 G_ε 是区域 G 与 $|z-\zeta|>\varepsilon$ 之交,并且 $G_\varepsilon \subset G$. 在此等式中当 $\varepsilon \to 0$ 时取极限就得

$$w(\zeta)=\frac{1}{2\pi i}\int_{\Gamma}\frac{w(z)dz}{z-\zeta}-\frac{1}{\pi}\iint_{G}\frac{\partial w(z)}{\partial \bar{z}}\frac{dxdy}{z-\zeta} \tag{4.9}$$

类似地可以推出

$$w(\zeta)=-\frac{1}{2\pi i}\int_{\Gamma}\frac{w(z)d\bar{z}}{\bar{z}-\bar{\zeta}}-\frac{1}{\pi}\iint_{G}\frac{\partial w(z)}{\partial z}\frac{dxdy}{\bar{z}-\bar{\zeta}} \tag{4.10}$$

我们在 $w(z)$ 同时属于 $C(\overline{G})$ 和 $C^1(G)$ 的假定下证明了这些等式.后面我们将发现它们对较广的函数类仍然有效(§6,1).

在许多作者的文章中都遇到过公式(4.9)与(4.10),看来它们是在庞贝[71]的著作中首先得出的,他根据这些公式给出了 $\partial_{\bar{z}}$ 和 ∂_z 这两个微商概念的推广(参看 §7).它们是在对数位势理论中常见的某些熟知积分等式的复数写法.可是下面我们就会相信,正是在前面引进了复数形式,这些公式在今后的应用中将特别方便.

2. 现在回到方程(4.2).如果 $f \in C^1(G)$,那么不难得到给出方程(4.2)的全部解的公式.

如果 w 是方程(4.2)的解,那么有

$$w(z)=\Phi(z)-\frac{1}{\pi}\iint_{G}\frac{f(\zeta)d\xi d\eta}{\zeta-z}\equiv\Phi(z)+Tf \tag{4.11}$$

其中

$$\Phi(z)=\frac{1}{2\pi i}\int_{\Gamma}\frac{w(\zeta)d\zeta}{\zeta-z},\ Tf=-\frac{1}{\pi}\iint_{G}\frac{f(\zeta)d\xi d\eta}{\zeta-z} \tag{4.12}$$

3. 如果 f 在 G 内不连续,那么公式(4.11)一般来说没有意义,可是这个公式易于推广到当方程(4.2)的右端属于 $\mathfrak{U}_0^* \times C(\overline{G})$ 的情形(参看 §5,7).

设 $f \in \mathfrak{U}_0^* \times C(\overline{G})$,那么,就可以找到 $\mathfrak{U}_0^*(G)$ 中这样的解析函数 $\Phi_f(z)$,使得 $f\Phi_f \in C(\overline{G})$.将方程(4.2)的两端乘上 Φ_f 后,就有

$$\frac{\partial \Phi_f w}{\partial \bar{z}}=\Phi_f(z)f(z)$$

① 此公式的进一步推广将在以后指出(§7).

由此，由公式(4.11)，得

$$w(z)=\Phi(z)\ \frac{1}{\pi\Phi_f(z)}\iint_G\frac{f(\zeta)\Phi_f(\zeta)\,\mathrm{d}\xi\mathrm{d}\eta}{\zeta-z}\tag{4.13}$$

其中 $\Phi(z)$ 是 $\mathfrak{U}_0^*(G)$ 类中任一解析函数.

公式(4.13)易于推广至下述情形，即 $f=f_1+\cdots+f_n$，并且

$$f_k=\frac{g_k}{\Phi_k},g_k\in C(\overline{G}),\Phi_k\in\mathfrak{U}_0^*(G)\quad(k=1,2,\cdots,n)$$

此时公式

$$w(z)=\Phi(z)-\sum_{k=1}^{n}\frac{1}{\pi\Phi_k(z)}\iint_G\frac{\Phi_k(\zeta)f_k(\zeta)\,\mathrm{d}\xi\mathrm{d}\eta}{\zeta-z}\tag{4.14}$$

给出方程(4.2)的解，其中 Φ 是 $\mathfrak{U}_0^*(G)$ 中的任意解析函数.

在本章的下面几节中我们将比较仔细地研究用公式(4.12)和(4.13)所表示的函数的各种性质.

4. 如果 $f=f(x,y)$ 是变量 x,y 的解析函数，那么可以找到计算积分 Tf 的较简单的公式，分别用 $\frac{1}{2}(z+\bar{z})$ 和 $\frac{1}{2\mathrm{i}}(z-\bar{z})$ 替换变量 x 和 y，并计算不定积分(对 $\bar{z}$)

$$F(z,\bar{z})=\int f\left(\frac{z+\bar{z}}{2},\frac{z-\bar{z}}{2\mathrm{i}}\right)\mathrm{d}\bar{z}$$

按公式(4.9)得

$$Tf\equiv-\frac{1}{\pi}\iint_G\frac{f(\xi,\eta)}{\zeta-z}\mathrm{d}\xi\mathrm{d}\eta=F(z,\bar{z})-\frac{1}{2\pi\mathrm{i}}\int_\Gamma\frac{F(\zeta,\bar{\zeta})}{\zeta-z}\mathrm{d}\zeta\quad(z\in G)\tag{4.15}$$

如果 z 在 $G+\Gamma$ 之外，那么就有

$$Tf\equiv-\frac{1}{\pi}\iint_G\frac{f(\xi,\eta)}{\zeta-z}\mathrm{d}\xi\mathrm{d}\eta=-\frac{1}{2\pi\mathrm{i}}\int_\Gamma\frac{F(\zeta,\bar{\zeta})}{\zeta-z}\mathrm{d}\zeta\tag{4.16}$$

这是由 Tf 在全平面连续、在 $G+\Gamma$ 外全纯、在无穷远点变成零推出的. 利用熟知的柯西型积分的边界性质(参看[60a]第一章，§17)，易知等式(4.15)和(4.16)的右端在 G 的边界 Γ 上相等.

注意，等式(4.15)和(4.16)对多连通区域照样成立. 只要求 $f(x,y)$ 在某一包含 G 在其内部的单连通区域 G_0 内是 x,y 的解析函数. 例如，$f=z^n\bar{z}^m$，其中 n,m 是非负整数. 设区域 G 是 $|z|<1$，有(当 $z\in G$ 时)

$$-\frac{1}{\pi}\iint_G\frac{\zeta^n\bar{\zeta}^m}{\zeta-z}\mathrm{d}\xi\mathrm{d}\eta=\begin{cases}\dfrac{z^n\bar{z}^{m+1}}{m+1}-\dfrac{z^{n-m+1}}{m+1} & \text{当 } n\geqslant m+1\\[2ex]\dfrac{z^n\bar{z}^{m+1}}{m+1} & \text{当 } n<m+1\end{cases}$$

如果 z 在 $G+\Gamma$ 之外，则有

$$-\frac{1}{\pi}\iint_G \frac{\zeta^n\bar{\zeta}^m}{\zeta-z}\mathrm{d}\xi\mathrm{d}\eta=\begin{cases}0 & 当\ n\geqslant m+1\\ \dfrac{z^{n-m-1}}{m+1} & 当\ n<m+1\end{cases}$$

§5 在索伯列夫意义下的广义微商和它们的性质

本节将研究具有某种广义意义下的微商的函数类.

1. **引理 1** 设 $f\in L_p(\bar{G})$，在域 G 外 $f=0$，则函数

$$g(z)=\iint_G \frac{f(\zeta)\mathrm{d}\xi\mathrm{d}\eta}{|\zeta-z|^{\lambda}}=\iint_E \frac{f(\zeta+z)\mathrm{d}\xi\mathrm{d}\eta}{|\zeta|^{\lambda}}\quad(\lambda<2)\tag{5.1}$$

当 $p>\dfrac{2}{2-\lambda}$ 时在全平面连续.

证明 式(5.1)中第二个积分可以看成取在以 $z=0$ 为中心、以固定的 R 为半径的圆 G_R 上. 因为

$$g(z_1)-g(z_2)=\iint_{G_R}\frac{f(\zeta+z_1)-f(\zeta+z_2)}{|\zeta|^{\lambda}}\mathrm{d}\xi\mathrm{d}\eta$$

所以由赫尔德不等式(1.11)有

$$|g(z_1)-g(z_2)|\leqslant\left(\iint_{G_R}|f(\zeta+z_1)-f(\zeta+z_2)|^p\mathrm{d}\xi\mathrm{d}\eta\right)^{\frac{1}{p}}\cdot$$

$$\left(\iint_{G_R}|\zeta|^{-q\lambda}\mathrm{d}\xi\mathrm{d}\eta\right)^{\frac{1}{q}}\quad\left(\frac{1}{p}+\frac{1}{q}=1\right)\tag{5.2}$$

因为 $q\lambda=\dfrac{p\lambda}{p-1}<2$，所以不等式(5.2)右端的第二个因子有界. 至于第一个因子，则由定理 1.1 知当 $|z_1-z_2|\to 0$ 时趋于零. 由此推出 $g(z)$ 的连续性，这就是所要证明的.

定理 1.12 设 G 是有界域. 若 $f\in L_1(\bar{G})$，则积分

$$Tf\equiv T_Gf=-\frac{1}{\pi}\iint_G\frac{f(\zeta)\mathrm{d}\xi\mathrm{d}\eta}{\zeta-z}$$

$$\bar{T}f\equiv\bar{T}_Gf=-\frac{1}{\pi}\iint_G\frac{f(\zeta)\mathrm{d}\xi\mathrm{d}\eta}{\bar{\zeta}-\bar{z}}\tag{5.3}$$

对 $\bar{G}$ 外所有的点 z 存在，并且 Tf 和 $\bar{T}f$ 在 $\bar{G}$ 外相应地对于 z 和 $\bar{z}$ 全纯，且在无穷远点变成零.

定理是显然成立的.

定理 1.13 设 G 是有界域,若 $f \in L_1(\overline{G})$,则 Tf 和 $\overline{T}f$ 作为 z 的函数在 G 内几乎处处有定义,而且属于任意 $L_p(\overline{G}_*)$ 类,其中 p 是满足条件 $1 \leqslant p < 2$ 的任意数,而 G_* 则是平面上的任意有界域.

证明 若 $g \in L_p(\overline{G}), p > 2$,那么根据引理 1 就有函数

$$g_1(z) = \iint\limits_G \frac{|g(\zeta)| \, d\xi d\eta}{|\zeta - z|} \tag{5.4}$$

在全平面上连续. 所以若 $f \in L_1(\overline{G})$ 时,$|f| g_1$ 属于 $L_1(\overline{G})$,并且由富比尼定理

$$\iint\limits_G |f| g_1 dx dy = \iint\limits_G |g| f_1 dx dy$$

其中

$$f_1(z) = \iint\limits_G \frac{|f(\zeta)| \, d\xi d\eta}{|\zeta - z|}$$

因为这个等式对 $L_p(\overline{G})(p > 2)$ 类中任意函数 g 都成立,则根据熟知的可和函数的性质,得到

$$f_1 \in L_q(\overline{G}), q = \frac{p}{p-1} < 2$$

因为 $|Tf| \leqslant f_1$,所以由此得 $Tf \in L_q(\overline{G})$. 这里 q 是满足条件 $1 \leqslant q < 2$ 的任意数. 因为在 $\overline{G}$ 外 Tf 全纯,那么,显然 $Tf \in L_q(G_*)$,其中 G_* 是平面上任意有界域. 显然,对 $\overline{T}f$ 有类似的结论.

定理 1.14 若 $f \in L_1(\overline{G})$,则对于 $D_1^0(G)$ 类中任意函数 φ 都有

$$\iint\limits_G Tf \frac{\partial \varphi}{\partial \bar{z}} dx dy + \iint\limits_G f \varphi \, dx dy = 0 \tag{5.5}$$

$$\iint\limits_G \overline{T}f \frac{\partial \varphi}{\partial z} dx dy + \iint\limits_G f \varphi \, dx dy = 0 \tag{5.6}$$

证明 若 $\varphi \in D_1^0(G)$,根据公式(4.9)和(4.10)就有

$$\varphi(z) = -\frac{1}{\pi} \iint\limits_G \frac{\partial \varphi(\zeta)}{\partial \bar{\zeta}} \frac{d\xi d\eta}{\zeta - z} \equiv T\left(\frac{\partial \varphi}{\partial \bar{z}}\right)$$

$$\varphi(z) = -\frac{1}{\pi} \iint\limits_G \frac{\partial \varphi(\zeta)}{\partial \zeta} \frac{d\xi d\eta}{\bar{\zeta} - \bar{z}} \equiv \overline{T}\left(\frac{\partial \varphi}{\partial z}\right)$$

基于这些等式有

$$\iint\limits_G Tf \frac{\partial \varphi}{\partial \bar{z}} dx dy = \frac{1}{\pi} \iint\limits_G f(\zeta) d\xi d\eta \iint\limits_G \frac{\partial \varphi}{\partial \bar{z}} \frac{dx dy}{z - \zeta} = -\iint\limits_G f \varphi \, dx dy$$

$$\iint_G \overline{T}f\,\frac{\partial\varphi}{\partial z}\mathrm{d}x\,\mathrm{d}y=\frac{1}{\pi}\iint_G f(\zeta)\,\mathrm{d}\xi\,\mathrm{d}\eta\iint_G\frac{\partial\varphi}{\partial z}\,\frac{\mathrm{d}x\,\mathrm{d}y}{\bar{z}-\bar{\zeta}}=-\iint_G f\varphi\,\mathrm{d}x\,\mathrm{d}y$$

这就是所要证明的.

2. 仿照索伯列夫(参看[79a]),现在引入所谓广义微商概念(参看[14r]).

定义 设 $f,g\in L_1(G)$. 若对 $D_1^0(G)$ 类中任意函数 φ,f 与 g 满足关系式

$$\iint_G g\,\frac{\partial\varphi}{\partial \bar{z}}\mathrm{d}x\,\mathrm{d}y+\iint_G f\varphi\,\mathrm{d}x\,\mathrm{d}y=0\quad\left(\iint_G g\,\frac{\partial\varphi}{\partial z}\mathrm{d}x\,\mathrm{d}y+\iint_G f\varphi\,\mathrm{d}x\,\mathrm{d}y=0\right)\tag{5.7}$$

则称 f 为 g 的按 $\bar{z}$(按 z) 的广义微商①.

若 $g\in C^1(G)$,同时 $\partial_{\bar{z}}g=f(f=\partial_z g)$,则关系式(5.7) 显然满足. 所以,今后对 $\bar{z}$ 和 z 的广义微商,像通常的微商一样,用 $\partial_{\bar{z}}$ 及 ∂_z 来表示. 通常约定

$$\partial_{\bar{z}}f\equiv\frac{\partial f}{\partial_{\bar{z}}}\equiv f_{\bar{z}},\ \partial_z f\equiv\frac{\partial f}{\partial_z}\equiv f_z$$

从定义直接推出,存在对 $\bar{z}$ 或 z 的广义微商的函数类是线性流形,今后我们分别用 $D_{\bar{z}}(G)$ 及 $D_z(G)$ 表示它们.

今后我们要揭示类 $D_{\bar{z}}(G)$ 与 $D_z(G)$ 保持在通常意义下可微函数的一系列重要性质.

从关系式(5.7) 立即推出,若 $g\in D_{\bar{z}}(G)$,则 $\bar{g}\in D_z(G)$,反之亦然. 所以,只需研究这些类中的一个,例如只研究 $D_{\bar{z}}(G)$ 类的性质就足够了.

这里还得注意,根据定理 1.14,若 $f\in L_1(\overline{G})$,则 $Tf\in D_{\bar{z}}(G)$,$\overline{T}f\in D_z(G)$,并且

$$\frac{\partial Tf}{\partial\bar{z}}=f,\ \frac{\partial\overline{T}f}{\partial z}=f\tag{5.8}$$

我们也考虑具有对 $\bar{z}$,z 的高于一阶的广义微商的函数类.

若 $f(z)$ 在 G 内存在所有的广义微商

$$\frac{\partial^{i+k}f}{\partial z^i\partial\bar{z}^k}\quad(i+k\leqslant m;i,k=0,1,\cdots,m)$$

并且它们都属于 $L_p(\overline{G})$ 类,$1\leqslant p\leqslant\infty$,我们说 $f(z)$ 属于 $D_{m,p}(G)$. 我们将用符号 D_m 表示 D_m,$D_{m,1}$. 今后我们将研究函数类 $D_{m,p}$ 的一系列性质(本章 §5,6;§6,1;§6,4). 特别是可以揭示出 $D_{m,p}$ 是巴拿赫空间,若其元素的范数由以下公式确定

---

① 通常我们考虑对实变数 x 和 y 的广义微商,但对于我们的目的而言把运算 $\partial\bar{z}$ 和 ∂z(参看[14r])考虑做基本微分运算则是更方便和合理的. 不难看出,这些定义完全等价,此外应当注意,它们等价于借助通常对 x 与 y 的偏微商而引出的广义微商的概念(参看[61]),还应注意在等式(5.7) 内可以限于考察 $D_\infty^0(G)$ 中的函数 φ.

$$D_{m,p}(f,G)=\sum_{i,k=0}^{i+k\leqslant m}L_p\left(\frac{\partial^{i+k}f}{\partial z^i\partial\bar{z}^k}\right) \tag{5.8a}$$

索伯列夫在[79a]中，第一个考虑了在任意一个变数的函数类中的形如 $D_{m,p}$ 的空间，并用 $W_p^{(m)}$ 表示它. 这个空间的重要性质（嵌入定理）已在索伯列夫、康德拉谢夫（参看[79a]）、尼可尔斯基（参看[61б,в]）及其他作者的著作中建立起来了. 下面，在 §6 中，我们将对两个变数的函数，证明若干个这些性质，并且主要是注重以后各章要用的性质. 为此，我们以 $D_{\bar{z}}(G)$ 中函数的一般表示公式作为基础，而这个公式将在本节第 4 段中进一步讲解.

3. **定理 1.15**　若 $\partial_{\bar{z}}g=0$，则 $g(z)$ 在 G 内全纯，即是说 $g(z)\in\mathfrak{U}_0(G)$.

证明　只需证明 g 在 G 内的每一固定点 z_0 的邻近全纯就够了. 不失一般性，我们可以取 $z_0=0$. 以 $z_0=0$ 为中心、以 R 为半径作一充分小的圆 G_R，$G_R\subset G$，再考虑，对于此圆的双调和格林函数（参看[14б]，§44）

$$Z(z,\zeta)=2\mid z-\zeta\mid^2\lg\frac{\mid R^2-z\bar{\zeta}\mid}{R\mid z-\zeta\mid}-(R^2-\mid z\mid^2)\left(1-\frac{\mid\zeta\mid^2}{R^2}\right)$$

其中 z,ζ 是圆 G_R 的任意点. 在 G_R 中固定 ζ，易知 $Z(z,\zeta)$ 当 $z\neq\zeta$ 时，满足双调和方程 $\Delta\Delta Z=0$，同时，满足边界条件

$$Z=\frac{\partial Z}{\partial x}=\frac{\partial Z}{\partial y}=0\quad(\mid z\mid=R)$$

此外，Z,Z_x,Z_y 在闭圆 $\mid z\mid\leqslant R$ 内连续. 考虑函数

$$\varphi(z)=\begin{cases}Z(z,\zeta) & 若\mid z\mid\leqslant R\\ 0 & 若\mid z\mid>R\end{cases}$$

并且 ζ 是 G_R 中的固定点. 显然，$\varphi(z)\in D_1^0(G)$. 若 $f=\partial_{\bar{z}}g=0$，则根据等式(5.7)，就有

$$\iint\limits_G g\,\frac{\partial\varphi}{\partial z}\mathrm{d}x\,\mathrm{d}y=\iint\limits_{G_R}g(z)\,\frac{\partial Z(z,\zeta)}{\partial\bar{z}}\mathrm{d}x\,\mathrm{d}y=0 \tag{5.9}$$

这个等式对 G 内任意 ζ 都成立. 现在，若在等式(5.9)两端作用算子 $\partial^2_{\zeta\bar{\zeta}}$，则有

$$\frac{\partial^2}{\partial\zeta\partial\bar{\zeta}}\iint\limits_{G_R}g(z)\,\frac{\partial Z(z,\zeta)}{\partial z}\mathrm{d}x\,\mathrm{d}y=\iint\limits_{G_R}g(z)\,\frac{\partial^3 Z(z,\zeta)}{\partial\bar{z}\partial\zeta\partial\bar{\zeta}}\mathrm{d}x\,\mathrm{d}y=0 \tag{5.10}$$

不难证明这里交换微分和积分次序的合法性.

从简单的计算得到

$$\frac{\partial^3 Z(z,\zeta)}{\partial\bar{z}\partial\zeta\partial\bar{\zeta}}=\frac{1}{\bar{z}-\bar{\zeta}}+\frac{R^2z-\partial R^2\zeta+\bar{z}\zeta^2}{(R^2-\bar{z}\zeta)^2}+\frac{z^2\bar{\zeta}}{R^2(R^2-z\bar{\zeta})}$$

由此再从等式(5.10)得到

$$\overline{T}g \equiv -\frac{1}{\pi}\iint_{G_R}\frac{g(z)\mathrm{d}x\mathrm{d}y}{\bar{z}-\bar{\zeta}} = \Phi(\zeta) + \overline{\Phi_1(\zeta)} \tag{5.11}$$

其中

$$\Phi(\zeta) = \frac{1}{\pi}\iint_{G_R} g(z)\frac{R^2 z - 2R^2\zeta + \bar{z}\zeta^2}{(R^2 - \bar{z}\zeta)^2}\mathrm{d}x\mathrm{d}y$$

$$\Phi_1(\zeta) = -\frac{1}{\pi R^2}\iint_{G_R}\frac{\bar{z}^2\zeta}{R^2 - \bar{z}\zeta}\mathrm{d}x\mathrm{d}y$$

因为 $\Phi(\zeta)$ 和 $\Phi_1(\zeta)$ 都在 G_R 内全纯，所以由公式(5.11)，再根据式(4.5)和(5.8)得到

$$g(z) \equiv \frac{\partial \overline{T}g}{\partial \zeta} = \Phi'(\zeta)$$

即是说 g 在 G_R 内全纯. 这就是所要证明的.

这个定理还可以用中值函数(参看[79a])的性质证出.

4. **定理 1.16** 若 $f = \partial_{\bar{z}}g \in L_1(\overline{G})$，则

$$g(z) = \Phi(z) - \frac{1}{\pi}\iint_{G}\frac{f(\zeta)\mathrm{d}\xi\mathrm{d}\eta}{\zeta - z} \equiv \Phi(z) + T_G f \tag{5.12}$$

其中 $\Phi(z)$ 是在 G 内全纯的函数. 反之，若 $\Phi \in \mathfrak{U}_0(G)$，$f \in L_1(\overline{G})$，则函数 $g = \Phi + T_G f \in D_{\bar{z}}(G)$，并且有

$$\frac{\partial g}{\partial \bar{z}} = f \tag{5.13}$$

证明 由定理 1.15 可推出此定理的第一部分，因为

$$\partial_{\bar{z}}(g - Tf) = \partial_{\bar{z}}g - \partial_{\bar{z}}Tf = f - f = 0$$

而此定理的第二部分是显然的①.

从公式(5.12)和(5.13)即可推出广义微商的唯一性.

设 $D_{\bar{z}}(\overline{G})$ 是满足 $\partial_{\bar{z}}g \in L_1(\overline{G})$ 的函数 $g(z)$ 的集合. 显然

$$D_{\bar{z}}(\overline{G}) \subset D_{\bar{z}}(G)$$

公式(5.12)给出了 $D_{\bar{z}}(\overline{G})$ 类中函数的一般表示式. 若用 $TL_p(\overline{G})$ 表示形如 Tf 的函数集合，其中 $f \in L_p(G)$，$p \geqslant 1$，则根据公式(5.12)，我们得到

$$D_{\bar{z}}(\overline{G}) = \mathfrak{U}_0(G) + TL_1(\overline{G})$$

即是说 $D_{\bar{z}}(\overline{G})$ 是 $\mathfrak{U}_0(G)$ 和 $TL_1(\overline{G})$ 的直接和.

换句话说，集合 $D_{\bar{z}}(\overline{G})$ 的每一个元素，都可唯一地表示成 $\Phi + g$ 的形式，其

---

① 此定理在作者的工作[14r]中已经证明.

中 $\Phi \in \mathfrak{U}_0(G)$，$g \in TL_1(\overline{G})$. 显然，集合 $\mathfrak{U}_0(G)$ 和 $TL_1(\overline{G})$ 除零以外没有公共元素.

定理 1.17 若 $g \in D_{\bar{z}}(\overline{G})$，则 $g \in D_{\bar{z}}(G_1)$，其中 G_1 是 G 中的任一子域.

证明 根据定理 1.16，有

$$g(z)=\Phi(z)-\frac{1}{\pi}\iint_{G}\frac{\partial g}{\partial \bar{\zeta}}\frac{\mathrm{d}\xi\mathrm{d}\eta}{\zeta-z}=\Phi_1(z)-\frac{1}{\pi}\iint_{G_1}\frac{\partial g}{\partial \bar{\zeta}}\frac{\mathrm{d}\xi\mathrm{d}\eta}{\zeta-z}\qquad(5.14)$$

其中

$$\Phi_1(z)=\Phi(z)=\frac{1}{\pi}\iint_{G-G_1}\frac{\partial g}{\partial \bar{\zeta}}\frac{\mathrm{d}\xi\mathrm{d}\eta}{\zeta-z}$$

因为 $\Phi_1 \in \mathfrak{U}_0(G_1)$，故由定理 1.16，可知等式(5.14) 右端属于 $D_{\bar{z}}(C_1)$. 这就是要证明的.

从这个定理也得出函数对 $\bar{z}$(同样对 z) 的广义可微性是局部的性质.

5. 设 $f(z)$ 在 G 内的每一点有对 $\bar{z}$ 的广义微商. 换句话说，在 G 内的每一点 z_0 都有一邻域 G_0，在这个邻域内有

$$f(z)=\Phi_0(z)-\frac{1}{\pi}\iint_{G_0}\frac{g_0(\zeta)\mathrm{d}\xi\mathrm{d}\eta}{\zeta-z}\equiv\Phi_0+T_{G_0}g_0$$

$$(\Phi_0 \in \mathfrak{U}_0(G_0),g_0 \in L_1(\overline{G}_0))$$

在这些条件下，f 在整个域 G 内有对 $\bar{z}$ 的广义微商，即是说 $\partial_{\bar{z}}f=g \in L_1(G)$.

设 G_0，G_1 是 G 内的点 z_0，z_1 的邻域，并有非空的交 G_0G_1. 因为在 G_0G_1 上有

$$J=\Phi_0+T_{G_0}g_0=\Phi_1+T_{G_1}g_1\quad(\Phi_0,\Phi_1 \in \mathfrak{U}_0(G_0G))$$

那么在这个等式两端对 $\bar{z}$ 微分后，利用式(4.5) 和(5.13) 就得 $g_0=g_1$ 在 G_0G_1 上成立.

设 G' 是 G 内某一个闭子域. 它被有限个小圆 G_0，G_1，…，G_m 所覆盖，在它们里面

$$f=\Phi_j+T_{G_j}g_j\quad(\Phi_j \in \mathfrak{U}_0(G_j),g_j \in L_1(\overline{G}_j))$$

成立，并且，按前面的证明，在 $G_kG_j \neq 0$ 上有 $g_j=g_k$. 设 g 是一个在 C_j 上取值 g_j 的函数. 显然，$g \in L_1(G')$. 若 $z \in G_j$，则

$$\partial_{\bar{z}}(f-T_{G'}g)=\partial_{\bar{z}}(f-T_{G_j}g-T_{G'-G_j}g)=0$$

这是因为 $f-T_{G_j}g_j=\Phi_j$ 和 $T_{G'-G_j}g$ 在 G_j 内全纯. 于是 $f=\Phi+T_{G'}g$，$\Phi \in \mathfrak{U}_0(G')$，这就证明了我们的论断. 不难看出，$g$ 并不依赖于子域 G' 的选取.

6. 设 $f_z \in D_{\bar{z}}(G)$，那么，由定理 1.16，有

$$f_z = \Phi_0(z) - \frac{1}{\pi}\iint\limits_{G_0} \frac{\partial}{\partial \bar{\zeta}}\left(\frac{\partial f}{\partial \zeta}\right)\frac{\mathrm{d}\xi\mathrm{d}\eta}{\zeta - z} \quad (\Phi_0 \in \mathfrak{U}_0(G_0))$$

其中 G_0 是 G 的某一子域，并且 $\bar{G}_0 \subset G$. 从这个等式就得到

$$f(z) = u_0(x, y) + \frac{2}{\pi}\iint\limits_{G_0} \frac{\partial}{\partial \bar{\zeta}}\left(\frac{\partial f}{\partial \zeta}\right) \lg|\zeta - z| \mathrm{d}\xi\mathrm{d}\eta$$

其中 u_0 是域 G_0 内的调和函数. 等式两边对 $\bar{z}$ 微分后得

$$f_{\bar{z}} = u_{0\bar{z}} - \frac{1}{\pi}\iint\limits_{G_0} \frac{\partial}{\partial \bar{\zeta}}\left(\frac{\partial f}{\partial \zeta}\right)\frac{\mathrm{d}\xi\mathrm{d}\eta}{\overline{\zeta - z}}$$

再在两边作用算子 ∂_z，根据定理 1.16 得

$$\frac{\partial}{\partial z}\left(\frac{\partial f}{\partial \bar{z}}\right) = \frac{\partial}{\partial \bar{z}}\left(\frac{\partial f}{\partial z}\right)$$

这样一来就证明了下面的定理：

定理 1.18 若 $f_z \in D_{\bar{z}}(G)$，即是说 $f_{z\bar{z}}$ 存在，则 $f_{\bar{z}z}$ 也存在，并且 $f_{\bar{z}z} = f_{z\bar{z}}$. 换句话说，对 z 与 $\bar{z}$ 的混合广义微商与微分次序无关.

若 $f \in C^2(G)$，则 $f_{z\bar{z}} = \frac{1}{4}(f_{xx} + f_{yy}) \equiv \frac{1}{4}\Delta f$. 从这出发，再依据定理 1.18，我们现在就可以引入广义拉普拉斯算子的定义

$$\Delta f \equiv 4\frac{\partial^2 f}{\partial z \partial \bar{z}} \tag{5.15}$$

7. 现在我们可以来考虑较广的函数类 $D_{\bar{z}}^*$ 和 D_z^*. 若 $\partial_{\bar{z}} f \in \mathfrak{U}_0^* \times L(G)$，则 $f \in G_{\bar{z}}^*(G)$. 类似地可引入 D_z^* 的定义.

不难证明下面的公式给出了 $D_{\bar{z}}^*(\bar{G})$ 类中函数的一般表示式

$$f(z) = \Phi(z) - \frac{\Phi_0(z)}{\pi}\iint\limits_{G} \frac{g(\zeta)\mathrm{d}\xi\mathrm{d}\eta}{\zeta - z} \tag{5.16}$$

其中 Φ 和 Φ_0 是 $\mathfrak{U}_0^*(G)$ 类中的任意解析函数，而 g 是 $L(\bar{G})$ 类中任意函数，并且

$$g = \frac{1}{\Phi_0(z)}\frac{\partial f}{\partial \bar{z}} \tag{5.17}$$

现在考虑非齐次柯西－黎曼方程

$$\frac{\partial w}{\partial \bar{z}} = f \tag{5.18}$$

并设 $f \in \mathfrak{U}_0^* \times L(\bar{G})$，即是说，$f = \frac{f_0(z)}{\Phi_0(z)}$，$f_0 \in L_1(\bar{G})$，$\Phi_0 \in \mathfrak{U}_0^*(G)$.

$D_{\bar{z}}^*(G)$ 类中的函数 $w(z)$，如果在 G 内几乎处处满足方程(5.18)，就称它为方程(5.18) 的广义解. 显然，全部的这种解由下面的公式给出

$$w(z)=\Phi(z)-\frac{1}{\pi\Phi_0(z)}\iint_G\frac{\Phi_0(\zeta)f(\zeta)\mathrm{d}\xi\mathrm{d}\eta}{\zeta-z} \tag{5.19}$$

其中 Φ 是 $\mathfrak{U}_0^*(G)$ 类中任一函数.

§6　算子 T_Gf 的性质

本节我们将研究对于各种不同的函数类算子 T_G 的性质.

1. **定理 1.19**　设 G 是有界域. 若 $f\in L_p(\overline{G})$，$p>2$，则函数 $g=T_Gf$ 满足条件

$$|g(z)|\leqslant M_1L_p(f,\overline{G})\quad(z\in E) \tag{6.1}$$

$$|g(z_1)-g(z_2)|\leqslant M_2L_p(f,\overline{G})|z_1-z_2|^\alpha\quad\left(\alpha=\frac{p-2}{p}\right) \tag{6.2}$$

其中 z_1,z_2 是平面上任意两点，而 M_1,M_2 是常数，并且 M_1 依赖于 p 和 G，而 M_2 只依赖于 p.

证明　应用赫尔德不等式(1.11)，我们得到

$$\begin{aligned}|T_Gf|&\leqslant\frac{1}{\pi}\iint_G\frac{|f(\zeta)|\mathrm{d}\xi\mathrm{d}\eta}{|\zeta-z|}\\&\leqslant\frac{1}{\pi}\left(\iint_G|f(\zeta)|^p\mathrm{d}\xi\mathrm{d}\eta\right)^{\frac{1}{p}}\left(\iint_G|\zeta-z|^{-q}\mathrm{d}\xi\mathrm{d}\eta\right)^{\frac{1}{q}}\quad\left(\frac{1}{p}+\frac{1}{q}=1\right)\end{aligned} \tag{6.3}$$

因为 $q<2$，所以

$$\frac{1}{\pi}\left(\iint_G|\zeta-z|^{-q}\mathrm{d}\xi\mathrm{d}\eta\right)^{\frac{1}{q}}\leqslant\frac{1}{\pi}\left(\frac{2\pi}{\alpha q}\right)^{\frac{1}{q}}d^\alpha=M_1\equiv M_1(p,G)$$

其中 d 是区域 G 的直径，$\alpha=\dfrac{p-2}{p}$. 所以从不等式(6.3)立即推出不等式(6.1).

因为

$$g(z_1)-g(z_2)=\frac{z_1-z_2}{\pi}\iint_G\frac{f(\zeta)\mathrm{d}\xi\mathrm{d}\eta}{(\zeta-z_1)(\zeta-z_2)}\quad(z_1\neq z_2) \tag{6.3a}$$

则由赫尔德不等式，有

$$\begin{aligned}&|g(z_1)-g(z_2)|\\&\leqslant L_p(f,\overline{G})\frac{|z_1-z_2|}{\pi}\left(\iint_G(|\zeta-z_1||\zeta-z_2|^{-q}\mathrm{d}\xi\mathrm{d}\eta)\right)^{\frac{1}{q}}\end{aligned} \tag{6.4}$$

现在估计以下形式的积分

$$J(\alpha,\beta)=\iint_G|\zeta-z_1|^{-\alpha}|\zeta-z_2|^{-\beta}\mathrm{d}\xi\mathrm{d}\eta\quad(\alpha<2,\beta<2)\tag{6.5}$$

以 $\rho=2|z_1-z_2|$ 为半径环绕 z_1 画一圆 G_1. 再以 $2\rho_0$ 为半径作一同心圆 G_0，使得 $\bar{G}\subset G_0$. 若 ζ 在 G_1 外，则 $2|\zeta-z_2|\geqslant|\zeta-z_1|$. 所以

$$J_0=\iint_{G_0-G_1}|\zeta-z_1|^{-\alpha}|\zeta-z_2|^{-\beta}\mathrm{d}\xi\mathrm{d}\eta\leqslant\pi2^{1+\beta}\int_\rho^{2\rho_0}r^{1-\alpha-\beta}\mathrm{d}r$$

$$<\begin{cases}\dfrac{8\pi|z_1-z_2|^{2-\alpha-\beta}}{\alpha+\beta-2} & \text{当 }\alpha+\beta>2\\[2ex] 8\pi\lg\dfrac{\rho_0}{|z_1-z_2|} & \text{当 }\alpha+\beta=2\\[2ex] \dfrac{32\pi}{2-\alpha-\beta}\rho_0^{2-\alpha-\beta} & \text{当 }\alpha+\beta<2\end{cases}\tag{6.6}$$

其次

$$J_1=\iint_{G_1}\frac{\mathrm{d}\xi\mathrm{d}\eta}{|\zeta-z_1|^\alpha|\zeta-z_2|^\beta}$$

$$=\frac{1}{|z_1-z_2|^{\alpha+\beta-2}}\iint_{|\zeta|\leqslant2}\frac{\mathrm{d}\xi\mathrm{d}\eta}{|\zeta|^\alpha|\zeta-\mathrm{e}^{\mathrm{i}\theta}|^\beta}$$

$$\leqslant\frac{M_{\alpha,\beta}}{|z_1-z_2|^{\alpha+\beta-2}}$$

因 $J(\alpha,\beta)\leqslant J_0+J_1$，则我们有估计式①

$$J(\alpha,\beta)\leqslant\begin{cases}M'_{\alpha,\beta}|z_1-z_2|^{2-\alpha-\beta} & \text{当 }\alpha+\beta>2\\ M''_{\alpha,\beta}(G)+8\pi|\lg|z_1-z_2|| & \text{当 }\alpha+\beta=2\\ M'''_{\alpha,\beta}(G) & \text{当 }\alpha+\beta<2\end{cases}\tag{6.7}$$

现在回到不等式(6.4). 因为 $1<q<2$，所以，由估计式(6.7)中第一个不等式有

$$\frac{|z_1-z_2|}{\pi}\left(\iint_G(|\zeta-z_1||\zeta-z_2|^{-q}\mathrm{d}\xi\mathrm{d}\eta)\right)^{\frac{1}{q}}\leqslant M_p|z_1-z_2|^{\frac{p-2}{p}}$$

由此，从不等式(6.4)可得不等式(6.2). 这样就完全证明了定理.

不等式(6.1)和(6.2)指明，Tf 是空间 $L_p(\bar{G})$ 上的全连续线性算子，并把这个空间映射到 $C_\alpha(\bar{G})$ 上②，且

$$C_\alpha(Tf,\bar{G}\leqslant ML_p(f,\bar{G}))\quad\left(\alpha=\frac{p-2}{p},p>2\right)\tag{6.8}$$

---

① 这里指出的推导不等式(6.6)的方法属于阿达玛(参看[30]，§563).

② 这种算子有时称作强完全连续算子(参看[79a]).

设 $f\in C(\bar{G})$. 那么，从不等式(6.3a) 容易推得不等式

$$\begin{cases}|g(z)|\leqslant MC(f,\bar{G})\\ |g(z_1)-g(z_2)|\leqslant MC(f,\bar{G})|z_1-z_2|\lg\dfrac{2d}{|z_1-z_2|}\end{cases}\tag{6.9}$$

其中 d 是域 G 的直径. 但若 $f\in L_\infty(\bar{G})$，则有

$$\begin{cases}|g(z)|\leqslant ML_\infty(f,\bar{G})\\ |g(z_1)-g(z_2)|\leqslant ML_\infty(f,\bar{G})|z_1-z_2|\lg\dfrac{2d}{|z_1-z_2|}\end{cases}\tag{6.9a}$$

从这些不等式推得，算子 T_Gf 在空间 $C(\bar{G})$ 及 $L_\infty(\bar{G})$ 内是全连续的，并且映射这些空间到满足狄尼条件的函数类.

作为定理 1.17 和定理 1.19 的推论，我们有以下结果.

若 $f\in D_{1,p}(G)$，$p>2$，则 $f(z)$ 在 G 内属于类 $C_{\frac{p-2}{p}}$. 以后会看到，若 $p\leqslant 2$，则函数 $f(z)$ 可能是有间断的.

从定理 1.19 容易推出更一般的：

定理 1.20 若 $f\in D_{m,p}(G)$，$p>2$，$m\geqslant 1$，则 Tf 在 G 内属于类 C_α^{m-1}，其中 $\alpha=\dfrac{p-2}{p}$.

为此只需将 f 的 $m-1$ 阶微商，按公式(5.12) 用 m 阶微商表示出来，然后应用定理 1.19.

现在我们指出，在条件：(1)$G\in C$；(2)$w\in C(\bar{G})$ 和 $\partial_{\bar{z}}w\in L_p(\bar{G})$，$p>2$ 之下，公式(4.9) 仍然成立.

事实上，由公式(5.12) 得 $w(z)=\Phi(z)+g(z)$，其中 $\Phi(z)\in\mathfrak{U}_0(G)$，$g(z)=T_G(\partial_{\bar{z}}w)$. 由定理 1.19 得 $g\in C_\alpha(E)$，$\alpha=\dfrac{p-2}{p}$，它在 $\bar{G}$ 外全纯，在无穷远点变成零. 因为按照条件在 $\bar{G}$ 上 w 是连续的，则 $\Phi=w-g$ 也在 $\bar{G}$ 上连续，再由柯西公式及柯西定理，有

$$\Phi(z)=\frac{1}{2\pi\mathrm{i}}\int_\Gamma\frac{w(\zeta)-g(\zeta)}{\zeta-z}\mathrm{d}\zeta=\frac{1}{2\pi\mathrm{i}}\int_\Gamma\frac{w(\zeta)}{\zeta-z}\mathrm{d}\zeta$$

这样一来，在前面指出的条件下，公式

$$w(z)=\frac{1}{2\pi\mathrm{i}}\int_\Gamma\frac{w(\zeta)}{\zeta-z}\mathrm{d}\zeta-\frac{1}{\pi}\iint_G\frac{\partial_{\bar{\zeta}}w}{\zeta-z}\mathrm{d}\xi\mathrm{d}\eta\tag{6.10}$$

成立.

2. 我们在假定 G 为有界域的情形下证明了不等式(6.1) 与(6.2)，而当 G 是无界域的情形，不等式(6.1) 就失去意义，因为一般来说，若 G 的直径趋于无

穷，常依赖于域 G 的大小的常数 M_1 也趋于无穷. 至于不等式(6.2)，因为常数 M_2 和 G 无关，所以它保持有效.

因此，若 $f\in L_p(E)$，$p>2$，且在某一固定点 $z=z_0$，Tf 存在，则 $Tf\in H_\alpha(E)$，$\alpha=\dfrac{p-2}{p}$，并且在无穷远点附近有

$$Tf=O(|z|^{\frac{p-2}{p}}) \tag{6.10a}$$

应该注意，无界域上的积分是在主值意义下来理解的.

现在我们来证对于无界域情形的定理，从它也可以得出定理 1.19.

定理 1.21 设 $f\in L_pL_{p'}(\bar G)$，其中 $L_pL_{p'}(\bar G)$ 是集合 $L_p(\bar G)$ 与 $L_{p'}(\bar G)$ 的交，并且 $p>2$，$1<p'<2$. 在这些条件下，函数 $g=Tf$ 满足不等式

$$|g(z)|\leqslant M_{p,p'}L_pL_{p'}(f,\bar G)\quad (z\in E) \tag{6.11}$$

$$|g(z_1)-g(z_2)|\leqslant M_{p,p'}L_pL_{p'}(f,\bar G)\,|z_1-z_2|^{\frac{p-2}{p}}\quad (z_1,z_2\in E) \tag{6.12}$$

即是说，$Tf\in C_\alpha(E)$，$\alpha=\dfrac{p-2}{p}$，其中

$$L_pL_{p'}(f,\bar G)\equiv L_p(f,\bar G)+L_{p'}(f,\bar G) \tag{6.13}$$

证明 如果考虑到常数 M_2 不依赖于 G，那么由公式(6.13)，就可以从不等式(6.2) 立即推出不等式(6.12)，接下来要证明不等式(6.11). 假定在 G 外 $f=0$，则有

$$Tf=-\frac{1}{\pi}\iint\limits_{|\zeta|\leqslant 1}\frac{f(\zeta+z)}{\zeta}\mathrm{d}\xi\mathrm{d}\eta-\frac{1}{\pi}\iint\limits_{|\zeta|\leqslant 1}\frac{f(\zeta+z)}{\zeta}\mathrm{d}\xi\mathrm{d}\eta$$

所以，由赫尔德不等式，得

$$\begin{aligned}|Tf|&\leqslant\frac{1}{\pi}\Big(\iint\limits_{|\zeta|\leqslant 1}|f(\zeta+z)|^p\mathrm{d}\xi\mathrm{d}\eta\Big)^{\frac{1}{p}}\Big(\iint\limits_{|\zeta|\leqslant 1}|\zeta|^{-q}\mathrm{d}\xi\mathrm{d}\eta\Big)^{\frac{1}{q}}+\\&\quad\frac{1}{\pi}\Big(\iint\limits_{|\zeta|\geqslant 1}|f(\zeta+z)|^{p'}\mathrm{d}\xi\mathrm{d}\eta\Big)^{\frac{1}{p'}}\Big(\iint\limits_{|\zeta|\leqslant 1}|\zeta|^{-q'}\mathrm{d}\xi\mathrm{d}\eta\Big)^{\frac{1}{q'}}\\&\leqslant\frac{1}{\pi}\Big(\frac{2\pi}{2-q}\Big)^{\frac{1}{q}}L_p(f,\bar G)+\frac{1}{\pi}\Big(\frac{2\pi}{q'-2}\Big)^{\frac{1}{q'}}L_{p'}(f,\bar G)\\&\leqslant M_{p,p'}(L_p(f,\bar G)+L_{p'}(f,\bar G))\equiv M_{p,p'}L_pL_{p'}(f,\bar G)\end{aligned}$$

其中

$$M_{p,p'}=\frac{1}{\pi}\Big(\frac{2\pi}{2-q}\Big)^{\frac{1}{q}}+\frac{1}{\pi}\Big(\frac{2\pi}{q'-2}\Big)^{\frac{1}{q'}}\quad\Big(q=\frac{p}{p-1}<2,q'=\frac{p'}{p'-1}>2\Big)$$

这样一来，定理就完全证明了.

因为在有界域的情形，$L_p(\bar{G})\subset L_{p'}(\bar{G})$，$L_{p'}(f,\bar{G})\leqslant ML_p(f,\bar{G})$，则不等式(6.1)和(6.2)就是不等式(6.11)和(6.12)的推论了.

类似于定理1.21可证：

定理1.22 若 $f\in L_\infty L_{p'}(\bar{G})$，$1<p'<2$，则函数 $g(z)=T_G f$ 满足条件

$$|g(z)|\leqslant M_{p'}L_\infty L_{p'}(f,\bar{G})$$

$$|g(z_1)-g(z_2)|\leqslant M_{p'}L_\infty L_{p'}(f,\bar{G})\,|z_1-z_2|\,|\ln|z_1-z_2||$$

这里 $L_\infty L_{p'}(\bar{G})$ 是集合 $L_\infty(\bar{G})$ 和 $L_{p'}(\bar{G})$ 的交，并且 $L_\infty L_{p'}(\bar{G})$ 是范数定义成

$$L_\infty L_{p'}(f,\bar{G})\equiv \text{vrai max}\,|f(z)|+L_{p'}(f,\bar{G})$$

的巴拿赫空间，G 是任意的(有界或无界)平面域.若 G 是有界集，则 $L_{\infty,p'}(f,\bar{G})\leqslant ML_\infty(f,\bar{G})$.

对于无界域的情形还要证明以下定理：

定理1.23 设 $f\in L_{p,2}(E)$，$p>2$，那么函数 $g(z)=T_E f$ 满足条件

$$|g(z)|\leqslant M_p L_{p,2}(f) \tag{6.14}$$

$$|g(z_1)-g(z_2)|\leqslant M_p L_{p,2}(f)\,|z_1-z_2|^{\frac{p-2}{p}}\quad (z_1,z_2\in E) \tag{6.15}$$

此外，对给定的 $R>1$ 可找到数 $M_{p,R}$，使得

$$|g(z)|\leqslant M_{p,R}L_{p,2}(f)\,|z|^{\frac{2-p}{p}}\quad (|z|\geqslant R) \tag{6.16}$$

证明 把 $T_E f$ 写成 $T_{E_1}f+T_{E_2}f$，其中 $E_1=\mathscr{E}(|z|\leqslant 1)$，$E_2=\mathscr{E}(|z|\geqslant 1)$①，然后在 $T_{E_2}f$ 中引入 $\frac{1}{\zeta}$ 代换 ζ，就有

$$\begin{aligned} g(z)&=-\frac{1}{\pi}\iint_{E_1}\frac{f(\zeta)\,\mathrm{d}\xi\mathrm{d}\eta}{\zeta-z}-\frac{1}{\pi}\iint_{E_2}\frac{f(\zeta)\,\mathrm{d}\xi\mathrm{d}\eta}{\zeta-z}\\ &=-\frac{1}{\pi}\iint_{E_1}\frac{f(\zeta)\,\mathrm{d}\xi\mathrm{d}\eta}{\zeta-z}-\frac{1}{\pi}\iint_{E_2}\frac{f\left(\frac{1}{\zeta}\right)\mathrm{d}\xi\mathrm{d}\eta}{\bar{\zeta}^2\zeta(1-\zeta z)}\\ &\equiv g_1(z)+g_2(z)\end{aligned}$$

并且容易看出

$$g_2(z)=g_0(0)-g_0\left(\frac{1}{z}\right)$$

$$g_0(z)\equiv-\frac{1}{\pi}\iint_{E_1}\frac{f_0(\zeta)\,\mathrm{d}\xi\mathrm{d}\eta}{\zeta-z}$$

① $\mathscr{E}(\cdots)$ 表示满足括号内所指条件的元素集合.

$$f_0(\zeta)\equiv\frac{f\left(\frac{1}{\zeta}\right)}{\bar{\zeta}^2}$$

因为 $f,f_0\in L_p(E_1),p>2$,根据定理1.19,g_0 和 g_1 满足形如不等式(6.1)的条件,所以

$$\begin{aligned}|g(z)|&\leqslant|g_1(z)|+|g_0(0)|+\left|g_0\left(\frac{1}{z}\right)\right|\\&\leqslant M_p[L_p(f,E_1)+L_p(f_0,E_1)]\equiv M_pL_{p,2}(f)\end{aligned}$$

显然,$g_1(z)$ 满足不等式(6.2),而对 $g_2(z)$,则有

$$|g_2(z_1)-g_2(z_2)|\leqslant\frac{|z_2-z_1|}{\pi}\iint_{E_1}\frac{|f_0(\zeta)|\,\mathrm{d}\xi\mathrm{d}\eta}{|1-\zeta z_1||1-\zeta z_2|}\tag{6.17}$$

若 $|z_1|\leqslant\frac{1}{2}$,$|z_2|\leqslant\frac{1}{2}$,则当 $|\zeta|\leqslant1$ 时有 $|1-\zeta z_1|\geqslant\frac{1}{2}$,$|1-\zeta z_2|\geqslant\frac{1}{2}$,所以从不等式(6.17)有

$$\begin{aligned}|g_2(z_1)-g_2(z_2)|&\leqslant M_pL_p(f_0,E_1)|z_1-z_2|\\&\leqslant M_pL_{p,2}(f)|z_1-z_2|^{\frac{p-2}{p}}\quad\left(|z_1|,|z_2|\leqslant\frac{1}{2}\right)\end{aligned}$$

若 $z_1<\frac{1}{2}$,$|z_2|\geqslant\frac{1}{2}$,则

$$\begin{aligned}|g_2(z_1)-g_2(z_2)|&\leqslant\frac{2|z_2-z_1|}{\pi|z_2|}\iint_{E_1}\frac{|f_0(\zeta)|}{\left|\frac{1}{z_2}-\zeta\right|}\mathrm{d}\xi\mathrm{d}\eta\\&\leqslant M'_pL_p(f_0,E_1)|z_2-z_1|^{\frac{p-2}{p}}\left|\frac{z_1}{z_2}-1\right|^{\frac{2}{p}}\\&\leqslant M_pL_{p,2}(f,E)|z_2-z_1|^{\frac{p-2}{p}}\end{aligned}$$

这是因为

$$|z_2|\geqslant\frac{1}{2},|z_1|\leqslant\frac{1}{2},\left|\frac{z_1}{z_2}-1\right|^{\frac{2}{p}}\leqslant2^{\frac{2}{p}}$$

最后,若 $|z_1|\geqslant\frac{1}{2}$,$|z_2|\geqslant\frac{1}{2}$,则

$$\begin{aligned}|g_2(z_2)-g_2(z_1)|&\leqslant\left|g_0\left(\frac{1}{z_2}\right)-g_0\left(\frac{1}{z_1}\right)\right|\\&\leqslant M'_pL_p(f_0,E_1)\left|\frac{1}{z_2}-\frac{1}{z_1}\right|^{\frac{p-2}{p}}\\&\leqslant M_pL_{p,2}(f)|z_1-z_2|^{\frac{p-2}{p}}\end{aligned}$$

这样一来

$$
\begin{aligned}
|g(z_1)-g(z_2)| &\leqslant |g_1(z_1)-g_1(z_2)|+|g_2(z_1)-g_2(z_2)| \\
&\leqslant M_p L_{p,2}(f)\,|z_1-z_2|^{\frac{p-2}{p}}
\end{aligned}
$$

当 $|z|>1$ 时

$$
\begin{aligned}
|g(z)| &\leqslant |g_1(z)|+\left|g_0(0)-g_0\left(\frac{1}{z}\right)\right| \\
&\leqslant \frac{M'_p L_p(f,E_1)}{|z|-1}+M''_p L_p(f_0,E_1)\,|z|^{\frac{2-p}{p}} \\
&\leqslant M_p L_{p,2}(f)\left[\frac{1}{|z|-1}+|z|^{\frac{2-p}{p}}\right]
\end{aligned}
$$

由此立即得到不等式(6.16),这样就完全证明了定理1.23.

于是,若 $f\in L_{p,2}(E)$,则

$$T_E f\in C_{\frac{p-2}{p}}(E)\quad (p>2)$$

并且在无穷远附近 $T_E f$ 像 $|z|^{\frac{2-p}{p}}$ 一样地减小.

3.从定理1.23立即可得:

定理1.24 设 $A(z)\in L_{p,2}(E)$,$p>2$,那么形如

$$Pf=\iint_E \frac{A(\zeta)f(\zeta)}{\zeta-z}\mathrm{d}\xi\mathrm{d}\eta\equiv-\pi T_E(Af) \tag{6.18}$$

的算子在空间 $C(E)$ 内是全连续的,且映射此空间到 $C_\alpha(E)$ 空间,$\alpha=\dfrac{p-2}{p}$,并且

$$C_\alpha(Pf,E)\leqslant M_p L_{p,2}(A)C(f,E) \tag{6.19}$$

此外,在无穷远点附近有

$$|Pf|\leqslant M_p L_{p,2}(A)C(f,E)\,|z|^{\frac{2-p}{p}}\quad (p>2) \tag{6.20}$$

证明 考虑到若 $f\in C(E)$ 时 $Af\in L_{p,2}(E)$,$p>2$ 及 $L_{p,2}(Af)\leqslant L_{p,2}(A)C(f,E)$,我们就立刻可以从不等式(6.15)及(6.16)得出不等式(6.16)与(6.20).

若有有界函数集合 $\{f\,|\,|f|\leqslant M\}$,则由不等式(6.19)得集合 $\{Pf\}$ 是同等连续与一致有界的.由此,根据阿尔泽拉定理,算子 Pf 是全连续的.

同样也成立:

定理1.25 设 $A(z)\in L_{p,2}(E)$,$p>2$,那么 Pf 在空间 $L_{q,0}(E)$,$q\geqslant\dfrac{2p}{p-2}$ 内是全连续的,并且 $Pf\in C_\alpha(E)$,$0<\alpha=1-2\left(\dfrac{1}{p}+\dfrac{1}{q}\right)\leqslant\dfrac{p-2}{p}$,且

$$C_\alpha(Pf,E) \leqslant M_{p,q}L_{p,2}(A)L_{q,0}(f) \tag{6.21}$$

此外,在无穷远附近

$$|Pf| \leqslant M_{p,q}L_{p,2}(A)L_{q,0}(f)|z|^{-\alpha} \quad \left(\alpha = 1-2\left(\frac{1}{p}+\frac{1}{q}\right)\right) \tag{6.22}$$

证明　当满足条件$\frac{1}{q}+\frac{1}{p}<\frac{1}{2}$时,函数$Af \in L_{r,2}(E)$,$r=\frac{pq}{p+q}>2$,且根据不等式(1.11)有

$$L_{r,2}(Af) \leqslant L_{p,2}(A)L_{q,0}(f)$$

所以,从不等式(6.15)与(6.16)立即推得不等式(6.21)与(6.22).算子在空间$L_{q,0}(E)$内的全连续性,由不等式(6.21)可以得到.

4. **定理 1.26**　若$f \in L_p(\bar{G})$,$1 \leqslant p \leqslant 2$,则$g = T_G f$属于$L_\gamma^\alpha(\bar{G})$,其中$G$是有界域,$\gamma$是满足以下不等式的任意数

$$1 < \gamma < \frac{2p}{2-p} \tag{6.23}$$

同时下面的不等式成立

$$L_\gamma(T_G f,\bar{G}) \leqslant M_{p,\gamma}(G)L_p(f,\bar{G}) \tag{6.24}$$

$$\left(\iint_E |g(z+\Delta z)-g(z)|^\gamma \mathrm{d}x\mathrm{d}y\right)^{\frac{1}{\gamma}} \leqslant M'_{p,\gamma}L_p(f,\bar{G})|\Delta z|^\alpha \tag{6.25}$$

$$\left(\alpha = \frac{1}{\gamma}-\frac{2-p}{2p}>0\right)$$

证明　首先假设$p<\gamma<\frac{2p}{2-p}$,那么就有

$$|T_G f| \leqslant \frac{1}{\pi}\iint_G |f(\zeta)|^{\frac{p}{\gamma}}|\zeta-z|^{-\frac{2}{\gamma}+\alpha}|f(\zeta)|^{p\left(\frac{1}{p}-\frac{1}{\gamma}\right)}|\zeta-z|^{-\frac{2}{q}+\alpha}\mathrm{d}\xi\mathrm{d}\eta$$

$$\left(q = \frac{p}{p-1}\right)$$

其中$\alpha = \frac{1}{\gamma}-\frac{1}{p}+\frac{1}{2}>0$.因为$\frac{1}{\gamma}+\frac{\gamma-p}{p\gamma}+\frac{1}{q}=1$,所以,借助赫尔德不等式(1.11),得到

$$|T_G f| \leqslant \frac{1}{\pi}\left(\iint_G |f(\zeta)|^p |\zeta-z|^{-2+\gamma\alpha}\mathrm{d}\xi\mathrm{d}\eta\right)^{\frac{1}{\gamma}} \cdot \left(\iint_G |f(\zeta)|^p \mathrm{d}\xi\mathrm{d}\eta\right)^{\frac{1}{p}-\frac{1}{\gamma}}\left(\iint_G |\zeta-z|^{-2+\alpha q}\mathrm{d}\xi\mathrm{d}\eta\right)^{\frac{1}{q}} \tag{6.26}$$

因为当$\lambda>0$时,常数

$$M(\lambda,G) = \sup_{z\in E}\iint_G |\zeta-z|^{-2+\lambda}\mathrm{d}\xi\mathrm{d}\eta < \infty$$

所以从不等式(6.26)就容易得到

$$\iint_G |T_G f|^\gamma \mathrm{d}x\mathrm{d}y \leqslant \frac{1}{\pi^\gamma}(M(q\alpha,\bar{G}))^{\frac{\gamma}{q}}(L_p(f,\bar{G}))^{\gamma-p}\cdot$$

$$\iint_G |f(\zeta)|^p \mathrm{d}\xi\mathrm{d}\eta \iint_G |\zeta - z|^{-2+\gamma\alpha}\mathrm{d}x\mathrm{d}y$$

$$\leqslant \frac{1}{\pi^\gamma}(M(q\alpha,G))^{\frac{\gamma}{q}} M(\gamma\alpha,G)(L_p(f,\bar{G}))^\gamma$$

由此立即得到不等式(6.24)①,$\gamma > p$ 的条件,现在显然可以取消了.

设 $g(z) = T_G f$,那么

$$|g(z+\Delta z) - g(z)| \leqslant \frac{|\Delta z|}{\pi}\iint_G \frac{f(\zeta)\mathrm{d}\xi\mathrm{d}\eta}{|\zeta - z||\zeta - z - \Delta z|}$$

$$\leqslant \frac{|\Delta z|}{\pi}\left(\iint_G |f(\zeta)|^p (|\zeta - z||\zeta - z - \Delta z|)^{-2+\gamma\alpha}\mathrm{d}\xi\mathrm{d}\eta\right)^{\frac{1}{\gamma}}\cdot$$

$$(L_p(f,G))^{1-\frac{p}{\gamma}}\left(\iint_G (|\zeta - z||\zeta - z - \Delta z|)^{-2+q\alpha}\mathrm{d}\xi\mathrm{d}\eta\right)^{\frac{1}{q}}$$

$$\leqslant M'_{p,\gamma}|\Delta z|^{\frac{2}{\gamma}}(L_p(f,G))^{1-\frac{p}{\gamma}}\cdot$$

$$\left(\iint_G |f(\zeta)|^p (|\zeta - z||\zeta - z - \Delta z|)^{-2+\gamma\alpha}\mathrm{d}\xi\mathrm{d}\eta\right)^{\frac{1}{\gamma}}$$

从这个不等式就有

$$\left(\iint_E |g(z+\Delta z) - g(z)|^\gamma \mathrm{d}x\mathrm{d}y\right)^{\frac{1}{\gamma}}$$

$$\leqslant M_{p,\gamma}|\Delta z|^{\frac{2}{\gamma}}(L_p(f,G))^{1-\frac{p}{\gamma}}\cdot$$

$$\left(\iint_G |f(\zeta)|^p \mathrm{d}\xi\mathrm{d}\eta \iint_E (|\zeta - z||\zeta - z - \Delta z|)^{-2+\gamma\alpha}\mathrm{d}x\mathrm{d}y\right)^{\frac{1}{\gamma}}$$

$$\leqslant M_{p,\gamma}L_p(f,\bar{G})|\Delta z|^{\frac{1}{\gamma}-\frac{1}{p}+\frac{1}{2}}$$

着重指出,若 $\gamma > 2$,则在这个不等式中的常数 $M_{p,\gamma}$ 不依赖于 G. 当 $p > 1$ 时,这($\gamma > 2$)总是可以办得到的. 这样一来,定理 1.26 就完全证明了.

从不等式(6.24)和(6.25)推得 $T_G f$ 在空间 $L_p(\bar{G})$,$1 \leqslant p \leqslant 2$ 内是全连续线性算子,并且映射此空间到 $L_\gamma^\alpha(E)$,其中 $\alpha = \frac{1}{\gamma} - \frac{1}{p} + \frac{1}{2}$,并且 γ 是适合条件

---

① 索伯列夫用了一个重要的不等式证明不等式(6.24)当 $\gamma = \frac{2p}{2-p}$ 时仍然成立(参看[796]).

$p \leqslant \gamma < \dfrac{2p}{2-p}$ 的任意数.

注意,若 G 是有界域,而 γ 适合条件 $2 < \gamma < \dfrac{2p}{2-p}$,则我们将有比不等式(6.24)更强的不等式

$$L_{\gamma}(T_G f, E) \leqslant M'_{p,\gamma}(G) L_p(f, \bar{G}) \quad (1 < p \leqslant 2) \tag{6.27}$$

从定理 1.26 出发,再由定理 1.19 与定理 1.20 就推出下面的定理:

定理 1.27 若 $f \in D_{m,p}(G)$,$m \geqslant 2$,$1 < p \leqslant 2$,则 f 在 G 内属于 $D_{m-1,\gamma}$ 和 $C^{m-2}_{\frac{\gamma-2}{\gamma}}$ 类,其中 γ 是适合条件 $2 < \gamma < \dfrac{2p}{2-p}$ 的任意数.

定理 1.28 若 $f \in D_{m,1}(G)$,$m \geqslant 3$,则 f 在 G 内属于 $D_{m-1,\gamma}$,$D_{m-2,\frac{2\gamma}{2-\gamma}}$ 和 $C^{m-3}_{\frac{2(\gamma-1)}{\gamma}}$ 类,其中 γ 是适合条件 $1 < \gamma < 2$ 的任意数.

5. **定理 1.29** 设 G 是有界开集,而 $A(z) \in L_p(\bar{G})$,$p > 2$. 在这种情形下,算子

$$Pf = \iint_G \frac{A(\zeta) f(\zeta) \mathrm{d}\xi \mathrm{d}\eta}{\zeta - z} \equiv -\pi T_G(Af)$$

在空间 $L_q(\bar{G})$ 内当 $\dfrac{1}{2} \leqslant \dfrac{1}{p} + \dfrac{1}{q} \leqslant 1$ 时是全连续的,并且,若整数 n 适合条件

$$n > \frac{2p}{p-2}\left(\frac{1}{p} + \frac{1}{q} - \frac{1}{2}\right) \geqslant n - 1 \tag{6.28}$$

则

$$L^{\alpha}_{\gamma_k}(P^k f, E) \leqslant M_{p,q,\alpha}(G) L_p(A, \bar{G})^k L_q(f, \bar{G}) \quad (k = 1, 2, \cdots, n) \tag{6.29}$$

$$C_{\beta}(P^{n+1} f, E) \leqslant M_{p,q,\alpha}(G) L_p(A, \bar{G})^{nk} L_q(f, \bar{G}) \tag{6.30}$$

其中

$$\gamma_k = \frac{1}{\dfrac{1}{q} + \dfrac{k}{p} - \dfrac{k}{2} + k\alpha} \quad (k = 1, 2, \cdots, n) \tag{6.31}$$

$$\beta = 1 - 2\left(\frac{1}{q} + \frac{n+1}{p} - \frac{n}{2} + n\alpha\right) \tag{6.32}$$

并且 α 是适合以下条件的任意正数

$$0 < \alpha < \frac{p-2}{2p} - \frac{1}{n}\left(\frac{1}{p} + \frac{1}{q} - \frac{1}{2}\right) \tag{6.33}$$

证明 因为 $A \in L_p(\bar{G})$,$f \in L_q(\bar{G})$,$\dfrac{1}{2} \leqslant \dfrac{1}{p} + \dfrac{1}{q} \leqslant 1$,则 $Af \in L_{r_1}(\bar{G})$,其中 $r_1 = \dfrac{pq}{p+q}$,并且 $1 \leqslant r_1 \leqslant 2$. 根据定理 1.26,函数 $Pf \in L^{\alpha}_{\gamma_1}(G)$,其中 $\dfrac{1}{\gamma_1} =$

$\dfrac{1}{q}+\dfrac{1}{p}-\dfrac{1}{2}+\alpha$，而 α 是任意小的正数. 由此 $APf \in L_{r_2}(\bar{G})$，其中 $r_2=\dfrac{p\gamma_1}{p+\gamma_1}$，而 $P^2 f=\pi^2 T(APf) \in L^{\alpha}_{\gamma_2}(\bar{G})$，其中 $\dfrac{1}{\gamma_2}=\dfrac{1}{q}+\dfrac{2}{p}-1+2\alpha$. 重复这些推导，就有

$$P^k f \in L^{\alpha}_{\gamma_k}(\bar{G}) \quad (k=1,2,\cdots,n)$$

其中 γ_k 由式(6.31)确定. 所以 $AP^n f \in L_{r_{n+1}}(\bar{G})$，其中 $r_{n+1}=\dfrac{p\gamma_n}{p+\gamma_n}$. 如果 α 满足不等式(6.33)，则考虑到不等式(6.28)便得 $\gamma_{n+1}>2$. 于是，由于定理 1.19，$P^{n+1}f=-\pi T(AP^n f) \in C_\beta(E)$，其中 β 由不等式(6.32)确定. 不等式(6.29)与(6.30)可由不等式(6.1)(6.2)(6.23)和(6.25)推得.

6. **定理 1.30** 设域 G 的边界 Γ 由有限条逐段光滑的曲线组成，若 $f \in L_p(\bar{G})$，$1<p\leqslant 2$，则 $T_G f \in L_\gamma(\Gamma)$，其中 γ 是适合以下条件的任意数

$$1<\gamma<\frac{p}{2-p} \quad (1<p\leqslant 2) \tag{6.34}$$

并且有不等式

$$\left(\int_\Gamma |T_G f|^\gamma \mathrm{d}s\right)^{\frac{1}{\gamma}} \leqslant M_{p,\gamma}(G)\left(\iint_G |f(\zeta)|^p \mathrm{d}\xi\mathrm{d}\eta\right)^{\frac{1}{p}}$$

成立，即是说

$$L_\gamma(T_G f,\Gamma) \leqslant M_{p,\gamma}(G) L_p(f,G) \tag{6.35}$$

证明 首先我们假设 $p<\gamma<\dfrac{p}{2-p}$，就有

$$|T_G f| \leqslant \frac{1}{\pi}\iint_G |f(\zeta)|^{\frac{p}{\gamma}} |\zeta-z|^{-\frac{1}{\gamma}+\alpha} |f(\zeta)|^{p\left(\frac{1}{p}-\frac{1}{\gamma}\right)} |\zeta-z|^{-\frac{2}{q}+\alpha} \mathrm{d}\xi\mathrm{d}\eta$$

其中 $2\alpha=\dfrac{1}{\gamma}-\dfrac{2}{p}+1$. 因为 $\dfrac{1}{\gamma}+\dfrac{\gamma-p}{\gamma p}+\dfrac{1}{q}=1$，则应用赫尔德不等式(1.11)得

$$\begin{aligned}|T_G f| \leqslant{}& \frac{1}{\pi}\left(\iint_G |f(\zeta)|^p |\zeta-z|^{-1+\gamma\alpha} \mathrm{d}\xi\mathrm{d}\eta\right)^{\frac{1}{\gamma}} \cdot \\ & \left(\iint_G |f(\zeta)|^p \mathrm{d}\xi\mathrm{d}\eta\right)^{\frac{1}{p}-\frac{1}{\gamma}} \left(\iint_G |\zeta-z|^{-2+q\alpha} \mathrm{d}\xi\mathrm{d}\eta\right)^{\frac{1}{q}}\end{aligned}$$

由此

$$\int_\Gamma |T_G f|^\gamma \mathrm{d}s \leqslant \pi^{-\gamma}(M(q\alpha,G))^{\frac{\gamma}{q}}(L_p(f,\bar{G}))^\gamma \int_\Gamma |\zeta-z|^{-1+\gamma\alpha} \mathrm{d}s \tag{6.36}$$

因为当 $\lambda<1$ 时，常数

$$M(\lambda, \Gamma) = \sup_{z \in E} \int_{\Gamma} |z - \zeta|^{-\lambda} \mathrm{d}s < +\infty$$ ①

那么从不等式(6.36)立即推得不等式(6.35). 显然现在可以去掉限制

$$p < \gamma < \frac{p}{2-p}$$ ②

从不等式(6.23)与(6.34)看出，若 $p = 2$，则不等式(6.24)(6.25)和(6.35)中的 γ 可以取任意大的正数. 但这并不意味着 $f \in L_2(\overline{G})$ 时有 $T_G f \in L_\infty(\overline{G})$ 或 $T_G f \in L_\infty(\Gamma)$. 例如，若 G 是圆 $|z| \leqslant d < 1$，则函数

$$f(z) = \partial_{\bar{z}} \ln \ln \frac{1}{\gamma} = \frac{\mathrm{e}^{\mathrm{i}\varphi}}{2r \ln r} \quad (z = r\mathrm{e}^{\mathrm{i}\varphi})$$

属于 $L_2(\overline{G})$，而 $T_G f = \ln \ln \dfrac{1}{\gamma}$ 不是有界的.

§7　函数类 $D_{1,p}$ 的格林公式 · 面积微商

1. 现在考虑区域 G，其边界 Γ 由有限条简单并且逐段光滑的约当曲线组成. 设 $f(z) \in L_p(\overline{G})$，$p > 1$. 那么成立公式

$$-\frac{1}{2\pi \mathrm{i}} \int_{\Gamma} \frac{T_G f}{\zeta - z} \mathrm{d}\zeta = \begin{cases} -T_G f(z) & \text{若 } z \overline{\in} G + \Gamma \\ 0 & \text{若 } z \in G \end{cases} \tag{7.1}$$

我们来证明这点. 设 G_n 是满足以下条件的区域序列：

(1) $\overline{G}_n \subset G_{n+1} \subset \overline{G}_{n+1} \subset \overline{G}$；

(2) 当 $n \to \infty$ 时，$G_n \to G$.

考虑函数

$$T_n f = -\frac{1}{\pi} \iint_{G_n} \frac{f(\zeta)}{\zeta - z} \mathrm{d}\xi \mathrm{d}\eta$$

显然它在 $\overline{G}_n$ 外全纯，在无穷远处变成零. 所以，根据柯西公式，有

$$\frac{1}{2\pi \mathrm{i}} \int_{\Gamma} \frac{T_n f \mathrm{d}\zeta}{\zeta - z} = \begin{cases} -T_n f(z) & \text{若 } z \overline{\in} G + \Gamma \\ 0 & \text{若 } z \in G \end{cases} \tag{7.2}$$

对于固定的 z 值，显然，$\lim\limits_{n \to \infty} T_n f = T_G f$. 此外，根据不等式(6.35)，序列 $T_n f$

---

① 利用光滑曲线的某些最简单的性质(参看[60a]第一章，§2 的补充 1)，这是易于证明的.

② 前面引入的不等式(6.24)(6.25)和(6.35)，是索伯列夫和康德拉谢夫不等式(参看[79a]第一章，§6)的特殊情形.

在 Γ 上 γ 次平均收敛到 $T_G f$

$$L_\gamma(T_G f - T_n f, \Gamma) \to 0 \quad (\gamma > 1)$$

所以,从公式(7.2)取极限的结果就得到公式(7.1).

从公式(7.1)出发,当 $z \to \infty$ 时,我们得到等式

$$\frac{1}{2\mathrm{i}}\int_\Gamma T_G f\,\mathrm{d}z = \iint_G f(z)\,\mathrm{d}x\,\mathrm{d}y$$

即是说

$$\frac{1}{2\mathrm{i}}\int_\Gamma T_G f\,\mathrm{d}z = \iint_G \frac{\partial T_G f}{\partial \bar{z}}\mathrm{d}x\,\mathrm{d}y \tag{7.3}$$

若 $f \in L_p(\bar{G})$, $p > 1$,类似地可以证明公式

$$\frac{1}{2\mathrm{i}}\int_\Gamma \overline{T}_G f\,\mathrm{d}\bar{z} = -\iint_G \frac{\partial \overline{T}_G f}{\partial z}\mathrm{d}x\,\mathrm{d}y = -\iint_G f(z)\,\mathrm{d}x\,\mathrm{d}y \tag{7.4}$$

若 $f \in L_p(\bar{G})$, $p > 2$,则公式(7.3)和(7.4)在 Γ 上是由有限条可求长简单的约当曲线组成时成立. 证明这点并不困难,因为在这种情形下,根据定理1.19,函数 $T_G f \in C_\alpha(E)$, $\alpha = \dfrac{p-2}{p}$.

现在设 $\partial_{\bar{z}} w \in L_p(G_0)$, $p > 1$,其中 G_0 是包含 G 的域,即是说 $\bar{G} \subset G_0$. 在这种情形下,公式

$$\frac{1}{2\mathrm{i}}\int_\Gamma w(z)\,\mathrm{d}z = \iint_G \frac{\partial w}{\partial \bar{z}}\mathrm{d}x\,\mathrm{d}y \tag{7.5}$$

成立,若 $\partial_z w \in L_p(G_0)$, $p > 1$,则有

$$\frac{1}{2\mathrm{i}}\int_\Gamma w(z)\,\mathrm{d}\bar{z} = -\iint_G \frac{\partial w}{\partial z}\mathrm{d}x\,\mathrm{d}y \tag{7.6}$$

这些公式在 $w \in C^1(G)$, $w \in C(\bar{G})$ 的情况,我们在前面(§4)已经用过. 只需证明公式(7.5)就够了.

设 G' 是 G_0 的子域,满足条件 $\bar{G} \subset G' \subset \bar{G}' \subset G_0$. 此时在 G' 内有

$$\begin{aligned} w(z) &= \Phi(z) - \frac{1}{\pi}\iint_{G'} \frac{\partial w}{\partial \bar{\zeta}} \frac{\mathrm{d}\xi\mathrm{d}\eta}{\zeta - z} \\ &= \Phi(z) - \frac{1}{\pi}\iint_G \frac{\partial w}{\partial \bar{\zeta}} \frac{\mathrm{d}\xi\mathrm{d}\eta}{\zeta - z} - \frac{1}{\pi}\iint_{G'-G} \frac{\partial w}{\partial \bar{\zeta}} \frac{\mathrm{d}\xi\mathrm{d}\eta}{\zeta - z} \end{aligned}$$

其中 Φ 是 G' 内的全纯函数. 因此

$$\frac{1}{2\mathrm{i}}\int_\Gamma w(z)\,\mathrm{d}z = \frac{1}{2\mathrm{i}}\int_\Gamma \Phi(z)\,\mathrm{d}z + \frac{1}{2\mathrm{i}}\int_\Gamma T_G\left(\frac{\partial w}{\partial \bar{z}}\right)\mathrm{d}z - \frac{1}{2\pi\mathrm{i}}\int_\Gamma \left(\iint_{G'-G} \frac{\partial w}{\partial \bar{\zeta}} \frac{\mathrm{d}\xi\mathrm{d}\eta}{\zeta - z}\right)\mathrm{d}z \tag{7.7}$$

于是,由柯西定理与柯西公式(7.1),有

$$\int_{\Gamma}\Phi(z)\mathrm{d}z=0,\int_{\Gamma}\left(\iint\limits_{G'-G}\frac{\partial w}{\partial\bar{\zeta}}\frac{\mathrm{d}\xi\mathrm{d}\eta}{\zeta-z}\right)\mathrm{d}z=0$$

所以利用公式(7.1) 即可从公式(7.7) 得到公式(7.5).

注意,若 $w\in C(\bar{G})$,$\partial_{\bar{z}}w\in L_p(\bar{G})$,或 $\partial_{z}w\in L_p(\bar{G})$,$p>2$,则当 Γ 是由有限条可求长约当曲线组成时,公式(7.5) 与(7.6) 仍然成立.

2. 考虑称作正规域 G_n 的序列,它紧缩至 G 中的一点 ζ,并且 ζ 属于所有的 G_n(参看[78] 第四章,§2). 那么根据勒贝格定理(参看[78] 第四章,§5),对任意的正规域序列 G_n 以及 $L_p(G)$ 类中任意函数 f 都有

$$\lim_{n\to\infty}\frac{1}{\operatorname{mes}G_n}\iint\limits_{G_n}f(z)\mathrm{d}x\mathrm{d}y=f(z)\tag{7.8}$$

(在 G 中几乎处处成立).

基于这一点,从公式(7.5) 得到:若 $\partial_{\bar{z}}w\in L_p(\bar{G})$,$p>1$,则

$$\frac{\partial w}{\partial\bar{z}}=\lim_{n\to\infty}\frac{1}{\operatorname{mes}G_n}\frac{1}{2\mathrm{i}}\int_{\Gamma_n}w(z)\mathrm{d}z\tag{7.9}$$

(在 G 中几乎处处成立).

这个等式右端称作 w 的在庞贝意义下的微商或称作面积微商,当然,这需要极限存在,而且不依赖紧缩于 ζ 的正规域序列 G_n 的选择①.

这样一来就有:

定理 1.31 若广义微商 $\partial_{\bar{z}}w\in L_p(\bar{G})$,$p>1$,则函数 $w(z)$ 在 G 内就几乎处处存在与索伯列夫意义下的广义微商 $\partial_{\bar{z}}w$ 相等的庞贝微商.

特别地,若 $\partial_{\bar{z}}w\in C(\bar{G})$,则 $w\in C_{\bar{z}}(G)$(反之也对). 这个函数类的性质在作者的工作[14a] 中已考虑过(还可以参看[90][94]).

§8 T_Gf 型函数的微分性质·算子 Πf

1. 本节我们引入形如 T_Gf 的函数有古典意义下微商的条件. 我们已知,若 $f\in L_1(\bar{G})$,则函数 T_Gf 有对 $\bar{z}$ 的广义微商,并等于 $f(z)$. 现在很值得弄清楚在什么条件下 T_Gf 存在对 z 的广义微商. 对这种微商(当它存在时),我们引用记

① 这种广义微商概念是属于罗马尼亚数学家庞贝的(参看[71]),他把它叫作"关于面积的微商"(la dérivée aréolaire)(参看[82a,б]).

号

$$\Pi_G f \equiv \frac{\partial T_G f}{\partial z} \text{ 或 } \Pi f \equiv \frac{\partial Tf}{\partial z} \tag{8.1}$$

定理 1.32 设 $G \in C_\alpha^{m+1}$，$f(z) \in C_\alpha^m(\bar{G})$，$0 < \alpha < 1$，$m \geqslant 0$，那么函数 $h(z) = T_G f$ 属于 $C_\alpha^{m+1}(\bar{G})$ 类，并且，$T_G f$ 是 $C_\alpha^m(\bar{G})$ 中的全连续算子. 此外

$$\frac{\partial h}{\partial x} = f + \Pi f, \frac{\partial h}{\partial y} = -\mathrm{i}f + \mathrm{i}\Pi f \tag{8.2}$$

其中

$$\Pi f \equiv \Pi_G f = -\frac{1}{\pi}\iint_G \frac{f(\zeta)}{(\zeta - z)^2} \mathrm{d}\xi \mathrm{d}\eta \tag{8.3}$$

这个奇异积分在柯西主值意义下存在，并属于 $C_\alpha^m(\bar{G})$ 类. 此外，Πf 是空间 $C_\alpha^m(\bar{G})$ 的线性有界算子且映射这个空间为本身.

证明 设 z 是域 G 内固定点. 这时就有

$$\begin{aligned}\Pi_G f &\equiv -\frac{1}{\pi}\iint_G \frac{f(\zeta)}{(\zeta - z)^2}\mathrm{d}\xi\mathrm{d}\eta = -\lim_{\varepsilon\to 0}\iint_{G_\varepsilon} \frac{f(\zeta)\mathrm{d}\xi\mathrm{d}\eta}{(\zeta - z)^2} \\ &= \lim_{\varepsilon\to 0}\frac{1}{\pi}\iint_{G_\varepsilon} \frac{f(z)f(\zeta)}{(\zeta - z)^2}\mathrm{d}\xi\mathrm{d}\eta - \\ &\quad f(z)\lim_{\varepsilon\to 0}\frac{1}{\pi}\iint_{G_\varepsilon}\frac{\mathrm{d}\xi\mathrm{d}\eta}{(\zeta - z)^2}\end{aligned} \tag{8.4}$$

应用公式(7.6)，可以写出

$$\begin{aligned}\frac{1}{\pi}\iint_{G_\varepsilon}\frac{\mathrm{d}\xi\mathrm{d}\eta}{(\zeta - z)^2} &= -\frac{1}{\pi}\iint_{G_\varepsilon}\frac{\partial}{\partial\zeta}\left(\frac{1}{\zeta - z}\right)\mathrm{d}\xi\mathrm{d}\eta \\ &= \frac{1}{2\pi\mathrm{i}}\int_\Gamma \frac{\mathrm{d}\bar{\zeta}}{\zeta - z} - \frac{1}{2\pi\mathrm{i}}\int_{\Gamma_\varepsilon}\frac{\mathrm{d}\bar{\zeta}}{\zeta - z} = \frac{1}{2\pi\mathrm{i}}\int_\Gamma\frac{\mathrm{d}\bar{\zeta}}{\zeta - z} \\ &= \frac{1}{2\pi\mathrm{i}}\int_\Gamma \frac{\bar{\zeta}\mathrm{d}\zeta}{(\zeta - z)^2} = \Phi'_\Gamma(z)\end{aligned} \tag{8.5}$$

其中

$$\Phi_\Gamma(z) = \frac{1}{2\pi\mathrm{i}}\int_\Gamma \frac{\bar{\zeta}\mathrm{d}\zeta}{\zeta - z} \tag{8.6}$$

我们注意，若 Γ 是圆周 $|\zeta - z_0| = R$，而 z 在这个圆内：$|z - z_0| < R$，则

$$\Phi_\Gamma(z) \equiv 0$$

这样一来，由等式(8.4) 和(8.5)，有

$$\Pi_G f = -\frac{1}{\pi}\iint_G \frac{f(\zeta) - f(z)}{(\zeta - z)^2}\mathrm{d}\xi\mathrm{d}\eta - f(z)\Phi'_\Gamma(z) \tag{8.7}$$

因为 $f \in C_\alpha(\bar{G})$，所以公式(8.7) 右边的重积分可以当作通常的反常积分来考

虑.

这样一来,对 $C_\alpha(\bar{G})$ 类中的每一个函数 f,在 G 内的每一点 z,奇异积分式(8.3)在柯西主值意义下存在并表示成公式(8.7).

现在证明:若 $f\in C_\alpha(\bar{G})$,则 $g(z)\equiv \Pi_G f\in C_\alpha(\bar{G})$,$0<\alpha<1$.

若 z_1,z 是 G 内的点,并且 $z_1\neq z$,则

$$
\begin{aligned}
g(z_1)-g(z)=&\frac{z_1-z}{\pi}\iint_G\frac{f(\zeta)-f(z)}{(\zeta-z)^2(\zeta-z_1)}\mathrm{d}\xi\mathrm{d}\eta+\\
&\frac{z_1-z}{\pi}\iint_G\frac{f(\zeta)-f(z_1)}{(\zeta-z)(\zeta-z_1)^2}\mathrm{d}\xi\mathrm{d}\eta+\\
&\frac{f(z)(z_1-z)}{\pi}\iint_G\frac{\mathrm{d}\xi\mathrm{d}\eta}{(\zeta-z)^2(\zeta-z_1)}+\\
&\frac{f(z_1)(z_1-z)}{\pi}\iint_G\frac{\mathrm{d}\xi\mathrm{d}\eta}{(\zeta-z)(\zeta-z_1)^2}
\end{aligned}\tag{8.8}
$$

因为

$$
\begin{aligned}
\frac{1}{\pi}\iint_G\frac{\mathrm{d}\xi\mathrm{d}\eta}{(\zeta-z)^2(\zeta-z_1)}=&\frac{1}{\pi(z-z_1)}\iint_G\frac{\mathrm{d}\xi\mathrm{d}\eta}{(\zeta-z)^2}-\\
&\frac{1}{\pi(z-z_1)^2}\left(\iint_G\frac{\mathrm{d}\xi\mathrm{d}\eta}{\zeta-z}-\iint_G\frac{\mathrm{d}\xi\mathrm{d}\eta}{\zeta-z_1}\right)
\end{aligned}
$$

$$
\frac{1}{\pi}\iint_G\frac{\mathrm{d}\xi\mathrm{d}\eta}{\zeta-z}=-\bar{z}+\frac{1}{2\pi\mathrm{i}}\int_\Gamma\frac{\bar{\zeta}\mathrm{d}\zeta}{\zeta-z}\equiv-\bar{z}+\Phi_\Gamma(z)
$$

故利用等式(8.5),就有

$$
\begin{aligned}
&\frac{1}{\pi}\iint_G\frac{\mathrm{d}\xi\mathrm{d}\eta}{(\zeta-z)^2(\zeta-z_1)}\\
&=\frac{\Phi_\Gamma'(z)}{z-z_1}+\frac{\bar{z}-\bar{z}_1}{(z-z_1)^2}+\frac{\Phi_\Gamma(z_1)-\Phi_\Gamma(z)}{(z-z_1)^2}\quad(z\neq z_1)
\end{aligned}\tag{8.8a}
$$

基于此公式,我们现在可以把等式(8.8)写成以下形式

$$
\begin{aligned}
g(z_1)-g(z)=&\frac{z_1-z}{\pi}\iint_G\frac{f(\zeta)-f(z)}{(\zeta-z)^2(\zeta-z_1)}\mathrm{d}\xi\mathrm{d}\eta+\\
&\frac{z_1-z}{\pi}\iint_G\frac{f(\zeta)-f(z_1)}{(\zeta-z)(\zeta-z_1)^2}\mathrm{d}\xi\mathrm{d}\eta+\\
&[f(z)-f(z_1)]\left(\frac{\bar{z}-\bar{z}_1}{z_1-z}+\frac{\Phi_\Gamma(z_1)-\Phi_\Gamma(z)}{z_1-z}-\Phi_\Gamma'(z)\right)+\\
&f(z_1)[\Phi_\Gamma'(z_1)-\Phi_\Gamma'(z)]
\end{aligned}\tag{8.9}
$$

因为 $\Gamma\in C_\alpha^{m+1}$,$0<\alpha<1$,故由等式(8.6)给出的柯西型积分 $\Phi_\Gamma(z)$ 属于 $C_\alpha^{m+1}(\bar{G})$. 所以 $\Phi_\Gamma'(z)\in C_\alpha^m(\bar{G})$(参看 §3).

设 $f \in C_\alpha(\bar{G})$，即是说

$$| f(z) - f(z_1) | \leqslant H(f,\alpha,\bar{G}) | z - z_1 |^\alpha \quad (0 < \alpha < 1)$$

这时，由不等式(6.7)，得

$$\begin{aligned}&\left|\frac{1}{\pi}\iint_G \frac{f(\zeta) - f(z)}{(\zeta - z)^2(\zeta - z_1)}\mathrm{d}\xi\mathrm{d}\eta\right| \\ &\leqslant \frac{H(f,\alpha,\bar{G})}{\pi}\iint_G \frac{\mathrm{d}\xi\mathrm{d}\eta}{| \zeta - z |^{2-\alpha} | \zeta - z_1 |} \\ &\leqslant M'_\alpha H(f,\alpha,\bar{G}) | z - z_1 |^{\alpha-1} \end{aligned} \tag{8.9a}$$

并且 M'_α 不依赖于域 G，借助于此，从不等式(8.9) 得到

$$| g(z) - g(z_1) | \leqslant M_\alpha(G)C_\alpha(f,\bar{G}) | z - z_1 |^\alpha \tag{8.10}$$

其中

$$M_\alpha(G) = 1 + 2M'_\alpha + C_\alpha(\Phi'_\Gamma,\bar{G}) + H(\Phi_\Gamma,\bar{G})$$

从公式(8.7) 还可以推出以下不等式

$$\begin{aligned}| \Pi_G f | &\leqslant M'_\alpha(G)H(f,\alpha,\bar{G}) + C(f,\bar{G})C(\Phi'_\Gamma,\bar{G}) \\ &\leqslant M''_\alpha(G)C_\alpha(f,\bar{G})\end{aligned} \tag{8.11}$$

从不等式(8.10) 与(8.11) 推得

$$C_\alpha(\Pi_G f,\bar{G}) \leqslant M_\alpha(G)C_\alpha(f,\bar{G}) \tag{8.12}$$

这样一来，我们建立了：若 $f(z) \in C_\alpha(\bar{G})$，那么 $\Pi_G f \in C_\alpha(\bar{G})$①. 不但如此，$\Pi_G f$ 是映射空间 $C_\alpha(\bar{G})$ 成本身的线性算子.

现在来推导公式(8.2). 用 $h(z)$ 表示 $T_G f$，当 $z \neq z_1$，z，$z_1 \in G$ 时，有

$$\begin{aligned}\frac{h(z_1) - h(z)}{z_1 - z} - \Pi_G f &= \frac{z - z_1}{\pi}\iint_G \frac{f(\zeta) - f(z)}{(\zeta - z)^2(\zeta - z_1)}\mathrm{d}\xi\mathrm{d}\eta + \\ &\quad \frac{f(z)(z - z_1)}{\pi}\iint_G \frac{\mathrm{d}\xi\mathrm{d}\eta}{(\zeta - z)^2(\zeta - z_1)} \\ &= \frac{z - z_1}{\pi}\iint_G \frac{f(\zeta) - f(z)}{(\zeta - z)^2(\zeta - z_1)}\mathrm{d}\xi\mathrm{d}\eta + \\ &\quad \left(\frac{\bar{z} - \bar{z}_1}{z - z_1} + \Phi'_\Gamma(z) - \frac{\Phi_\Gamma(z) - \Phi_\Gamma(z_1)}{z - z_1}\right) f(z)\end{aligned} \tag{8.13}$$

这个等式的推导利用了公式(8.8a). 若 $f \in C_\alpha(\bar{G})$，则从等式(8.13) 立即可得不等式

---

① 日罗第一个证明了此命题(参看[34]，还可以参看[54][56a])

$$\left|\frac{h(z_1)-h(z)}{z_1-z}-\Pi_G f-\frac{\bar{z}-\bar{z}_1}{z-z_1}f(z)\right|\leqslant M_\alpha H(f,\alpha,\bar{G})\mid z-z_1\mid^\alpha+$$

$$\left|\Phi'_\Gamma(z)-\frac{\Phi_\Gamma(z)-\Phi_\Gamma(z_1)}{z-z_1}\right|G(f,\bar{G})\tag{8.14}$$

现在，让 z_1 沿着与实轴交角为 ϑ 的射线

$$z_1-z=|z_1-z|\,e^{i\vartheta}$$

趋向于 z，就有

$$\lim_{z_1\to z}\frac{h(z_1)-h(z)}{z_1-z}=\Pi_G f+e^{-2i\vartheta}f(z)\tag{8.15}$$

这里令 $\vartheta=0$ 与 $\vartheta=\frac{\pi}{2}$，便得到公式(8.2)，它还可以写成

$$\frac{\partial T_G f}{\partial\bar{z}}=f(z),\frac{\partial T_G f}{\partial z}=\Pi_G f\tag{8.16}$$

这样一来，若 $C\in C_\alpha^1$，$f\in C_\alpha(\bar{G})$，则

$$T_G f\in C_\alpha^1(\bar{G}),\Pi_G f=\frac{\partial T_G f}{\partial z}\in C_\alpha(\bar{G})\tag{8.17}$$

同时，还满足以下不等式

$$C_\alpha(\Pi_G f)\leqslant C_\alpha^1(T_G f)\leqslant M_\alpha C_\alpha(f)\tag{8.18}$$

这意味着，$T_G f$ 是在 $C_\alpha(\bar{G})$ 中的全连续算子，并且映射此空间为 $C_\alpha^1(\bar{G})$.

现在设 $f\in C^1(\bar{G})$. 在这种情形下，借助于公式(7.6) 求得

$$\begin{aligned}\Pi_G f&=-\lim_{\varepsilon\to0}\frac{1}{\pi}\iint_{\varepsilon}\frac{f(\zeta)}{(\zeta-z)^2}d\xi d\eta\\&=\lim_{\varepsilon\to0}\frac{1}{\pi}\iint_{G_\varepsilon}\frac{\partial}{\partial\zeta}\left(\frac{1}{\zeta-z}\right)f(\zeta)d\xi d\eta\\&=-\lim_{\varepsilon\to0}\frac{1}{\pi}\iint_{G_\varepsilon}\frac{\partial f}{\partial\zeta}\frac{d\xi d\eta}{\zeta-z}-\frac{1}{2\pi i}\int_\Gamma\frac{f(\zeta)d\bar{\zeta}}{\zeta-z}+\lim_{\varepsilon\to0}\frac{1}{2\pi i}\int_{\Gamma_\varepsilon}\frac{f(\zeta)d\bar{\zeta}}{\zeta-z}\end{aligned}\tag{8.19}$$

由于

$$\lim_{\varepsilon\to0}\frac{1}{2\pi i}\int_{\Gamma_\varepsilon}\frac{f(\zeta)d\bar{\zeta}}{\zeta-z}=0$$

$$\lim_{\varepsilon\to0}\frac{1}{\pi}\iint_{G_\varepsilon}\frac{\partial f}{\partial\zeta}\frac{d\xi d\eta}{\zeta-z}=\frac{1}{\pi}\iint_G\frac{\partial f}{\partial\zeta}\frac{d\xi d\eta}{\zeta-z}$$

故从等式(8.19) 得到

$$\Pi_G f=T_G\left(\frac{\partial f}{\partial z}\right)-\frac{1}{2\pi i}\int_\Gamma\frac{f(\zeta)d\bar{\zeta}}{\zeta-z}\tag{8.20}$$

由此，根据等式(8.16)的第一个公式，得

$$\frac{\partial \Pi_G f}{\partial \bar{z}}=\frac{\partial f(z)}{\partial z} \quad (f \in C^1(\bar{G})) \tag{8.21}$$

此外，若 $f \in C_\alpha^1(\bar{G}), 0<\alpha<1$，则利用等式(8.16)可从等式(8.20)得

$$\frac{\partial \Pi_G f}{\partial z}=\Pi_G\left(\frac{\partial f}{\partial z}\right)-\frac{1}{2\pi i}\int_\Gamma \frac{f(\zeta)\mathrm{d}\zeta}{(\zeta-z)^2} \tag{8.22}$$

公式(8.21)与(8.22)表明了，若 $G \in C_\alpha^2, f \in C_\alpha^1(\bar{G})$，则 $\Pi_G f \in C_\alpha^1(\bar{G})$. 继续做类似的讨论，我们确信，若 $G \in C_\alpha^{m+1}, f \in C_\alpha^m(\bar{G}), 0<\alpha<1$，则 $\Pi_G f \in C_\alpha^m(\bar{G})$，$T_G f \in C_\alpha^{m+1}(\bar{G})$，并且

$$C_\alpha^m(\Pi_G f) \leqslant C_\alpha^{m+1}(T_G f) \leqslant M_{m,\alpha} C_\alpha^m(f, \bar{G}) \tag{8.23}$$

这意味着，$T_G f$ 是在任意的 $C_\alpha^m(\bar{G})(0 \leqslant \alpha<1, m=0,1,\cdots)$ 空间内的全连续算子. 这样一来，定理 1.32 就完全证明了. 应该注意到，在下面 $C_0^m(\bar{G})$ 所指的是 $C^m(\bar{G})$.

定理 1.32 的推论 设 $A(z) \in C_\alpha^m(\bar{G})$，那么 $P_G f \equiv T_G(Af)$ 在空间 $C_\alpha^m(\bar{G})$ 内也是全连续算子，并且，若 $f \in C_\alpha^m(\bar{G})$，则 $P_G f \in C_\alpha^{m+1}(\bar{G})$.

事实上，由不等式(8.23)，得

$$C_\alpha^{m+1}(P_G f) \leqslant M_{m,\alpha} C_\alpha^m(Af, \bar{G})$$

利用不等式(1.6a)，有

$$C_\alpha^{m+1}(P_G f) \leqslant M'_{m,\alpha} C_\alpha^m(A) C_\alpha^m(f) \leqslant M''_{m,\alpha} C_\alpha^m(f)$$

由此容易推出 $P_G f$ 是把 $C_\alpha^m(\bar{G})$ 映入 $C_\alpha^{m+1}(\bar{G})$ 的全连续算子.

从等式(8.15)也可推得：

定理 1.33 若 $f \in C_\alpha(\bar{G})$ 和 $f(z_0)=0, z_0 \in G$，则函数 $T_G f$ 在点 z_0 单演，即是说，在这点存在着函数 $T_G f$ 对自变量的微商，并且

$$\frac{\mathrm{d}T_G f}{\mathrm{d}z_0} \equiv \Pi_G f=-\frac{1}{\pi}\iint_G \frac{f(\zeta)\mathrm{d}\xi\mathrm{d}\eta}{(\zeta-z_0)^2} \tag{8.24}$$

2. 如前所述，若 $f \in L_p(\bar{G}), p>2$，则函数 $T_G f$ 在全平面上连续. 至于函数 $\Pi_G f$，一般来说当它通过 Γ 时有一间断点.

设 $\Gamma \in C^2$，而 $f \in C_\alpha(\Gamma)$. 那么我们可以认为函数 f 延拓到 $\bar{G}$ 外且仍属于同样的函数类. 所以，公式(8.20)像对 $z \in G$ 一样对 $z \in G+\Gamma$ 仍然成立.

设某函数 $\varphi(z)$ 在 G 内及 $\bar{G}$ 外都已给定. 如果当 z 由 G 内或 $\bar{G}$ 外趋于边界 Γ 上的点 t 时，极限值存在，我们分别用 $\varphi^+(t)$ 和 $\varphi^-(t)$ 来表示. 众所周知，对柯西型积分(3.1)有公式(参看[60a]第一章，§17)

$$\Phi^+(t)=\frac{1}{2}f(t)+\frac{1}{2\pi i}\int_\Gamma \frac{f(\zeta)\mathrm{d}\zeta}{\zeta-t}$$

$$\Phi^-(t)=-\frac{1}{2}f(t)+\frac{1}{2\pi i}\int_\Gamma\frac{f(\zeta)d\zeta}{\zeta-t} \tag{8.25}$$

成立. 利用这个公式,从公式(8.20)立即可得等式(参看[11a][96])

$$(\Pi_G f)^+-(\Pi_G f)^-=-f(t)\left(\frac{d\bar{t}}{ds}\right)^2 \quad (t\in\Gamma) \tag{8.26}$$

这表示函数 $\Pi_G f$ 通过 Γ 时的跳跃.

3. 现在考虑 G 是整个平面 E 的情况. 在这种情形有一些奇异性质. 所以在这里必须特别的叙述.

我们注意,若 $f\in L_pC_\alpha^m(E)$, $1\leqslant p<2$, 定理 1.32 仍成立,我们有:

定理 1.34 若 $f\in L_pC_\alpha^m(E)$,则 $T_Ef\in L_pC_\alpha^{m+1}(E)$ 且 $\Pi_Ef\in C_\alpha^m(E)$, $0<\alpha<1$.

证明 设 G 是圆 $|z|<R$,那么

$$\Phi_\Gamma(z)=\frac{1}{2\pi i}\int_\Gamma\frac{\bar{\zeta}d\zeta}{\zeta-z}=0 \quad (|z|<R)$$

再由不等式(8.9a),从不等式(8.9)可得

$$|g(z_1)-g(z)|\leqslant M_\alpha H(f,\alpha,E)\,|z_1-z|^\alpha \quad (M_\alpha=1+2M'_\alpha) \tag{8.27}$$

因为这个不等式的右端并不依赖于 R,那么,当 $R\to\infty$ 时它仍然成立. 因此,若 $f\in H_\alpha(E)$,则 $\Pi_Ef\in H_\alpha(E)$. 又因为

$$\begin{aligned}\Pi_Ef&=-\frac{1}{\pi}\iint_E\frac{f(\zeta)d\xi d\eta}{(\zeta-z)^2}\\&=-\frac{1}{\pi}\iint_{|\zeta|\leqslant1}\frac{f(\zeta+z)-f(z)}{\zeta^2}d\xi d\eta-\frac{1}{\pi}\iint_{|\zeta|\geqslant1}\frac{f(\zeta+z)}{\zeta^2}d\xi d\eta\end{aligned}$$

那么

$$\begin{aligned}|\Pi_Ef|&\leqslant\frac{2}{\alpha}H(f,\alpha,E)+\frac{1}{\pi}\left(\frac{2\pi}{q-1}\right)^{\frac{1}{q}}L_p(f,E)\\&\leqslant M''_{p,\alpha}[L_p(f,E)+H(f,\alpha,E)]\end{aligned} \tag{8.28}$$

从不等式(8.27)和(8.28)推出

$$C_\alpha(\Pi_Ef,E)\leqslant M'''_{p,\alpha}[L_p(f,E)+H(f,E)]$$

这样一来,若 $f\in L_pC_\alpha(E)$, $p\geqslant1$,则 $\Pi_Ef\in C_\alpha(E)$.

根据不等式(8.14),在 $|z|\leqslant R$ 内有不等式

$$\left|\frac{h(z_1)-h(z)}{z_1-z}-\Pi_Ef-\frac{\bar{z}-\bar{z}_1}{z-z_1}f(z)\right|\leqslant M_\alpha H(f,\alpha,E)\,|z-z_1|^\alpha$$

显然此不等式当 $R\to\infty$ 时仍然成立. 由此推出:若 $f\in L_pC_\alpha(E)$, $p\geqslant1$,等式(8.16)仍然成立,即是说,若 $f\in L_pC_\alpha(E)$,则 $T_Ef\in C_\alpha(E)$.

这样一来，对于 $m=0$ 的情形定理 1.34 证明了，对于任意的 $m>0$ 定理可类似地证明.

§9 算子 Πf 的扩充

本节我们将阐明算子 Πf 可以推广成空间 $L_p(p>1)$ 中的线性（有界）算子.

1. 我们预先证明三个引理.

引理 1 若 $f, g \in D_\infty^0(E)$，则

$$(\Pi f, g)=(f, \bar{\Pi} g),(f, g)=\iint_E f(z) \overline{g(z)} \mathrm{d} x \mathrm{d} y \tag{9.1}$$

其中

$$\Pi f \equiv-\frac{1}{\pi} \iint_E \frac{f(\zeta) \mathrm{d} \xi \mathrm{d} \eta}{(\zeta-z)^2}, \bar{\Pi} f \equiv-\frac{1}{\pi} \iint_E \frac{f(\zeta) \mathrm{d} \xi \mathrm{d} \eta}{(\bar{\zeta}-\bar{z})^2} \tag{9.2}$$

证明 若 $f \in D_\infty^0(E)$，则根据公式(8.20)与(8.21)，有

$$\Pi f=\frac{\partial T f}{\partial z}=T\left(\frac{\partial f}{\partial z}\right), \frac{\partial \Pi f}{\partial \bar{z}}=\frac{\partial f}{\partial z} \tag{9.3}$$

借助于分部积分并利用公式(7.5)和(7.6)，便得

$$\begin{aligned}
(\Pi f, g) & =\lim _{R \rightarrow \infty} \iint_{|z| \leqslant R} \Pi f \bar{g} \mathrm{d} x \mathrm{d} y=\lim _{R \rightarrow \infty} \iint_{|z| \leqslant R} \frac{\partial T f}{\partial z} \bar{g} \mathrm{d} x \mathrm{d} y \\
& =-\lim _{R \rightarrow \infty} \iint_{|z| \leqslant R} T f \frac{\partial \bar{g}}{\partial z} \mathrm{d} x \mathrm{d} y=\lim _{R \rightarrow \infty} \iint_{|z| \leqslant R} f T\left(\frac{\partial \bar{g}}{\partial z}\right) \mathrm{d} x \mathrm{d} y \\
& =\lim _{R \rightarrow+\infty} \iint_{|z| \leqslant R} f \overline{\bar{\Pi} g} \mathrm{d} x \mathrm{d} y=(f, \bar{\Pi} g)
\end{aligned}$$

推导这些公式时，我们没有写出圆周 $|z|=R$ 上的曲线积分，因对足够大的 R，$g=0$，于是积分等于零.

公式(9.1)指出 Π 与 $\bar{\Pi}$ 在线性流形 $D_\infty^0(E)$ 上是互相共轭的算子.

引理 2 若 $f \in D_\infty^0(E)$，则

$$\bar{\Pi} \Pi f=f \tag{9.4}$$

证明 由算子 Πf 的性质(9.3)，就有

$$\bar{\Pi} \Pi f=\partial_{\bar{z}} \bar{T}(\partial_z T f) \tag{9.5}$$

根据公式(4.10)，在圆 $|z|<R$ 内有

$$T f=-\frac{1}{2 \pi \mathrm{i}} \int_{|\zeta|=R} \frac{\overline{T f \mathrm{d} \zeta}}{\bar{\zeta}-\bar{z}}-\frac{1}{\pi} \iint_{|\zeta|=R} \frac{\overline{\partial T f}}{\partial \zeta} \frac{\mathrm{d} \xi \mathrm{d} \eta}{\bar{\zeta}-\bar{z}}$$

因为 $Tf = O(|z|^{-1})$，所以

$$\lim_{R\to\infty}\frac{1}{2\pi i}\int_{|\zeta|=R}\frac{T\,\mathrm{d}f\bar{\zeta}}{\bar{\zeta}-z}=0$$

因此

$$Tf = -\frac{1}{\pi}\iint_E \frac{\partial Tf}{\partial \zeta}\frac{\mathrm{d}\xi\mathrm{d}\eta}{\bar{\zeta}-z}=\bar{T}(\partial_z Tf)$$

这个等式两边对 $\bar{z}$ 微分，根据公式(9.5)，我们得到

$$f=\partial_{\bar{z}}\bar{T}[\partial_z Tf]=\bar{\Pi}\Pi f$$

公式(9.4) 表明在线性流形 $D_{\infty}^{0}(E)$ 上算子 Π 有相同于共轭算子 $\bar{\Pi}$ 的逆算子 Π^{-1}.

引理 3 若 $f,h\in D_{\infty}^{0}(E)$，则

$$(\Pi f,\Pi h)=(f,h) \tag{9.6}$$

证明 若在公式(9.1) 中，令 $g=\Pi h$ 且考虑到式(9.4)，得公式(9.6)①.

若 $h=f$，则公式(9.6) 就有形式

$$(\Pi f,\Pi f)=(f,f)，即\ L_2(\Pi f,E)=L_2(f,E) \tag{9.7}$$

由公式(9.6)，算子 Π 保持线性流形 $D_{\infty}^{0}(E)$ 中元素的内积不变，而根据公式(9.1) 与(9.4) 得共轭算子 $\bar{\Pi}$ 与逆算子 Π^{-1} 相同.

这样一来，在线性流形 $D_{\infty}^{0}(E)$ 上，算子 Π 具有么算子的性质. 因为线性流形 $D_{\infty}^{0}(E)$ 在 $L_2(E)$ 中稠密，那么按照熟知的泛函分析的定理就得，算子 Π 与 $\bar{\Pi}$ 可以唯一地拓展成确定在 $L_2(E)$ 上的相互共轭的线性么算子.

2. 考虑以下算子

$$\Pi_* g \equiv \partial_z T_* g \quad \left(T_* g=\frac{1}{\pi i}\iint_E \frac{g(\zeta)\mathrm{d}E_\zeta}{|\zeta-z|}\right) \tag{9.8}$$

应用算子 Π_* 到属于线性流形 $D_{\infty}^{0}(E)$ 的非尼函数 g 上，就寻得无穷次可微的函数，而它在无穷远附近像 $|z|^{-2}$ 一样减小. 所以，可以考虑形如 $\Pi_*\Pi^* g$，$\Pi^*\Pi_* g$ 的算子的合成，其中

$$\Pi^* g=\partial_{\bar{z}} T_* g \tag{9.9}$$

若 $g\in D_m^0(E)$，$m\geqslant 1$，则可以证明

$$\partial_{\bar{z}} T_* g=T_*(\partial_{\bar{z}} g),\ \partial_z T_* g=T_*(\partial_z g) \tag{9.10}$$

若

① 一般来说，我们可以不管 $\Pi f \overline{\in} D_{\infty}^{0}(E)$. 不难看出，当 $g=\Pi h$，$h\in D_{\infty}^{0}(E)$ 时，公式(9.1) 仍然成立，因为在无穷远点附近 $g=O(|z|^{-2})$，$Tf=O(|z|^{-1})$，而上述引理的证明也成立.

$$T_* g = \frac{1}{\pi \mathrm{i}} \iint_E \frac{g(\zeta + z)}{|\zeta|} \mathrm{d}E_\zeta$$

则借助积分号下的求微商，等式(9.10)即可以建立.

由等式(9.10)有

$$-\pi^2 \Pi_* \Pi^* g = \partial_{\bar{z}} \iint_E \frac{\mathrm{d}E_\zeta}{|\zeta - z|} \iint_E \frac{\partial_t g(t)}{|t - \zeta|} \mathrm{d}E_t$$

$$= \partial_{\bar{z}} \iint_E \frac{\mathrm{d}E_\zeta}{|\zeta|} \iint_E \frac{\partial_t g(t)}{|t - \zeta - z|} \mathrm{d}E_t$$

$$= \partial_{\bar{z}} \left\{ \lim_{R \to \infty} \iint_E \partial_t g(t) \mathrm{d}E_t \iint_{|\zeta| \leqslant R} \frac{\mathrm{d}E_\zeta}{|\zeta||t - \zeta - z|} \right\}$$

借助分部积分，有

$$\iint_E \partial_t g(t) \mathrm{d}E_t \iint_{|\zeta| \leqslant R} \frac{\mathrm{d}E_\zeta}{|\zeta||t - \zeta - z|}$$

$$= -\iint_E g(t) \mathrm{d}E_t \frac{\partial}{\partial t} \iint_{|\zeta| \leqslant R} \frac{\mathrm{d}E_\zeta}{|\zeta||t - \zeta - z|}$$

因此

$$\Pi_* \Pi^* g = \partial_{\bar{z}} \iint_E K(z, \zeta) g(\zeta) \mathrm{d}E_\zeta$$

其中

$$K(z, \zeta) = \lim_{R \to \infty} \frac{1}{\pi^2} \frac{\partial}{\partial \zeta} \iint_{|t| \leqslant R} \frac{\mathrm{d}E_t}{|t||t + (z - \zeta)|}$$

计算这个积分时，我们可以认为，z, ζ 位于实轴上. 现在按公式 $t = |z - \zeta| \rho \mathrm{e}^{\mathrm{i}\varphi}$ $(z \neq \zeta)$，引入积分变量的代换后，就得

$$K(z, \zeta) = \frac{1}{\pi^2} \lim_{R \to \infty} \frac{\partial}{\partial \zeta} \int_0^{\frac{R}{|z-\zeta|}} \mathrm{d}\rho \int_0^{2\pi} \frac{\mathrm{d}\varphi}{|1 - \rho \mathrm{e}^{\mathrm{i}\varphi}|}$$

$$= -\frac{1}{\pi^2} \frac{\partial \ln |z - \zeta|}{\partial \zeta} \lim_{R \to \infty} \int_0^{2\pi} \frac{\mathrm{d}\varphi}{1 - \frac{|z - \zeta|}{R} \mathrm{e}^{-\mathrm{i}\varphi}}$$

$$= -\frac{1}{\pi(\zeta - z)}$$

因此

$$\Pi_* \Pi^* g = \partial_{\bar{z}} \left(-\frac{1}{\pi} \iint_E \frac{g(\zeta)}{\zeta - z} \mathrm{d}E_\zeta \right) = g(z) \tag{9.11}$$

在这个等式中用 $\bar{g}$ 代替 g，然后转到共轭等式，就得到 $\Pi_* \Pi^* g = g$. 也容易建立以下公式

$$(\Pi_* f, g) = (f, \Pi^* g), (\Pi_* f, \Pi_* g) = (f, g) \tag{9.12}$$

借助对任何的非尼函数保持正确的公式(9.11)与(9.12),现在容易断定算子 Π_* 与 Π^* 可以唯一地拓展成在希尔伯特空间 $L_2(E)$ 上的相互共轭的线性么算子.

现在证明,在线性流形 $D_\infty^0(E)$ 上成立不等式

$$L_p(\Pi_* g, E) \leqslant \Lambda_p^* L_p(g, E) \quad (p > 1) \tag{9.13}$$

其中 Λ_p^* 是只依赖于 p 而不依赖于 g 的正的常数.

我们有

$$\begin{aligned}\Pi_* g &= \frac{1}{\pi \mathrm{i}} \iint\limits_E \frac{\partial_{\bar\zeta} g(\zeta + z)}{|\zeta|} \mathrm{d}E_\zeta \\ &= \lim_{\varepsilon \to 0} \left(\frac{1}{\pi \mathrm{i}} \iint\limits_{|\zeta| \geqslant \varepsilon} \left[\frac{\partial}{\partial_{\bar\zeta}} \frac{g(\zeta + z)}{|\zeta|} + \frac{\zeta g(\zeta + z)}{2|\zeta|^3} \right] \mathrm{d}E_\zeta \right) \\ &= -\lim_{\varepsilon \to 0} \frac{1}{2\pi} \int_{|\zeta| = \varepsilon} \frac{g(\zeta + z)}{|\zeta|} \mathrm{d}\zeta + \frac{1}{2\pi \mathrm{i}} \lim_{\varepsilon \to 0} \iint\limits_{|\zeta| \geqslant \varepsilon} \frac{\zeta g(\zeta + z)}{|\zeta|^3} \mathrm{d}E_\zeta\end{aligned}$$

可是

$$\int_{|\zeta| = \varepsilon} \frac{g(\zeta + z)}{|\zeta|} \mathrm{d}\zeta \xrightarrow{\varepsilon \to 0} \mathrm{i} \int_0^{2\pi} g(z) \mathrm{e}^{\mathrm{i}\varphi} \mathrm{d}\varphi = 0$$

现在,若在第二个积分中,用公式 $\zeta = \rho \mathrm{e}^{\mathrm{i}\varphi}$ 进行积分变量的变换,然后令 $\varepsilon \to 0$,得

$$\Pi_* g = \frac{1}{2\pi \mathrm{i}} \int_0^\infty \frac{\mathrm{d}\rho}{\rho} \int_0^{2\pi} \mathrm{e}^{\mathrm{i}\varphi} g(\rho \mathrm{e}^{\mathrm{i}\varphi} + z) \mathrm{d}\varphi \tag{9.14}$$

考虑到

$$\int_0^{2\pi} \mathrm{e}^{\mathrm{i}\varphi} g(\rho \mathrm{e}^{\mathrm{i}\varphi} + z) \mathrm{d}\varphi = \int_0^\pi \mathrm{e}^{\mathrm{i}\varphi} [g(\rho \mathrm{e}^{\mathrm{i}\varphi} + z) - g(-\rho \mathrm{e}^{\mathrm{i}\varphi} + z)] \mathrm{d}\varphi$$

我们还可以把等式(9.14)写成

$$\Pi_* g = \frac{1}{2} \int_0^\pi \tilde{g}(z, \mathrm{e}^{\mathrm{i}\varphi}) \mathrm{d}\varphi \tag{9.15}$$

其中

$$\tilde{g}(z, \mathrm{e}^{\mathrm{i}\varphi}) = \frac{\mathrm{e}^{\mathrm{i}\varphi}}{\pi \mathrm{i}} \int_{-\infty}^{+\infty} \frac{g(\rho \mathrm{e}^{\mathrm{i}\varphi} + z)}{\rho} \mathrm{d}\rho$$

用 $(\tau + \mathrm{i}\sigma)\mathrm{e}^{\mathrm{i}\varphi}$ 代替 z 后,就有

$$\tilde{g}[(\tau + \mathrm{i}\sigma)\mathrm{e}^{\mathrm{i}\varphi}, \mathrm{e}^{\mathrm{i}\varphi}] = \frac{\mathrm{e}^{\mathrm{i}\varphi}}{\pi \mathrm{i}} \int_{-\infty}^{+\infty} \frac{g[(\rho + \mathrm{i}\sigma)\mathrm{e}^{\mathrm{i}\varphi}]}{\rho - \tau} \mathrm{d}\rho \tag{9.16}$$

现在回顾对于形如

$$\phi(x) = \frac{1}{\pi \mathrm{i}} \int_{-\infty}^{+\infty} \frac{\chi(t)}{t - x} \mathrm{d}t$$

的变换,有以下属于黎斯[77]的不等式

$$\int_{-\infty}^{+\infty} |\psi(x)|^p \mathrm{d}x \leqslant \widetilde{\Lambda}_p^p \int_{-\infty}^{+\infty} |\chi(t)|^p \mathrm{d}t \quad (p>1)$$

其中 $\widetilde{\Lambda}_p$ 是只依赖于 p 的正的常数. 利用这个不等式，从等式(9.16)得到

$$\int_{-\infty}^{+\infty} |\widetilde{g}[(\tau+\mathrm{i}\sigma)\mathrm{e}^{\mathrm{i}\varphi},\mathrm{e}^{\mathrm{i}\varphi}]|^p \mathrm{d}\tau \leqslant \widetilde{\Lambda}_p^p \int_{-\infty}^{+\infty} |g[(\tau+\mathrm{i}\sigma)\mathrm{e}^{\mathrm{i}\varphi}]|^p \mathrm{d}\tau$$

对这个不等式从 $-\infty$ 到 $+\infty$ 对 σ 积分，然后，用公式 $\zeta=(\tau+\mathrm{i}\sigma)\mathrm{e}^{\mathrm{i}\varphi}$ 进行积分变量的变换就得

$$\iint_E |\widetilde{g}(\zeta,\mathrm{e}^{\mathrm{i}\varphi})|^p \mathrm{d}E_\zeta \leqslant \widetilde{\Lambda}_p^p \iint_E |g(\zeta)|^p \mathrm{d}E_\zeta \tag{9.17}$$

从等式(9.15)出发借助赫尔德不等式得到

$$|\Pi_* g|^p \leqslant \frac{\pi^{\frac{p}{q}}}{2^p}\int_0^\pi |\widetilde{g}(z,\mathrm{e}^{\mathrm{i}\varphi})|^p \mathrm{d}\varphi$$

由此根据不等式(9.17)就得到不等式

$$\iint_E |\Pi_* g|^p E_z \leqslant \frac{\pi^p}{2^p}\widetilde{\Lambda}_p^p \iint_E |g(z)|^p \mathrm{d}E_z$$

从它立即推出不等式(9.13).

当任意的 $p>1$ 时，借助不等式(9.13)我们可以保证推广算子 Π_* 成实现 $L_p(E)$ 到 $L_p(E)$ 的线性算子.

设 g 是 $L_p(E)(p>1)$ 的元素，g_n 是 $D_\infty^0(E)$ 中的平均收敛于 g 的元素序列，$L_p(g-g_n)\to 0$. 这时，由不等式(9.13)，序列 $\Pi_* g_n$ 也平均收敛于 $L_p(E)$ 中的某元素. 这个元素我们用 $\Pi_* g$ 来表示：$L_p(\Pi_* g-\Pi_* g_n)\to 0, n\to\infty$. 若线性流形 $D_\infty^0(E)$ 的两个序列 g_n 与 g_n' 都收敛于 g，则 $\Pi_* g_n, \Pi_* g_n'$ 也收敛于同一个极限. 算子 $\Pi_* g$ 显然是齐次的及可加的. 此外，它显然满足不等式(9.13)，因此 $\Pi_* g$ 在任何的 $L_p(E)(p>1)$ 中是线性有界算子.

现在考虑关于算子 Π 的推广问题. 在线性流形 $D_\infty^0(E)$ 上，由公式(9.11)(9.8)和(9.9)有

$$\Pi g=\Pi(\Pi_*\Pi^* g)=\partial_z T(\partial_z T_*\Pi^* g)=\partial_* T_*\Pi^* g=\Pi^{*2} g \tag{9.18}$$

这里我们利用了公式

$$T(\partial_z T_*\Pi^* g)=T_*\Pi^* g$$

它的正确性易于从定理 1.16 推出，若考虑到当 $z=\infty$ 时，$T_*\Pi^* g$ 就变成零的话.

有了公式(9.18)，显然就可以把 Π 当作在任何的 $L_p(E)(p>1)$ 上的线性算子.

我们用 Λ_p 表示在 $L_p(E)$ 中算子 Π 的范数：$\Lambda_p=L_p(\Pi), p>1$. 像我们在前

面看到的,Π 是 $L_2(E)$ 中的幺算子.因此 $\Lambda_2=1$.可是根据黎斯[77] 的一个重要的定理(也可参看[35] 第九章),Λ_p^p 是关于 p 的对数凸函数.因此对于任意的 $\varepsilon>0$ 可以指出 $\delta(\varepsilon)>0$,使得

$$\Lambda_p-1<\varepsilon \quad (|p-2|<\delta(\varepsilon)) \tag{9.19}$$

算子 Π 的范数 Λ_p 的这个性质,在今后我们将不止一次地用到.

附注 本段前面的讨论,主要是借用了齐格蒙特与卡尔台伦的文章(参看[36a,б]),其中研究了较一般的多维奇异积分的性质(还可参看[56б]).

前面基于算子 Π 的定义,我们曾经假设公式

$$\Pi f=\partial_z Tf \tag{9.20}$$

成立,而这个公式至今只是对于赫尔德连续的函数有严格的论证.现在自然会产生这种问题:它在较广的空间 $L_p(E)(p>1)$ 是否仍然成立.下面来回答这个问题.

定理 1.35 若 $f\in L_p(E)$,$p>1$,则 Tf 有对 z 的广义微商,并等于 Πf,即是说,在这种情形下,公式(9.20)成立,它还可以写作

$$\frac{\partial Tf}{\partial x}=f+\Pi f,\frac{\partial Tf}{\partial y}=-\mathrm{i}f+\mathrm{i}\Pi f \tag{9.21}$$

证明 应该证明

$$I=\iint_G(Tf\partial_z\varphi+\Pi f\cdot\varphi)\mathrm{d}x\mathrm{d}y=0 \tag{9.22}$$

其中 φ 是 $D_1^0(G)$ 中任意元素.

设 f_n 是线性流形 $D_\infty^0(G)$ 内的元素序列,它平均收敛于 f

$$L_p(f-f_n)\to 0 \quad (n\to\infty)$$

因为

$$I_n=\iint_G(Tf_n\partial_z\varphi+\varphi\Pi f_n)\mathrm{d}x\mathrm{d}y=0 \quad (n=1,2,\cdots) \tag{9.23}$$

则由序列 Tf_n,Πf_n 相应地平均收敛到 Tf 与 Πf,从等式(9.23)取极限就得到等式(9.22).

由定理 1.16 与定理 1.35 推出下面的:

定理 1.36 若 $\partial_{\bar z}f\in L_p(G)$,$p<1$,则存在 $\partial_z f$ 也属于 $L_p(G)$.

证明 因为 $f=\Phi+Tf_{\bar z}$,$\Phi\in \mathfrak{U}_0(G_1)$,所以

$$f_z=\Phi'+\Pi f_{\bar z}\in L_p(G_1)$$

其中 G_1 是 G 的任意子域.

如我们在前节所见,算子 Πf 在 C_α 空间中具有积分表示式

$$\Pi f = -\frac{1}{\pi}\iint_E \frac{f(\zeta)}{(\zeta - z)^2}\mathrm{d}\xi\mathrm{d}\eta \tag{9.24}$$

其中积分是在柯西主值意义下来理解的.自然也会想到公式在空间 $L_p(E)$ $(p>1)$ 的情形时是否成立.不去详细证明,我们指出,基于齐格蒙特与卡尔台伦(参看[36a,б])的一般结果可以论证等式(9.24):若 $f \in L_p(E)$,$p>1$,则等式(9.24)的右端在主值意义下几乎处处存在并等于 Πf.

§10 $D_z(G)$ 与 $D_{\bar z}(G)$ 类函数的一些其他性质

依据前面的结果,本节我们还要证明类 $D_z(G)$ 与 $D_{\bar z}(G)$ 中函数的一系列性质.显然,只需考虑类 $D_{\bar z}(G)$ 就足够了.

1. **定理 1.37** 设 $f \in D_{1,p}(G)$,$1<p<2$,$g \in D_{1,p'}(G)$,$p'=\dfrac{2p}{3p-2}$.那么乘积 $fg \in D_{\bar z}(G)$,并且

$$\partial_{\bar z}(fg) = f\partial_{\bar z}g + g\partial_{\bar z}f \tag{10.1}$$

证明 设 G_1 是域 G 的某个子域,$G_1 \subset G$.那么根据公式(5.12),有

$$f(z) = \Phi(z) + Tf_1, g(z) = \Psi(z) + Tg_1$$

$$f_1 = \partial_{\bar z}f, g_1 = \partial_{\bar z}g, Tf \equiv T_{G_1}f, \Phi, \Psi \in \mathfrak{U}_0(G_1)$$

因此

$$fg = h + Tf_1Tg_1, h = \Phi\Psi + \Phi Tg_1 + \Psi Tf_1$$

如果注意到:若 f 和 g 只要有一个函数属于 $C^1(G)$,则公式(10.1)成立,我们将有

$$\partial_{\bar z}h = \Phi\partial_{\bar z}Tg_1 + \Psi\partial_{\bar z}Tf_1 \equiv \Phi g_1 + \Psi f_1$$

所以,只剩下对乘积 Tf_1Tg_1 来证明公式(10.1),即是说,需要证明,若 $\varphi \in D_1^0(G_1)$,则

$$\iint_G [(Tf_1Tg_1)\partial_{\bar z}\varphi + (f_1Tg_1 + g_1Tf_1)\varphi]\mathrm{d}x\mathrm{d}y = 0 \tag{10.2}$$

设 f_n 是线性流形 $D_\infty(G_1)$ 的函数序列,p 次平均收敛于 f_1.显然有

$$\iint_G [(Tf_nTg_1)\partial_{\bar z}\varphi + (f_nTg_1 + g_1Tf_n)\varphi]\mathrm{d}x\mathrm{d}y = 0 \tag{10.3}$$

因为 $f_1 \in L_p(G)$,$Tg_1 \in L_{\frac{p'}{p'-1}}(G)$,而 $g_1 \in L_{p'}(G)$,$Tf_1 \in L_{\frac{p'}{p'-1}}(G)$,那么由等式(10.3)取极限的结果是等式(10.2).这里应当考虑到 f_n,Tf_n 分别平均收敛到 f_1 与 Tf_1.

2. **定理 1.38** 设 $\partial_{\bar z}f \in L_2(G)$，函数 $z=w(\zeta)$ 实现了由 ζ 平面上的域 G' 到 z 平面上的域 G 的双方单值，且连续的映射. 若 $w(\zeta)\in C^1(G')$，并且变换的雅可比在域内到处不为零，则复合函数 $f(w(\zeta))\in D_{\bar\zeta}(G')$ 与 $D_{\zeta}(G')$，并且

$$\partial_{\bar\zeta}f(w(\zeta))=\partial_z f(z)\partial_{\bar\zeta}w+\partial_{\bar z}f(z)\partial_{\bar\zeta}\overline{w} \tag{10.4}$$

$$\partial_{\zeta}f(w(\zeta))=\partial_z f(z)\partial_{\zeta}w+\partial_{\bar z}f(z)\partial_{\zeta}\overline{w} \tag{10.5}$$

证明 只要证明这些公式中的第一个就够了，第二个可以类似地得到. 首先注意，由定理 1.36，从条件 $f_{\bar z}\in L_2(G)$ 就得到 $f_z \in L_2(G)$. 又因为在 G 的任一子域 G_1 内函数 f 可以写成

$$f=\Phi+Tg \quad (\Phi\in \mathfrak{U}_0(G_1), g=\partial_{\bar z}f)$$

那么公式(10.4)只需对函数 Tg 去证明就够了，这里 $g\in L_2(G)$，同时应该注意到：若 $f\in C^1(G)$，上式(10.4)是正确的. 设 g_n 是 $D^0_\infty(G)$ 的平均收敛于 g 的元素序列. 那么在 ζ 平面的域 G' 中序列 $f_n(w(\zeta))$ 平均收敛于 $f(w(\zeta))$，其中 $f_n=Tg_n$.

所以，若 $\varphi\in D^0_1(G')$，则

$$\begin{aligned}
\iint_{G'} f(w(\zeta))\partial_{\bar\zeta}\varphi(\zeta)\,\mathrm{d}\xi\mathrm{d}\eta &= \lim_{n\to\infty}\iint_{G'} f_n(w(\zeta))\partial_{\bar\zeta}\varphi(\zeta)\,\mathrm{d}\xi\mathrm{d}\eta\\
&=-\lim_{n\to\infty}\iint_{G'}\varphi(\zeta)\partial_{\bar\zeta}f_n(w(\zeta))\,\mathrm{d}\xi\mathrm{d}\eta\\
&=-\lim_{n\to\infty}\iint_{G'}\varphi(\zeta)(\partial_z f_n(z)\partial_{\bar\zeta}w+\partial_{\bar z}f_n(z)\partial_{\bar z}\overline{w})\,\mathrm{d}\xi\mathrm{d}\eta\\
&=-\lim_{n\to\infty}\iint_{G'}\varphi(\zeta)[\Pi g_n\partial_{\bar\zeta}w+g_n\partial_{\bar\zeta}\overline{w}]\,\mathrm{d}\xi\mathrm{d}\eta\\
&=-\iint_{G'}\varphi(\zeta)[\Pi_{G_1}g\partial_{\bar\zeta}w+g\partial_{\bar\zeta}\overline{w}]\,\mathrm{d}\xi\mathrm{d}\eta\\
&=-\iint_{G'}\varphi(\zeta)[\partial_z Tg\partial_{\bar\zeta}w+\partial_{\bar z}Tg\partial_{\bar z}\overline{w}]\,\mathrm{d}\xi\mathrm{d}\eta
\end{aligned}$$

这就证明了公式(10.4).

定理 1.39 设 $D_{\bar z}(G)$ 类函数 $z_*=f(z)$ 的值属于某个有界域 G_*，并且 $g=\partial_{\bar z}f\in L_p(G)$，$p>2$.

设函数 $\Phi(z_*)$ 在域 G^0_* 内全纯，并且 $\overline{G}_*\subset G^0_*$. 在这种条件下，复合函数 $\Phi[f(z)]=f_*(z)$ 属于 $D_{\bar z}(G)$，并且

$$\partial_{\bar z}f_*(z)=\Phi'(f(z))\partial_{\bar z}f(z) \tag{10.6}$$

$$\partial_z f_*(z)=\Phi'(f(z))\partial_z f(z) \tag{10.7}$$

证明 在 G 的子域 G_1 内

$$f(z)=\Phi(z)+T_{G_1}g, \Phi\in \mathfrak{U}_0(G_1), g=\partial_{\bar{z}}f$$

设 g_n 是 $D_\infty(G_1)$ 的 p 次平均收敛到 q 的元素序列. 那么序列 $f_n=\Phi+T_{G_1}g_n$ 在 $\overline{G}_1$ 上一致收敛到 f，所以，序列 $\Phi(f_n(z))$ 与 $\Phi'(f_n(z))$ 在 G_1 内分别一致收敛到 $\Phi(f(z))$ 与 $\Phi'(f(z))$. 由此，若 $\varphi\in D_1^0(G_1)$，则

$$\begin{aligned}\iint_G \Phi(f(z))\partial_{\bar{z}}\varphi\,\mathrm{d}x\mathrm{d}y &= \lim_{n\to\infty}\iint_G \varphi(z)\Phi(f_n(z))\partial_{\bar{z}}\varphi\,\mathrm{d}x\mathrm{d}y\\ &= -\lim_{n\to\infty}\iint_G \varphi(z)\Phi'(f_n(z))\partial_{\bar{z}}f_n(z)\,\mathrm{d}x\mathrm{d}y\\ &= -\lim_{n\to\infty}\iint_G \varphi(z)\Phi'(f_n(z))g_n(z)\,\mathrm{d}x\mathrm{d}y\\ &= -\iint_G \varphi\Phi'(f(z))g(z)\,\mathrm{d}x\mathrm{d}y\end{aligned}$$

这就证明了公式(10.6). 类似地可证明公式(10.7).

第二章 正的微分二次型化为标准型·贝尔特拉米方程·几何应用

§1 引言·二次型的同胚

在本章中研究化二次型

$$F \equiv a(x,y)\mathrm{d}x^2 + 2b(x,y)\mathrm{d}x\mathrm{d}y + c(x,y)\mathrm{d}y^2 \quad (1.1)$$

$$\Delta \equiv ac - b^2 > 0$$

为标准型

$$F \equiv \Lambda(\mathrm{d}u^2 + \mathrm{d}v^2) \quad (\Lambda \neq 0) \quad (1.2)$$

的问题占有主要地位.这个问题归结为证明贝尔特拉米方程组

$$\begin{cases} \sqrt{\Delta}\,\dfrac{\partial u}{\partial x} - a\,\dfrac{\partial v}{\partial y} + b\,\dfrac{\partial v}{\partial x} = 0 \\ \sqrt{\Delta}\,\dfrac{\partial u}{\partial y} - b\,\dfrac{\partial v}{\partial y} + c\,\dfrac{\partial v}{\partial x} = 0 \end{cases} \quad (1.3)$$

存在单叶解(同胚).很多分析问题和几何问题(例如,曲面保角映射到平面的问题,二维域上椭圆型方程化为标准型的问题及其他)都要归结为这一问题.

目前在关于二次型系数十分广泛的假定下这个问题已被解决.这个问题的第一次最完善的解,是由利赫坦斯坦因得到的(参看[48]),为此目的他主要利用了克贝关于单值化理论的结果.利赫坦斯坦因把二次型的系数当作在赫尔德意义下连续的.在系数只是连续的更一般情形,问题由拉夫伦捷夫用另外的方法解决了(参看[45a,б]).进一步的推广可以在[46a][59][18][93]中找到.

本章中提供一个早先由作者在[14в]中所指出的方法，在关于二次型(1.1)的系数十分广泛的假定下，这种方法能给出问题的大范围的解. 稍晚一些类似的证明方法曾独立地由阿尔弗斯提供(参看[3a]，亦可参看[92][5г]). 在保亚斯基的工作[11б，в，г，д]中有了进一步的发展，并把这一方法应用于拟保角映射的问题.

今后我们将认为满足下列条件：

(1) $a(x,y), b(x,y), c(x,y)$ 是全平面 E 上的有界可测函数；

(2) 在 E 上几乎处处有 $\Delta \equiv ac - b^2 \geqslant \Delta_0 > 0, a > 0$ ($\Delta_0 =$ 常数).

由条件(2)导出

$$\frac{(a-\sqrt{\Delta})^2 + b^2}{(a+\sqrt{\Delta})^2 + b^2} \leqslant q_0 < 1 \quad (q_0 = \text{常数}) \tag{1.4}$$

我们注意到，若在无穷远点附近 $a=c\neq 0, b=0$，则条件(1.4)总成立. 这就是说，二次型(1.1)在 $z=\infty$ 附近有式(1.2)的标准型. 若 a,b,c 在有界闭域 $\bar{G}$ 上已给，在 $\bar{G}$ 上它们满足条件(1)和条件(2)，则总可以把它们拓展到全平面，使得上面所指出的一切条件都满足. 为此，例如只需在 G 外令 $a=c\neq 0, b=0$.

本章的主要目的是证明存在自变量的这种变换

$$u = u(x,y), v = v(x,y) \tag{1.5}$$

由于这个变换的结果，首先，实现一个互相单值且连续(同胚)的映射，把 $z=x+\mathrm{i}y$ 平面上的域 G_z 变到 $w=u+\mathrm{i}v$ 平面上的域 G_w，其次，把二次型(1.1)化为标准型. 若这样的变换存在，则我们称复函数 $w=u+\mathrm{i}v$ 为二次型(1.1)的整体同胚. 若所考察的域 G_z 和 G_w 各自覆盖平面 z 和 w，则对应的整体同胚我们将称为二次型的完全同胚(полный гомеоморфизм).

同样引进局部同胚(локальный гомеоморфизм)的概念是有益的. 若函数 $w(z)$ 实现同胚映射，把点 z_0 的某一邻域变到点 $w_0=w(z_0)$ 的邻域，且在此变换下形式(1.1)取形式(1.2)，则称 $w(z)$ 为二次型(1.1)的局部同胚.

下面，在一定的条件下，我们证明关于存在二次型(1.1)的同胚的定理. 同时我们阐明同胚的微分性质与式(1.1)的系数的微分性质有关.

§2 贝尔特拉米方程组

已知

$$aF \equiv (a\mathrm{d}x + (b+\mathrm{i}\sqrt{\Delta})\mathrm{d}y)(a\mathrm{d}x + (b-\mathrm{i}\sqrt{\Delta})\mathrm{d}y)$$

若能找到满足等式

$$\mu \mathrm{d}w = a\mathrm{d}x + (b + \mathrm{i}\sqrt{\Delta})\mathrm{d}y \quad (\Delta = ac - b^2 > 0) \tag{2.1}$$

的函数 $\mu = \mu(z)$ 和 $w = u + \mathrm{i}v$,则我们将有

$$F \equiv \frac{\mu\bar{\mu}}{a}\mathrm{d}w\mathrm{d}\bar{w} \equiv \Lambda(\mathrm{d}u^2 + \mathrm{d}v^2) \quad (\Lambda = \frac{\mu\bar{\mu}}{a}) \tag{2.2}$$

由等式(2.1)可看出,w 满足下面的(复)方程

$$a\frac{\partial w}{\partial y} - (b + \mathrm{i}\sqrt{\Delta})\frac{\partial w}{\partial x} = 0 \tag{2.3}$$

或

$$\partial_{\bar{z}} w - q(z)\partial_z w = 0 \tag{2.4}$$

其中

$$q(z) = \frac{a - \sqrt{\Delta} + \mathrm{i}b}{a + \sqrt{\Delta} - \mathrm{i}b} = \frac{a - c + 2\mathrm{i}b}{a + c + 2\sqrt{\Delta}} \tag{2.4a}$$

方程(2.4)等价于下面两个实方程

$$\sqrt{\Delta}\frac{\partial u}{\partial x} - a\frac{\partial v}{\partial y} + b\frac{\partial v}{\partial x} = 0, \sqrt{\Delta}\frac{\partial u}{\partial y} - b\frac{\partial v}{\partial y} + c\frac{\partial v}{\partial x} = 0 \tag{2.5}$$

这一方程组以贝尔特拉米微分方程组闻名.显见,它是柯西-黎曼方程组的推广,而且,在下面即将看到,它们之间有着十分紧密的联系(§4,4).

这样一来,找二次型(1.1)的同胚的问题归结为证明贝尔特拉米方程组(2.5)存在单叶解,这些解我们亦将称为这一方程组的同胚.

§3 贝尔特拉米方程的基本同胚的建立

若存在 $L_p(G)(p \geqslant 1)$ 类的广义微商 $\partial_z w$ 和 $\partial_{\bar{z}} w$,在 G 内几乎处处满足方程(2.4),则我们说 $w(z)$ 是方程(2.4)在域 G 的广义解.我们首先证明存在 $D_{1,p}(p > 2)$ 类的广义解①.

正如上面已约定的,我们总假定 $q(z)$ 是全平面上的有界可测函数,满足条件

$$|q(z)| \leqslant q_0 < 1 \tag{3.1}$$

此外,假定 $q(z)$ 属于某一 $L_{p'}(E)$,$p' < 2$.于是由不等式 $|q(z)|^p \leqslant |q(z)|^{p'}$,

① 下面我们将导出公式,它允许建立更广的有孤立奇点、分支点等的广义解的类(§4,4).

$p \geqslant p'$，导出 $q(z)$ 属于任一类 $L_p(E)$，$p \geqslant p'$. 这一假定对函数 $q(z)$ 在无穷远附近的衰减性质有一定的限制，今后我们将把它去掉. 现在我们证明：在所指出的条件下贝尔特拉米方程(2.4) 具有下面形式的解

$$W(z) = z - \frac{1}{\pi} \iint_E \frac{f(\zeta)}{\zeta - z} \mathrm{d}E_\zeta \equiv z + Tf \tag{3.2}$$

其中 f 是属于某一 $L_p(E)(p \geqslant p')$ 类的未知函数.

根据第一章公式(8.16)，我们有

$$\partial_{\bar{z}} W = f, \partial_z W = 1 + \partial_z Tf = 1 + \Pi f \tag{3.3}$$

将这些表达式代入方程(2.4)，得

$$f - q\Pi f = q \tag{3.4}$$

这个方程属于曾由特里柯密(85б) 考虑过的二维奇异积分方程类. 我们现在把它看作 $L_p(E)$ 空间中的线性方程并证明它可解.

事实上，因为 $L_p(\Pi f) \leqslant \Lambda_p L_p(f)$，$\Lambda_p = L_p(\Pi)$，则 $L_p(q\Pi f) \leqslant q_0 L_p(\Pi f) \leqslant q_0 \Lambda_p L_p(f)$. 但常数 Λ_p 连续地依赖于 p(参看[77]). 因此，考虑到 $q_0 < 1$ 和 $\Lambda_2 = 1$(参看第一章公式(9.7))，可以找到这样的 $\varepsilon > 0$，使得当 $2 - \varepsilon \leqslant p \leqslant 2 + \varepsilon$ 时满足不等式 $q_0 \Lambda_p < 1$. 由于这一点，根据压缩映射原理，方程(3.4) 的解存在且属于任一类 $L_p(E)$，$|p - 2| \leqslant \varepsilon$. 根据定理 1.21，函数 $W - z = Tf$ 属于 $C_\varepsilon(E)$. 此外，显见它属于 $D_{1,2+\varepsilon}$.

指出下面这一点是重要的，方程(3.4) 可以按公式

$$f_0 = g, f_{n+1} = q + q\Pi f_n \quad (n = 0, 1, \cdots) \tag{3.5}$$

用逐次逼近法来解. 这个过程引出级数

$$f = q + q\Pi f + q\Pi(q\Pi q) + \cdots \tag{3.6}$$

这种方法使我们易于求出函数 f 的近似函数，使其具有预先给定的任何高的精确度.

下面，在 §5 中，我们将证明函数(3.2) 实现一个完全同胚，而且它在无穷远处满足下列条件

$$W(\infty) = \infty, z^{-1} W(z) \to 1 \quad (z \to \infty) \tag{3.7}$$

若考虑到第一章的公式(6.10a)，这些条件容易由公式(3.2) 导出. 下面我们将确信，完全同胚被这些条件唯一确定(§5,3). 因此，由公式(3.2) 所表示的同胚我们称之为贝尔特拉米方程(2.4) 的基本同胚. 为了证明所提到的基本命题，我们需要确定局部同胚的存在并研究它们的某些性质. 这一问题在下一节中涉及.

§ 4 证明局部同胚的存在

1. 下面的定理成立.

定理 2.1 设 G_0 是某一定点 z_0 的邻域. 若 $q(z) \in C_\alpha(\bar{G}_0)$, $0 < \alpha < 1$, 则在点 z_0 的某一小邻域 $G_0'(G_0' \subset G_0)$ 存在方程(2.4)的、属于 $C_\alpha^1(\bar{G}_0')(0 < \alpha < 1)$ 类的局部同胚 $W_0(z)$.

证明 由于非异的仿射变换

$$\zeta = z - z_0 + q(z_0)(\bar{z} - \bar{z}_0) \tag{4.1}$$

的结果, 方程(2.4)取如下形式

$$\partial_{\bar{\zeta}} W - \rho(\zeta)\partial_\zeta W = 0, \rho(\zeta) = \frac{q(z) - q(z_0)}{1 - q(z)\bar{q}(\bar{z}_0)} \tag{4.2}$$

因为 $|q(z)| \leqslant q_0 < 1$, 则容易相信

$$|\rho(\zeta)| \leqslant q_0' < 1, |\rho(\zeta_1) - \rho(\zeta_2)| \leqslant \frac{|q(z_1) - q(z_2)|}{1 - q_0} \tag{4.3}$$

由于 $\rho(0) = 0$, 因此存在一个闭圆 G_δ: $|\zeta| \leqslant \delta$, 在其上满足不等式

$$|\rho(\zeta)| \leqslant M|\zeta|^\alpha, |\rho(\zeta_1) - \rho(\zeta_2)| \leqslant M|\zeta_1 - \zeta_2|^\alpha \tag{4.4}$$

$$M = \frac{H(q, \alpha, \bar{G}_0)}{(1 - q_0)^2}$$

现在考虑函数

$$\rho_\delta(\zeta) = \begin{cases} \rho(\zeta) & \text{当} |\zeta| < \frac{1}{2}\delta \\ 2\rho(\zeta)\left(1 - \frac{|\zeta|}{\delta}\right) & \text{当} \frac{1}{2}\delta \leqslant |\zeta| \leqslant \delta \\ 0 & \text{当} |\zeta| > \delta \end{cases} \tag{4.5}$$

显然, $\rho_\delta(\zeta) \in C_\alpha(E)$ 且在圆 G_δ 的外面为零. 由式(4.4)及(4.5)易得

$$|\rho_\delta(\zeta)| \leqslant M|\zeta|^\alpha, |\rho_\delta(\zeta_1) - \rho_\delta(\zeta_2)| \leqslant 5M|\zeta_1 - \zeta_2|^\alpha$$

因此, 若认为 $\delta \leqslant 1$, 则有

$$C(\rho_\delta, G_\delta) \leqslant M\delta^\alpha$$

$$C_\alpha(\rho_\delta, G_\delta) \leqslant M(5 + \delta^\alpha) \leqslant 6M \tag{4.6}$$

现在令 $C_\alpha^0(G_\delta)$ 表示 $C_\alpha(E)$ 中那种元素的集合, 它们在 G_δ 外为零. 因为 $C_\alpha^0(G_\delta)$ 是 $C_\alpha(E)$ 中元素的闭线性流形, 所以可把它看作是巴拿赫型的空间.

考虑算子 $\Pi_\delta f \equiv \rho_\delta(\zeta)\Pi f$, 其中 $f \in C_\alpha^0(G_\delta)$. 显见, $\Pi_\delta f$ 是线性有界算子,

把空间 $C_\alpha^0(G_\delta)$ 映射到本身．若 $f\in C_\alpha^0(G_\delta)$，则根据第一章公式(8.7)，有

$$g(z)\equiv \Pi f=-\frac{1}{\pi}\iint_E\frac{f(\zeta)\mathrm{d}\xi\mathrm{d}\eta}{(\zeta-z)^2}=-\frac{1}{\pi}\iint_{G_\delta}\frac{f(\zeta)-f(z)}{(\zeta-z)^2}\mathrm{d}\xi\mathrm{d}\eta$$

由此

$$|g(z)|\leqslant\frac{1}{\pi}H(f,\alpha,G_\delta)\iint_{G_\delta}\frac{\mathrm{d}\xi\mathrm{d}\eta}{|\zeta-z|^{2-\alpha}}\leqslant\frac{4\delta^\alpha}{\alpha}H(f,\alpha,G_\delta)\qquad(4.7)$$

根据第一章公式(8.9)，我们同样有

$$|g(z_1)-g(z_2)|\leqslant M_\alpha|z_1-z_2|^\alpha H(f,\alpha,G_\delta)$$

即

$$H_\alpha(\Pi f,G)\leqslant M_\alpha H(f,\alpha,G_\delta)\qquad(4.8)$$

由不等式(4.8)和(4.7)，我们有

$$C_\alpha(\Pi f,G_\delta)\leqslant\left(M_\alpha+\frac{4\delta^\alpha}{\alpha}\right)H(f,\alpha,G_\delta)\leqslant\hat{M}_\alpha C_\alpha(f,G_\delta)\qquad(4.9)$$

$$\hat{M}_\alpha=M_\alpha+\frac{4}{\alpha}$$

因为根据第一章公式(1.7)，有

$$C_\alpha(\rho_\delta\Pi f,G_\delta)\leqslant C_\alpha(\rho_\delta,G_\delta)C(\Pi f,G_\delta)+C(\rho_\delta,G_\delta)C_\alpha(\Pi f,G_\delta)\quad(4.10)$$

则由式(4.6)(4.8)和(4.10)，我们有

$$C_\alpha(\rho_\delta\Pi f,G_\delta)\leqslant\widetilde{M}_\delta C_\alpha(f,G_\delta),\widetilde{M}_\delta=M\left(M_\alpha+\frac{28}{\alpha}\right)\delta^\alpha\qquad(4.11)$$

固定 δ，使得满足不等式

$$\delta<1,\delta^\alpha<\frac{\alpha}{M(52+M_\alpha)}\qquad(4.12)$$

在这种情形，不难看出

$$\widetilde{M}_\delta<\frac{M(M_\alpha+52)}{\alpha}\delta^\alpha<1\qquad(4.13)$$

现在我们要求方程(4.2)的下面形式的解

$$W(\zeta)=\zeta-\frac{1}{\pi}\iint_{G_\delta}\frac{f(z)\mathrm{d}x\mathrm{d}y}{z-\zeta}\equiv\zeta+Tf\quad(f\in C_\alpha^0(G_\delta))\qquad(4.14)$$

因为

$$\partial_{\bar\zeta}W=f(\zeta),\partial_\zeta W=1+\Pi f\equiv 1-\frac{1}{\pi}\iint_{G_\delta}\frac{f(z)\mathrm{d}x\mathrm{d}y}{(z-\zeta)^2}$$

则得到对 f 的方程

$$f(\zeta)-\rho_\delta(\zeta)\Pi f=\rho_\delta(\zeta)\qquad(4.15)$$

根据不等式(4.11)和(4.13)，应用压缩映射原理，可看出方程(4.15)有属

于 $C_\alpha^0(G_\delta)$ 的唯一解 $f(\zeta)$.

利用不等式(4.6)及(4.10),由式(4.15)得

$$C_\alpha(f,G_\delta)\leqslant C_\alpha(\rho_\delta,G_\delta)+C_\alpha(\rho_\delta\Pi f,G_\delta)\leqslant 6M+\widetilde{M}_\delta C_\alpha(f,G_\delta)$$

由不等式(4.13)和(4.12)得

$$C_\alpha(f,G_\delta)\leqslant\frac{6M}{1-\widetilde{M}_\delta}<\frac{\alpha}{4\delta^\alpha},\text{即}\frac{4\delta^\alpha}{\alpha}C_\alpha(f,G_\delta)<1 \tag{4.16}$$

因为 $f\in C_\alpha^0(G_\delta)$,则根据定理2.1,函数 $W(\zeta)=\zeta+Tf\in C_\alpha^1(G_\delta)$. 现在证明 $W(\zeta)$ 是同胚映射,把点 $\zeta=0$ 的邻域变到点 $W(0)$ 的某一邻域.

根据方程(4.2)和等式(4.15),变换的雅可比可表示为

$$J_0(\zeta)=\left|\frac{\partial W}{\partial\zeta}\right|^2-\left|\frac{\partial W}{\partial\bar{\zeta}}\right|^2=(1-|\rho_\delta(\zeta)|^2)|1+\Pi f|^2 \tag{4.17}$$

注意到不等式(4.3)(4.7)和(4.16),我们得

$$J_0(\zeta)\geqslant(1-q_0^2)(1-|\Pi f|^2)\geqslant(1-q_0^2)\left(1-\frac{4\delta^\alpha}{\alpha}C_\alpha(f,G_\delta)\right)^2>0 \tag{4.18}$$

这样一来,当 $|\zeta|\leqslant\delta$ 时雅可比 $J_0(\zeta)>0$. 因此,函数 $W(\zeta)=\zeta+Tf$ 实现某一个圆 $|\zeta|\leqslant\delta_0<\delta$ 到点 $W(0)$ 的某一邻近的互为单值且连续的映射,其中 f 是方程(4.15)的解.

根据式(4.1)回到变量 $z=x+\mathrm{i}y$,我们有函数

$$W_0(z)=W(z-z_0+q(z_0)(\bar{z}-\bar{z}_0)) \tag{4.19}$$

显见它是方程(2.4)的属于 $C_\alpha^1(G_0')$ 类的解,其中 G_0' 是以点 z_0 为心的椭圆,这是利用仿射变换(4.1)由圆 $|\zeta|\leqslant\delta_0$ 映射而成的. 此外,利用函数 $W_0(z)$ 可把这个椭圆同胚地映射到点 $W_0(z_0)$ 的某一邻域. 因此,$W_0(z)$ 是方程(2.4)在点 z_0 的某一邻域的局部同胚,这就是所要证明的①.

注意,可以证明,若 $q(z)\in C_\alpha(E)$,$0<\alpha<1$,则可取半径为 δ_0(与点 z_0 的位置无关)的标准圆 G_0 作为存在局部同胚的邻域.

2. **定理 2.2** 若 $q(z)\in C_\alpha^m(\bar{G})$,其中 G_0 是点 z_0 的某一邻域,则上面所建立的局部同胚 $W_0(z)$ 属于类②

$$C_\alpha^{m+1}(E)\quad(0<\alpha<1)$$

---

① 由下面的辐角原理容易导出,根据公式(4.14)和(4.19)我们所建立的方程(2.4)的局部同胚,事实上是把整个 z 平面同胚映射到 W 平面,然而它仅在点 z_0 邻近满足方程(2.4).

② 更确切地说,是函数 $W_0(z)-(z-z_0+q(z_0)(z-z_0))$ 属于 $C_\alpha^{m+1}(E)$ 类.

证明 显见,若我们能证明函数 $W(\zeta)=\zeta+Tf$ 属于 $C_\alpha^{m+1}(E)$,其中 f 是方程(4.15)的解,则定理即得证.

不难看出,我们可以认为函数 $\rho_\delta(\zeta)$ 属于 $C_\alpha^m(E)$,并且当 $|\zeta|\leqslant\frac{\delta}{2}$ 时,$\rho_\delta(\zeta)=\rho(\zeta)$,在圆 $|\zeta|\leqslant\delta$ 之外时恒为零.显见把函数 $\rho_\delta(\zeta)$ 拓展到圆 $|\zeta|\leqslant\frac{\delta}{2}$ 之外总是可能的.今后将 $\rho_\delta(\zeta)$ 简写为 q.我们将对 $m=1$ 的情形进行证明.容易确定,一般的情形可类似地考察.

现在假定 $q\in C_\alpha^1(E)$,$0<\alpha<1$.考虑方程

$$g-q\Pi g-q_zTg=q_z \tag{4.20}$$

它是 $C_\alpha(E)$ 中的线性方程.因为 $I-q\Pi$ 有逆算子,所以方程(4.20)化为方程

$$g-(I-q\Pi)^{-1}q_zTg=(I-q\Pi)^{-1}q_z \tag{4.21}$$

因为 T 是全连续算子,而 $(I-q\Pi)^{-1}$ 是线性的,所以 $(I-q\Pi)^{-1}q_zTg$ 在 $C_\alpha(E)$ 是全连续的.我们证明方程(4.21)在 $C_\alpha(E)$ 总有解(显见它的右端亦属于 $C_\alpha(E)$).设 g_0 是对应齐次方程的解,这个方程等价于奇异齐次方程

$$g_0-q\Pi g_0-q_zTg_0=0\quad(g_0\in C_\alpha(E)) \tag{4.22}$$

由式(4.22)导出,在 $z=\infty$ 邻近,$g_0=0$,引进函数

$$\overline{T}g_0=-\frac{1}{\pi}\iint_E\frac{g_0(z)}{\overline{\zeta}-\overline{z}}\mathrm{d}\xi\mathrm{d}\eta$$

并考虑到(参考第一章公式(8.20)和(8.22))

$$\partial_z\overline{T}g_0=g_0,\ q\Pi g_0+q_zTg_0=\partial_z(q\Pi\overline{T}g_0)$$

等式(4.22)可写为

$$\partial_z[\overline{T}g_0-q\Pi\overline{T}g_0]=0$$

即 $\overline{T}g_0-q\Pi\overline{T}g_0=\overline{\Phi_0(z)}$,其中 $\Phi_0(z)$ 是整函数.但 $\overline{T}g_0-q\Pi\overline{T}q_0$ 在无穷远处为零.因此根据刘维尔定理有 $\Phi_0(z)\equiv0$,即 $\overline{T}g_0-q\Pi\overline{T}g_0=0$.由此导出 $\overline{T}g_0\equiv0$ 和 $g_0\equiv0$.据此我们得出结论:方程(4.21)或方程(4.20)有属于 $C_\alpha(E)(0<\alpha<1)$ 类的解 g.但方程(4.20)可写为

$$\partial_z[\overline{T}g-g\Pi\overline{T}g-q]=0$$

由此容易得出结论.$\overline{T}g-q\Pi\overline{T}g=q$.这就是说方程(4.15)的解有形式 $f=\overline{T}g$.因为 $g\in C_\alpha(E)$,则由定理1.32,$f\in C_\alpha^1(E)$.因此,$Tf\in C_\alpha^2(E)$,这就是所要证明的.

用完全类似的推论可证明下面的定理:

定理 2.3 若 $q(z)\in D_{m,p}(G_0)$,$m\geqslant1$,$p>2$,其中 G_0 是点 z_0 的某一邻

域,则上面所建立的局部同胚 $W_0(z)$ 属于 $D_{m+1,p}(E)$ 类.

3. **定理 2.4** 设 $q(z)$ 在点 z_0 的某一邻域属于 C_α^m,$0<\alpha<1$,$m\geqslant 0$. 设 $W_0(z)$ 是方程(4.20) 对应于点 z_0 的邻域 G_0 的同胚,则方程

$$\frac{\partial w}{\partial \bar{z}}-q(z)\frac{\partial w}{\partial z}=0 \tag{4.23}$$

在域 G_0 的任意一个广义解可表示为

$$w(z)=\Phi[W_0(z)] \tag{4.24}$$

因此属于 $C_\alpha^{m+1}(G_0)$ 类. 此处 $\Phi(w)$ 是域 $W_0(G_0)$ 上的复变量的任意全纯函数.

证明 首先,用直接代入可验证式(4.24) 形式的函数确实是方程(4.23) 的解. 因为 $W_0(z)\in C_\alpha^{m+1}$,亦显见在点 z_0 某一邻域 $\Phi[W_0(z)]\in C_\alpha^{m+1}$. 剩下要证明方程(4.23) 在点 z_0 邻域的任意一个广义解可表示为式(4.24) 的形式. 事实上,若把 $W_0=W_0(z)$ 看作独立变量,而把 z 看作函数,则我们将有复合函数 $w(z(W_0))$,根据定理 1.39,它有关于 $\overline{W}_0$ 和 W_0 的广义微商. 考虑到 $w(z)$ 满足方程(4.23),我们有

$$\begin{aligned}\frac{\partial w(z(W_0))}{\partial \overline{W}_0}&=\frac{\partial w}{\partial z}\frac{\partial z}{\partial \overline{W}_0}+\frac{\partial w}{\partial \bar{z}}\frac{\partial \bar{z}}{\partial \overline{W}_0}\\&=\frac{\partial w}{\partial z}\left[\frac{\partial z}{\partial \overline{W}_0}+q(z)\frac{\partial \bar{z}}{\partial \overline{W}_0}\right]\end{aligned} \tag{4.25}$$

因为 $W_0(z)$ 是方程(4.23) 的解,则

$$1=\frac{\partial W_0}{\partial W_0}=\frac{\partial W_0}{\partial z}\left(\frac{\partial z}{\partial W_0}+q(z)\frac{\partial \bar{z}}{\partial W_0}\right)$$

$$0=\frac{\partial W_0}{\partial \overline{W}_0}=\frac{\partial W_0}{\partial z}\left(\frac{\partial z}{\partial \overline{W}_0}+q(z)\frac{\partial \bar{z}}{\partial \overline{W}_0}\right)$$

由第一个等式导出 $\dfrac{\partial W_0}{\partial z}\neq 0$. 因此,第二个等式 $\dfrac{\partial z}{\partial \overline{W}_0}+q(z)\dfrac{\partial \bar{z}}{\partial \overline{W}_0}=0$. 这样一来,由式(4.25),有

$$\frac{\partial w(z(W_0))}{\partial \overline{W}_0}=0$$

根据定理 1.15,由此导出 $w(z(W_0))$ 是 W_0 的全纯函数,这就是要求证明的.

由于定理 2.3,现在由公式(4.24) 立即得下面的定理:

定理 2.5 若 $q(z)\in D_{m,p}(G_0)$,$m\geqslant 1$,$p>2$,则方程(4.23) 在域 G_0 的任意一个广义解都属于 $D_{m+1,p}(G_0)$ 类.

4. **定理 2.6** 若 $q(z)\in C_\alpha(G)$,$0<\alpha<1$,则方程(4.23) 的非常数解的零点在 G 内是孤立的,即每一个零点有某一个邻域,在此邻域内没有已知解的其他零点. 若在某一点 z_0,$w(z_0)=0$,则在这点的邻域内

$$w(z)=[(z-z_0)+q(z_0)(\bar{z}-\bar{z}_0)]^n\widetilde{w}(z) \tag{4.26}$$

其中 n 是某一个大于 0 的整数，而 $\widetilde{w}(z)$ 是点 z_0 的某一邻域在赫尔德意义下连续的且不等于零的函数.

证明 由公式(4.24) 导出，在点 z_0 邻域内

$$w(z)=[W_0(z)-W_0(z_0)]^n\Phi_0(W_0(z)) \tag{4.27}$$

其中 $\Phi_0(\zeta)$ 是在点 $\zeta_0=W_0(z_0)$ 邻近的解析函数，且 $\Phi_0(\zeta_0)\neq 0$. 但由公式(4.19) 和(4.14)，我们有

$$W_0(z)-W_0(z_0)=W(\zeta)-W(0)=\zeta W_*(\zeta) \tag{4.28}$$

其中

$$\zeta=z-z_0+q(z_0)(\bar{z}-\bar{z}_0)$$

$$W_*(\zeta)=1-\frac{1}{\pi}\iint\limits_{|\zeta|\leqslant\delta}\frac{f(\zeta')\mathrm{d}E_{\zeta'}}{\zeta'(\zeta'-\zeta)}$$

因为 $|f(\zeta)|\leqslant C_\alpha(f,G_\delta)|\zeta|^\alpha$，则显见

$$\frac{f(\zeta)}{\zeta}\in L_p(E)\quad\left(2<p<\frac{2}{1-\alpha}\right)$$

因此，由定理 1.19，$W_*\in C_\beta(E)$，$\beta=\dfrac{p-2}{p}$. 现在来证明 $W_*(0)\neq 0$. 事实上

$$|W_*(\zeta)|\geqslant 1-\frac{1}{\pi}\iint\limits_{G_\delta}\frac{|f(\zeta')|\mathrm{d}E_{\zeta'}}{|\zeta'||\zeta'-\zeta|}$$

$$\geqslant 1-\frac{C_\alpha(f,G_\delta)}{\pi}\iint\limits_{G_\delta}\frac{\mathrm{d}E_{\zeta'}}{|\zeta'|^{1-\alpha}|\zeta'-\zeta|}$$

由此，考虑到不等式(4.16)，得

$$|W_*(0)|\geqslant 1-\frac{C_\alpha(f,G_\delta)}{\pi}\iint\limits_{G_\delta}\frac{\mathrm{d}E_\zeta}{|\zeta|^{2-\alpha}}=1-\frac{2C_\alpha(f,G_\delta)\delta^\alpha}{\alpha}>\frac{1}{2}$$

由公式(4.28) 和(4.27) 直接导出公式(4.26). 我们称数 n 为零点 z_0 的相重数.

5. 现在由公式(4.26) 容易得到下面的定理：

定理 2.7 设在点 z_0 某邻域 $q(z)\in C_\alpha(0<\alpha<1)$. 若 $w(z)$ 是贝尔特拉米方程(4.23) 在 z_0 的邻域的解，则当 z 沿半射线 $\varphi=\arg(z-z_0)=$常数趋于 z_0 时

$$\frac{w(z)-w(z_0)}{z-z_0}\to A_0(1-q(z_0)\mathrm{e}^{-2\mathrm{i}\varphi}) \tag{4.29}$$

其中 A_0 是与 φ 无关的常数.

由关系式(4.29) 导出，贝尔特拉米方程的解在点 z_0 有关于复变量 z 的微

商当且仅当 $q(z_0)=0$.

6. **定理 2.8**(辐角原理)　设 $q(z)\in C_\alpha(G)$, $0<\alpha<1$,并设 $w(z)$ 是贝尔特拉米方程在域 G 的解,它满足下列条件:(1) $w(z)$ 在 $G+\Gamma$ 上连续,其中 Γ 是域 G 的边界;(2) 在 Γ 上到处有 $w(z)\neq 0$. 在这样的条件下,$w(z)$ 在 G 内只可以有有限个零点,其个数由公式

$$N=\frac{1}{2\pi}\Delta_\Gamma \arg w(z) \tag{4.30}$$

所决定,而且每一个零点有多少重就算多少次.

证明　函数 $w(z)$ 的零点个数的有限性由定理 2.6 直接导出. 设 $z_1,\cdots,z_N$ 是这个函数的零点,而且每一个零点有多少重就按多少个算. 在这种情形,由公式(4.26) 我们有

$$w(z)=w_0(z)\prod_{k=1}^{n}[z-z_k+q(z_k)(\bar{z}-\bar{z}_k)] \tag{4.31}$$

而且显见 $w_0(z)$ 在 $G+\Gamma$ 上连续且任何地方都不为零. 现在考虑

$$\frac{1}{2\pi}\Delta_\Gamma \arg w_0(z)=0,\ \frac{1}{2\pi}\Delta_\Gamma \arg\{(z-z_k)+q(z_k)(\bar{z}-\bar{z}_k)\}=1$$

由等式(4.31) 立即可得等式(4.30).

7. 在本节的结尾我们还引进贝尔特拉米方程的同胚的一个重要性质.

定理 2.9　若 $q(z)\in C_\alpha(G)$, $0<\alpha<1$,且方程(4.23) 的解 $w(z)$ 把点 $z_0\in G$ 的某一邻域互为单值地映射到点 $w_0=w(z_0)$ 的邻域,则对应的变换雅可比在所指出的点上不为零

$$J=\left|\frac{\partial w}{\partial z}\right|^2-\left|\frac{\partial w}{\partial \bar{z}}\right|^2>0 \tag{4.32}$$

这容易由定理 2.4 和不等式(4.18) 导出.

§5　完全同胚存在的证明

1. 在 §3 中我们建立了贝尔特拉米方程的解,它有形式

$$W(z)=z-\frac{1}{\pi}\iint_E \frac{f(\zeta)}{\zeta-z}\mathrm{d}E_\zeta\equiv z+Tf \tag{5.1}$$

其中 f 满足方程

$$f-q\Pi f=q,\ \Pi f\equiv\partial_z Tf \tag{5.2}$$

因为我们假定

$$|q(z)| \leqslant q_0 < 1, q(z) \in L_{p'}(E), p' < 2 \tag{5.3}$$

所以 f 属于任一类 $L_p(E)$，其中 $2-\varepsilon \leqslant p \leqslant 2+\varepsilon$. 因此根据第一章的不等式(6.11)，在无穷远点附近有

$$W(z) = z[1 + O(|z|^{-1})] \tag{5.4}$$

现在补充假定 $q(z) \in C_\alpha^m(E), 0 < \alpha < 1, m \geqslant 0$，并证明 $W(z)$ 是完全同胚. 以后在第 4 小节中我们将除去这一假设.

若 $q(z) \in C_\alpha^m(E)$，则根据定理 2.4，在平面的任一定点邻近函数 $W(z) \in C_\alpha^{m+1}$. 由此容易导出 $z - W(z) \in C_\alpha^{m+1}(E)$.

现在证明，对每一个固定值 W_0，函数 $W(z)$ 取一次且仅一次. 事实上，函数 $W_*(z) = W(z) - W_0$，显见满足贝尔特拉米方程

$$\partial_{\bar{z}} w - q(z)\partial_z w = 0 \tag{5.5}$$

因为根据式(5.4)，在点 $z=\infty$ 附近它有形式 $W_* = z[1+O(|z|^{-1})]$，所以它不可能恒等于常数. 由此就导出，沿着以点 $z=0$ 为圆心、充分大的半径的某一圆周 $\frac{1}{2\pi}\arg W_*(z)$ 的增量等于 1. 在这种情形，由辐角原理(定理 2.8)，可以找到仅仅一个单点 z_0，在点 z_0 函数 $W_*(z)$ 有一级零点，亦即在点 z_0 且仅在这一点函数 $W(z)$ 取已知值 W_0. 这样就证明了下面的定理：

定理 2.10 若(1) $|q(z)| \leqslant q_0 < 1$，(2) $q(z) \in L_{p'}C_\alpha^m(E), 0 < \alpha < 1, m \geqslant 0, p' > 2$，则函数(5.1)是贝尔特拉米方程的解，它实现平面到平面的完全同胚. 这种同胚还具有下面的性质

$$W(z) - z \in C_\alpha^{m+1}(E)$$

2. 完全同胚(5.1)可看作任意固定的点 z_0 的任一邻域的局部同胚. 因此由定理 2.4 直接得：

定理 2.11 若满足条件：(1) $|q(z)| \leqslant q_0 < 1$，(2) $q(z) \in L_{p'}C_\alpha(E), 0 < \alpha < 1, p' < 2$，则在某一域 G 所有满足方程(5.5)的函数表示为

$$w(z) = \Phi(W(z)) \tag{5.6}$$

其中 $\Phi(\zeta)$ 是域 $G_\zeta = W(G)$ 内的任一解析函数.

现在再用下面的定理来补充定理 2.10.

定理 2.12 若(1) $|q(z)| \leqslant q_0 < 1$，(2) $q(z) \in L_{p'}C_\alpha(E), 0 < \alpha < 1, p' < 2$ 和(3) $q(z) \in C_\alpha^m(G), 0 < \alpha < 1, m \geqslant 1$，其中 G 是 z 平面上某一域，则完全同胚(5.1)满足条件：(1) $W(z) \in C_\alpha^1(E)$，(2) $W(z) \in C_\alpha^{m+1}(G)$. 此外，方程(5.5)在域 G 的所有连续解属于 $C_\alpha^{m+1}(G)$ 类.

证明 设 G' 是 G 的某一闭子域. 取这样的多角形域 G_0 使 $G' \subset G_0, \bar{G} \subset G$,

且保持定理的所有三个条件将函数 $q(z)$，拓展至 G_0 外. 这样的拓展众所周知是可能的(参看[44a]). 将这样所得的函数记为 $q_0(z)$，并将对应于它的方程 $w_{\bar{z}} - q_0 w_z = 0$ 的完全同胚记为 $w_0(z)$. 根据定理 2.10 得 $w_0(z) \in C_\alpha^{m+1}(E)$. 因为在 G_0，$q_0 = q$，则由公式(5.6) 作为贝尔特拉米方程(5.5) 的解的 $W(z)$ 和 $w_0(z)$ 间将有关系式 $W(z) = \Phi_0(W_0(Z))$，其中 $\Phi_0(w_0)$ 是在域 $G_{w_0} = w_0(G_0)$ 中的全纯函数. 由此导出 $W \in C_\alpha^{m+1}(G')$. 但 G' 是 G 的任一子域. 因此，$W \in C_\alpha^{m+1}(G)$. 定理的其余部分是显然的.

3. 正如在 §3 中已指出的，完全同胚(5.1) 满足条件

$$W(\infty) = \infty, z^{-1}W(z) \to 1 \quad (z \to \infty) \tag{5.7}$$

这就是说，完全同胚(5.1) 保持点 $z = \infty$ 及在这一点平行于实轴的方向不变. 完全同胚可由这些条件唯一地确定. 这由下面定理立即可得：

定理 2.13 方程(5.5) 的所有完全同胚有形式

$$W_*(z) = \frac{\alpha W(z) + \beta}{\gamma W(z) + \delta} \quad (\alpha\delta - \gamma\beta \neq 0) \tag{5.8}$$

其中 $W(z)$ 是式(5.1) 的完全同胚.

证明 根据定理 2.11，方程(5.5) 的任一完全同胚表示为

$$W_*(z) = \Phi(W(z)) \tag{5.9}$$

其中 $W(z)$ 是基本同胚，而 $\Phi(W)$ 是复变量 W 的解析函数，它应实现平面 W 到平面 W_* 的同胚映射. 但众所周知，仅分式线性函数具有这些性质，这就证明了公式(5.8).

现在显见，满足条件(5.7) 的完全同胚是唯一确定的. 因此我们在前面就曾称同胚(5.1) 为基本同胚.

4. 现在来解除对函数 $q(z)$ 在赫尔德意义下的连续性的要求. 若 $q(z)$ 只满足条件(5.3)，则函数 $W(z) = z + Tf \in D_{1,p}(E)$，$|p-2| \leqslant \varepsilon$. 根据定理 1.21，这意味着 $Tf \in C_\varepsilon(E)$. 保亚斯基证明在此情形函数 $W = z + Tf$ 实现平面 z 到平面 W 的互为单值的连续映射(参看[11б]). 我们此处转载保亚斯基的证明(参看[11г]).

定理 2.14 设 $q(z)$ 是可测函数，满足条件：(1) $|q(z)| \leqslant q_0 < 1$(q_0 = 常数)，(2)$q(z) \equiv 0$ 在某一个以坐标原点为圆心的定圆 K 之外. 于是函数 $W(z) = z + Tf$，其中 f 是方程(5.2) 的解，实现平面 z 到平面 W 的同胚映射. 函数 $W = W(z)$ 和反函数 $z = z(W)$ 属于某一 $C_\alpha(E)$，$0 < \alpha < 1$，而且 α 仅与圆 K 和常数 q_0 有关：$\alpha = \alpha(K, q_0)$.

证明 设 $q_n(z)$，$n = 1, 2, \cdots$，是在全平面连续可微的函数序列，满足条件

$$\begin{cases} q_n(z) \to q(z) & \text{(几乎处处成立)} \\ |q_n(z)| \leqslant q_0 \\ q_n(z) \equiv 0 & \text{(在 } K \text{ 外)} \end{cases} \tag{5.10}$$

这样的序列，例如可将函数 $q(z)$ 加以中值化而得. 由式(5.10)，我们有

$$L_p(q_n - q) \to 0 \quad (p > 0) \tag{5.11}$$

考虑函数序列

$$W_n(z) = z + T(f_n) \tag{5.12}$$

其中 f_n 是积分方程

$$f_n - q_n \Pi f_n = q_n \tag{5.13}$$

的解. 显见 $f_n \equiv 0$ 在 K 外；$\dfrac{\partial W_n}{\partial \bar{z}} - q_n(z)\dfrac{\partial W_n}{\partial z} = 0$. 由式(5.13) 得估计：$L_p(f_n) \leqslant q_0 \Lambda_p L_p(f_n) + L_p(q_n)$，或者，对满足条件 $q_0\Lambda_p < 1$，$|p-2| \leqslant \varepsilon$ 的 p，有估计

$$L_p(f_n) \leqslant \frac{L_p(q_n)}{1 - q_0\Lambda_p} < \frac{c}{1 - q_0\Lambda_p} \tag{5.14}$$

其中 c 是常数，它与 n 和 p 均无关. 由式(5.13) 进一步得

$$f_n - f_m = q_n \Pi(f_n - f_m) + (q_n - q_m)\Pi f_m + q_n - q_m$$

由此对满足条件 $q_0\Lambda_p < 1$ 的 p，有

$$(1 - q_0\Lambda_p)L_p(f_n - f_m) \leqslant L_p[(q_n - q_m)\Pi f_m] + L_p(q_n - q_m)$$

但

$$L_p[(q_n - q_m)\Pi f_m] \leqslant L_{pq'}(q_n - q_m)L_{pp'}(\Pi f_m)$$

其中 $\dfrac{1}{p'} + \dfrac{1}{q'} = 1$. 因此，选取这样的 p' 趋近于 1，使得 $q_0\Lambda_{pp'} < 1$，并考虑式(5.11) 和(5.14)，我们确信

$$L_p(f_n - f_m) \leqslant \varepsilon_{n,m} c_1 \quad (\varepsilon_{n,m} \to 0, \varepsilon_{n,m} \to \infty)$$

其中 $\varepsilon_{n,m} = L_{pq'}(q_n - q_m)$，而 c_1 是常数(与 p 有关，但与 n 和 m 均无关). 设 $f = \lim\limits_{n\to\infty} f_n$ 在 $L_p(E)$，$f \in L_p(K)$，$f \equiv 0$ 在 K 外. 显见，$f - q\Pi f = q$. 假定 $W(z) = z + Tf$，我们有 $C_\alpha(W - W_n) \leqslant ML_p(f - f_n)$，$\alpha = \dfrac{p-2}{p}$，$p > 2$. 因此，在全平面上一致有 $W_n \to W(z)$，$W(z) \in C_\alpha(E)$. 根据定理 2.10，$W_n(z)$ 是平面 z 到平面 W 的连续可微的同胚. 我们证明 $W(z)$ 也是平面 z 到平面 W 的同胚. 为此目的我们考虑连续可微函数序列 $z = z_n(W)$，它是序列(5.12) 中各函数的反函数. 对所有的 W 和 z，我们有

$$z_n(W_n(z)) \equiv z \text{ 和 } W_n(z_n(W)) \equiv W \tag{5.14a}$$

容易验证公式

$$\frac{\partial \bar{z}_n}{\partial W}=\frac{1}{J_n}\frac{\partial W_n}{\partial z},\frac{\partial z_n}{\partial W}=-\frac{1}{J_n}\frac{\partial W_n}{\partial \bar{z}} \tag{5.15}$$

(J_n 是变换 $W=W_n(z)$ 的雅可比，$J_n=\left|\frac{\partial W_n}{\partial z}\right|^2-\left|\frac{\partial W_n}{\partial \bar{z}}\right|^2$)，根据式(5.13)，可从式(5.15)导出：$z=z_n(W)$ 满足拟线性方程

$$\frac{\partial z_n}{\partial \bar{W}}+q_n(z_n(W))\frac{\partial \bar{z}_n}{\partial W}=0 \tag{5.16}$$

由不等式(5.14)，从式(5.12)导出

$$|W_n(z)-z|<M_0L_p(f_n)\leqslant M \tag{5.16a}$$

其中常数 M 与 n 无关. 考虑到式(5.15)，可知在某一与 n 无关的定圆 K_1 之外有 $\frac{\partial z_n}{\partial \bar{W}}\equiv 0$. 因此，根据定理 1.16，$z_n(W)$ 可表示为

$$\begin{aligned} z_n(W)&=W+\Phi_n(W)+T(\tilde{f}_n)\\ &=W+\Phi_n(W)-\frac{1}{\pi}\iint_E\frac{\tilde{f}_n(\zeta)}{\zeta-W}\mathrm{d}\xi\mathrm{d}\eta \end{aligned} \tag{5.17}$$

其中 $\tilde{f}_n(\zeta)\equiv 0$ 在 K_1 外，而函数 $\Phi_n(W)$ 在全平面上全纯.

对固定的 n，$T(\tilde{f}_n)$ 有界且当 $W\to\infty$ 时 $\lim T(\tilde{f}_n)=0$. 由式(5.16a)，知 $\Phi_n(W)$ 亦有界，且因 $\lim|W_n(z)-z|=0$，$z\to\infty$，即 $\lim|W-z_n(W)|=0$，$W\to\infty$，则当 $W\to\infty$ 时 $\Phi_n(W)\to 0$，即 $\Phi_n(W)\equiv 0$. 因此式(5.17)取下列形式

$$z_n(W)=W+T(\tilde{f}_n)\quad(\text{在 } K_1 \text{ 外 } \tilde{f}_n\equiv 0) \tag{5.18}$$

由这个公式及式(5.16)，我们得到对 $\tilde{f}_n$ 的方程

$$\tilde{f}_n+q_n(z_n(W))\overline{\Pi\tilde{f}_n}=-q_n(z_n(W))$$

而且 $|q_n(z_n(W))|<q_0<1$.

由此，类似于式(5.14)，我们导出估计

$$L_p(\tilde{f}_n)\leqslant c_2$$

(c_2 与 n 无关)对满足条件 $q_0\Lambda_p<1$ 与 $p>2$ 的 p 都成立. 根据第一章中不等式(6.1)和(6.2)，算子 Tf 将 L_p 空间变为以完全连续形式满足赫尔德条件的函数空间. 因此从序列(5.18)可选取一子序列 $z_{n_k}(W)$，一致地收敛于某一满足赫尔德条件的函数 $z(W)$. 在式(5.14a)中对序列 n_k，$k\to\infty$，取极限，我们得 $W(z(W))\equiv W$ 和 $z(W(z))\equiv z$，即 $w=W(z)$ 是平面 z 到平面 w 的同胚映射，并和反函数 $z=z(w)$ 一起具有所要求的性质. 定理得证.

注意　由子序列 $z_{n_k}(W)$ 的极限 $z(W)$ 的唯一性及序列 $z_n(W)$ 的致密性立即得：$z_n(W)\to z(W)$ 是一致的.

5. 至今我们一直认为在点 $z=\infty$ 的某一邻域 $q(z)=0$. 现在我们可以解除这一限制，下面的定理成立.

定理 2.15 若 $q(z)$ 是在全平面上的可测函数且满足条件 $|q(z)|\leqslant q_0<1$，则存在贝尔特拉米方程 $\partial_{\bar z}w-q(z)\partial_z w=0$ 的属于某一 $C_\alpha(E)(0<\alpha<1)$ 类的完全同胚 $W(z)$.

证明 设 $W_R(z)$ 是方程

$$\partial_{\bar z}w-q_R(z)\partial_z w=0 \tag{5.19}$$

的基本同胚，其中

$$q_R(z)=\begin{cases}q(z) & \text{当 } |z|\leqslant R\\ 0 & \text{当 } |z|>R\end{cases} \tag{5.20}$$

根据定理 2.14，函数 W_R 存在且属于某一类 $C_\alpha(E)$，$0<\alpha<1$. 在方程 (5.19) 中进行下面形式的变量代换

$$\zeta=\zeta(z)\equiv\frac{1}{W_R(z)-W_R(0)} \tag{5.21}$$

我们有

$$\partial_{\bar\zeta}w-q_1(\zeta)\partial_\zeta w=0 \tag{5.22}$$

其中

$$q_1(\zeta)=\frac{q(z)-q_R(z)}{1-q(z)\overline{q_R(z)}}\frac{\partial_z\zeta}{\partial_{\bar z}\zeta} \tag{5.23}$$

从式(5.21)可看出，$\zeta(z)$ 实现平面 z 到平面 ζ 的单叶连续映射，而且点 $z=0$ 和 $\zeta=\infty$ 的邻域互相映射. 由于式(5.20)和(5.23)在点 $\zeta=\infty$ 的某一固定邻域中 $q_1(\zeta)\equiv 0$. 此外，易见 $|q_1(\zeta)|\leqslant q_0'<1$. 这样一来，$q_1(\zeta)$ 满足定理 2.13 的所有条件. 因此，存在方程(5.22)的基本同胚，我们用 $W_1(\zeta)$ 记它. 现在考察函数

$$W_*(z)=W_1[\zeta(z)]$$

我们得原来方程(5.5)的某一完全同胚.

若考虑到 $\zeta(z)$ 作为 z 的函数在圆 $|z|\leqslant R$ 之外是解析的，而 $W_1(\zeta)$ 作为 ζ 的函数在使 $q_1(\zeta)=0$ 的域(这个域是圆 $|z|\leqslant R$ 的映象)内是解析的，则我们得下面的微分公式

$$\partial_z W_*=\partial_\zeta W_1(\zeta)\partial_z\zeta,\ \partial_{\bar z}W_*=\partial_{\bar\zeta}W_1(\zeta)\partial_{\bar z}\bar\zeta\quad(|z|>R)$$

和

$$\partial_z W_*=\partial_\zeta W_1(\zeta)\partial_z\zeta,\ \partial_{\bar z}W_*=\partial_\zeta W(\zeta)\partial_{\bar z}\zeta\quad(|z|<R)$$

从这些公式容易导出，W_* 满足贝尔特拉米方程(5.5). 考虑到 $W_*(\infty)=W_1[\zeta(\infty)]=W_1(0)$，我们确定分式函数

$$W(z)=\frac{1}{W_1[\zeta(z)]-W_1(0)}$$

实现平面到平面的单叶连续映射，且保持不动点 $z=\infty$. 因 $\zeta(z)$ 和 $W_1(\zeta)$ 是赫尔德意义下的连续函数，则显见在平面的任意有限部分 $W(z)$ 亦将满足赫尔德条件. 因此定理 2.15 完全得证.

6. 上面所建立的平面 z 到平面 W 的映射一般来说不是连续可微的. 我们只知道当某一 $p>2$ 时它属于 $D_{1,p}$ 类. 但正如在[11б,11r] 中所证明的，映射 $W(z)=z+Tf$ 具有类似于连续可微映射的性质的一系列性质. 对于分析的某些基本运算(积分、广义微分及其他)，这个映射完全像连续可微映射一样. 有了这些结论，我们就可在唯一的假定下，即当 $q(z)$ 是满足条件 $|q(z)|\leqslant q_0<1$ 的可测函数时，来研究贝尔特拉米方程 $w_{\bar z}-q(z)w_z=0$ 的解的性质. 例如，下面定理成立.

定理 2.16 在所指出的条件下，贝尔特拉米方程

$$w_{\bar z}-q(z)w_z=0$$

的所有($D_{1,p}(G)(p>2)$ 类) 解由公式

$$w(z)=\Phi(W(z)),W(z)=z+Tf \qquad (5.24)$$

给出，其中 f 是方程(5.2) 的解，而 Φ 是在域 $W(G)$ 上的关于 W 的任意解析函数.

显见这个公式允许建立贝尔特拉米方程的具有极点、本性奇点和不同类型的多值性等的任意奇异性的解. 特别，借助于公式(5.24) 我们可以建立各种不同的单叶解，它将域 G 同胚映射到相应类型的标准域. 在[11r] 中建立了这一类单叶映射的一系列重要性质.

最后，我们引进下面的定理(参看[11r])：

定理 2.17 设 $G_n,n=1,2,\cdots$，是域 G 的递增的子域序列，$G_n\subset G_{n+1}$，$G=\lim\limits_{n\to\infty}G_n$. 设在域 G 已给形如式(5.5) 的方程，并设 $\sup\limits_{z\in G_n}|q(z)|=q_n<1$，且当 $n\to\infty$ 时可能有 $q_n\to1$. 于是在域 G 存在方程(5.5) 的整体同胚. 在域 G 的每一个有界闭子域上这一同胚的性质类似于上面已研究过的同胚的性质.

在定理 2.17 的假定下，一般来说整体同胚已不能表示为具有 $f\in L_p(G)(p>2)$ 的简单公式(5.1). 然而它可以由形如公式(5.1) 的同胚通过极限过程来建立.

§6　正的微分二次型化为标准型·在曲面上的等距坐标系和共轭等距坐标系

1. 回到二次型

$$F \equiv a\mathrm{d}x^2 + 2b\mathrm{d}x\mathrm{d}y + c\mathrm{d}y^2 \tag{6.1}$$

我们假定:(1)a,b,c 在某一域G中有界且属于类$C_\alpha^m(m \geqslant 0, 0 < \alpha < 1)$,(2) 在$\overline{G}$中,$\Delta = ac - b^2 \geqslant \Delta_0 > 0, \Delta_0 =$常数. 考虑方程组(1.3) 的整体同胚 $W(z) = u(x,y) + \mathrm{i}v(x,y)$,我们可以在整个域$G$上将二次型(6.1) 化为标准型

$$F \equiv \Lambda(u,v)(\mathrm{d}u^2 + \mathrm{d}v^2) \tag{6.2}$$

其中

$$\Lambda = \frac{4\sqrt{\Delta}}{J}, J = | W_z |^2 (1 - | q(z) |^2) \tag{6.3}$$

或

$$\Lambda = ax_u^2 + 2bx_u x_v + cx_v^2 \equiv ay_u^2 + 2by_u y_v + cy_v^2 \tag{6.4}$$

由定理2.10知,二次型(6.1) 的任一整体同胚属于 $C_\alpha^{m+1}(G)$ 类. 因此,正如由式(6.3) 所见,在对应的域中 $\Lambda \in C_\alpha^m$.

若 $a,b,c \in D_{m+1,p}(\overline{G}), m \geqslant 0, p \geqslant 2$,则由定理 2.5 知,二次型(6.1) 的整体同胚属于 $D_{m+2,p}$ 类,因此 $\Lambda \in D_{m+1,p}$.

借助于第一类或第二类的保角变换

$$w_* = u_* + \mathrm{i}v_* = \Phi_*(W(z)) \text{ 或 } w_* = \overline{\Phi_*(W(z))}$$

其中 $\Phi_*(W)$ 是在域 $W(G)$ 的任意单叶全纯函数,我们可得二次型(6.1) 关于域 G 的任一整体同胚,且显见

$$F \equiv \Lambda_*(\mathrm{d}u_*^2 + \mathrm{d}v_*^2), \Lambda = \Lambda_* \mid \Phi'_*(w) \mid^2 \tag{6.5}$$

若利用定理 2.15,则二次型(6.1) 化为标准型在那种情形也能实现,即当系数仅是在某一域G上的有界可测函数,且$ac - b^2 \geqslant g_0 > 0$. 因为 $x_u, x_v \in L_p$, $p > 2$,则由式(6.4) 导出 $\Lambda \in L_{p/2}$.

设域 G 是域$G_1, G_2, \cdots, G_l$ 之和,且 $G_i G_k = 0, i \neq k$. 设 $a,b,c \in C_\alpha^m(\overline{G}_i), i = 1,\cdots,l$,且函数及其直到 m 阶在内的微商可以在域 G_i 的边界上有第一类的间断. 在此情形由定理 2.12 和定理 2.15 知,存在 $C_\alpha(E)$ 类的整体同胚 $W(z)$,但在每一个域 G_i 的内部属于 $C_\alpha^{m+1}(G_i)$ 类.

2. 现在应用前面所得的结果来解下面的几何问题:在已知曲面上建立所谓

等距或等温曲线网 $x=$常数，$y=$常数，对于这一曲线网第一基本二次型取如下形式

$$\mathrm{I} \equiv \Lambda(\mathrm{d}x^2 + \mathrm{d}y^2) \quad (\Lambda > 0) \tag{6.6}$$

今后我们将把曲面理解为它的内点和边界点的总和，即曲面的边界点.也算作是曲面上的点.

设曲面 S 被同胚映射到平面的某一域 G 上，即在 S 和 G 的点之间建立了互为单值的连续对应.在此情形域 G 的点坐标 x^1, x^2 我们亦称之为曲面对应点的(内)坐标.显见域 G 是闭的.若现在将域 G 同胚映射到某一其他的(显见亦是闭的)域 $\widetilde{G}$，则在曲面上将得到新的坐标系 $\widetilde{x}^1, \widetilde{x}^2$.这样一来，域 G 到另一域的任一单叶映射对应于在曲面上完全确定的坐标系.因此，在曲面 S 上存在坐标系的无穷集合，且从一个坐标系 x^1, x^2 转换到另一坐标系 $\widetilde{x}^1, \widetilde{x}^2$ 借助于非异变换

$$\widetilde{x}^i = \widetilde{x}^i(x^1, x^2),\ x^i = x^i(\widetilde{x}^1, \widetilde{x}^2) \quad (i=1,2) \tag{6.7}$$

来进行，其中 $\widetilde{x}^i(x^1, x^2)$ 和 $x^i(\widetilde{x}^1, \widetilde{x}^2)$ 是分别在 G 和 $\widetilde{G}$ 上的连续单值函数.

现在在空间考虑具有单位矢量 $\boldsymbol{e}_1, \boldsymbol{e}_2, \boldsymbol{e}_3$ 的某一笛卡儿坐标系，可以将曲面 S 的任意点的矢径 $\boldsymbol{r}(x^1, x^2)$ 表示为

$$\boldsymbol{r}(x^1, x^2) = X(x^1, x^2)\boldsymbol{e}_1 + Y(x^1, x^2)\boldsymbol{e}_2 + Z(x^1, x^2)\boldsymbol{e}_3$$

其中 X, Y, Z 是具有内坐标 x^1, x^2 的曲面点的笛卡儿坐标.假定在曲面 S 上有着这样的坐标系 x^1, x^2，关于这个坐标系函数 $X(x^1, x^2), Y(x^1, x^2), Z(x^1, x^2)$ 在闭域 G 上是连续的且有小于或等于 k 阶的连续微商.在这种情形我们将说曲面 S 属于 C^k 类.若 $k \geqslant 3$，在微分几何中通常称曲面为正则的.今后我们亦将在所指定的意义下采用这个术语.我们亦将考察 C_α^k 和 $D_{k,p}$ 类的曲面.

若在曲面上有着这样的坐标系 x^1, x^2，使得 X, Y, Z 是在域 G 的变量 x^1, x^2 的解析函数，则我们将称曲面 S 为解析曲面或 $\mathfrak{U}$ 类曲面.

今后我们将用矢量和张量来叙述曲面论的要义.关于这方面的问题可以参看文献[37].然而应该注意，我们并不只限于用[37]中的符号(也可参考第五章，§5).

考察由有限个 $C^k(k \geqslant 1)$ 类曲面所组成的分区光滑曲面 S，它同胚于平面的某一域 G(G 可以覆盖全平面).于是曲面的方程可表示为矢量形式

$$\boldsymbol{r} = \boldsymbol{r}(x^1, x^2)$$

其中 $\boldsymbol{r}$ 是具有(内)坐标 x^1, x^2 的点的矢径.如果选择矢量

$$\boldsymbol{r}_\alpha = \frac{\partial \boldsymbol{r}}{\partial x^\alpha} \quad (\alpha = 1, 2)$$

作为坐标系 x^1, x^2 的基矢量，则曲面的第一基本形式将为

$$\mathrm{I} \equiv \mathrm{d}s^2 = a_{\alpha\beta}\mathrm{d}x^\alpha \mathrm{d}x^\beta \quad (a_{\alpha\beta} = \boldsymbol{r}_\alpha \boldsymbol{r}_\beta) \tag{6.8}$$

对于分区光滑曲面的情形 $a_{\alpha\beta}$ 将是在域 G 的分区连续有界函数. 因为 $a = a_{11}a_{22} - a_{12}^2 \geqslant a_0 > 0$,则根据定理 2.15,存在微分二次型(6.8)的整体同胚,它对应于在整个曲面上的等距坐标系 x,y. 这就是说曲线网 $x=$常数,$y=$常数连续覆盖整个曲面,但它仅在曲面的每一光滑块上是等距的. 在粘合线上式(6.6)的系数 $\Lambda(x,y)$ 将有第一类的间断. 在通过连接曲面光滑部分的粘合线时,坐标曲线将从一部分连续地延伸到另一部分,但一般来说,在这些粘合线上等距性将被破坏.

若曲面属于 $C_\alpha^{m+1}(0 < \alpha < 1)$ 类,则 $a_{\alpha\beta}$ 将属于 $C_\alpha^m(\overline{G})$,因此,在此情形 $\Lambda(x,y) \in C_\alpha^m$.

注意,从一个等距坐标系 x,y 转换到另一个同样的坐标系 x',y' 是通过变换

$$x' + \mathrm{i}y' = \Phi(x + \mathrm{i}y) \text{ 或 } x' + \mathrm{i}y' = \overline{\Phi(x + \mathrm{i}y)}$$

来实现的,其中 Φ 是解析函数,且在变量 x,y 的变化域中是单叶的. 若这个域覆盖全平面 $z = x + \mathrm{i}y$,则 Φ 将是分式线性函数

$$\Phi(z) = \frac{\alpha z + \beta}{\gamma z + \delta}, \alpha\delta - \gamma\beta \neq 0$$

3. 现在考虑关于曲面的第二基本二次型

$$\mathrm{II} = b_{\alpha\beta}\mathrm{d}x^\alpha \mathrm{d}x^\beta \tag{6.9}$$

化为标准型的问题. 这个二次型的系数众所周知按下面公式计算

$$b_{\alpha\beta} = \boldsymbol{n}\boldsymbol{r}_{\alpha\beta}, \boldsymbol{r}_{\alpha\beta} = \frac{\partial^2 \boldsymbol{r}}{\partial x^\alpha \partial x^\beta}, \boldsymbol{n} = \frac{\boldsymbol{r}_1 \times \boldsymbol{r}_2}{|\boldsymbol{r}_1 \times \boldsymbol{r}_2|} \tag{6.10}$$

曲面的总曲率由等式

$$K = \frac{b_{11}b_{22} - b_{12}^2}{a_{11}a_{22} - a_{12}^2} \tag{6.11}$$

定义. 由此可看出第二基本二次型 II 对正曲率曲面是定符号的. 设曲面 S 是由正曲率的 $C_\alpha^{m+2}(m \geqslant 0)$ 类的曲面块所组成. 在此情形由公式(6.10)看出,二次型 II 的系数是 C_α^m 类的分区连续函数.

像前面一样我们假定曲面同胚于平面的某一域 G. 此外,我们认为 $K \geqslant K_0 > 0$(在 $\overline{G}$),$K_0 =$ 常数. 在此情形根据定理 2.15,存在二次型 II 的同胚,它在曲面上对应完全确定的坐标系. 关于这个坐标系第二基本二次型取如下形式

$$\mathrm{II} \equiv k_s \mathrm{d}s^2 = \Lambda(\mathrm{d}x^2 + \mathrm{d}y^2) \quad (\Lambda \in C_\alpha^m(G)) \tag{6.12}$$

其中 k_s 是所谓曲面在 s 方向的法曲率.

若在曲面上曲率线 $\xi=$常数,$\eta=$常数是坐标网,则 $\mathrm{II}=A^2k_1\mathrm{d}\xi^2+B^2k_2\mathrm{d}\eta^2$ 且对应于这个二次型的同胚 $z(\zeta)=x(\xi,\eta)+\mathrm{i}y(\xi,\eta)$ 满足下面的贝尔特拉米方程

$$z_{\bar{\zeta}}-\frac{A\sqrt{k_1}-B\sqrt{k_2}}{A\sqrt{k_1}+B\sqrt{k_2}}z_{\zeta}=0 \tag{6.13}$$

因为 $aK=\Lambda^2$,则或者 $\Lambda=\sqrt{aK}$,或者 $\Lambda=-\sqrt{aK}$.今后我们将总认为

$$\Lambda=\sqrt{\alpha K} \tag{6.14}$$

这总可通过对曲面法线 $\boldsymbol{n}$ 的方向的选择来达到,在此情形法线应朝向曲面的凹向一边.事实上,根据孟尼定理 $k_s=k\cos\theta$.但若估计到式(6.14),则这仅在这种情形才是可能的,即当曲面法线与总朝向曲面凹向一边的曲线的主法线组成一锐角 θ,这就证明了我们的命题.

令 $\mathrm{d}s$ 和 $\mathrm{d}\sigma$ 表示互相对应的曲面的弧元素和 z 平面的弧元素,由式(6.12)我们有

$$\mathrm{d}s=c_s\mathrm{d}\sigma,c_s=\sqrt{\frac{\Lambda}{k_s}},\sqrt[4]{\frac{ak_2}{k_1}}\leqslant c_s\leqslant\sqrt[4]{\frac{ak_1}{k_2}} \tag{6.15}$$

这样一来,当第二基本二次型的同胚将正曲率曲面映射到 z 平面上时,曲面的弧元素映射后被伸长,且伸长率与所论弧方向的法曲率的平方根成反比.

使第二基本二次型取形如式(6.12)的曲面上的曲线网称为共轭等距坐标系.

这样一来,在 $C_{\alpha}^{m+2}(m\geqslant 0)$ 类的同胚于平面某一域(或全平面)的任一曲面上,共轭等距曲线网都存在.若曲面同胚于域 G 且由 C_{α}^{m+2} 类的有限个正则曲面块所粘成,则在整个曲面上仍旧存在连续曲线网 $x=$常数,$y=$常数,它在每一个正则曲面块上是共轭等距的.在此情形 Λ 和它的微商一般来说将是分区连续函数.

若曲面属于 $D_{m+3,p}$ 类,$p>2$,则 $b_{\alpha\beta}$ 将属于 $D_{m+1,p}$ 类(因此,由定理 1.20 有 $b_{\alpha\beta}\in C_{\alpha}^{m},\alpha=\dfrac{p-2}{p}$).根据定理 2.5,第二基本二次型的同胚 $x=x(\xi,\eta)$,$y=y(\xi,\eta)$ 将在对应的域中属于 $D_{m+2,p}$ 类.因此,显见 $\Lambda\in D_{m+1,p}$.

因为 $K\in D_{m+1,p}$ 和 $\Lambda=\sqrt{aK}\in D_{m+1,p}$,则显见$\sqrt{a}\in D_{m+1,p}$.

注意,正如在等距曲线网的情形一样,由一个共轭等距坐标系转换到另一个用第一类和第二类的保角变换来完成的.

下面我们稍微详细地来研究共轭等距曲线网的性质,因为我们将在第五、六两章中研究几何和力学问题时用到它.

4. 在曲面上考察坐标系 x^1, x^2 的共轭基

$$\boldsymbol{r}^\alpha = a^{\alpha\beta}\boldsymbol{r}_\beta \quad (\alpha = 1, 2) \tag{6.16}$$

其中

$$a^{11} = \frac{a_{22}}{a}, a^{12} = a^{21} = -\frac{a_{12}}{a}, a^{22} = \frac{a_{11}}{a} \tag{6.17}$$

$$a = a_{11}a_{22} - a_{12}^2 \tag{6.18}$$

应该注意到，我们这里用共变和反变度量张量 $a_{\alpha\beta}$ 和 $a^{\alpha\beta}$，以便将张量分量的指标上移和下移.

对微分单位法矢量 $\boldsymbol{n}$，将有

$$\boldsymbol{n}_\alpha = \frac{\partial \boldsymbol{n}}{\partial x^\alpha} = -b_{\alpha\beta}\boldsymbol{r}^\beta \quad (\alpha = 1, 2) \tag{6.19}$$

因为在满足条件 $K \neq 0$ 时矢量 $\boldsymbol{n}_1$ 和 $\boldsymbol{n}_2$ 不共线，则将有

$$\boldsymbol{r}^\alpha = -d^{\alpha\beta}\boldsymbol{n}_\beta, d^{\alpha\beta} = \frac{1}{K}c^{\alpha\lambda}c^{\beta\gamma}b_{\lambda\gamma} \tag{6.20}$$

其中

$$c^{11} = c^{22} = 0 \text{ 和 } c^{12} = -c^{21} = \frac{1}{\sqrt{a}} \tag{6.21}$$

由于这些等式

$$a^{\alpha\beta} \equiv \boldsymbol{r}^\alpha\boldsymbol{r}^\beta = -d^{\alpha\lambda}a^{\beta\gamma}\boldsymbol{n}_\lambda\boldsymbol{r}_\gamma = d^{\alpha\lambda}a^{\beta\gamma}b_{\lambda\gamma} = d^{\alpha\lambda}b_\lambda^\beta \tag{6.22}$$

在共轭等距坐标系中研究这些等式并考虑到

$$d^{11} = d^{22} = \frac{1}{\sqrt{aK}}, d^{12} = d^{21} = 0 \tag{6.23}$$

将有

$$a^{11} = \frac{a_{22}}{a} = \frac{b_1^1}{\sqrt{aK}}, a^{22} = \frac{a_{11}}{a} = \frac{b_2^2}{\sqrt{aK}}$$

$$a^{12} = -\frac{a_{12}}{a} = \frac{b_1^2}{\sqrt{aK}} \equiv \frac{b_2^1}{\sqrt{aK}}$$

或

$$a^+ \equiv a_{11} + a_{22} = \frac{b_1^1 + b_2^2}{\sqrt{K}}\sqrt{a} \tag{6.24}$$

$$a^- \equiv a_{11} - a_{22} + 2\mathrm{i}a_{12} = \frac{1}{\sqrt{K}}(b_2^2 - b_1^1 - 2\mathrm{i}b_2^1)\sqrt{a}$$

考虑到

$$b_1^1 + b_2^2 = 2H$$

$$|b_2^2-b_1^1-2\mathrm{i}b_1^2|=\sqrt{(b_2^2-b_1^1)^2+4(b_1^2)^2}=|k_1-k_2|=2\sqrt{E} \quad (6.25)$$

其中 H 是平均曲率，E 称为欧拉差：$E=H^2-K$，将有

$$a^+=\frac{2H}{\sqrt{K}}\sqrt{a},a^-=\frac{2\sqrt{aE}}{\sqrt{K}}\mathrm{e}^{\mathrm{i}\psi} \quad (6.26)$$

因为

$$a_{12}=\boldsymbol{r}_1\boldsymbol{r}_2=\sqrt{a_{11}a_{22}}\cos\omega,a=a_{11}a_{22}\sin^2\omega \quad (6.27)$$

则

$$a_{12}=\sqrt{a}\cot\omega \quad (6.28)$$

其中 ω 是坐标曲线之间的角，$0<\omega<\pi$.

由式(6.28)(6.27) 和(6.26) 得到用 ω 表示 ψ 的等式

$$\cot\omega=\sqrt{\frac{E}{K}}\sin\psi \quad (6.29)$$

由式(6.24)(6.26) 和(6.29) 有

$$a_{11}=\sqrt{\frac{a}{K}}(H+\sqrt{E}\cos\psi),a_{22}=\sqrt{\frac{a}{K}}(H-\sqrt{E}\cos\psi)$$

$$a_{12}=a_{21}=\sqrt{\frac{aE}{K}}\sin\psi \quad (6.30)$$

由此得到

$$a^{11}=\frac{H-\sqrt{E}\cos\psi}{\sqrt{aK}},a^{22}=\frac{H+\sqrt{E}\cos\psi}{\sqrt{aK}}$$

$$a^{12}=-a^{21}=-\frac{\sqrt{E}}{\sqrt{aK}}\sin\psi \quad (6.31)$$

由于这些公式，第一基本二次型有以下形式

$$\mathrm{d}s^2=a_{\alpha\beta}\mathrm{d}x^\alpha\mathrm{d}x^\beta=\sqrt{\frac{a}{K}}(H+\sqrt{E}\cos(\psi-2\vartheta))\mathrm{d}\sigma^2 \quad (6.32)$$

其中 ϑ 是平面 z 上的弧 $\mathrm{d}\sigma$ 的倾斜角，$\mathrm{d}\sigma$ 与曲面上曲线的弧元素 $\mathrm{d}s$ 相对应.

由式(6.32)(6.12) 和(6.14) 得到

$$k_s(H+\sqrt{E}\cos(\psi-2\vartheta))=K \quad (6.33)$$

这个等式对于在曲面上给定(任意选择) 的点的任意切线方向成立. 对主方向写出这个等式并考虑到 ψ 在所研究的点不依赖于方向的选择，将有

$$\cos(\psi-2\vartheta_1)=-1,\cos(\psi-2\vartheta_2)=1 \quad (6.34)$$

其中 ϑ_1 和 ϑ_2 是平面 z 上方向 σ_1 和 σ_2 的倾斜角，σ_1 和 σ_2 是曲面的主方向 s_1 和 s_2 的映象. 由式(6.34) 得到

$$\psi = 2\vartheta_2, \vartheta_2 = \vartheta_1 + \frac{\pi}{2} \tag{6.35}$$

这样一来，我们说明了函数 $\psi(x, y)$ 的几何意义. 它与 z 平面上对应于曲面主方向 s_2 的方向的倾斜角的倍角相等. 除此以外，曲面的主方向 s_1 和 s_2 在 z 平面上对应于互相垂直的方向 σ_1 和 σ_2，即曲面上的曲率线网映射到 z 平面上的正交线网.

考虑到 $\mathrm{d}s_2^2 = B^2 \mathrm{d}\eta^2$，由式(6.35) 和(6.15) 得到

$$\mathrm{e}^{\mathrm{i}\psi} = \left(\frac{\mathrm{d}z}{\mathrm{d}\sigma_2}\right)^2 = \left(\frac{\mathrm{d}s_2}{\mathrm{d}\sigma_2}\right)^2 \left(\frac{\mathrm{d}z}{\mathrm{d}s_2}\right)^2 = \frac{\sqrt{aK}}{B^2 k_2}\left(\frac{\mathrm{d}z}{\mathrm{d}\eta}\right)^2 \tag{6.36}$$

这意味着，假如曲面属于 $D_{m+3,p}$，则 $\psi \in D_{m+1,p}$.

因为

$$H = \frac{1}{2}(k_1 + k_2), \sqrt{E} = \frac{1}{2}(k_1 - k_2) \quad (k_1 \geqslant k_2)$$

则

$$H - \sqrt{E}\cos\psi = k_1 \sin^2 \frac{\psi}{2} + k_2 \cos^2 \frac{\psi}{2} = k''$$

$$H + \sqrt{E}\cos\psi = k_1 \cos^2 \frac{\psi}{2} + k_2 \sin^2 \frac{\psi}{2} = k'$$

$$\sqrt{E}\sin\psi = \frac{k_1 - k_2}{2}\sin^2 \frac{\psi}{2} = -\tau' \tag{6.37}$$

其中 k' 和 τ' 是在与主方向 s_1 组成角度等于 $\frac{\psi}{2} = \vartheta_2$ 的方向的曲面法曲率和测地挠率，而 k'' 是在垂直方向的法曲率. 所以

$$a_{11} = k'\sqrt{\frac{a}{K}}, a_{22} = k''\sqrt{\frac{a}{K}}, a_{12} = -\tau'\sqrt{\frac{a}{K}} \tag{6.38}$$

$$a^{11} = \frac{k''}{\sqrt{aK}}, a^{22} = \frac{k'}{\sqrt{aK}}, a^{12} = \frac{\tau'}{\sqrt{aK}} \tag{6.39}$$

由等式(6.29) 有

$$\cos\psi = \pm\frac{\sqrt{H^2\sin^2\omega - K}}{\sqrt{E}\sin\omega} \tag{6.40}$$

并且这里符号的选择应该与等式(6.29) 一致. 由此立刻得到不等式

$$1 \geqslant \sin\omega \geqslant \frac{\sqrt{K}}{H} \tag{6.41}$$

这意味着存在两个正常数 $0 < \delta_0 < \delta_1 < \pi$，它们依赖于曲面，但不依赖于共轭等距坐标线网的选择，使得 $0 < \delta_0 \leqslant \omega \leqslant \delta_1 < \pi$.

现在说明,在用第二基本二次型的同胚将正曲率的曲面映射到平面时,两个切线方向之间的角会产生怎样的畸变.设 $\boldsymbol{t}$ 和 $\boldsymbol{s}$ 是曲面的两个单位切矢量.用 Ω 表示它们之间的夹角,有

$$\cos\Omega=\boldsymbol{ts}=a_{\alpha\beta}t^{\alpha}s^{\beta},\sin\Omega=\boldsymbol{n}(\boldsymbol{t}\times\boldsymbol{s})=c_{\alpha\beta}t^{\alpha}s^{\beta} \tag{6.42}$$

其中 $c_{\alpha\beta}$ 是二阶共变张量,它根据以下公式确定

$$c_{11}=c_{22}=0,c_{12}=-c_{21}=\sqrt{a} \tag{6.43}$$

在推导式(6.42)的第二个等式时,我们利用了公式

$$\boldsymbol{r}_{\alpha}\times\boldsymbol{r}_{\beta}=c_{\alpha\beta}\boldsymbol{n} \tag{6.44}$$

由式(6.30)和(6.15),有

$$\cos\Omega=\sqrt{\frac{k_s}{k_t}}\left\{\cos(\vartheta_{\sigma}-\vartheta_{\tau})-\frac{\tau_t}{\sqrt{K}}\sin(\vartheta_{\sigma}-\vartheta_{\tau})\right\} \tag{6.45}$$

$$\sin\Omega=\sqrt{\frac{k_tk_s}{K}}\sin(\vartheta-\vartheta_{\tau})$$

其中 ϑ_{τ} 和 ϑ_{σ} 是 z 平面上方向 τ 和 σ 的倾斜角,τ 和 σ 是 $\boldsymbol{t}$ 和 $\boldsymbol{s}$ 的映象(在所研究的曲面映射下).

若 $\boldsymbol{t}$ 和 $\boldsymbol{s}$ 与曲面的主方向 s_1 和 s_2 重合,则 $k_t=k_1,k_s=k_2$,并且由式(6.45)重新得到等式(6.35).若 $\boldsymbol{t}$ 和 $\boldsymbol{s}$ 互相垂直,则由式(6.45)经过简单的计算以后得到

$$\sin(\vartheta_{\sigma}-\vartheta_{\tau})=\sqrt{\frac{K}{k_tk_s}} \tag{6.46}$$

$$\cos(\vartheta_{\sigma}-\vartheta_{\tau})=\frac{\tau_t}{\sqrt{k_sk_t}}$$

这些等式等价于下面的等式,它可以这样直接得到

$$\frac{\mathrm{d}\bar{z}}{\mathrm{d}t}\frac{\mathrm{d}z}{\mathrm{d}s}=\frac{\mathrm{i}}{\sqrt{a}}+\frac{\tau_t}{\sqrt{aK}} \tag{6.47}$$

由式(6.45)有估计式

$$1\geqslant\sin(\vartheta_{\sigma}-\vartheta_{\tau})\geqslant\frac{\sqrt{K}}{H} \tag{6.47a}$$

正如前面已经预料到的,公式(6.45)(6.46)和(6.47)不依赖于第二基本二次型 Ⅱ 的同胚的特别选择.

若两个切线方向 $\boldsymbol{t}$ 和 $\boldsymbol{s}$ 满足等式

$$\boldsymbol{tn}_s=b_{\alpha\beta}t^{\alpha}s^{\beta}=0$$

则称它们为共轭的.对于共轭等距坐标系这个等式取以下形式

$$s^1t^1+s^2t^2\equiv \mathrm{Re}\left[\frac{\mathrm{d}z}{\mathrm{d}s}\frac{\mathrm{d}\bar{z}}{\mathrm{d}t}\right]=0$$

最后的式子等价于等式

$$\cos(\vartheta_\sigma-\vartheta_\tau)=0$$

这表明在 z 平面上与曲面的共轭方向 $\boldsymbol{s}$ 和 $\boldsymbol{t}$ 相对应的方向 σ 和 τ 是互相垂直的.

这样一来,曲面上互相共轭的任意曲线网所组成的共轭等距坐标系变成 z 平面上正交曲线网.

5. 在共轭等距坐标系中满足条件 $b_{11}=b_{22},b_{12}=0$,即

$$\boldsymbol{nr}_{11}=\boldsymbol{nr}_{22},\boldsymbol{nr}_{12}=0 \tag{6.48}$$

或写成复数形式

$$\boldsymbol{nr}_{zz}\equiv\frac{1}{4}\boldsymbol{n}(\boldsymbol{r}_{11}-\boldsymbol{r}_{22}+2\mathrm{i}\boldsymbol{r}_{12})=0 \tag{6.49}$$

由此看出,矢径 $\boldsymbol{r}$ 满足方程

$$\boldsymbol{r}_{\bar{z}\bar{z}}+A\boldsymbol{r}_{\bar{z}}+B\boldsymbol{r}_{z}=\boldsymbol{0} \tag{6.50}$$

利用高斯微分公式

$$\boldsymbol{r}_{\alpha\beta}=\Gamma^{\lambda}_{\alpha\beta}\boldsymbol{r}_{\lambda}+b_{\alpha\beta}\boldsymbol{n} \tag{6.51}$$

其中 $\Gamma^{\gamma}_{\alpha\beta}$ 是第二类克里斯托弗尔符号,$b_{\alpha\beta}$ 是第二基本二次型的系数,容易确定

$$A=\frac{1}{4}(\Gamma^1_{22}-\Gamma^1_{11}-2\Gamma^2_{12})-\frac{\mathrm{i}}{4}(\Gamma^2_{22}-\Gamma^2_{11}+2\Gamma^1_{12})\equiv-(\boldsymbol{r}^1-\mathrm{i}\boldsymbol{r}^2)\boldsymbol{r}_{\bar{z}\bar{z}}$$

$$B=\frac{1}{4}(\Gamma^1_{22}-\Gamma^1_{11}+2\Gamma^2_{12})+\frac{\mathrm{i}}{4}(\Gamma^2_{22}-\Gamma^2_{11}-2\Gamma^1_{12})\equiv-(\boldsymbol{r}^1+\mathrm{i}\boldsymbol{r}^2)\boldsymbol{r}_{\bar{z}\bar{z}} \tag{6.52}$$

方程(6.50)是关于共轭等距坐标系的、曲面上点的笛卡儿坐标的已知拉普拉斯方程的复数写法.

同样有

$$\boldsymbol{r}_{z\bar{z}}+C\boldsymbol{r}_{\bar{z}}+\bar{C}\boldsymbol{r}_{z}-\frac{1}{2}\Lambda\boldsymbol{n}=\boldsymbol{0} \tag{6.53}$$

其中

$$\Lambda=\sqrt{aK},C=-\frac{1}{4}(\Gamma^1_{11}+\Gamma^1_{22})+\frac{\mathrm{i}}{4}(\Gamma^2_{11}+\Gamma^2_{22}) \tag{6.54}$$

现在利用等式

$$a^+=4\boldsymbol{r}_z\boldsymbol{r}_{\bar{z}},a^-=4\boldsymbol{r}_{\bar{z}}\boldsymbol{r}_{\bar{z}},a=\frac{1}{4}(a^{+2}-|a^-|^2) \tag{6.55}$$

将有

$$\frac{\partial a^+}{\partial \bar{z}} = 4\boldsymbol{r}_{z\bar{z}}\boldsymbol{r}_{\bar{z}} + 4\boldsymbol{r}_z\boldsymbol{r}_{\bar{z}\bar{z}},\ \frac{\partial a^-}{\partial \bar{z}} = 8\boldsymbol{r}_{\bar{z}}\boldsymbol{r}_{\bar{z}\bar{z}}$$

$$\frac{\partial \bar{a}^-}{\partial \bar{z}} = 8\boldsymbol{r}_{\bar{z}}\boldsymbol{r}_{z\bar{z}}$$

由此借助等式(6.50)和(6.53)得到

$$\begin{cases} \dfrac{\partial a^+}{\partial \bar{z}} = -(A+\bar{C})a^+ - C\bar{a}^- - B\bar{a}^- \\ \dfrac{\partial a^-}{\partial \bar{z}} = -2Aa^- - 2Ba^+,\ \dfrac{\partial a^-}{\partial z} = -2Ca^- - 2\bar{C}a^+ \end{cases} \tag{6.56}$$

由这些等式有

$$\begin{cases} A = -\dfrac{\partial \ln\sqrt{a}}{\partial \bar{z}} + \dfrac{1}{8a}\left(a^+\dfrac{\partial \bar{a}^-}{\partial z} - a^-\dfrac{\partial \bar{a}^-}{\partial \bar{z}}\right) = -\dfrac{\partial \ln\sqrt{a}}{\partial \bar{z}} - \bar{C} \\ B = \dfrac{1}{8a}\left(2a^-\dfrac{\partial a^+}{\partial \bar{z}} - a^+\dfrac{\partial a^-}{\partial \bar{z}} - a^-\dfrac{\partial \bar{a}^-}{\partial z}\right) \\ C = -\dfrac{1}{8a}\left(a^+\dfrac{\partial \bar{a}^-}{\partial \bar{z}} - \bar{a}^-\dfrac{\partial a^-}{\partial z}\right) \end{cases} \tag{6.57}$$

6. 根据等式(6.19),有

$$\boldsymbol{n}_{\bar{z}} \equiv \frac{1}{2}(\boldsymbol{n}_1 + \mathrm{i}\boldsymbol{n}_2) = -\frac{1}{2}\Lambda(\boldsymbol{r}^1 + \mathrm{i}\boldsymbol{r}^2) = -\frac{\sqrt{aK}}{2}(a^{1\lambda} + \mathrm{i}a^{2\lambda})\boldsymbol{r}_\lambda$$

或由式(6.31),有

$$\boldsymbol{n}_{\bar{z}} = -H\boldsymbol{r}_{\bar{z}} + \sqrt{E}\,\mathrm{e}^{\mathrm{i}\psi}\boldsymbol{r}_z \tag{6.58}$$

按 z 和 $\bar{z}$ 对应地微分(6.50)和(6.53),然后利用同样的等式和公式(6.58),得到

$$\boldsymbol{r}_{z\bar{z}\bar{z}} + (A_z - AC - B\bar{B})\boldsymbol{r}_{\bar{z}} + (B_z - A\bar{C} - \bar{A}B)\boldsymbol{r}_z + \frac{1}{2}A\Lambda\boldsymbol{n} = \boldsymbol{0}$$

$$\boldsymbol{r}_{\bar{z}zz} + \left(C_z - AC - C\bar{C} + \frac{1}{2}H\Lambda\right)\boldsymbol{r}_{\bar{z}} +$$

$$\left(\bar{C}_{\bar{z}} - BC - \bar{C}^2 - \frac{1}{2}\Lambda\sqrt{E}\,\mathrm{e}^{\mathrm{i}\psi}\right)\boldsymbol{r}_z + \frac{1}{2}(\bar{C}\Lambda - \Lambda_{\bar{z}})\boldsymbol{n} = \boldsymbol{0}$$

由这些等式得到下面的关系式

$$\Lambda_{\bar{z}} + (A - \bar{C})\Lambda = 0 \tag{6.59}$$

$$A_z - C_{\bar{z}} - B\bar{B} + C\bar{C} - \frac{1}{2}H\Lambda = 0 \tag{6.60}$$

$$-B_z - \bar{C}_z + (\bar{C} - A)\bar{C} + (C - \bar{A})B + \frac{1}{2}\Lambda\sqrt{E}\,\mathrm{e}^{\mathrm{i}\psi} = 0 \tag{6.61}$$

方程(6.59)是柯达齐方程组的复数写法. 由方程(6.59)和(6.57)有

$$A=-\frac{\partial}{\partial \bar{z}}\ln\sqrt{a\sqrt{K}} \tag{6.62}$$

$$C=\frac{\partial}{\partial z}\ln K^{\frac{1}{4}} \tag{6.63}$$

方程(6.60)和(6.61)等价于高斯方程.考虑到式(6.62)(6.63)和(6.26),这些方程可以再写成以下形式

$$\frac{1}{2}H\Lambda\equiv\frac{Ka^{+}}{4}=\frac{\partial^2\ln\Lambda}{\partial z\partial\bar{z}}+C\bar{C}-B\bar{B} \tag{6.64}$$

$$\frac{1}{2}\sqrt{E}\Lambda\mathrm{e}^{\mathrm{i}\psi}\equiv\frac{Ka^{-}}{4}=\Lambda\frac{\partial}{\partial\bar{z}}\left(\frac{\bar{C}}{\Lambda}\right)-\frac{1}{\Lambda}\frac{\partial}{\partial z}(\Lambda B) \tag{6.65}$$

由于式(6.62),从式(6.57)的第二个公式得到

$$B=-\frac{a\sqrt{K}}{2a^{+}}\frac{\partial}{\partial\bar{z}}\left(\frac{a^{-}}{a\sqrt{K}}\right)\equiv-\frac{K\sqrt{a}}{2H}\left[\frac{\sqrt{E}}{K\sqrt{a}}\mathrm{e}^{-\mathrm{i}\psi}\right]_{\bar{z}} \tag{6.66}$$

根据式(6.63)和(6.57)的第三个等式可以写成以下形式

$$\frac{\partial}{\partial\bar{z}}(\sqrt{aE}\,\mathrm{e}^{\mathrm{i}\psi})+\frac{HK_z}{2K}\sqrt{a}=0 \tag{6.67}$$

不难相信,等式(6.57)是等式(6.66)和(6.67)的推论.

若已知给定曲面的平均曲率 H 和总曲率 K,等式(6.67)可以看作是确定实函数$\sqrt{a}$ 和 ψ 的方程来研究.由等式(6.67)确定$\sqrt{a}$ 和 ψ,然后我们可以根据公式(6.14)和(6.30)计算对应于所研究的共轭等距坐标系的第二和第一基本二次型的系数,以及第二类克里斯托弗尔符号.

由等式(6.66),利用等式(6.67),我们可以得出 B 的表达式如下

$$B=-\left(\operatorname{Arch}\frac{H}{\sqrt{K}}\right)_{\bar{z}}\mathrm{e}^{\mathrm{i}\psi}-\frac{K_z}{4K}\mathrm{e}^{2\mathrm{i}\psi} \tag{6.68}$$

借助公式(6.52)(6.54)(6.62)(6.63)和(6.68),现在就容易得到表示第二类克里斯托弗尔符号的下列公式

$$\Gamma_{11}^{1}=\frac{\partial}{\partial x}\ln\sqrt{a}-\Gamma_{12}^{2},\Gamma_{22}^{1}=-\frac{\partial}{\partial x}\ln\sqrt{aK}+\Gamma_{12}^{2}$$

$$\Gamma_{11}^{2}=-\frac{\partial}{\partial y}\ln\sqrt{aK}+\Gamma_{12}^{1},\Gamma_{22}^{2}=\frac{\partial}{\partial y}\ln\sqrt{a}-\Gamma_{12}^{1}$$

$$\Gamma_{12}^{2}-\mathrm{i}\Gamma_{12}^{1}=(\ln\sqrt{a\sqrt{K}})_z-\left(\operatorname{Arch}\frac{H}{\sqrt{K}}\right)_{\bar{z}}\mathrm{e}^{\mathrm{i}\psi}-\frac{K_z}{4K}\mathrm{e}^{2\mathrm{i}\psi} \tag{6.69}$$

7.再来考虑复共变量 $w_*=u_1+\mathrm{i}u_2$ 对 $\bar{z}$ 和 z 的共变微商,将有

$$\nabla_{\bar{z}}w_*\equiv\frac{1}{2}(\nabla_1+\mathrm{i}\nabla_2)(u_1+\mathrm{i}u_2)\equiv w_{*\bar{z}}+Aw_*+\bar{B}\,\bar{w}_*$$

$$\nabla_z w_* \equiv \frac{1}{2}(\nabla_1 - \mathrm{i}\nabla_2)(u_1 + \mathrm{i}u_2) \equiv w_{*z} + Cw_* + \overline{C}\,\overline{w}_* \tag{6.70}$$

若 $w^* = u^1 + \mathrm{i}u^2$ 是复反变量,则

$$\nabla_{\bar z} w^* \equiv \frac{1}{2}(\nabla_1 + \mathrm{i}\nabla_2)(u^1 + \mathrm{i}u^2) = w^*_{\bar z} - \overline{C}w^* - B\overline{w}^* \tag{6.71}$$

$$\nabla_z w^* \equiv \frac{1}{2}(\nabla_1 - \mathrm{i}\nabla_2)(u^1 + \mathrm{i}u^2) = w_z - \overline{A}w^* - \overline{C}\,\overline{w}^* \tag{6.72}$$

8. 设曲面属于 C_α^{m+2} 类. 在这种情况下 H,K,E 属于 C_α^m. 除此以外,前面证明了 $\Lambda = \sqrt{aK} \in C_\alpha^m$,即 $a \in C_\alpha^m$. 这样,由等式(6.67) 得到 $\psi \in C_\alpha^m$. 若现在转到公式(6.62)(6.63) 和(6.68),则我们相信,若 $m \geqslant 1$,有

$$A,B,C \in C_\alpha^{m-1} \tag{6.73}$$

现在假定,曲面属于 $D_{m+3,p}$ 类,$p > 2$. 这样 $H,K,E,a,\psi \in D_{m+1,p}$ 并且根据公式(6.62)(6.63) 和(6.68) 有

$$A,B,C \in D_{m,p} \tag{6.74}$$

特别地,这时条件式(6.73) 满足并且

$$H,K,E,a,\psi \in C_\alpha^m, \alpha = \frac{p-2}{p} \tag{6.75}$$

9. 第一类保角变换 $z_* = \Phi(z)$(或第二类保角变换 $z_* = \overline{\Phi(z)}$) 的结果,共轭等距曲线网变为类似的网. 由式(6.55) 我们有如下的变换公式

$$a^+ = a_*^+ \ |\Phi'(z)|^2, a^- = a_*^- \ \overline{\Phi'(z)^2} \tag{6.76}$$

$$a = a_* \ |\Phi'(z)|^4 \tag{6.77}$$

$$\arg a^- = \arg a_*^- - 2\arg \Phi'(z) \tag{6.78}$$

由此得出

$$\psi_* = \psi + 2\chi \quad (\chi = \arg \Phi'(z)) \tag{6.79}$$

从式(6.35) 也可得到这个公式,因为在区域保角变换时,角 ϑ_2 得到一个增量χ.

从式(6.76) 得出

$$a^+ \,\mathrm{d}z\mathrm{d}\bar z \equiv a_*^+ \,\mathrm{d}z_*\mathrm{d}\bar z_*, a^- \,\mathrm{d}\bar z^2 = a_*^- \,\mathrm{d}\bar z_*^2 \tag{6.80}$$

这样一来,曲面的第一基本二次型为

$$\mathrm{I} \equiv \mathrm{d}s^2 = \frac{1}{2}a^+ \,\mathrm{d}z\mathrm{d}\bar z + \frac{1}{4}a^- \,\mathrm{d}\bar z^2 + \frac{1}{4}\overline{a^-} \,\mathrm{d}z^2 \tag{6.81}$$

它是关于第一类和第二类二次型的保角变换的三个不变量的和. 这些二次式不依赖于坐标系的选择.

注意到在选择共轭等距坐标曲线网时的任意性,我们可这样来选取,使得 Ⅰ 和 Ⅱ 的系数适合于一定的补充条件. 例如,可补充这样的条件,使得在边界

线上或在它的一部分上有 $\psi \equiv 0$(由此从等式(6.79)看出,ψ 可以确定到只差一个调和函数 2χ 的附加项).这表示沿边界线 $a_{12}=0$,即是说沿此线所研究的共轭等距曲线网和曲面的曲率线网相同(同样的,应该注意到处有 $b_{12}=0$).

现在若转向于公式(6.62)(6.63)和(6.68),则由公式(6.69)和(6.71),我们得到量 A,B,C 的变换公式如下

$$\begin{cases} A = A_* \overline{\Phi'(z)} - \dfrac{\overline{\Phi''(z)}}{\overline{\Phi'(z)}} \\ B = B_* \dfrac{\overline{\Phi'(z)^2}}{\overline{\Phi'(z)}} \\ C = C_* \Phi'(z) \end{cases} \tag{6.82}$$

从后两式看出,若 B 和 C 在任意一个共轭等距坐标系下变为零,则它们对任何其他共轭坐标系等于零.

注意,当且仅当曲面是球面时,$B \equiv C \equiv 0$.若考虑到只对球面有 $E \equiv 0$,便可从式(6.63)和(6.68)立即得出这个结论.

在全卵形面的情形(即是说闭的正曲率曲面),变量 z 在全平面变化,此时只可取分式线性函数

$$\Phi(z) = \frac{\alpha z + \gamma}{\beta z + \delta} \quad (\alpha\delta - \beta\gamma \neq 0) \tag{6.83}$$

作为 $\Phi(z)$.考虑到这并借助公式(6.76)(6.77)和(6.82),我们得到下列在无穷远点附近的渐近表达式

$$a^+, a^-, \sqrt{a} = O(|z|^{-4}) \tag{6.84}$$

$$A = O(|z|^{-1}), B, C = O(|z|^{-2}) \tag{6.85}$$

由此得出

$$B, C \in L_{p,2}(E) \quad (p > 2) \tag{6.86}$$

(参看第一章,§1,5).

10.设所研究的正曲率曲面 S 属于类 $D_{m+3,p}$,$p > 2$,那么它显然属于类 C_α^{m+2},$\alpha = \dfrac{p-2}{p}$.设在曲面 S 上,有一逐段光滑曲线 L,在其上某点的切线和在这点的主方向 s_1 之间的夹角我们表示为 φ.设 L' 是曲线 L(端点属于 L')的某个光滑弧.φ 作为弧长 s 的函数,显然在 L' 上连续.我们假定 $\varphi \in C_\alpha^{m'}(L')$,其中 $m' \leqslant m$.为了确定性起见,我们把曲面放到曲率线坐标系内.于是

$$\mathrm{I} = A^2 d\xi^2 + B^2 d\eta^2, \mathrm{II} = k_s ds^2 \equiv A^2 k_1 d\xi^2 + B^2 k_2 d\eta^2 \tag{6.87}$$

$$\frac{d\xi}{ds} = \frac{\cos\varphi}{A}, \frac{d\eta}{ds} = \frac{\sin\varphi}{B} \quad (\text{沿 } L') \tag{6.88}$$

因为 A 和 B 属于 C_α^{m+1}，所以从式(6.88)立即得出 $\xi(s),\eta(s)\in C_\alpha^{m'+1}(L')$(我们假定整个 L' 位于 S 内).

现在，若在曲面 S 上我们引进共轭等距坐标系

$$x=x(\xi,\eta),y=y(\xi,\eta) \tag{6.89}$$

它对应于二次型 $\mathrm{II}=A^2k_1\mathrm{d}\xi^2+B^2k_2\mathrm{d}\eta^2$ 的某个整体同胚，则我们有

$$\mathrm{II}=k_s\mathrm{d}s^2=\Lambda(\mathrm{d}x^2+\mathrm{d}y^2),\Lambda=\sqrt{aK} \tag{6.90}$$

设 Γ 和 Γ' 是曲线 L 和 L' 在平面 $z=x+\mathrm{i}y$ 上的象. 现在我们来阐明曲线 Γ' 的光滑程度. 把曲线 L' 和 Γ' 的弧分别表示为 $\mathrm{d}s$ 和 $\mathrm{d}\sigma$，且考虑到

$$\mathrm{d}s^2=\frac{\Lambda}{k_s}\mathrm{d}\sigma^2=\frac{\sqrt{aK}}{H+\sqrt{E}\cos 2\varphi}\mathrm{d}\sigma^2 \tag{6.91}$$

我们有等式

$$\sigma(s)=\int_{s_0}^{s}\sqrt{\frac{H+\sqrt{E}\cos 2\varphi}{\sqrt{aK}}}\mathrm{d}s \tag{6.92}$$

这表示 $\sigma(s)$(即曲线 Γ' 的弧长)是 s(曲线 L' 的弧长)的函数且属于 $C_\alpha^{m'+1}$. 现在我们把 s 看作 σ 的函数 $s(\sigma)$，容易确信它是属于 $C_\alpha^{m'+1}$ 类的函数. 我们以 ϑ 表示 Γ' 的切线的倾角，则有

$$\cos\vartheta=\frac{\mathrm{d}x}{\mathrm{d}\sigma}=\left(x_\xi\frac{\mathrm{d}\xi}{\mathrm{d}s}+x_\eta\frac{\mathrm{d}\eta}{\mathrm{d}s}\right)\frac{\mathrm{d}s}{\mathrm{d}\sigma}$$

$$\cos\vartheta=\frac{\mathrm{d}y}{\mathrm{d}\sigma}=\left(y_\xi\frac{\mathrm{d}\xi}{\mathrm{d}s}+y_\eta\frac{\mathrm{d}\eta}{\mathrm{d}s}\right)\frac{\mathrm{d}s}{\mathrm{d}\sigma} \tag{6.93}$$

由此看出，$\vartheta\in C_\alpha^{m'}(\Gamma')$，即是说 $x(\sigma)$ 和 $y(\sigma)\in C_\alpha^{m'+1}$，这里应该注意 $x_\xi,y_\xi,x_\eta,y_\eta\in C_\alpha^m$，$A,B\in C_\alpha^{m+1}(D_{m+2,p})$. 综合上述结果，得出下列结论：

设属于 $D_{m+3,p}(p>2)$ 类的正曲率曲面 S 的内部有一逐段光滑曲线 L'，它属于 $C_\alpha^{m'+1}$，即是说，其坐标 $\xi(s),\eta(s)\in C_\alpha^{m'+1}$，且 $\alpha=\dfrac{p-2}{p}$，$m'\leqslant m$. 若在此曲面上引入对应于二次型 $\mathrm{II}=A^2k_1\mathrm{d}\xi^2+B^2k_2\mathrm{d}\eta^2$ 的某个整体同胚 $x=x(\xi,\eta)$，$y=y(\xi,\eta)$ 的共轭等距坐标系，则曲线 L' 映射到平面 z 的曲线 Γ' 也属于 $C_\alpha^{m'+1}$，即是说，它的坐标 $x(\sigma)$ 与 $y(\sigma)$，作为曲线 Γ' 弧长的函数，也属于 $C_\alpha^{m'}$，$m'\leqslant m$.

设曲线 L 含有位于曲面 S 内部的角点，并且把它跟弧 L' 和 L'' 连起来仍然属于 $C_\alpha^{m'+1}$ 类，$m'\leqslant m$. 则它们在平面 z 上的象 Γ' 和 Γ'' 也属于 $C_\alpha^{m'+1}$，且构成一逐段光滑曲线 Γ，它是曲线 L 的同胚的象. 同时曲线 Γ' 和 Γ'' 之间的角由曲线 L' 和 L'' 之间的角唯一确定，并且它显然不依赖于用以给出曲面上共轭等距曲线网的 II 的整体同胚的选择. 这是因为从这样的一个坐标系变到另一坐标系是

利用第一类或第二类保角变换来实现的. 但必须记住，这里说的是严格地位于曲面内的角点.

现在，我们假定曲面 S 及其边界整个的严格位于某一曲面 S_0 的内部，而 S_0 是属于 $D_{m+3p}(p>2,m\geqslant 0)$ 的.

设 S 的边界 L 由有限个逐段光滑的曲线 $L_0,L_1,\cdots,L_k$ 组成，并且这些曲线的各光滑弧段属于 $C_\alpha^{m'}$，$m'\leqslant m$.

在 S_0 上，我们考虑共轭等距坐标曲线网：$x=$常数，$y=$常数，它对应于 $\mathrm{II}=A^2k_1\mathrm{d}\xi^2+B^2k_2\mathrm{d}\eta^2$ 关于 S_0 的某个整体同胚，曲面 S 及其边界 L 同胚映射为某个闭域 $G+\Gamma$，并且 S 与 G 同胚，它们的边界 L 和 Γ 也同胚. 如上所见，曲线 L 和 Γ 具有同样的性质，即是说，若 $L_0,L_1,\cdots,L_k$ 是属于 $C_\alpha^{m'}(m'\leqslant m)$ 类的光滑曲线，则它们的象 $L_0,L_1,\cdots,L_k$ 也是 $C_\alpha^{m'}$ 类的光滑曲线. 如果曲线 $L_0,L_1,\cdots,L_k$ 具有角点，这些角点（且只有这些）就对应了 $\Gamma_0,\Gamma_1,\cdots,\Gamma_k$ 上的角点.

§7　椭圆型方程化为标准型

本节我们将上面得到的结果用来讨论两个自变量情形的一阶椭圆型偏微分方程组和二阶椭圆型方程化为标准型的问题. 首先研究椭圆型方程组.

1. 考虑方程组

$$\begin{cases}a_{11}\dfrac{\partial u}{\partial x}+a_{12}\dfrac{\partial u}{\partial y}+b_{11}\dfrac{\partial v}{\partial x}+b_{12}\dfrac{\partial v}{\partial y}+a_1u+b_1v=f_1\\ a_{21}\dfrac{\partial u}{\partial x}+a_{22}\dfrac{\partial u}{\partial y}+b_{21}\dfrac{\partial v}{\partial x}+b_{22}\dfrac{\partial v}{\partial y}+a_2u+b_2v=f_2\end{cases}\tag{7.1}$$

其中 $a_{ik},b_{ik},a_i,b_i,f_i$ 是某一域 G 内两个自变量的已知函数. 对应于这一方程组的二次型为

$$F\equiv a\mathrm{d}x^2+2b\mathrm{d}x\mathrm{d}y+c\mathrm{d}y^2\tag{7.2}$$

其中

$$a=\frac{a_{12}b_{22}-a_{22}b_{12}}{\Delta},c=\frac{a_{11}b_{21}-a_{21}b_{11}}{\Delta}$$

$$b=-\frac{1}{2\Delta}(a_{11}b_{22}-a_{21}b_{12}+a_{12}b_{21}-a_{22}b_{11})\tag{7.3}$$

$$\Delta=(a_{12}b_{22}-a_{22}b_{12})(a_{11}b_{21}-a_{21}b_{11})-\frac{1}{4}(a_{11}b_{22}-a_{21}b_{12}+a_{12}b_{21}-a_{22}b_{11})^2\tag{7.4}$$

二次型 F 当且仅当 $a>0,\Delta>0$ 时是正定的. 在这种情形称方程组(7.1)为椭圆型方程组. 从条件 $\Delta>0$ 推出 $b_{11}b_{22}-b_{12}b_{21}\neq 0$. 否则就会有 $b_{11}=\mu b_{12},b_{21}=\mu b_{22}$,于是

$$\Delta=-\frac{1}{4}[(a_{11}-\mu a_{12})b_{22}-(a_{21}-\mu a_{22})b_{22}]^2\leqslant 0$$

所以我们永远可以将方程组(7.1)化为下面的形式

$$\begin{cases}-v_y+a_{11}u_x+a_{12}u_y+a_1u+b_1v=f_1\\ v_x+a_{21}u_x+a_{22}u_y+a_2u+b_2v=f_2\end{cases}\tag{7.5}$$

在这种情形下的椭圆型条件取以下形式

$$a_{11}>0(a_{22}>0),\Delta=a_{11}a_{22}-\frac{1}{4}(a_{12}+a_{21})^2>0\tag{7.6}$$

若 $a_{12}=-a_{21},a_{11}=a_{22}$,那么将有方程组

$$\begin{cases}-v_y+a_{11}u_x+a_{12}u_y+a_1u+b_1v=f_1\\ v_x-a_{12}u_x+a_{11}u_y+a_2u+b_2v=f_2\end{cases}\tag{7.7}$$

这个方程组可用代换①

$$U=a_{11}u,V=v+a_{12}u\quad(a_{11}>0)\tag{7.8}$$

化为标准型

$$\begin{aligned}&U_x-V_y+a_*U+b_*V=f\\ &U_y+V_x+c_*U+d_*V=g\end{aligned}\tag{7.9}$$

现在要证明:利用自变量的代换

$$\begin{aligned}&\xi=\xi(x,y),\eta=\eta(x,y)\\ &\xi_x\eta_y-\xi_y\eta_x=J\neq 0\end{aligned}\tag{7.10}$$

也可把一般形式的方程组(7.5)化为式(7.9)的形式. 做这一代换的结果是方程组(7.5)具有形式

$$-v_\xi\xi_y-v_\eta\eta_y+(a_{11}\xi_x+a_{12}\xi_y)u_\xi+(a_{11}\eta_x+a_{12}\eta_y)u_\eta+a_1u+b_1v=f_1$$

$$v_\xi\xi_x+v_\eta\eta_x+(a_{21}\xi_x+a_{22}\xi_y)u_\xi+(a_{21}\eta_x+a_{21}\eta_y)u_\eta+c_1u+d_1v=f_2$$

关于 v_ξ,v_η 解这一方程组,将有

$$\begin{aligned}&-v_\eta+a'_{11}u_\xi+a'_{12}u_\eta+a'_1u+b'_1v=f'_1\\ &v_\xi+a'_{21}u_\xi+a'_{22}u_\eta+a'_2u+b'_2v=f'_2\end{aligned}$$

其中

---

① 我们认为 $a_{11},a_{12}\in D_{1,p},p>2$.

$$a'_{11}=\frac{1}{J}(a_{11}\xi_x^2+(a_{12}+a_{21})\xi_x\xi_y+a_{22}\xi_y^2)$$

$$a'_{12}=\frac{1}{J}(a_{11}\xi_x\eta_x+a_{12}\xi_x\eta_y+a_{21}\xi_y\eta_x+a_{22}\xi_y\eta_y)$$

$$a'_{21}=\frac{1}{J}(a_{11}\xi_x\eta_x+a_{12}\xi_y\eta_x+a_{21}\xi_x\eta_y+a_{22}\xi_y\eta_y)$$

$$a'_{22}=\frac{1}{J}(a_{11}\eta_x^2+(a_{12}+a_{21})\eta_x\eta_y+a_{22}\eta_y^2)$$

现在使所考虑的变换(7.10)适合条件:$a'_{12}=-a'_{21}$,$a'_{11}=-a'_{22}$,也就是使

$$\begin{cases}a_{11}(\xi_x^2-\eta_x^2)+(a_{12}+a_{21})(\xi_x\xi_y-\eta_x\eta_y)+a_{22}(\xi_y^2-\eta_y^2)=0\\2a_{11}\xi_x\eta_x+(a_{12}+a_{21})(\xi_x\eta_y+\xi_y\eta_x)+2a_{22}\xi_y\eta_y=0\end{cases}\tag{7.11}$$

引入复函数 $\zeta=\xi+\mathrm{i}\eta$,方程组(7.11)可以写为一个方程的形式

$$a_{11}\zeta_x^2+(a_{12}+a_{21})\zeta_x\zeta_y+a_{22}\zeta_y^2=0\tag{7.12}$$

而方程

$$a_{11}\zeta_x+\left(\frac{1}{2}(a_{12}+a_{21})+\mathrm{i}\sqrt{\Delta}\right)\zeta_y=0\tag{7.13}$$

或其复数形式

$$\zeta_{\bar z}-q(z)\zeta_z=0,q=\frac{a_{11}-\sqrt{\Delta}+\frac{\mathrm{i}}{2}(a_{12}+a_{21})}{a_{11}+\sqrt{\Delta}-\frac{\mathrm{i}}{2}(a_{12}+a_{21})}\tag{7.14}$$

的解满足式(7.12).我们假设,在所考虑的闭域中满足条件:$\Delta\geqslant\Delta_0>0$,$\Delta_0=$常数.于是在 $\bar G$ 中 $|q(z)|\leqslant q_0<1$.除此以外,若 $q(z)\in D_{m+1,p}(G)$,$p>2$,$m\geqslant 0$,那么存在方程(7.14)的属于 $D_{m+2,p}(G)$ 类的整体同胚 $\zeta(z)=\xi(x,y)+\mathrm{i}\eta(x,y)$.

由等式(7.12),有

$$2a'_{12}=a'_{12}-a'_{21}=\frac{1}{J}(a_{12}-a_{21})(\xi_x\eta_y-\xi_y\eta_x)=a_{12}-a_{21}\tag{7.15}$$

$$\begin{aligned}2a'_{11}&=a'_{11}+a'_{22}\\&=\frac{1}{J}\left[\left(a_{11}\zeta_x+\frac{a_{12}+a_{21}}{2}\zeta_y\right)\bar\zeta_x+\left(a_{22}\zeta_y+\frac{a_{12}+a_{21}}{2}\zeta_x\right)\bar\zeta_y\right]\end{aligned}\tag{7.16}$$

从等式(7.13)推出

$$a_{11}\zeta_x+\frac{a_{12}+a_{21}}{2}\zeta_y=-\mathrm{i}\sqrt{\Delta}\zeta_y$$

$$a_{22}\zeta_y+\frac{a_{12}+a_{21}}{2}\zeta_x=\mathrm{i}\sqrt{\Delta}\zeta_x$$

把这些表达式代入等式(7.16),我们得到

$$a'_{11}=\frac{\mathrm{i}\sqrt{\Delta}}{2J}(\zeta_x\bar{\zeta}_y-\bar{\zeta}_x\zeta_y)=\sqrt{\Delta} \tag{7.17}$$

因此,方程组(7.5)具有形式

$$-v_\eta+\sqrt{\Delta}u_\xi+\frac{a_{12}-a_{21}}{2}u_\eta+a'_1u+b'_1v=f_1$$

$$v_\xi-\frac{a_{12}-a_{21}}{2}u_\xi+\sqrt{\Delta}u_\eta+a'_2u+b'_2v=f_2$$

或者,引进新的函数

$$U=\sqrt{\Delta}u,V=v-\frac{a_{12}-a_{21}}{2}u \tag{7.18}$$

后,化为椭圆型方程组的标准型

$$\begin{cases}U_\xi-V_\eta+a_*U+b_*V=f\\U_\eta+V_\xi+c_*U+d_*V=g\end{cases} \tag{7.19}$$

其中

$$a_*=a'_1-\frac{\partial\sqrt{\Delta}}{\partial\xi}-\frac{1}{2}\frac{\partial(a_{12}-a_{21})}{\partial\eta},b_*=b'_1,f=f'_1$$

$$c_*=a'_2-\frac{\partial\sqrt{\Delta}}{\partial\eta}+\frac{1}{2}\frac{\partial(a_{12}-a_{21})}{\partial\xi},d_*=b'_2,g=f'_2 \tag{7.20}$$

若 $a_{ik},b_{ik}\in D_{m+1,p}(G),a_i,b_i,f_i\in D_{m,p}(G),m\geqslant 0,p>2$,那么显然 a_*,b_*,c_*,d_*,f 和 $g\in D_{m,p}(G')$,其中 G' 是在同胚 $\zeta=\zeta(z)$ 下的 G 的象.

2.现在考虑二阶椭圆型方程

$$a(x,y)\frac{\partial^2u}{\partial x^2}+2b(x,y)\frac{\partial^2u}{\partial x\partial y}+c(x,y)\frac{\partial^2u}{\partial y^2}+F\left(x,y,u,\frac{\partial u}{\partial x},\frac{\partial v}{\partial y}\right)=0 \tag{7.21}$$

为了把它化为标准型

$$\frac{\partial^2u}{\partial\xi^2}+\frac{\partial^2u}{\partial\eta^2}+F_1\left(\xi,\eta,u,\frac{\partial u}{\partial\xi},\frac{\partial v}{\partial\eta}\right)=0 \tag{7.22}$$

我们应当利用方程

$$\zeta_{\bar{z}}-q(z)\zeta_z=0,q=\frac{a-\sqrt{\Delta}-\mathrm{i}b}{a+\sqrt{\Delta}+\mathrm{i}b},\Delta=ac-b^2 \tag{7.23}$$

的同胚.为了确定起见我们将假设,在全平面 E 上满足一致椭圆性的条件:$\Delta\geqslant\Delta_0>0$(在 E 上),$\Delta_0=$常数.因此,在这种情形下,$|q(z)|\leqslant q_0<1$,且若 a,b,c 是有界可测函数,则存在方程(7.23)的完全同胚.但是这还不足以使方程

(7.21) 化为标准型. 为此还必须保证函数 $\zeta(z)$ 存在,即使是广义意义下的一阶和二阶微商. 为此只要假设:$a,b,c\in D_{1,p}(E)$,$p>2$. 那么根据定理 2.5,$\zeta(z)\in D_{2,p}(E)$. 一般地,若 $a,b,c\in D_{m+1,p}(E)$,$m\geqslant 0$,$p>2$,那么 $\zeta(z)\in D_{m+2,p}(E)$. 如果 $a,b,c\in C_{\alpha}^{m}$,那么 $\zeta(z)\in C_{\alpha}^{m+1}(E)$(定理 2.12).

若有线性方程

$$a\frac{\partial^2 u}{\partial x^2}+2b\frac{\partial^2 u}{\partial x\partial y}+c\frac{\partial^2 u}{\partial y^2}+d\frac{\partial u}{\partial x}+e\frac{\partial u}{\partial y}+fu=g \tag{7.24}$$

那么做变量代换

$$\xi=\xi(x,y),\eta=\eta(x,y) \tag{7.25}$$

后,其中 $\xi+\mathrm{i}\eta=\zeta(z)$ 是方程(7.23) 的同胚,我们得到

$$\frac{\partial^2 u}{\partial \xi^2}+\frac{\partial^2 u}{\partial \eta^2}+p(\xi,\eta)\frac{\partial u}{\partial \xi}+q(\xi,\eta)\frac{\partial u}{\partial \eta}+r(\xi,\eta)u=k(\xi,\eta) \tag{7.26}$$

而且,不难求出

$$\begin{cases} p=\dfrac{J}{4\sqrt{\Delta}}(a\xi_{xx}+2b\xi_{xy}+c\xi_{yy}+d\xi_x+e\xi_y) \\ q=\dfrac{J}{4\sqrt{\Delta}}(a\eta_{xx}+2b\eta_{xy}+c\eta_{yy}+d\eta_x+e\eta_y) \end{cases} \tag{7.27}$$

$$r=\frac{Jf}{4\sqrt{\Delta}},h=\frac{Jg}{4\sqrt{\Delta}} \tag{7.28}$$

此处 $\Delta=ac-b^2$,而 J 是变换(7.25) 的雅可比.

令 $a,b,c\in D_{m+1,p}(G)$;$d,e,f\in D_{m,p}(G)$,$m\geqslant 0$,$p>2$. 因为 $\xi(x,y)$,$\eta(x,y)\in D_{m+2,p}(G)$,那么 $J\in D_{m+1,p}(G)$,因此,$J\in C_{\alpha}^{m}(G)$,$\alpha=\dfrac{p-2}{p}$. 所以由式(7.27) 和(7.28),有

$$p,q,r,h\in D_{m,p}(G')\quad (G'=\zeta(G)) \tag{7.29}$$

第三章 广义解析函数的一般理论的基础

§1 基本概念·术语和记号

1. 本章将探讨二维域中的一阶椭圆型偏微分方程组的解的基本性质，首先，将考虑标准的方程组

$$\begin{cases}\dfrac{\partial u}{\partial x}-\dfrac{\partial v}{\partial y}+au+bv=f\\[2mm]\dfrac{\partial u}{\partial y}+\dfrac{\partial v}{\partial x}+cu+dv=g\end{cases}\tag{1.1}$$

然后考虑比较广泛的一类椭圆型方程组. 我们将讲述构造理论，以便使我们能从结构方面与定性方面来研究解的性质.

形如

$$\Delta w+pw_x+qw_y=0\tag{1.2}$$

的二阶方程等价于方程组(1.1). 事实上，如果记 $w_x=u$，$w_y=-v$，那么就有方程组

$$\begin{cases}u_x-v_y+pu-qv=0\\u_y+v_x=0\end{cases}\tag{1.3}$$

下面将证明(§9.2)，反过来方程组(1.1)恒可以化成形如式(1.2)的二阶方程.

考虑复变函数

$$w(z)=u(x,y)+\mathrm{i}v(x,y)\tag{1.4}$$

我们可以把方程(1.1)写成

$$\mathfrak{E}(w)\equiv\partial_{\bar z}w+Aw+B\overline{w}=F\tag{1.5}$$

这里

$$\partial_{\bar{z}}w=\frac{1}{2}(w_x+\mathrm{i}w_y),A=\frac{1}{4}(a+d+\mathrm{i}c-\mathrm{i}b)$$

$$B=\frac{1}{4}(a-d+\mathrm{i}c+\mathrm{i}b),F=\frac{1}{2}(f+\mathrm{i}g)$$

下面就会知道方程(1.1)的这种写法在许多方面有很大的优点.

从古典意义上讲,方程组(1.1)的解是实变量 x 与 y 的这样一对连续可微的实函数,它们在某个域 G 内处处满足这个方程组.可是这种解仅对比较窄的方程类才存在.例如当 A,B,F 是连续函数时方程(1.5)可以没有古典意义的解.下面的方程是最简单的例子

$$w_{\bar{z}}=\frac{\mathrm{e}^{2\mathrm{i}\varphi}}{\ln\frac{1}{r}},z=r\mathrm{e}^{\mathrm{i}\varphi} \tag{$*$}$$

显然它的右端在 $z=0$ 的邻域内连续.在 $z=0$ 的某一邻域内这个方程的每一个连续解可表示成下式

$$w(z)=-2z\ln\ln\frac{1}{r}+\Phi(z)$$

其中 $\Phi(z)$ 是 $z=0$ 的邻域内的全纯函数.

将此等式对 z 微分后得

$$w_z\equiv\frac{1}{2}(w_x-\mathrm{i}w_y)=-2\ln\ln\frac{1}{r}+\frac{1}{\ln\frac{1}{r}}+\Phi'(z)$$

由此看出方程($*$)的每一个在 $z=0$ 邻域内的连续解对 x,y 的微商在 $z=0$ 是间断的.

再考虑具有连续系数的方程的例子

$$\partial_{\bar{z}}w+Aw=0,A=\frac{\mathrm{e}^{2\mathrm{i}\varphi}}{\ln\frac{1}{r}}$$

它的一般解可表示成下式

$$w=\Phi(z)\mathrm{e}^{-2z\ln\ln\frac{1}{r}}$$

其中 Φ 是 z 的任意解析函数.由此可见,w 在点 $z=0$ 连续,当且仅当 Φ 在这点的某邻域内连续.显然,在这种情形下 w_z 恒在这个邻域内连续,而 w_z 仅在 $\Phi(0)=0$ 的条件下才是连续的.如果 $\Phi(0)\neq0$,那么我们就将得到方程($*$)在点 $z=0$ 的邻域内的连续解,在 $z=0$,它有不连续的一阶微商.其他的例子还可以从文献[86]中找到.

下面将证明:如果方程(1.5)的系数与其右端在所考虑的域内是赫尔德意义连续的,那么它总存在古典意义下的解.可是根据许多理由也要研究更广的一类方程.只要指出这样一点就够了,那就是有很多实际问题甚至会引出带有间断系数的方程.下面我们将考虑 $A,B,F \in L_p (p>2)$ 的方程类.因而解的概念就要在更广的意义下来了解了.解的概念可以通过各种不同的途径来推广,使其适合这样或那样的要求.以后我们采用的概念,将是借助于索伯列夫意义下(第一章,§5)的广义微商以很自然的方式来定义的.通常,这种意义下的广义解是在可和函数类中去寻找的.可是这种限制在我们这里是太不方便了.例如它迫使我们从柯西－黎曼方程 $\partial_{\bar{z}} w=0$ 的解类中除去半纯函数.下面我们引入方程 $\mathfrak{E}(w) \equiv w_{\bar{z}}+Aw+B\overline{w}=F$ 的广义解的这样的定义,它在柯西－黎曼方程的情形下就成为在域内可有孤立奇点的离散集合的解析函数类.

若在点 z_0 的邻域 G_0 内 $w \in D_{\bar{z}}(G_0)$,同时 w 在 G_0 内几乎处处满足方程 $\mathfrak{E}(w)=F$.则我们说函数 $w(z)$ 在点 z_0 的邻域内适合方程(1.5).如果除去某一个 G 内的离散集合 G_w^* 的点外 w,在域 G 内每一点的邻域内都适合方程(1.5),则我们称 w 是方程(1.5)在域 G 内的广义解.一般来说,只含一些孤立点的集合 G_w^* 要依赖于 w 的选取.这个集合我们称为广义解 $w(z)$ 对于域 G 的奇异集合或奇点集合.如果 G_w^* 是空集,那么广义解 $w(z)$ 就称为方程(1.5)在 G 内的正则解.

换句话说,在域 G 内的正则解 $w \in D_{\bar{z}}(G)$,且在 G 内几乎处处满足方程 $\mathfrak{E}(w)=F$.以后将建立:如果 $A,B,F \in L_p(G)$,$p>2$,则方程 $\mathfrak{E}(w)=F$ 总有广义解,也总有正则解.更进一步,将证明正则解的以下的重要性质:如果 A,B,$F \in L_p(G)$,$p>2$,则方程(1.5)在域 G 内的每一个正则解均属于类 $C_\alpha(G)$,$\alpha=\dfrac{p-2}{p}$(参看§3).

现在我们引入方程组(1.1)的广义解和正则解的概念.如果复函数 $w=u+iv$ 是与方程组(1.1)相应的复数形式的方程(1.5)在域 G 内的广义(正则)解,那么就说 $u(x,y)$,$v(x,y)$ 这一对实函数是方程组(1.1)的广义(正则)解.

现在引进以下的记号.用 $\widetilde{\mathfrak{U}}^*(A,B,F,G)$($\widetilde{\mathfrak{U}}(A,B,F,G)$)表示方程(1.5)在域 G 内的广义解(正则解)类.如果 $A,B,F \in L_p(G)$($A,B,F \in L_{p,2}(E)$),则我们就相应地记成 $\widetilde{\mathfrak{U}}_p^*(A,B,F,G)$,$\widetilde{\mathfrak{U}}_p(A,B,F,G)$($\widetilde{\mathfrak{U}}_{p,2}^*(A,B,F,G)$ 和 $\widetilde{\mathfrak{U}}_{p,2}(A,B,F,G)$).对固定的 p,相应于 $L_p(G)$ 类中所有可能的 A,B,F 的类 $\widetilde{\mathfrak{U}}_p^*(A,B,F,G)$ 的总和(集合论里的和)记作 $\widetilde{\mathfrak{U}}_p^*(G)$.我们分别用记号 $\widetilde{\mathfrak{U}}^*(A,B,G)$ 和 $\widetilde{\mathfrak{U}}(A,B,G)$ 来表示方程(1.6)在域 G 内的广义解类和正则解类.类似

地也可定义类 $\widetilde{\mathfrak{U}}_p(G)$，$\widetilde{\mathfrak{U}}_{p,2}^*(G)$，$\widetilde{\mathfrak{U}}_{p,2}(G)$.

若 $F\equiv 0$，则有齐次方程

$$\mathfrak{E}(w)\equiv \partial_{\bar z}w+Aw+B\overline{w}=0 \tag{1.6}$$

等价的齐次(实的)方程组形为

$$\frac{\partial u}{\partial x}-\frac{\partial v}{\partial y}+au+bv=0,\frac{\partial u}{\partial y}+\frac{\partial v}{\partial x}+cu+dv=0 \tag{1.6a}$$

方程(1.6)在域 G 内的广义解类和正则解类用符号 $\mathfrak{U}^*(A,B,G)$ 和 $\mathfrak{U}(A,B,G)$ 表示. 我们也要用记号 $\mathfrak{U}_p^*(A,B,G)$，$\mathfrak{U}_P(A,B,G)$，$\mathfrak{U}_{p,2}^*(A,B,G)$，$\mathfrak{U}_{p,2}(A,B,G)$，$\mathfrak{U}_p^*(G)$，$\mathfrak{U}_p(G)$，$\mathfrak{U}_{p,2}^*(G)$，$\mathfrak{U}_{p,2}(G)$，它们的意义是明显的.

我们称方程(1.6)的系数 A,B 为 $\mathfrak{U}^*(A,B,G)$ 类的生成对.

由于定理1.15，柯西－黎曼方程 $\partial_{\bar z}w=0$ 在域 G 内的广义解类重合于在 G 内可以有任意的孤立奇点的(极点和本性奇异点)的点 z 的解析函数类. 这个函数类，就像我们在第一章(§1,7)中已经定义的，用 $\mathfrak{U}_0^*(G)$ 来表示. 显然方程 $\partial_{\bar z}w=0$ 的正则解类重合于在 G 内全纯的函数类，我们用 $\mathfrak{U}_0(G)$ 表示它. 显然，$\mathfrak{U}_0(G)=\mathfrak{U}_0^*C(G)$.

我们注意 $\mathfrak{U}^*(A,B,G)$ 类和 $\mathfrak{U}_p^*(G)$ 类的下述性质.

Ⅰ 类 $\mathfrak{U}^*(A,B,G)$ 是实数域上的线性流形，即是说，若 $w_1,w_2\in\mathfrak{U}^*(A,B,G)$，则 $c_1w_1+c_2w_2\in\mathfrak{U}^*(A,B,G)$($c_1,c_2$ 是任意实常数).

Ⅱ 若 $f(z)$ 与 $\ln f(z)$ 都属于 $D_{1,p}(G)$，而 $w\in\mathfrak{U}_p^*(G)$，则乘积 $fw\in\mathfrak{U}_p^*(G)$.

性质 Ⅰ 是显然的. 我们来引进性质 Ⅱ 的证明. 我们有

$$\begin{aligned}(fw)_{\bar z}&=f_{\bar z}w+fw_{\bar z}=f_{\bar z}w-Afw-Bf\overline{w}\\&=-[A-(\ln f)_{\bar z}]fw-\frac{Bf}{\overline{f}}(\overline{fw})\end{aligned}$$

因为 $A-\partial_{\bar z}\ln z$ 与 $\dfrac{Bf}{\overline{f}}$ 都属于 $L_p(G)$，所以 $fw\in\mathfrak{U}_p^*(G)$.

在下面 §4 中将阐明方程(1.6)的广义解的结构. 将指出：若 $A,B\in L_{p,2}(E)$，$p>2$，则在任意给定的域 G 内的广义解有形式

$$w(z)=\Phi(z)\mathrm{e}^{\omega(z)},\Phi\in\mathfrak{U}_0^*(G),\omega\in C_{\frac{p-2}{p}}(E) \tag{1.7}$$

这个公式表明形如式(1.6)的方程的广义解类与 z 的解析函数类之间有深刻的联系. 在下面我们将看出公式(1.7)和本章中将要引入的其他一些关系式，使解析函数的很多性质能够推广到形如式(1.6)的方程的广义解上去. 所以形如式(1.6)的方程的广义解，即函数类 $\mathfrak{U}_p^*(G)$，我们将称其为广义解析函数. 因此

形如式(1.6)的方程称为广义柯西－黎曼方程.

本章和下章将讲述相当完整的广义解析函数理论.它是古典理论的极其重要的推广,然而同时却保持了古典理论的基本特征.

2.当域作保角映射时,方程(1.5)的形式保持不变(参看[58a]).在许多情形下,这个事实大大地简化了对广义解析函数性质的研究(同样参看[58a]).

若 $A,B,F\in L_p(\bar{G})$,则称方程 $\mathfrak{E}(w)=F$ 属于 $L_p(\bar{G})$ 类,并且将称数 p 为这个类的阶.

设函数 $z=\varphi(\zeta)$ 实现了域 G_z 到 ζ 平面上的域 G_ζ 的保角映射.这时方程(1.5)变为方程

$$\frac{\partial w}{\partial\bar{\zeta}}+\overline{\varphi'(\zeta)}A(\varphi)w(\varphi)+\overline{\varphi'(\zeta)}B(\varphi)\bar{w}(\varphi)=\overline{\varphi'(\zeta)}F(\varphi) \qquad (1.8)$$

因为 $\varphi'(\zeta)$ 是 G_ζ 内的全纯函数,显然这个方程在域 G_ζ 内,与原来方程属于相同的类.而在闭域 $\bar{G}_\zeta$ 上它可能不属于原来的类,这就要看域 G_z 和 G_ζ 的边界的光滑性而定了.

设域 G_z 的边界 L 属于 $C^1_{\mu,v_1,\cdots,v_k}$(参看第一章,§2,1).我们假设,G_ζ 是以圆周 $\Gamma_0,\Gamma_1,\cdots,\Gamma_m$ 为边界的标准域,我们用 Γ 表示这些边界的总和.在这种情形 $\varphi(\zeta)$ 在闭域 $G_\zeta+\Gamma$ 上连续,而且 L 被同胚地映射到 Γ 上.函数 $\varphi(\zeta)$ 的微商 $\varphi'(\zeta)$ 在边界上对应于环路 L 的角点的点处有间断.

若点 ζ_j 对应于具有内角 $v_j\pi,0<v_j\leqslant 2$ 的角点 z_j,则在点 ζ_j 的邻域内,$\varphi'(\zeta)$ 有形式(参看第一章,§2,3)

$$\varphi'(\zeta)=(\zeta-\zeta_j)^{v_j-1}\varphi_0(\zeta) \quad (j=1,2,\cdots,k)$$

其中 $\varphi_0(\zeta)$ 是在 ζ_j 的邻域内的连续函数,而且 $\varphi_0(\zeta_j)\neq 0$.设所有的 $v_j\geqslant 1$.那么方程(1.8)的系数和自由项显然属于 $L_p(G_\zeta+\Gamma)$ 类.即在这种情形下当域保角映射到标准域时原方程类保持不变.若即使是只有一个 $v_j<1$,则方程(1.8)的系数和自由项将属于 $L_{p_1}(G_\zeta+\Gamma)$ 类,其中 p_1 是适合以下不等式的任何数

$$2<p_1<2+\frac{2v(p-2)}{2v+p(1-v)}<p,v=\min(1,v_1,\cdots,v_k) \qquad (1.9)$$

因此,当 $C^1_{\mu,v_1,\cdots,v_k}$ 类的域 G_z 保角映射到以圆为边界的标准域 G_ζ 时,一般来说,方程(1.5)的类的阶是降低的,但永远大于2.

我们注意,当 $p=2$ 时,在新的变量下方程的阶保持不变.以后若没有特别做相反的说明,将假定适合以下条件

$$A(z),B(z),F(z)\in L_{p,2}(E) \quad (p>2) \qquad (1.10)$$

我们注意,若 $f(z)\in L_{p,2}(E),p>2$,则函数 $f_0(z)=|z|^{-2}f\left(\frac{1}{z}\right)\in L_{p,2}(E)$.

由此容易断言，当自变量做线性分式变换

$$z=\frac{\alpha\zeta+\beta}{\gamma\zeta+\delta},\alpha\delta-\beta\gamma\neq 0$$

时，新方程(1.8)的系数与自由项也将满足条件(1.10). 换句话说在自变量的分式线性变换下，函数类 $\mathfrak{U}_{p,2}^{*}(G)(p>2)$ 保持不变.

若特别取 $z=\dfrac{1}{\zeta}$，则有方程

$$\partial_{\bar{\zeta}}w_0+A_0(\zeta)w_0+B_0(\zeta)\overline{w_0}=F_0 \tag{1.11}$$

其中

$$w_0(\zeta)=w\left(\frac{1}{\zeta}\right),A_0(\zeta)=-\frac{1}{\bar{\zeta}^2}A\left(\frac{1}{\zeta}\right)$$

$$B_0(\zeta)=-\frac{1}{\bar{\zeta}^2}B\left(\frac{1}{\zeta}\right),F_0(\zeta)=-\frac{1}{\bar{\zeta}^2}F\left(\frac{1}{\zeta}\right)$$

因为它同时把 $z=\infty$ 的邻域 G_∞ 映射成坐标原点的邻域 G_0，所以我们采用以下的定义：

若 $w_0(z)\equiv w\left(\dfrac{1}{z}\right)\in\widetilde{\mathfrak{U}}^{*}(A_0,B_0,F_0,G_0)$，则我们说 $w(z)\in\widetilde{\mathfrak{U}}^{*}(A,B,F,G_\infty)$.

这就使方程 $\partial_{\bar{z}}w+Aw+B\bar{w}=F$ 的解在无穷远处附近的特性的研究可化成方程(1.11)的解在原点附近的特性的研究，特别地，若类 $\mathfrak{U}(A_0,B_0,G_0)$ 的函数 $w_0(z)$ 在点 $z=0$ 连续，则按定义函数 $w(z)=w_0\left(\dfrac{1}{z}\right)$ 在点 $z=\infty$ 连续，而且属于 $\mathfrak{U}(A,B,G_\infty)$.

§2　对于 $\widetilde{\mathfrak{U}}(A,B,F,G)$ 类函数的积分方程

根据前面所给的定义，方程 $\mathfrak{E}(w)=F$ 在域 G 内的每一个正则解都属于 $D_{\bar{z}}(G)$ 类. 即是说若 $w\in\widetilde{\mathfrak{U}}(A,B,F,G)$，则 $\partial_{\bar{z}}w\equiv -Aw-B\bar{w}+F\in L_1(G)$. 现在考虑 $\partial_{\bar{z}}w\in L_1(\bar{G})$ 的情形，而且这种解类用 $\widetilde{\mathfrak{U}}(A,B,F,\bar{G})$ 来表示. 显然 $\widetilde{\mathfrak{U}}(A,B,F,\bar{G})\subset\widetilde{\mathfrak{U}}(A,B,F,G)$.

若 $w\in\widetilde{\mathfrak{U}}(A,B,F,\bar{G})$，则由第一章的公式(5.12)有

$$w-P_Gw=\Phi(z)+T_GF\quad(\Phi\in\mathfrak{U}_0(G)) \tag{2.1}$$

其中，我们利用了符号

$$T_G f = -\frac{1}{\pi}\iint_G \frac{f(\zeta)\mathrm{d}\xi\mathrm{d}\eta}{\zeta - z}, P_G f = -T_G(Af + B\bar{f}) \tag{2.2}$$

这样一来，$\widetilde{\mathfrak{U}}(A,B,F,\bar{G})$ 类的每个函数都满足积分方程(2.1)，而且解析函数 Φ 由方程 $\mathfrak{E}(w)=F$ 的已知解 w 唯一地确定. 它的逆命题亦成立：若对于某个在 G 内全纯的函数 Φ，积分方程(2.1) 有解 w，且 $Aw + B\bar{w} \in L_1(\bar{G})$，则 w 也满足方程 $\mathfrak{E}(w)=F$. 事实上，若对等式(2.1) 两端施行运算 $\partial_{\bar{z}}$，则由第一章的公式(5.8) 立刻可得等式 $\mathfrak{E}(w)=F$. 当 $F\equiv 0$ 时，我们将有方程

$$w - P_G w = \Phi \tag{2.3}$$

其中 Φ 是在 G 内 z 的任意解析函数，这是对于 $\mathfrak{U}(A,B,\bar{G})$ 类的广义解析函数的积分方程.

若满足条件(1.10)，且又有 $w \in C(\bar{G})$，则根据定理 1.19，$P_G w$ 和 $T_G F$ 都属于 $C_\alpha(E)$，$\alpha = \frac{p-2}{p}$. 所以从式(2.1) 推出 $\Phi(z) \in C(\bar{G})$. 设 G 的边界 Γ 由有限个可求长约当曲线组成. 注意到 $P_G w$ 和 $T_G F$ 在 $G+\Gamma$ 外全纯和在无穷远处为零，由于柯西定理与柯西公式，从式(2.3) 得

$$\Phi(z) = \frac{1}{2\pi i}\int_\Gamma \frac{w(\zeta)}{\zeta - z}\mathrm{d}\zeta \tag{2.4}$$

这样一来，若柯西型积分(2.4) 的密度重合于 $\widetilde{\mathfrak{U}}_p(G)(p>2)$ 类中在 $\bar{G}$ 上连续的广义解析函数的边值，则柯西型积分(2.4) 是在闭域 $\bar{G}$ 上连续的函数.

应该指出，具有任意连续密度的柯西型积分不具有这个性质. 即是，一般来说，它不是闭域上的连续函数.

在下面 §5 中，我们将证明：在对函数 A,B,F 和域 G 做十分宽广的假定下，积分方程(2.1) 有解，利用这种方法，可以得到通过 z 的解析函数来表示 $\widetilde{\mathfrak{U}}(A,B,F,\bar{G})$ 类函数的一般表示式中的一种.

在下节，利用积分方程(2.1)，我们证明关于方程 $\mathfrak{E}(w)=F$ 的正则解的光滑性和可微性的若干定理.

§3 $\widetilde{\mathfrak{U}}_p(G)$ 类函数的连续性和可微性

以后，我们将只研究在所考虑域内有连续(广义) 解的形如方程(1.5) 的类. 我们知道，所有满足条件(1.10) 的方程属于这一类. 同样将考虑更窄的方程类，它们的解有若干连续的广义微商，尤其是，从几何的与力学的应用观点看

来，考虑这种情形是重要的.

1. 下面的定理成立：

定理 3.1 若 $w \in \widetilde{\mathfrak{U}}_{p,2}(A,B,F,G)$，$p>2$，则 $w \in C_\alpha(G)$，$\alpha = \dfrac{p-2}{p}$.

证明 因为，根据定义有 $w \in D_{\bar z}(G)$（即是说，$\partial_{\bar z} w \in L_1(G)$），所以由定理 1.26，得 $w \in L_\gamma(G)$，其中 γ 是适合条件 $1<\gamma<2$ 的任意数. 因此，我们可以认为 $\gamma \geqslant \dfrac{p}{p-1}$.

考虑域 G 的两个子域 G_1 和 G_2：$G_1 \subset \bar G_1 \subset G_2 \subset \bar G_2 \subset G$. 这时 $\partial_{\bar z} w \in L_1(\bar G_2)$，$w \in L_\gamma(\bar G_2)$. 所以根据等式(2.1)我们有

$$w(z) - P_2 w = h(z),\ h = \Phi_0(z) + T_2 F \tag{3.1}$$

$$(P_2 \equiv P_{G_2},\ T_2 = T_{G_2})$$

其中 Φ_0 是 G_2 内的全纯函数，而 $T_2 F \in C_{\frac{p-2}{p}}(E)$，因为 $w \in L_\gamma(\bar G_2)$，$\gamma \geqslant \dfrac{p}{p-1}$，则由定理 1.29 知，$P_2 w \in L^a_{\gamma_1}(\bar G)$，$\dfrac{1}{\gamma_1} = \dfrac{1}{\gamma} + \dfrac{1}{p} - \dfrac{1}{2} + a$，其中 a 是充分小的正数. 因为 $\gamma_1 > \gamma \geqslant \dfrac{p}{p-1}$，所以从式(3.1)立即可得：$h \in L_{\gamma_1}(\bar G_2)$. 从式(3.1)用迭代法可得形如

$$w = P_2^n w + h + P_2 h + \cdots + P_2^{n-1} h \tag{3.2}$$

的方程. 根据定理 1.29，存在这样的整数 n，使 $P_2^{n-1} w \in C(\bar G)$. 因此，固定这个整数 n，由定理 1.29 我们将有

$$P_2^n w = P_2(P_2^{n-1} w) \in C_\alpha(E),\ \alpha = \frac{p-2}{p}$$

设 G' 是 G_2 的子域，使得 $\bar G_1 \subset \bar G' \subset G_2$. 在这种情形，显然有

$$P_2 = P' + P'',\ P' = P'_{G'},\ P'' = P_{G_2 - G'}$$

而且因 $\bar G_1 \subset G'$，$P''h$ 显然在 G' 内全纯，从而在 $\bar G_1$ 上它也是在李普希兹意义下连续的. 由于 h 在 $\bar G'$ 上连续，所以，根据定理 1.24 得：$P'h \in C_{\frac{p-2}{p}}(E)$. 所以 $P_2 h = P'h + P''h \in C_{\frac{p-2}{p}}(\bar G_1)$. 用类似的推理我们证明，$P_2^k h \in C_{\frac{p-2}{p}}(\bar G_1)$ $(k=1,2,\cdots)$.

这样一来，对某一整数 n 等式(3.2)的右端属于 $C_{\frac{p-2}{p}}(\bar G_1)$ 类. 因为可以选取域 G 的任意闭子域作为 G_1，所以 $w \in C_{\frac{p-2}{p}}(G)$. 定理就完全证明了.

2. **定理 3.2** 若 $A,B,F \in D_{m,p}(G)$ $(m \geqslant 0,\ p>2)$，则 $\widetilde{\mathfrak{U}}(A,B,F,G)$ 类的每一个函数 $w(z)$ 都属于 $D_{m+1,p}(G)$ 类.

证明 若 $m=0$，则 $A,B,F\in L_p(G),p>2$，再由前一定理知，$w\in C_{\frac{p-2}{p}}(G)$. 所以从方程 $w_{\bar z}+Aw+B\overline{w}=F$，推出 $\omega_{\bar z}\in L_p(G),p>2$，但是，这时由定理 1.36，得 $w_z\in L_p(G),p>2$，也就是说 $w\in D_{1,p}(G)$. 现在考虑 $m\geqslant 1$ 的情形. 因为证明了 $w\in D_{1,p}(G)$，则有

$$w_{\bar z\bar z}+A_{\bar z}w+B_{\bar z}\overline{w}+Aw_{\bar z}+B\overline{w}_{\bar z}=F_{\bar z}$$

$$w_{z\bar z}+A_zw+B_z\overline{w}+Aw_z+B\overline{w}_z=F_z \tag{3.3}$$

由此推得 $w\in D_{2,p}(G)$. 这样一来对 $m=1$ 定理已证明. 若 $m=2$，则把等式(3.3)两边对 z 和 $\bar z$ 微分，我们断言 $w\in D_{3,p}(G)$. 再继续同样的推理，我们断言 w 的 $m+1$ 阶微商都属于类 $L_p(G),p>2$，这就证明了我们的定理.

由定理 1.20，从定理 3.2 可推得：

若 $A,B,F\in D_{m,p}(G)(m\geqslant 0,p>2)$，则 $w(z)\in C_\alpha^m(G),\alpha=\dfrac{p-2}{p}$.

定理 3.3 若 $A,B,F\in C_\alpha^m(G)(m\geqslant 0,0<\alpha<1)$，则 $\widetilde{\mathfrak{U}}(A,B,F,G)$ 类的函数 $w(z)$ 属于 $C_\alpha^{m+1}(G)$ 类.

证明 当 $m=0$ 时我们有 $w_{\bar z}=-Aw-B\overline{w}+F\in C_\alpha(G)$. 那么根据定理 1.32 有 $w_z\in C_\alpha(G)$，即是说 $w\in C_\alpha^1(G)$. 若 $m=1$，则从等式(3.3) 推得 $w\in C_\alpha^2(G)$. 再往下做类似于前面的讨论，我们可确定，对任意的整数 $m\geqslant 0$ 定理成立.

从定理3.3可看出，为使方程(1.5)或对应的方程组(1.1)存在古典意义下的解，只需 $A,B,F\in C_\alpha(G)(0<\alpha<1)$ 就够了. 这时每一个正则解在域内有赫尔德意义下连续的一阶偏微商.

3. 前面证明的定理3.1、定理3.2、定理3.3建立了 $\widetilde{\mathfrak{U}}(A,B,F,G)$ 类函数的光滑性和可微性的特征依赖于 A,B,F 在 G 内的光滑性和可微性的特征. 显然这类函数在闭域 $\overline{G}$ 上的光滑性和可微性的特征依赖于函数 A,B,F 在闭域上的光滑性和可微性的特征，而且也依赖于域 G 的边界和所考虑的函数的边界值的光滑性的程度.

定理 3.4 设 $G\in C^1$. 若 $A,B,F\in L_p(G+\Gamma),p>2$，则方程(1.5) 的在 $G+\Gamma$ 上连续和在 Γ 上属于 $C_\alpha(\Gamma)$ 类的解属于 $C_\beta(G+\Gamma)$ 类，其中 $\beta=\min(\alpha,\gamma),\gamma=\dfrac{p-2}{p}$.

证明 在这些条件下，我们可以将 w 表示成 $w=P_Gw+T_GF+\Phi(z)$，其中 Φ 被表示成柯西型积分(2.4). 由定理 1.10，$\Phi\in C_\alpha(G+\Gamma)$. 因为 P_Gw 和 $T_GF\in C_\gamma(G+\Gamma)$，所以立即可得 $w\in C_\beta(G+\Gamma),\beta=\min(\alpha,\gamma)$.

在第四章的 §1，§7 中还指出保证 $\widetilde{\mathfrak{U}}_p(G)$ 类($p>2$) 中的广义解析函数，和它们直到某阶的微商在闭域上的连续性的其他一些条件.

4. 应当单独地来讲述当 A,B,F 是实变量 x，y 的解析函数的情形，在这些条件下，方程 $\mathfrak{G}(w)=F$ 的正则解在域内是 x，y 的解析函数，以及可以把他们的问题化为复数域上的沃尔泰拉型积分方程. 利用这种方法可以得到方程 $\mathfrak{G}(w)=F$ 的解的不同的积分表示，并可以研究它们的性质. 这些方法的叙述可以在作者的工作[14a](§10) 中找到，也可参看[85в](§3.13). 所以，以后我们将不单独地来讨论这种情形.

§4　基本引理·某些古典定理的推广

本节将给出公式(1.7) 的推导，正如前面所指明的，它使我们能证明许多定理，把 z 的解析函数的性质加以推广.

1. 首先证明下面的基本引理.

基本引理　设 $w(z)$ 是 $\mathfrak{U}^*_{p,2}(A,B,G)$，$p>2$，类的广义解析函数，并设

$$g(z)=\begin{cases}A(z)+B(z)\dfrac{\overline{w(z)}}{w(z)} & 若\ w(z)\neq 0,z\in G\\ A(z)+B(z) & 若\ w(z)=0,z\in G\end{cases}\tag{4.1}$$

在这种情形，函数

$$\Phi(z)=w(z)\mathrm{e}^{-\omega(z)}\tag{4.2}$$

$$\omega(z)=\frac{1}{\pi}\iint\limits_G\frac{g(\zeta)\mathrm{d}\xi\mathrm{d}\eta}{\zeta-z}\equiv -T_G g\tag{4.2a}$$

属于类 $\mathfrak{U}^*_0(G)$.

证明　因为 $|g(z)|\leqslant|A(z)|+|B(z)|$，所以 $g\in L_{p,2}(\bar{G})$，$p>2$. 因此根据定理 1.23，函数 $\omega(z)\in C_\alpha(E)$，$\alpha=\dfrac{p-2}{p}$. 因为 $-g=\partial_{\bar z}\omega\in L_p(\bar{G})$，$p>2$，故由定理 1.39，知函数 $\mathrm{e}^{\omega(z)}\in D_{1,p}(G)$，并且 $\partial_{\bar z}\mathrm{e}^{-\omega}=-\mathrm{e}^{-\omega}\partial_{\bar z}\omega=g\mathrm{e}^{-\omega}$.

设 G^*_w 是函数 w 的奇异集合. 根据定义 G^*_w 是关于域 G 的离散集合，在开集 $G-G^*_w$ 内函数 w 显然是方程 $\partial_{\bar z}w+Aw+B\bar{w}=0$ 的正则解，因此由定理 3.2，$w\in D_{1,p}(G-G^*_w)$. 由定理 1.38，$\Phi=w\mathrm{e}^{-\omega}$ 属于 $D_{\bar z}(G-G^*_w)$ 类，所以我们可以对它运用乘积的微分公式

$$\partial_{\bar z}\Phi=\mathrm{e}^{-\omega}(\partial_{\bar z}w+wg)=\mathrm{e}^{-\omega}(-Aw-B\bar{w}+wg)$$

由式(4.1),推得

$$\partial_{\bar{z}}\Phi=0$$

在 $G-G_w^*$ 中几乎处处成立.这意味着 Φ 在 $G-G_w^*$ 内全纯.因为 G_w^* 仅包含孤立点,故显然有 $\Phi\in\mathfrak{U}_0^*(G)$.因此引理证明了.

特别地有:若 w 是方程 $\partial_{\bar{z}}w+Aw+B\bar{w}=0$ 在域 G 内的正则解,则 Φ 在 G 内是全纯函数.

在作者的工作[14a]中公式(4.2)是借助于卡勒曼的唯一性定理来证明的.这里给出的证明不利用卡勒曼定理,它是在作者的另一较晚的工作[14д](1953)中提出的.显然卡勒曼定理是前面所证明的引理的简单推论(参看定理3.5).

在下一段中我们将引入这个引理的一些重要推论.

2.从公式(4.2)看出 $w(z)=0$ 的点集重合于解析函数 $\Phi(z)$ 的零点集合.$w(z)$ 的奇点集合恰恰是重合于 Φ 的极点和本性奇点集合.由此推出,若 w 不恒等于零,则它的零点和极点都是孤立的,而且零点的重数和极点的阶数都是正整数.此外,显然在极点附近 $w(z)$ 是无界的,而它在本性奇点邻域的性质则由索霍茨基-魏尔斯特拉斯定理所刻画.第一个论断是显然的,我们来证第二个论断.

若 w 不恒等于零,则公式(4.2)可以写成

$$w(z)=\Phi(z)\mathrm{e}^{\omega(z)} \tag{4.3}$$

其中

$$\omega(z)=\frac{1}{\pi}\iint_G\frac{\left(A(\zeta)+B(\zeta)\dfrac{\overline{w(\zeta)}}{w(\zeta)}\right)}{\zeta-z}\mathrm{d}\xi\mathrm{d}\eta \tag{4.4}$$

设 z_0 是 $w(z)$ 的本性奇点,而 c 是任一固定常数,那么由式(4.3)得

$$|w(z)-c|\leqslant|\Phi(z)||\mathrm{e}^{\omega(z)}-\mathrm{e}^{\omega(z_0)}|+|\Phi(z)\mathrm{e}^{\omega(z_0)}-c| \tag{4.5}$$

因为 z_0 是 $\Phi(z)$ 的本性奇点,所以由索霍茨基-魏尔斯特拉斯定理,可找到一串收敛于 z_0 的序列 z_k,它满足条件:当 $k\to\infty$,$\Phi(z_k)\mathrm{e}^{\omega(z_0)}\to c$.基于这一点,并考虑到 $\omega(z)$ 的连续性,从不等式(4.5)当 $z_k\to z_0$ 时得到 $w(z_k)\to c$,这就是所要证明的.

我们把公式(4.3)称为广义解析函数的第一类表示式,或广义解析函数的相关性公式①.下面我们就会看到,它对广义解析函数一般理论的建立有着基

① 在L.培尔斯的工作[5a,б]中,这个公式称为"相似原理".

本的意义.所以我们今后将常常用到它.

3.从公式(4.3),直接推出下面的广义解析函数的唯一性定理.

定理3.5 若$\mathfrak{U}_{p,2}(G)(p>2)$类中的广义解析函数$w(z)$在$G$中的某一无穷点集$\mathfrak{M}$上等于零,且集合$\mathfrak{M}$至少有一个极限点属于$G$,则在$G$内处处有$w(z)=0$.

同样,借助于公式(4.3)可以把解析函数论中的很多熟知的边界唯一性定理推广到广义解析函数(参看[72]).例如有下面的定理成立:

定理3.6 设域G的边界包含有可求长弧γ.设A和$B\in L_p(G+\gamma)$,$p>2$.若$w(z)\in\mathfrak{U}(A,B,G)$以及在$\gamma$上$w(z)$的角形边界值为零,则在$G$内处处有$w(z)=0$.

证明 从式(4.2a)推得,在G内紧接着弧γ边界带内,函数$\omega(z)$连续,所以解析函数$\Phi(z)$的角形边界值在γ上等于零.因此由[72](第四章)中熟知的定理得$\Phi\equiv 0$,即$w(z)\equiv 0$.这就证明了定理.

定理3.5和定理3.6有重要的几何解释(参看第五章,§3,5).

在假设$A,B\in C(\overline{G})$,而w连续且有逐段连续的一阶微商的条件下,定理3.5已由卡勒曼在1933年用另外的方法证明了(参看[33a]).如果利用赫尔德不等式,卡勒曼的研究可以应用于我们这里所考虑得更一般的情形($A,B\in L_{p,2}(G)$,$p>2$).

4.若$B\equiv 0$,则公式(4.3)具有下列形式

$$w(z)=\Phi(z)e^{\frac{1}{\pi}\iint\limits_G\frac{A(\zeta)}{\zeta-z}d\xi d\eta}\quad(\Phi(z)\in\mathfrak{U}_0^*(G))\tag{4.6}$$

这个公式用z的解析函数来表示方程

$$\partial_{\bar z}w+Aw=0\tag{4.7}$$

的一般解的式子.这个公式对A是有界可测函数的情形,最先由N.戴奥多斯克(参看[82a,б])所得出.

必须注意:对一般的情形,公式(4.3)可以借助于公式(4.6)来得到.事实上方程$\mathfrak{E}(w)=0$可以写成

$$\partial_{\bar z}w+A_0w=0,A_0=A+B\frac{\overline{w}}{w}$$

注意到$A_0\in L_{p,2}(E)$,$p>2$,后一个方程的解可以写成式(4.6)的形式,显然,这就立即使我们推得公式(4.3).在作者的工作[14a](1952)中用同样的方法曾经得到公式(4.3)和(4.4),而且像前面所已经指出的,公式(4.6)是作为卡勒曼定理的推论得到的(当时作者不知道,这个公式在卡勒曼的工作(1933)之前已由戴奥多斯克得出了(参看[82a,б])).在L.倍尔斯的工作[5б](1953)

中给出了公式(4.3)的类似的证明,更早一些,在工作[5a]中倍尔斯就发表了未加证明的结果.同样的,倍尔斯也没有引用戴奥多斯克的文章.我们指出,在[5б][6a]中没有给出ω的显式(4.4),而这对公式(4.3)的各种应用是有重要意义的.

5. 公式(4.3)可以推广到A,B是拟可和函数的情形(第一章,§1,8)(参看[14e]).

定理 3.7 设存在$\mathfrak{U}_0^*(G)$类中解析函数Φ_A和Φ_B,使得乘积$A(z)\Phi_A(z)$和$B(z)\Phi_B(z)$属于$L_p(\bar{G})$,$p>2$①.若$w(z)$是$\mathfrak{U}^*(A,B,G)$类的解析函数,则可找出$\mathfrak{U}_0^*(G)$类中的解析函数$\Phi(z)$,使

$$w(z)=\Phi(z)e^{\omega(z)} \tag{4.8}$$

其中

$$\omega(z)=\frac{1}{\pi\Phi_A(z)}\iint_G\frac{\Phi_A(\zeta)A(\zeta)}{\zeta-z}d\xi d\eta+\frac{1}{\pi\Phi_B(z)}\iint_G\frac{\Phi_B(\zeta)B(\zeta)\overline{w(\zeta)}}{(\zeta-z)w(\zeta)}d\xi d\eta \tag{4.9}$$

证明 对$w\equiv 0$的情形我们认为$\Phi\equiv 0$,所以今后我们假设w不恒等于零.因为

$$A(z)\Phi_A(z)\in L_p(\bar{G})$$

又

$$B(z)\Phi_B(z)\frac{\overline{w(z)}}{w(z)}\in L_p(\bar{G})\quad(p>2)$$

故按定理1.19,等式(4.9)右端的积分属于$C_{\frac{p-2}{p}}(E)$类,而且在G内几乎处处满足等式

$$\frac{\partial w}{\partial\bar{z}}=-A(z)-B(z)\frac{\overline{w(z)}}{w(z)}$$

由这个等式,再根据定理1.38和定理1.39,对函数$\Phi(z)=w(z)e^{-\omega(z)}$可以得

$$\frac{\partial\Phi}{\partial\bar{z}}=e^{-\omega(z)}\left(\frac{\partial w}{\partial\bar{z}}+Aw+B\bar{w}\right)=0$$

这个等式在域G的每一闭子集G'上成立,只要G'不包含解析函数Φ_A和Φ_B的零点和奇点,也不包含函数$w(z)$的奇点.但是这种点的集合是离散地分布在G内的.所以$\Phi(z)\in\mathfrak{U}_0^*(G)$,即是说,$\Phi(z)$在$G$内除掉某一个$G$的离散点集以外是解析的.这就证明了定理.

---

① 若G是无界域,则认为$A\Phi_A$与$B\Phi_B\in L_pL_{p'}(G)$,$p>2$,$1<p'<2$.

公式(4.8)易于推广到 A,B 是以下形式函数的情形

$$A=A_1+\cdots+A_n,B=B_1+\cdots+B_n \tag{4.10}$$

这里 A_j 和 $B_j\in\mathfrak{U}_0^*\times L_p(\bar{G}),p>2(j=1,\cdots,n)$. 这时若取函数

$$\omega(z)=\sum_{k=1}^{n}\frac{1}{\pi\Phi_k(z)}\iint_G\frac{A_k(\zeta)\Phi_k(\zeta)\mathrm{d}\xi\mathrm{d}\eta}{\zeta-z}+\frac{1}{\pi\Psi_k(z)}\iint_G\frac{B_k(\zeta)\Psi_k(\zeta)\overline{w}(\zeta)}{(\zeta-z)w(\zeta)}\mathrm{d}\xi\mathrm{d}\eta \tag{4.11}$$

作为 $\omega(z)$,则公式(4.8)仍成立.

这样一来,若 A 和 B 是形如(4.10)的函数,其中 A_j 和 B_j 是 $\mathfrak{U}_0^*\times L_p(\bar{G})$ 类的拟可和函数,则正如公式(4.8)和(4.11)所指出的,$\mathfrak{U}^*(A,B,G)$ 类的广义解析函数属于 $\mathfrak{U}_0^*\times \mathrm{e}^{\Sigma\mathfrak{U}_0^*\times C_\alpha(E)}$ 类,其中 $\alpha=\frac{p-2}{p}$(第一章,§1,8). 以上引入的相关性公式(4.3)的推广已在作者的工作[14e]中指出.

6. 从式(4.8)和(4.11)推得不等式

$$\mathrm{e}^{-\Omega(z)}\leqslant\left|\frac{w(z)}{\Phi(z)}\right|\leqslant\mathrm{e}^{\Omega(z)},\ |\omega(z)|\leqslant\Omega(z) \tag{4.11a}$$

其中

$$\Omega(z)=\sum_{k=1}^{n}\frac{1}{|\pi\Phi_k(z)|}\iint_G\frac{|A_k(\zeta)||\Phi_k(\zeta)|}{|\zeta-z|}\mathrm{d}\xi\mathrm{d}\eta+\frac{1}{\pi|\Psi_k(z)|}\iint_G\frac{|B_k(\zeta)||\Psi_k(\zeta)|}{|\zeta-z|}\mathrm{d}\xi\mathrm{d}\eta \tag{4.12}$$

这个不等式对类 $\mathfrak{U}^*(A,B,G)$ 中所有函数成立,而且 $\Omega(z)$ 只依赖于生成对 A 和 B,而和函数 w 的选取无关.

若 $A,B\in L_{p,2}(E),p>2$,则 $\Phi_A=\Phi_B\equiv1$,再由第一章的不等式(6.14)有

$$\Omega(z)=\frac{1}{\pi}\iint_G\frac{|A(\zeta)||B(\zeta)|}{|\zeta-z|}\mathrm{d}\xi\mathrm{d}\eta\leqslant M_pL_{p,2}(|A|+|B|) \tag{4.12a}$$

7. 出现在第一类表述式(4.8)中的函数 Φ 和 ω 将称为广义解析函数 $w(z)$ 的解析因子和对数差,它们不能用 w 来唯一地确定. 若 $\Phi_0(z)$ 是 G 中的某个全纯函数,则有

$$w(z)=\Phi(z)\mathrm{e}^{\omega(z)}=\Phi\mathrm{e}^{-\Phi_0(z)}\mathrm{e}^{\Phi_0(z)+\omega(z)}=\Phi_k(z)\mathrm{e}^{\omega_*(z)}$$

由此可见,解析因子和对数差不能用 w 来唯一地表示. 这个情况给出了使它们服从这样或那样的附加条件的可能性. 其中包括可以指出允许唯一地来确定这些函数的各种不同的条件. 例如对 $\mathfrak{U}_{p,2}^*(G)$ 类($p>2$)中任意一个函数,当 $\omega(z)$ 是用公式(4.4)来确定时,第一种表示式(4.3)就是唯一的. 这个表示式的特征

在于 $\omega(z)\in C_\alpha(E)\left(\alpha=\dfrac{p-2}{p}\right)$ 在 $G+\Gamma$ 外全纯，在无穷远处变为零(参看定理1.19). 事实上，若有两个形如(4.3)的表示式

$$w(z)=\Phi_1(z)e^{\omega_1(z)},w(z)=\Phi_2(z)e^{\omega_2(z)} \tag{4.13}$$

则得到等式

$$\frac{\Phi_1(z)}{\Phi_2(z)}=e^{\omega_1(z)-\omega_2(z)}\quad(z\in G) \tag{4.14}$$

因为 $\omega_1(z),\omega_2(z)$ 属于 $C_\alpha(E),\alpha=\dfrac{p-2}{p}$，在 $G+\Gamma$ 外全纯，在无穷远处为零，则显然等式(4.14)的左端在 G 内全纯、在 $G+\Gamma$ 上连续，且可用在无穷远点等于1的全纯函数拓展到 $G+\Gamma$ 外. 由此根据刘维尔定理推得 $\Phi_1\equiv\Phi_2$，从而得 $\omega_1(z)\equiv\omega_2(z)$. 这样，按公式(4.3)和(4.4)来表示 $\mathfrak{U}^*_{p,2}(G)(p>2)$ 类函数的表示式的唯一性就证明了.

在以后，用公式(4.4)给出的对数差 $\omega(z)$ 将称为 $\mathfrak{U}^*_{p,2}(A,B,G)$ 类函数 $w(z)$ 的标准对数差，而出现在公式(4.3)中的解析函数 $\Phi(z)$ 称为标准解析因子.

由定理1.23知，$\mathfrak{U}^*_{p,2}(A,B,G)$ 类函数的标准对数差满足不等式

$$|\omega(z)|\leqslant M_pL_{p,2}(|A|+|B|)$$

$$|\omega(z_1)-\omega(z_2)|\leqslant M_pL_{p,2}(|A|+|B|)|z_1-z_2|^{\frac{p-2}{p}} \tag{4.15}$$

$$|\omega(z)|\leqslant M_pL_{p,2}(|A|+|B|)|z|^{\frac{p-2}{p}}\quad(|z|\geqslant R>1) \tag{4.16}$$

不等式(4.15)对于平面 E 上所有的点 z,z_1,z_2 成立，而不等式(4.16)是对 $|z|\geqslant R>1$ 时才成立，而且 R 是固定常数. 我们还要注意在不等式(4.15)和(4.16)中的常数 M_p 只依赖于 $p,p>2$.

设 $\mathfrak{U}^M_{p,2}(G)$ 是表示这样一类广义解析函数的全体，其生成对满足条件

$$L_{p,2}(|A|+|B|)\leqslant M\quad(M=\text{常数}) \tag{4.17}$$

从式(4.15)立即可得：

定理3.8 相应于集合 $\mathfrak{U}^M_{p,2}(G)$ 中元素的标准对数差的集合 $\{\omega(z)\}$，在全平面上一致有界和等度连续，即是说集合 $\{\omega(z)\}$ 在空间 $C(E)$ 中是致密的.

8. 若利用解析函数的最大模原理，则从公式(4.3)可得到以下形式的广义解析函数的最大模原理.

最大模原理 若 $w\in\mathfrak{U}_{p,2}(A,B,G)$，$p>2$，且在 $\overline{G}$ 上连续，则

$$|w(z)|\leqslant\hat{M}\max_{t\in\Gamma}|w(t)|\quad(z\in G+\Gamma) \tag{4.18}$$

其中 $\hat{M}$ 是只依赖于 A,B,p 的大于或等于 1 的正常数.

借助于式(4.15),容易得到对 $\hat{M}$ 的不等式

$$1 \leqslant \hat{M} \leqslant e^{2M_p L_{p,2}(|A|+|B|)} \tag{4.19}$$

若 $\hat{M}$ 加大成 $e^{2M_p M}$,则 $\mathfrak{U}_{p,2}^{M}(G)$ 类中任意一个函数满足不等式(4.18).

借助于最大模原理可以证明:

定理 3.9 设 $L_{p,2}(E)(p>2)$ 中的元素序列 A_n 和 B_n 平均收敛(在 $L_{p,2}(E)$ 的度量意义下)于 A 和 B. 设 $w_n \in \mathfrak{U}_{p,2}(A_n,B_n,G)(n=1,2,\cdots)$,而且 w_n 在 $\bar{G}$ 上连续. 若序列 w_n 在 Γ 上一致收敛于某函数 $w(z)$,则 w_n 在闭域上一致收敛于属于 $\mathfrak{U}_{p,2}(A,B,G)(p>2)$ 类的函数 $w(z)$.

证明 显然,序列 A_n 和 B_n 满足不等式(4.17). 因此,$w_n \in \mathfrak{U}_{p,2}^{M}(G)$,且由于最大模原理,所以序列 w_n 一致有界. 现在还要证明它在 $\bar{G}$ 上一致收敛于 $w(z)$,$w \in \mathfrak{U}_{p,2}(A,B,G)$,其中 $A=\lim A_n$,$B=\lim B_n$(在 L_p 的度量意义下).

利用公式

$$w_n(z)=\frac{1}{2\pi i}\int_\Gamma \frac{w_n(\zeta)d\zeta}{\zeta-z}+P_G^{(n)}w_n \quad (n=1,2,\cdots)$$

容易证明 $\{w_n\}$ 在 C 中的致密性. 由此推出,$\{w_n\}$ 的每一个收敛子序列都收敛于 $\mathfrak{U}(A,B,G)$ 类的函数,并满足方程

$$w(z)=\frac{1}{2\pi i}\int_\Gamma \frac{w(\zeta)d\zeta}{\zeta-z}-\frac{1}{\pi}\iint_G \frac{A(\zeta)w(\zeta)+B(\zeta)\overline{w}(\zeta)}{\zeta-z}d\xi d\eta$$

这里函数 $w(\zeta)=\lim w_n(\zeta)$,$\zeta\in\Gamma$,对每一个子序列 $\{w_{n_k}\}$,$w(\zeta)$ 是相同的,那么由最大模原理,所有收敛的子序列 $\{w_{n_k}\}$ 在 G 内收敛于相同的极限(参看§12). 顺便我们也证明了下列定理:

定理 3.10 若序列 w_n 在 G 内一致收敛,则极限属于 $\mathfrak{U}_{p,2}(A,B,G)$ 类.

同样,不难推广施瓦兹引理.

若(1)$w\in\mathfrak{U}_{p,2}(A,B,E_1)$,$p>2$,$E_1=\mathscr{E}(|z|<1)$,(2)$w\in C(\bar{E}_1)$ 以及(3)$w(0)=0$,则

$$|w(z)|\leqslant|z|^k\hat{M}\max_{|t|=1}|w(t)| \quad (z\in E_1) \tag{4.20}$$

其中 k 是零点 $z=0$ 的重数.

同时若计算一下就易知

$$z^{-k}w(z)\in\mathfrak{U}(A,Be^{-2ik\varphi},E_1) \quad (\varphi=\arg z)$$

应该指出,出现在不等式(4.18)和(4.20)中的常数 $\hat{M}$ 是相同的.

9. 同样,我们可以推广刘维尔定理.

定理 3.11 如果在全平面连续的 $\mathfrak{U}_{p,2}(E)(p>2)$ 类广义解析函数 $w(z)$ 是有界的且在平面上某一固定点 z_0 等于零(其中包括 $z_0=\infty$),则到处有 $w(z)=0$.

证明 显然,从式(4.3)和(4.4)可以看出 $\Phi(z)$ 是整函数,它在全平面有界(应该注意到不等式(4.16)),且在点 z_0 等于零.由刘维尔定理立即推出 $\Phi(z)\equiv 0$,即是说,到处有 $w(z)\equiv 0$.

在第五章、第六章中将指出定理 3.11 的几何与力学解释.对在某一有界域外等于零的连续函数 A 和 B,这个定理已在作者的工作[14a]中证明了.在更一般的条件(实际上等效于上面所引进的条件)下,定理已在作者的另一著作[14e]中证明.我们指出,定理 3.11 还可以作为最大模原理的推论而得到.

若 $w(z)$ 是在全平面上连续和有界的 $\mathfrak{U}_{p,2}(E)(p>2)$ 类函数,则从式(4.3)推得 $\Phi(z)=c=$ 常数①.

这样,就有下面的:

定理 3.12 $\mathfrak{U}_{p,2}(E)(p>2)$ 类在全平面连续和有界的每一个函数 $w(z)$ 可表示为

$$w(z)=c\mathrm{e}^{\omega(z)}\quad (c=\text{常数}) \tag{4.21}$$

其中 $\omega=-T_E\left(A+B\dfrac{\overline{w}}{w}\right)$,因此 $\omega(z)$ 满足条件(4.15)和(4.16).

下面,我们在 §6 中会看到这些函数,在 $\mathfrak{U}_{p,2}(E)$ 类中占有特殊的地位.在这里它们差不多起着像常数在解析函数类 $\mathfrak{U}_0(G)$ 中那样的作用(显然,当 $A\equiv B\equiv 0$ 时,等式(4.21)右端等于常数).所以我们称它们为广义常数.这样一来我们称方程

$$\partial_{\bar z} w+Aw+B\overline{w}=0\quad (A,B\in L_{p,2}(E),p>2) \tag{4.22}$$

在全平面的任一个有界解为 $\mathfrak{U}^*_{p,2}(A,B,E)$ 类的广义常数,我们还将称方程(4.22)的常数解为 $\mathfrak{U}^*_{p,2}(A,B,E)$ 类的广义常数.换句话说,广义常数是 $\mathfrak{U}_{p,2}(E)\ (p>2)$ 类中这样的函数,它的标准解析因子等于常数.

同样,我们可引入广义多项式和广义有理函数概念.$\mathfrak{U}_{p,2}(E)(p>2)$ 类的函数,在扩充了的平面上只有有限个极点的,我们称为广义有理函数.在这种情形下,标准解析因子是有理函数,其极点重合于对应广义有理函数的极点.若广义解析函数有唯一的极点 $z=\infty$,则称它为广义多项式.这时,极点的阶就称为

---

① 代替有界性,只要求条件:$w(z)=O(|z|^{\alpha})$,$\alpha<1$(在点 $z=\infty$ 附近)就够了.

广义多项式的幂，零幂的广义多项式就是广义常数.

现在，不难把刘维尔定理推广成以下形式：

定理 3.11′ 若(1)$w \in \mathfrak{U}_{p,2}(E)(p>2)$，(2)在点 $z=\infty$ 附近 $w=O(|z|^n)$，其中 n 是非负整数，则 w 是 $\mathfrak{U}_{p,2}(E)$ 类的 n 次幂的广义多项式.

10. 在广义解析函数类中，辐角原理以及由此而得的推论仍然成立(其中包括儒歇定理). 这可从公式(4.3)直接推出(我们所指的是当 A 和 B 属于 $L_{p,2}(E)$，$p>2$ 的情形). 这些定理的叙述这里就不引入了，因为它们和古典情形没有什么不同.

§5 广义解析函数的第二类积分表达式

1. 现在，我们来讨论积分方程

$$f-Pf \equiv f(z)+T_E(Af+B\overline{f})=g(z) \tag{5.1}$$

并证明，若 $A,B \in L_{p,2}(E)$，$p>2$，而 $g \in L_{q,0}(E)$，$q \geqslant \dfrac{p}{p-1}$，则它一定可解. 因为 P 是完全连续算子，所以只要表明相应的齐次方程 $f-Pf=0$，除了显易解 $f\equiv 0$ 没有其他解.

设 $f_0(z)$ 是方程 $f_0-Pf_0=0$ 在 $L_{q,0}(E)$ 类中的解. 那么它也是所有的方程 $f_0-P^nf_0=0(n=1,2,\cdots)$ 的解. 但是根据定理 1.29，就可找到这样的整数 n，它使得 $f_0 \equiv P^nf_0 \in C_\alpha(E)$，$\alpha=\dfrac{p-2}{p}$. 此外由第一章的不等式(6.22)，在无穷远点附近有：$f_0(z) \equiv P^nf_0=0(|z|^{-\alpha})$. 可是方程 $f_0-Pf_0=0$ 的解同时满足微分方程 $\partial_{\bar{z}}f_0+Af_0+B\overline{f}_0=0$，即是说，$f_0(z)$ 是 $\mathfrak{U}_{p,2}(E)(p>2)$ 类的连续的广义解析函数，在无穷远点变成零. 根据定理 3.11，$f=0$ 处处成立. 这就证明了对具有任意右边部分的 $g(z) \in L_{q,0}(E)\left(q \geqslant \dfrac{p}{p-1}\right)$，方程(5.1)在 $L_{q,0}(E)$ 类中有解，而且是唯一的. 这个解我们可以写成形式

$$f(z)=g(z)+Rg \tag{5.2}$$

其中 R 是在空间 $L_{q,0}(E)$，$q \geqslant \dfrac{p}{p-1}$ 中的完全连续线性算子，称为算子 P 的预解算子.

2. 现在回到方程

$$\mathfrak{E}(w) \equiv \partial_{\bar{z}}w+Aw+B\overline{w}=F \tag{5.3}$$

并首先考虑$A,B\in L_p(\bar{G}),p>2,F\in L_1(\bar{G})$的情形,其中$G$是有界域.当寻找方程(5.3)的$L_q(\bar{G})\left(q\geqslant\dfrac{p}{p-1}\right)$类中的解时,我们将有积分方程

$$w(z)-\frac{1}{\pi}\iint_G\frac{A(\zeta)w(\zeta)+B(\zeta)\overline{w(\zeta)}}{\zeta-z}\mathrm{d}\xi\mathrm{d}\eta=g \tag{5.4}$$

其中$g=TF+\Phi(z)$,而且

$$TF=-\frac{1}{\pi}\iint_G\frac{F(\zeta)\mathrm{d}\xi\mathrm{d}\eta}{\zeta-z}\quad\left(\Phi(z)\in\mathfrak{U}_0^* L_q(\bar{G}),q\geqslant\frac{p}{p-1}\right)$$

函数$\Phi(z)$在域G内可以有简单极点,因为我们可以取数q小于2.

因为$F\in L_1(\bar{G})$,那么根据定理1.26,$TF\in L_\gamma(\bar{G})$,其中γ是任意一个小于2的数.所以,按公式(5.2),方程(5.4)将总有如下形式的解

$$w(z)=w_0(z)+w_*(z) \tag{5.5}$$

其中

$$w_0(z)=\Phi(z)+R\Phi \tag{5.6}$$

$$w_*(z)=(T+RT)F \tag{5.7}$$

公式(5.6)将域G由属于$L_q(\bar{G})\left(q\geqslant\dfrac{p}{p-1}\right)$类的每一个解析函数$\Phi(z)$对照于$L_q\mathfrak{U}_{p,2}^*(A,B,G)$类的广义解析函数$w(z)$.我们称这个公式为$\mathfrak{U}_{p,2}^*(A,B,G)$类函数的第二类表示式.

公式(5.7)给出非齐次方程(5.3)的一个特解.若$F\in L_{p,2}(E),p>2$,则$TF\in C_{\frac{p}{p-2}}(E)$与$w_*\in C_{\frac{p}{p-2}}(E)$.

3.设将平面E分割为有限个域$G_0,G_1,\cdots,G_m$,并且假定G_0是无界域,其余的$G_1,\cdots,G_m$是有界域.更一般的情形,即是说有几个无界域的情形,可用分式线性变换化成上述的情形.正如前面(§1.2)已经指明的,在这样的变换下$\mathfrak{U}_{p,2}(E)(p>2)$类保持不变.

设$\Phi(z)$是满足下列条件的分区解析函数:(1)Φ在域$G_0,G_1,\cdots,G_m$中全纯,在每个域内并且一直到它们的边界上连续,仅除去有限个边界点,而且在每一个这样的边界点附近有$\Phi=O(|z-z_0|^{-\alpha}),0\leqslant\alpha<\dfrac{2(p-1)}{p}$;(2)$\Phi$在点$z=\infty$的邻域内是有界的.在这种情形下,$\Phi\in L_{q,0}(E),q=\dfrac{p}{p-1}$,于是我们可以按照公式(5.6)来建立方程$\mathfrak{G}(w)=0$的解.因为$w=\Phi-T(Aw+B\bar{w})$,又$T(Aw+B\bar{w})\in C_{\frac{p-2}{p}}(E)$,所以$w$的连续性的特征以及在域$G_j$的边界点处间断的情况就和函数$\Phi$一样.若$\Phi$在域$G_j$的边界$\Gamma_j$上满足条件

$$\Phi^{+}(\zeta)=\Phi^{-}(\zeta)+g_0(\zeta)\quad(\zeta\in\Gamma)\tag{5.8}$$

则 w 也满足这些条件. 这样一来，借助于解析函数的非齐次希尔伯特边值问题，式(5.8) 的解可得到广义解析函数的类似问题的解. 在 Л. 米哈依洛夫的工作[55a,б] 中得到了关于这方面的一些结果.（也可参看[1a]）.

4. 积分方程(5.4) 可以作为建立方程(5.3) 的任意的解的工具. 在域 G 内的每一个解析函数 $\Phi\in L_{q,0}(\bar{G}),q\geqslant\dfrac{p}{p-1}$，对应着完全确定的解. 这个方程可以按照下面的简单公式用逐次逼近法来解

$$w_{n+1}=\frac{1}{\pi}\iint_G\frac{Aw_n+B\overline{w}_n}{\zeta-z}\mathrm{d}\xi\mathrm{d}\eta+\Phi(z)+TF\quad(n=0,1,\cdots)\tag{5.9}$$

而且 $w_0=\Phi+TF$. 假定 $A=0$，还可以化简这个公式，即考虑方程

$$\partial_{\bar{z}}w+B\overline{w}=F\tag{5.9a}$$

利用代换

$$w(z)=\hat{w}(z)\mathrm{e}^{\frac{1}{\pi}\iint_G\frac{A(\zeta)}{\zeta-z}\mathrm{d}\xi\mathrm{d}\eta}\tag{5.9b}$$

方程恒可以化成这样的形式. 所以在今后有时我们只限于考虑形如(5.9a) 的方程是合适的. 应该注意到代换(5.9б) 并不使方程超出 $L_{p,2}(E)$ 类.

5. 除了(5.4) 外，可以考虑一系列其他的重要的积分方程，利用它们也可以建立方程(5.3) 的解，而且这些方程可以选得使未知解服从某些预先给定的条件. 例如我们指出，可以得到允许用来建立方程(5.3) 这样的解的积分方程，这种解在预先固定的点($z_1,\cdots,z_n$) 上取预先给定的值. 为此，考虑以下形式的 z 的($n-1$) 次多项式

$$\begin{aligned}&P(z,\zeta,z_1,\cdots,z_n)\\&=\sum_{k=1}^{n}\frac{(z-z_1)\cdots(z-z_{k-1})(z-z_{k+1})\cdots(z-z_n)}{(z_k-z_1)\cdots(z_k-z_{k-1})(z_k-z_{k+1})\cdots(z_k-z_n)}\frac{1}{\zeta-z_k}\end{aligned}$$

并考虑积分方程

$$w(z)+\hat{T}_G(Aw+B\overline{w})=\Phi(z)+\hat{T}_GF\tag{5.10}$$

其中

$$\hat{T}_Gf=-\frac{1}{\pi}\iint_G f(\zeta)\left[\frac{1}{\zeta-z}-P(z,\zeta,z_1,\cdots,z_n)\right]\mathrm{d}\xi\mathrm{d}\eta$$

不难看出这个方程的解是微分方程(5.3) 的解，反之，方程(5.3) 的任意的解一定可以写成式(5.10) 的形式.

我们来证明，若这个积分方程的右端是属于 $L_q(\bar{G})(q\geqslant\dfrac{p}{p-1})$ 的任意函数，则此积分方程可解. 考虑相应的齐次方程，我们易知其解 $w_0(z)$ 满足下列条

件:(1)$\mathfrak{E}(w_0)=0$(在 G 内),(2)$w_0\in C_\alpha(E)$,$\alpha=\frac{p-2}{p}$ 以及(3)$w_0(z)$ 在 $G+\Gamma$ 外全纯,在无穷远点有 $n-1$ 阶极点.当按公式(4.3)表示出 w_0 时,我们确信相应的解析因子 $\Phi_0(z)$ 在全平面解析而在无穷远点有 $n-1$ 阶极点.但是在使 $w_0(z)$ 等于零的 n 个点 $z_1,\cdots,z_n$ 上 $\Phi_0(z)$ 也要变成零,所以 $\Phi_0(z)\equiv 0$.这就证明了与式(5.10)相应的齐次积分方程没有非零解.因此这个积分方程的右端是属于 $L_q\left(q\geqslant\frac{p}{p-1}\right)$ 的任意函数时有解.

现在,若在式(5.10)右端我们取满足等式

$$\Phi(z_k)=a_k+\mathrm{i}b_k\quad(k=1,2,\cdots,n)$$

的解析函数作为 $\Phi(z)$,其中 a_k 和 b_k 是某些给定的实常数,则我们得到方程(5.3)在点 z_k 取值 $a_k+\mathrm{i}b_k$ 的解.特别是可以用这个方法来建立方程(5.3)的有预先指定的零点的解.

基于这个结果,现在不难看出,方程(5.3)的每一个解 $w(z)$ 可以表示成如下形式的和

$$w(z)=w_0(z)+w_*(z)$$

其中 $w_0(z)$ 是齐次方程 $\mathfrak{E}(w)=0$ 的在点 z_k 取值 $w(z_k)$ 的解,而 $w_*(z)$ 是非齐次方程(5.3)的在点 z_k 等于零的解.

§6 $\mathfrak{U}_{p,2}(A,B,E)$ 类函数的生成对·在倍尔斯意义下的微商

1.若 G 与 E 重合,而 w 有界并属于 $\mathfrak{U}_{p,2}(A,B,E)$,$p>2$,则根据公式(5.4)有

$$w(z)-\frac{1}{\pi}\iint_E\frac{A(\zeta)w(\zeta)+B(\zeta)\overline{w(\zeta)}}{\zeta-z}\mathrm{d}\xi\mathrm{d}\eta$$
$$\equiv w-Pw=c_0+\mathrm{i}c_1\tag{6.1}$$

这是因为 $F\equiv 0$,而 Φ 显然等于常数.因此根据公式(5.6)有

$$w(z)=c_0w_0(z)+c_1w_1(z)\tag{6.2}$$

其中 $w_0(z)$ 和 $w_1(z)$ 是方程

$$w_0-Pw_0=1,w_1-Pw_1=\mathrm{i}\tag{6.3}$$

的解.根据定理3.12,公式

$$w_0 = \mathrm{e}^{\omega_0(z)}, w_1 = \mathrm{i}\mathrm{e}^{\omega_1(z)} \tag{6.4}$$

成立,其中

$$\omega_j = \iint_E \frac{g_j(\zeta)}{\zeta - z} \mathrm{d}\xi \mathrm{d}\eta \tag{6.5}$$

$$g_j(z) = \frac{1}{\pi}\left(A(z) + B(z)\frac{\overline{w_j(z)}}{w_j(z)}\right) \quad (j = 0, 1)$$

这样一来,$w_j \neq 0$ 在 E 中处处成立,而且 $w_0(\infty) = 1, w_1(\infty) = 2$. 公式(6.2)给出了 $\mathfrak{U}_{p,2}(A,B,E)$ 类中广义常数的一般形式.

由于定理3.12,广义常数在平面 E 上任一点取零的充要条件是 $c_0 = c_1 = 0$. 由此得到 $w_0(z), w_1(z)$ 在全平面上处处满足以下条件

$$\operatorname{Im}[\overline{w_0(z)} \cdot w_1(z)] \geqslant k_0 > 0 \quad (k_0 = \text{常数}) \tag{6.6}$$

因为

$$\partial_{\bar{z}} w_0 + A w_0 + B\overline{w}_0 = 0, \partial_{\bar{z}} w_1 + A w_1 + B\overline{w}_1 = 0$$

则有

$$A = \frac{\overline{w}_1 \partial_{\bar{z}} w_0 - \overline{w}_0 \partial_{\bar{z}} w_1}{w_1 \overline{w}_0 - w_0 \overline{w}_1}, B = \frac{w_0 \partial_{\bar{z}} w_1 - w_1 \partial_{\bar{z}} w_0}{w_1 \overline{w}_0 - w_0 \overline{w}_1} \tag{6.7}$$

这样一来,在生成对(A,B)及(w_0, w_1)之间有了双方单值的对应. 若给定 $A, B \in L_{p,2}(E)$,则解出积分方程(6.3)后我们就可单值确定 w_0, w_1,而且 w_0,$w_1 \in C_{\frac{p-2}{p}}(E)$ 且其对 $\bar{z}$ 的广义微商存在并属于 $L_{p,2}(E)$. 此外它在全平面满足条件(6.6).

若预先给定满足上述条件的一对函数 w_0, w_1:(1)$w_0, w_1 \in C_{\frac{p-2}{p}}(E)$,(2)$\partial_{\bar{z}} w_0, \partial_{\bar{z}} w_1 \in L_{p,2}(E)$ 及(3)在全平面满足条件(6.6),则按公式(6.7)可单值确定相应的生成对(A,B). 所以仿照倍尔斯的说法,函数对 $w_0(z), w_1(z)$ 称作 $\mathfrak{U}_{p,2}(A,B,E)$ 类的生成对. 倍尔斯将这个函数对作为建立他的拟解析函数理论的基础(参看[5a,б,в][7a,б]).

2.每一个函数 $w(z)$ 在每一点都可单值地表示成

$$w(z) = \chi_0(z) w_0(z) + \chi_1(z) w_1(z) \tag{6.8}$$

这里$\chi_0(z), \chi_1(z)$是实函数. 仿照倍尔斯,我们把 w 在点 z_0 按生成对(w_0, w_1)的微商定义为下式

$$w(z_0) = \lim_{z \to z_0} \frac{w(z) - \chi_0(z_0) w_0(z) - \chi_1(z_0) w_1(z)}{z - z_0} \tag{6.9}$$

现在不难证明 $w(z_0)$ 存在的充分必要条件是在点 z_0 等式

$$\frac{\partial w}{\partial \bar{z}_0}+A(z_0)w(z_0)+B(z_0)\overline{w(z_0)}=0 \tag{6.10}$$

成立，其中 A,B 是形如式(6.7)的函数，若 $w(z)$ 在 G 中连续同时几乎处处有对 (w_0,w_1) 的微商，则按照倍尔斯把函数 $w(z)$ 称为第一类拟解析函数.

这样一来，在倍尔斯意义下，相应于对 (w_0,w_1) 的拟解析函数类重合于我们意义下的广义解析函数类 $\mathfrak{U}(A,B,G)$.

3. 若函数 w 满足方程(6.10)，那么根据等式(6.8)它单值地对照于复函数 $\chi=\chi_0+\mathrm{i}\,\chi_1$，仿照倍尔斯这个复函数称为第二类拟解析函数. 易于看出它满足方程

$$\partial_{\bar{z}}\chi-q(z)\overline{\partial_z\chi}=0 \quad \left(q=\frac{w_0+\mathrm{i}w_1}{w_0-\mathrm{i}w_1}\right) \tag{6.11}$$

若注意到式(6.6)，则易知

$$|q(z)|\leqslant q_0<1 \quad (z\in E,q_0=\text{常数}) \tag{6.12}$$

以后会证明方程(6.11)在 G 内的每一解都可表示成(§17)

$$\chi(z)=\Phi[W(z)] \tag{6.13}$$

其中 $W(z)$ 是某个贝尔特拉米形方程

$$\partial_{\bar{z}}\chi-\tilde{q}(z)\partial_z\chi=0 \quad (|\tilde{q}|\leqslant q_0<1) \tag{6.14}$$

的完全同胚，而 $\Phi(\zeta)$ 是域 $W(G)$ 中 ζ 的解析函数.

从公式(6.13)立即推得下面的已被倍尔斯(参看[5в])所证明的重要定理.

每一个不同于常数的第二类拟解析函数 $\chi(z)=\chi_0(z)+\mathrm{i}\,\chi_1(z)$ 都实现斯托伊洛夫意义下的内部映射.

4. 现在自然要注意到广义解析函数所实现的映射的性质问题. 容易证明下列命题：

对每一个给定点 z_0，可以在任何函数类 $\mathfrak{U}_{p,2}(E)(p>2)$ 中找出在这个点邻域 G_0 内单叶的函数.

例如，类 $\mathfrak{U}_{p,2}(E)$ 中具有标准因子 $(z-z_0)$ 的函数就满足这个条件. 这样一来，形如 $\mathfrak{E}(w)\equiv w_{\bar{z}}+Aw+B\bar{w}=0(A,B\in L_{p,2}(E))$ 的任何方程永远存在局部单叶解. 可以举例说明，对这个方程的黎曼定理一般来说不成立. 但是，如同丹尼刘克(参看[32в])所指出的，恒可以建立形如 $\mathfrak{E}(w)=0$ 的方程的一类解，它实现斯托伊洛夫意义下的内部映射(参看[70б]).

§7　非线性积分方程(4.3)的反演

公式(5.6)使域 G 内每个全纯函数 $\Phi(z)$ 能够建立相应的广义解析函数 $w(z)$. 这个公式甚至当 $\Phi(z)$ 在 G 内有简单极点时也可采用. 但是，若 $\Phi(z)$ 在 G 内和域的边界上有高阶极点，那么一般来说公式(5.6)将没有意义. 因此自然会提出对具有任意形式奇点的解析函数怎样才可以得出其对应的广义解析函数这一问题. 下面的定理就来回答这个问题.

定理 3.13　设 Φ 是在 G 内可以有任意的奇点的解析函数. 设 t 是 G 内的固定点，则存在点 $z\in G$ 且满足下列条件的函数 $w(z)$：$w_0(z)=\dfrac{w(z)}{\Phi(z)}$ 在 G 内连续同时连续拓展到全平面，且

$$\begin{cases} w_0\in C_{\frac{p-2}{p}}(E) \\ w_0(z)\neq 0 \quad (z\in E) \\ w_0(t)=1 \end{cases} \tag{7.1}$$

此外在 $\Phi(z)$ 的正则点 $w(z)$ 满足方程 $\mathfrak{E}(w)\equiv\partial_{\bar z}w+Aw+B\overline{w}=0$.

证明　考虑积分方程

$$w_0(z)-\frac{z-t}{\pi}\iint_G\frac{A(\zeta)w_0(\zeta)+B_0(\zeta)\overline{w_0(\zeta)}}{(\zeta-z)(\zeta-t)}\mathrm{d}\xi\mathrm{d}\eta=1 \tag{7.2}$$

$$B_0=B\frac{\overline{\Phi}}{\Phi}$$

它有唯一解，因相应的齐次方程无非零解(这点由定理 3.11 立即推出). 方程(7.2)的解满足式(7.1)的三个条件：第一和第三个条件是显然的. 我们证明第二个条件成立. 设 $w_0(z_0)=0$，其中 z_0 是固定点. 那么从式(7.2)就有

$$w_0(z)=\frac{z-z_0}{\pi}\iint_G\frac{A(\zeta)w_0(\zeta)+B_0(\zeta)\overline{w_0(\zeta)}}{(\zeta-z)(\zeta-z_0)}\mathrm{d}\xi\mathrm{d}\eta=0$$

但是如前面已经指出的，这个齐次方程只有显易解 $w_0(z)\equiv 0$.

现在考虑函数 $w=\Phi w_0$，我们易知除掉 $\Phi(z)$ 的奇点集合外，在 G 内处处有 $\mathfrak{E}(w)\equiv 0$. 不难确信，$w=\Phi w_0$ 满足非线性积分方程

$$w(z)=\Phi(z)\exp\left(\frac{z-t}{\pi}\iint_G\frac{A(\zeta)w(\zeta)+B(\zeta)\overline{w(\zeta)}}{(\zeta-z)(\zeta-t)w(\zeta)}\mathrm{d}\xi\mathrm{d}\eta\right) \tag{7.3}$$

在倍尔斯的工作[5a]中用某些另外的方法证明了这个方程的解存在. 我们这

里转载在作者的工作[14e]中指出的证明. 这样一来这个方程可以看作一种算子,它使 G 内每个解析函数 $\Phi(z)$ 和平面上每个固定点 t 与方程 $\mathfrak{E}(w)=0$ 的完全确定的解 $w(z,t)$ 相对应. 以后我们将用 $\mathfrak{R}_t(\Phi)$ 来记这个(非线性)算子. 算子 $\mathfrak{R}_t(\Phi)$ 可以用来建立方程 $\mathfrak{E}(w)=0$ 在给定的 G 内和域的边界上的点上有任意阶奇点的解. 特别是,$\Phi(z)$ 可以取作分区全纯函数. 例如,若分区全纯函数 $\Phi(z)$ 是齐次希尔伯特边值问题(参看[60a]第二章,§34)

$$\Phi^+(z)=g(z)\Phi^-(z)\quad (z\in\Gamma)\tag{7.4}$$

的解,则相应的分区解析函数 $w(z)=\mathfrak{R}_t[\Phi(z)]$ 满足同样的边值条件

$$w^+(z)=g(z)w^-(z)\quad (z\in\Gamma)\tag{7.5}$$

公式(7.3)对 $t=\infty$ 的极限情形保持有效,那么算子 $\mathfrak{R}_\infty(\Phi)$ 把给定的标准因子 $\Phi(z)$ 与相应的方程 $\mathfrak{E}(w)=0$ 的解相对照①.

§8 基本广义解析函数组与 $\mathfrak{U}_{p,2}(A,B,G)(p>2)$ 类的基本核

1. 设 $X_j(z,t)=\mathfrak{R}_t[\Phi_j(z)](j=1,2)$ 是相应于函数

$$\Phi_1(z)=\frac{1}{2(t-z)},\Phi_2(z)=\frac{1}{2\mathrm{i}(t-z)}\tag{8.1}$$

的方程 $\mathfrak{E}(w)=0$ 的解,这里 t 是平面上某固定点. 显然满足条件

$$\lim_{z\to t}(t-z)X_1(z,t)=\frac{1}{2},\lim_{z\to t}(t-z)X_2(z,t)=\frac{1}{2\mathrm{i}}\tag{8.2}$$

不难看出 X_1,X_2 是积分方程

$$X_1(z,t)-\frac{1}{\pi}\iint_E\frac{A(\zeta)X_1(\zeta,t)+B(\zeta)\overline{X_1(\zeta,t)}}{\zeta-z}\mathrm{d}\xi\mathrm{d}\eta=\frac{1}{2(t-z)}\tag{8.3}$$

$$X_2(z,t)-\frac{1}{\pi}\iint_E\frac{A(\zeta)X_2(\zeta,t)+B(\zeta)\overline{X_2(\zeta,t)}}{\zeta-z}\mathrm{d}\xi\mathrm{d}\eta=\frac{1}{2\mathrm{i}(t-z)}\tag{8.4}$$

的解. 把 X_1,X_2 表示成式(7.3)的形式后就有

$$X_1(z,t)=\frac{\mathrm{e}^{\omega_1(z,t)}}{2(t-z)},X_2(z,t)=\frac{\mathrm{e}^{\omega_2(z,t)}}{2\mathrm{i}(t-z)}\tag{8.5}$$

---

① 在工作[23*a]中把这个定理说成是属于 Л. Г. 米哈依洛夫的,这并不正确.

其中

$$\omega_j(z,t)=\frac{t-z}{\pi}\iint_E \frac{A(\zeta)X_j(\zeta,t)+B(\zeta)\overline{X_j(\zeta,t)}}{(\zeta-z)(t-\zeta)X_j(\zeta,t)}\mathrm{d}\xi\mathrm{d}\eta \quad (j=1,2) \tag{8.6}$$

基于不等式(4.15)和(4.16),不难指出 $\omega_j(z,t)$ 满足下列条件

$$|\omega_j(z,t)|\leqslant M'_p,\ |\omega_j(z,t)|\leqslant M'_p|z-t|^{\frac{p-2}{p}} \tag{8.7}$$

$$|\omega_j(z,t)|\leqslant M'_p(|z|^{\frac{2-p}{p}}+|t|^{\frac{2-p}{p}}) \quad (|z|,|t|\geqslant R>1) \tag{8.8}$$

$$|\omega_j(z_1,t)-\omega_j(z_2,t)|\leqslant M'_p|z_1-z_2|^{\frac{p-2}{p}} \tag{8.9}$$

$$|\omega_1(z,t)-\omega_2(z,t)|\leqslant M''_p|z-t|^{\frac{p-2}{p}} \tag{8.10}$$

其中

$$M'_p=M_pL_{p,2}(|A|+|B|),M''_p=2M_pL_{p,2}(|B|) \tag{8.11}$$

函数对 X_1 与 X_2 称作 $\mathfrak{U}_{p,2}(A,B,E)$ 类中带有极点 t 的基本广义解析函数组.这些函数在全平面除掉点 t 外处处是赫尔德意义连续的,且满足方程($z\neq t$)

$$\begin{cases}\partial_{\bar z}X_1+A(z)X_1+B(z)\overline{X}_1=0\\ \partial_{\bar z}X_2+A(z)X_2+B(z)\overline{X}_2=0\end{cases} \tag{8.12}$$

2.现在来考虑下列函数

$$\Omega_1(z,t)=X_1(z,t)+\mathrm{i}X_2(z,t)$$
$$\Omega_2(z,t)=X_1(z,t)-\mathrm{i}X_2(z,t) \tag{8.13}$$

显然它们满足下列方程组

$$\begin{cases}\partial_{\bar z}\Omega_1+A(z)\Omega_1+B(z)\bar{\Omega}_2=0\\ \partial_{\bar z}\Omega_2+A(z)\Omega_2+B(z)\bar{\Omega}_1=0\end{cases} \tag{8.14}$$

因为

$$\Omega_1(z,t)=\frac{\mathrm{e}^{\omega_1(z,t)}+\mathrm{e}^{\omega_2(z,t)}}{2(t-z)},\Omega_2(z,t)=\frac{\mathrm{e}^{\omega_1(z,t)}-\mathrm{e}^{\omega_2(z,t)}}{2(t-z)} \tag{8.15}$$

则由不等式(8.7)与(8.10)有

$$\Omega_1(z,t)-\frac{1}{t-z}=O(|z-t|^{-\frac{2}{p}})$$

$$\Omega_2(z,t)=O(|z-t|^{-\frac{2}{p}}) \tag{8.16}$$

当固定 $z\neq\infty$ 和 $t\to\infty$ 时有估值

$$\Omega_1(z,t)=O(|t|^{-1}),\Omega_2(z,t)=O(|t|^{-1}) \tag{8.17}$$

还要注意,当 $B\equiv 0$ 时,从式(8.6)看出 $\omega_1=\omega_2$,因为 $\Omega_0\equiv 0$.

不难证明条件(8.14)(8.16)与(8.17)可单值地确定 $\Omega_1(z,t)$ 与 $\Omega_2(z,t)$.

我们将称函数 Ω_1 与 Ω_2 为 $\mathfrak{U}_{p,2}(A,B,E)(p>2)$ 类的基本核.

§9 共轭方程·格林恒等式·二阶方程

1.除了考虑方程

$$\mathfrak{E}(w) \equiv \partial_{\bar{z}} w + Aw + B\bar{w} = F \tag{9.1}$$

之外,还考虑它的共轭方程

$$\mathfrak{E}'(w') \equiv \partial_{\bar{z}} w' - Aw' - \bar{B}\bar{w}' = F' \tag{9.2}$$

若 w 与 w' 在 $G+\Gamma$ 上连续,且属于 $D_{1,p}(G)(p>2)$ 类,则基于第一章的公式(7.5)有

$$\begin{aligned}\frac{1}{2\mathrm{i}}\int_{\Gamma} w(z)w'(z)\mathrm{d}z &= \iint_G \frac{\partial ww'}{\partial \bar{z}}\mathrm{d}x\mathrm{d}y \\ &= \iint_G \left(w\frac{\partial w'}{\partial \bar{z}} + w'\frac{\partial w}{\partial \bar{z}}\right)\mathrm{d}x\mathrm{d}y \\ &= \iint_G [w\mathfrak{E}'(w') + w'\mathfrak{E}(w) + \bar{B}w\bar{w}' - B\bar{w}w']\mathrm{d}x\mathrm{d}y\end{aligned}$$

这样一来,有恒等式

$$\begin{aligned}&\mathrm{Re}\left[\frac{1}{2\mathrm{i}}\int_{\Gamma} w(z)w'(z)\mathrm{d}z\right] \\ &= \mathrm{Re}\iint_G [w\mathfrak{E}'(w') + w'\mathfrak{E}(w)]\mathrm{d}x\mathrm{d}y\end{aligned} \tag{9.3}$$

它也表示相互共轭的方程(9.1)和(9.2)的性质.

若 $\mathfrak{E}(w)=0$ 和 $\mathfrak{E}'(w')=0$,则有

$$\mathrm{Re}\left[\frac{1}{2\mathrm{i}}\int_{\Gamma} w(z)w'(z)\mathrm{d}z\right] = 0 \tag{9.4}$$

这个公式对于方程 $\mathfrak{E}(w)=0$ 和 $\mathfrak{E}'(w')=0$ 的在 $G+\Gamma$ 上连续的任意一对解 w,w' 恒成立.以后我们称它为格林恒等式.

相互共轭的方程组写为实的形式,有

$$\frac{\partial u}{\partial x} - \frac{\partial v}{\partial y} + au + bv = 0, \frac{\partial u}{\partial y} + \frac{\partial v}{\partial x} + cu + dv = 0 \tag{9.5}$$

$$\frac{\partial u'}{\partial x} - \frac{\partial v'}{\partial y} - au' + cv' = 0, \frac{\partial u'}{\partial y} + \frac{\partial v'}{\partial x} + bu' - dv' = 0 \tag{9.6}$$

而公式(9.4)就将写成这种形式

$$\int_{\Gamma}(uv' + vu')\mathrm{d}x + (uu' - vv')\mathrm{d}y = 0 \tag{9.7}$$

2. 考虑实函数

$$\varphi(z) = \mathrm{Re}\left\{\frac{1}{\mathrm{i}}\int_{z_0}^{z} w(\zeta)w'(\zeta)\mathrm{d}\zeta\right\} \quad (z_0 \text{ 是固定点}) \tag{9.8}$$

其中 w,w' 是对应于方程 $\mathfrak{E}(w)=0$ 和 $\mathfrak{E}'(w')=0$ 的任意连续解. 由于式(9.4), 在设为单连通的域 G 内 $\varphi(z)$ 是单值的且不依赖于积分路线的选取. 我们有

$$\partial_z\varphi = \frac{1}{2\mathrm{i}}w(z)w'(z), \partial_{\bar{z}}\varphi = -\frac{1}{2\mathrm{i}}\overline{w(z)\ w'(z)} \tag{9.9}$$

利用

$$\partial_{\bar{z}}w = -Aw - B\bar{w}, \partial_{\bar{z}}w' = Aw' + \bar{B}\ \bar{w}'$$

就有

$$\frac{\partial^2\varphi}{\partial z\partial\bar{z}} = \frac{Bw'}{\bar{w}'}\varphi_{\bar{z}} + \frac{\bar{B}\ \bar{w}'}{w'}\varphi_z$$

即是说

$$\Delta\varphi + a\varphi_x + b\varphi_y = 0 \tag{9.10}$$

$$a = -4\mathrm{Re}\left(\frac{Bw'}{\bar{w}'}\right), b = -4\mathrm{Im}\left(\frac{Bw'}{\bar{w}'}\right) \tag{9.11}$$

这里 w' 可以取为方程 $\mathfrak{E}(w')=0$ 的任意解. 若取后一方程的任意固定的解作为 w', 则方程 $\mathfrak{E}(w)=0$ 的每一个解 w 按公式(9.8)就可以对照于 2 阶椭圆型方程(9.10)的完全确定的解; 反之若 φ 是方程(9.10)的解, 则公式

$$w = \frac{2\mathrm{i}}{w'}\partial_{\bar{z}}\varphi \equiv \frac{\mathrm{i}}{w'}(\varphi_x - \mathrm{i}\varphi_y) \tag{9.12}$$

给出方程 $\mathfrak{E}(w)=0$ 的解. 由此, 方程(9.10)的每一个实解我们将称为位势函数或简称为方程 $\mathfrak{E}(w)=0$ 的位势, 而方程(9.10)称为位势方程.

前面得到的结果表明积分形如(9.10)的二阶方程的问题与积分形如(9.5)的方程组的问题是等价问题.

还要注意, 形式较一般化的二阶方程

$$\Delta\varphi + a\varphi_x + b\varphi_y + c\varphi = 0 \quad (c \neq 0) \tag{9.13}$$

一般来说并不能化到方程组(9.5)(参看[14a], § 4.6).

3. 设 $A \equiv 0, B \not\equiv 0$, 那么方程 $\partial_{\bar{z}}w + B\bar{w} = 0$ 的每一个解也满足下面的二阶方程

$$\frac{\partial}{\partial z}\left(\frac{1}{B}\ \frac{\partial w}{\partial \bar{z}}\right) + \frac{\partial \bar{w}}{\partial z} = 0$$

或者考虑到 $\partial_z\bar{w} = -\bar{B}w$ 后, 有

$$\frac{\partial^2 w}{\partial z \partial \bar{z}} - \frac{1}{B} \frac{\partial B}{\partial z} \frac{\partial w}{\partial \bar{z}} - B\bar{B}w = 0 \tag{9.14}$$

若 w 是方程(9.14)的解,则不难确信函数

$$w_1 = \frac{1}{2}\left(w + \frac{1}{\bar{B}} \frac{\partial \bar{w}}{\partial z}\right), w_2 = \frac{1}{2\mathrm{i}}\left(w - \frac{1}{\bar{B}} \frac{\partial \bar{w}}{\partial z}\right) \tag{9.15}$$

将满足方程 $\partial_{\bar{z}} w + B\bar{w} = 0$. 但是由式(9.15)有

$$w = w_1 + \mathrm{i}w_2 \tag{9.16}$$

这样一来二阶方程(9.14)的任何解都可以表示成式(9.16)的形式,其中 w_1, w_2 是一阶方程 $\partial_{\bar{z}} w + B\bar{w} = 0$ 的任意解. 反之,方程 $\partial_{\bar{z}} w + B\bar{w} = 0$ 的任意解可以从公式(9.15)得到. 应该指出,为了得到一阶方程 $\partial_{\bar{z}} w + B\bar{w} = 0$ 的全部解,只需利用公式(9.15)中的一个就够了. 因为将公式(9.15)中的一个公式的 w 改成 $\mathrm{i}w$ 就会得到另一个公式. 同时容易看出,若 w 是方程(9.14)的解,则 $\mathrm{i}w$ 也是它的解.

方程(9.14)的解,一般来说一个复函数可以称为一阶方程 $\partial_{\bar{z}} w + B\bar{w} = 0$ 的复位势.

若 $B_z \neq 0$,则方程(9.14)有在 B 的零点有奇性的复系数. 这样一来,具有间断系数的二阶方程(9.14)的积分问题就化成具有连续系数的一阶方程 $\partial_{\bar{z}} w + w = 0$ 的积分问题了.

§ 10 广义柯西公式

1. 用符号 $X'_1(z,t)$ 与 $X'_2(z,t)$ 表示共轭方程 $\mathfrak{E}'(w') = 0$ 的基本解组. 那么这个方程的核将由公式

$$\Omega'_1(z,t) = X'_1(z,t) + \mathrm{i}X'_2(z,t)$$
$$\Omega'_2(z,t) = X'_1(z,t) - \mathrm{i}X'_2(z,t) \tag{10.1}$$

给出[参看(8.13)]. 本节将建立相互共轭方程的基本解组之间的关系. 将推出用 $X_j(z,t)$ 表示 $X'_j(z,t)$(或用 $X'_j(z,t)$ 表示 $X_j(z,t)$)的显式. 此外将引进古典柯西积分公式的推广.

设 $t \in G$,而且 G 是边界 Γ 为有限条简单光滑闭约当曲线的域. 设 Γ_ε 是圆周 $|z - t| = \varepsilon$,其中 ε 是充分小的任意正数. 取共轭方程 $\mathfrak{E}'(w') = 0$ 的基本解组 $X'_1(z,t)$ 与 $X'_2(z,t)$ 作为 w',对边界为 Γ 与 Γ_ε 的域应用公式(9.4),就有

$$\int_\Gamma w(z) X'_k(z,t) \mathrm{d}z - \overline{w(z)}\ \overline{X'_k(z,t)} \mathrm{d}\bar{z}$$

$$=\int_{\Gamma_\varepsilon} w(z)X_k'(z,t)\mathrm{d}z-\overline{w(z)}\ \overline{X_k'(z,t)}\mathrm{d}\bar{z}\quad (k=1,2)$$

把第二个($k=2$) 方程乘 i 之后与第一个方程相加,就有

$$\int_{\Gamma} w(z)\Omega_1'(z,t)\mathrm{d}z-\overline{w(z)}\ \overline{\Omega_2'(z,t)}\mathrm{d}\bar{z}$$

$$=\int_{\Gamma_\varepsilon} w(z)\Omega_1'(z,t)\mathrm{d}z-\overline{w(z)}\ \overline{\Omega_2'(z,t)}\mathrm{d}\bar{z}$$

由此当 $\varepsilon\to 0$,由式(8.16) 的估计得

$$\int_{\Gamma} w(z)\Omega_1'(z,t)\mathrm{d}z-\overline{w(z)}\ \overline{\Omega_2'(z,t)}\mathrm{d}\bar{z}=-2\pi\mathrm{i}w(t)\quad (t\in G)$$

若 $t\in\Gamma$ 或者 $t\,\overline{\in}\,G+\Gamma$,则得到类似的等式,其中等式右端将相应地出现 $-\alpha\pi\mathrm{i}w(t)$ 或 0,而且 $\alpha\pi$ 是在点 t 的内角,$0<\alpha<2$;即是说,成立以下的公式

$$-\frac{1}{2\pi\mathrm{i}}\int_{\Gamma}\Omega_1'(t,z)w(t)\mathrm{d}t-\overline{\Omega_2'(t,z)}\ \overline{w(t)}\mathrm{d}\bar{t}$$

$$=\begin{cases} w(z) & 若\ z\in G\\ \dfrac{\alpha}{2}w(z) & 若\ z\in\Gamma\\ 0 & 若\ z\,\overline{\in}\,\bar{G}\end{cases}\tag{10.2}$$

若 ζ 是平面上某个固定点.设 Γ_ε 和 $\Gamma_{\frac{1}{\varepsilon}}$ 各表示圆周 $|z-\zeta|=\varepsilon$ 和 $|z-\zeta|=\dfrac{1}{\varepsilon}$,因为 $X_1(z,\zeta),X_2(z,\zeta)$ 是方程(9.1) 在闭域 $\varepsilon\leqslant|z-\zeta|\leqslant\dfrac{1}{\varepsilon}$ 上的连续解,则根据公式(10.2) 有等式

$$X_k(z,\zeta)=-\frac{1}{2\pi\mathrm{i}}\int_{\Gamma_{\frac{1}{\varepsilon}}}X_k(t,\zeta)\Omega_1'(t,z)\mathrm{d}t-\overline{X_k(t,\zeta)}\ \overline{\Omega_2'(t,z)}\mathrm{d}\bar{t}+$$

$$\frac{1}{2\pi\mathrm{i}}\int_{\Gamma_\varepsilon}X_k(t,\zeta)\Omega_1'(t,z)\mathrm{d}t-\overline{X_k(t,\zeta)}\ \overline{\Omega_2'(t,z)}\mathrm{d}\bar{t}\tag{10.3}$$

因为

$$\Omega_1'(t,z)X_k(t,\zeta)=O(\varepsilon^2)$$

$$\Omega_2'(t,z)X_k(t,\zeta)=O(\varepsilon^2)\quad\left(|t-\zeta|=\frac{1}{\varepsilon}\right)$$

$$X_1(\zeta,t)=\frac{1}{2(t-\zeta)}[1+O(\varepsilon^{\frac{p-2}{p}})]$$

$$X_2(\zeta,t)=\frac{1}{2\mathrm{i}(t-\zeta)}[1+O(\varepsilon^{\frac{p-2}{p}})]\quad(|t-\zeta|\geqslant\varepsilon)$$

则 $\varepsilon\to 0$,在等式(10.3) 中取 $\varepsilon\to 0$ 的极限,我们得到

$$\begin{cases} X_1(z,\zeta) = -\dfrac{1}{2}[\Omega_1'(\zeta,z) + \overline{\Omega_2'(\zeta,z)}] \\ X_2(z,\zeta) = -\dfrac{1}{2\mathrm{i}}[\Omega_2'(\zeta,z) - \overline{\Omega_2'(\zeta,z)}] \end{cases} \tag{10.4}$$

因为 $X_1 + \mathrm{i}X_2 = \Omega_1(z,\zeta)$，$X_1 - \mathrm{i}X_2 = \Omega_2(z,\zeta)$，所以由式(10.4) 我们得到

$$\Omega_1(z,\zeta) = -\Omega_1'(\zeta,z), \Omega_2(z,\zeta) = -\overline{\Omega_2'(\zeta,z)} \tag{10.5}$$

即是说

$$X_1'(z,\zeta) = -\frac{1}{2}[X_1(\zeta,z) + \overline{X_1(\zeta,z)}] + \frac{1}{2\mathrm{i}}[X_2(\zeta,z) + \overline{X_2(\zeta,z)}]$$

$$X_2'(z,\zeta) = -\frac{1}{2}[X_2(\zeta,z) - \overline{X_1(\zeta,z)}] - \frac{1}{2\mathrm{i}}[X_1(\zeta,z) - \overline{X_1(\zeta,z)}]$$

(10.5a)

公式(10.5) 已在作者的工作[14a] 中建立.

2. 在这些等式的基础上公式(10.2) 可以写成

$$\frac{1}{2\pi\mathrm{i}}\int_\Gamma \Omega_1(z,\zeta)w(\zeta)\mathrm{d}\zeta - \Omega_2(z,\zeta)\overline{w(\zeta)}\mathrm{d}\bar{\zeta}$$

$$= \begin{cases} w(z) & \text{若 } z \in G \\ \dfrac{\alpha}{2}w(z) & \text{若 } z \in \Gamma \\ 0 & \text{若 } z \overline{\in} \bar{G} \end{cases} \tag{10.6}$$

若 $A = B = 0$，则 $\Omega_1 \equiv (\zeta - z)^{-1}$，$\Omega_2 \equiv 0$ 且公式(10.6) 变成古典柯西公式

$$\frac{1}{2\pi\mathrm{i}}\int_\Gamma \frac{w(\zeta)}{\zeta - z}\mathrm{d}\zeta = \begin{cases} w(z) & \text{若 } z \in G \\ \dfrac{\alpha}{2}w(z) & \text{若 } z \in \Gamma \\ 0 & \text{若 } z \overline{\in} \bar{G} \end{cases} \tag{10.7}$$

所以我们称公式(10.6) 为广义柯西公式.

利用等式(10.5)，共轭方程 $\mathfrak{E}'(w') = 0$ 的广义柯西公式可以写成

$$-\frac{1}{2\pi\mathrm{i}}\int_\Gamma \Omega_1(\zeta,z)w'(\zeta)\mathrm{d}\zeta - \overline{\Omega_2(\zeta,z)}\,\overline{w'(\zeta)}\mathrm{d}\bar{\zeta}$$

$$= \begin{cases} w'(z) & \text{若 } z \in G \\ \dfrac{\alpha}{2}w'(z) & \text{若 } z \in \Gamma \\ 0 & \text{若 } z \overline{\in} \bar{G} \end{cases} \tag{10.8}$$

不难确信，若补充要求 w, w' 在无穷远点变成零

$$w(z) = O(|z|^{-1}), w'(z) = O(|z|^{-1}) \quad (z = \infty \text{ 的邻近内})$$

则当 G 是边界为有限条可求长约当曲线组成的无界域时，公式(10.6)和(10.8)仍然保持有效.

如果 $w(z)$ 在 $G+\Gamma$ 上连续且满足非齐次方程

$$\mathfrak{E}(w) \equiv w_{\bar{z}} + Aw + B\bar{w} = F(z)$$

则有公式

$$\begin{aligned}&\frac{1}{2\pi i}\int_{\Gamma}\Omega_1(z,\zeta)w(\zeta)d\zeta - \Omega_2(z,\zeta)\overline{w(\zeta)}d\bar{\zeta} - \\ &\frac{1}{\pi}\iint_G[\Omega_1(z,\zeta)F(\zeta)+\Omega_2(z,\zeta)\overline{F(\zeta)}]d\xi d\eta \\ &=\begin{cases} w(z) & 若\ z\in G \\ \dfrac{\alpha}{2}w(z) & 若\ z\in\Gamma \\ 0 & 若\ z\,\overline{\in}\,\bar{G}\end{cases}\end{aligned} \tag{10.9}$$

若 $w'(z)$ 在 $G+\Gamma$ 上连续，满足共轭非齐次方程

$$\mathfrak{E}'(w') \equiv \partial_{\bar{z}}w' - Aw' - \bar{B}\,\bar{w}' = F'(z)$$

则有

$$\begin{aligned}&\frac{1}{2\pi i}\int_{\Gamma}\Omega_1(\zeta,z)w'(\zeta)d\zeta - \overline{\Omega_2(\zeta,z)w'(\zeta)}d\bar{\zeta} + \\ &\frac{1}{\pi}\iint_G[\Omega_1(\zeta,z)F'(\zeta)+\overline{\Omega_2(\zeta,z)F'(\zeta)}]d\xi d\eta \\ &=\begin{cases} w'(z) & 若\ z\in G \\ \dfrac{\alpha}{2}w'(z) & 若\ z\in\Gamma \\ 0 & 若\ z\,\overline{\in}\,\bar{G}\end{cases}\end{aligned} \tag{10.9'}$$

前面引入的公式(10.6)和(10.8)已在作者的工作[14a]中得到. 在倍尔斯的工作[5a]中曾用另外的方法得到这些公式. 在一个特别的情形，就是对形如 $u_x - pv_y = 0, u_y + pv_x = 0$ 的方程组，还在很早帕洛日就得到了类似的公式(参看[70a]). 对于形如

$$\begin{cases} au_x + bu_y - v_y = 0 \\ du_x + cu_y + v_x = 0 \end{cases}$$

的椭圆方程组，柯西公式曾被沙巴特所推广(参看[93в]，也可参看[70в]).

3. 从广义柯西公式容易推出：

定理 3.14 若在 $G+\Gamma$ 上 $\mathfrak{U}_{p,2}(A,B,G)$ 类的连续函数序列 w_n 在 Γ 上强收敛于某函数 $\varphi(\zeta)\in L'_p(\Gamma)$，$p'\geqslant 1$，则它在 G 内一致收敛于函数

$$w(z)=\frac{1}{2\pi i}\int_{\Gamma}\Omega_1(z,\zeta)\varphi(\zeta)d\zeta-\Omega_2(z,\zeta)\overline{\varphi(\zeta)}d\bar{\zeta} \qquad (10.10)$$

它显然属于类 $\mathfrak{U}_{p,2}(A,B,G)$.

借助于赫尔德不等式及定理 3.10,这个定理是容易证明的.

§ 11　广义解析函数的连续拓展·广义对称原理

利用唯一性定理 3.5 和广义柯西公式(10.6),可以把解析拓展的概念和一系列的原理推广到连续的广义解析函数类,而把“解析拓展”术语换为“连续拓展”.我们只限于考虑 $\mathfrak{U}_{p,2}(G)(p>2)$ 类函数.这类函数是赫尔德意义连续的,指数等于$\frac{p-2}{p}$.

定理 3.15　设 $w_1\in\mathfrak{U}_{p,2}(A,B,G_1)$,$w_2\in\mathfrak{U}_{p,2}(A,B,G_2)$,$p>2$,而且 G_1,G_2 是有可求长约当弧 γ 作共同边界的域.若 $w_1\in C(G_1+\bar{\gamma})$,$w_2\in C(G_2+\bar{\gamma})$ 在 $\bar{\gamma}$ 上有 $w_1=w_2$,则函数

$$w(z)=\begin{cases}w_1(z) & 若\ z\in G_1\\ w_2(z) & 若\ z\in G_2\end{cases} \qquad (11.1)$$

属于 $\mathfrak{U}_{p,2}(A,B,G_1+G_2+\gamma)$,$p>2$.

这个定理可用广义柯西公式(10.6)进行证明.逐字地重复关于解析函数情形的熟知的结果就足够了(参看[57]第三章,§ 26).

从这个定理易于推出下列定理:

定理 3.16　(广义黎曼-施瓦兹对称原理)设 G 是在上半平面且与实轴上一段 γ 相连接的域,设 G_* 是 G 的关于 γ 的镜面映射,若(1)$w\in\mathfrak{U}_{p,2}(A,B,G)$,$p>2$,(2)$w\in C(G+\gamma)$ 和(3)$\mathrm{Re}(w)=0$(在 γ 上),则函数

$$w_*(z)=\begin{cases}w(z) & 若\ z\in G\\ -\overline{w(\bar{z})} & 若\ z\in G_*\end{cases} \qquad (11.2)$$

属于 $\mathfrak{U}_{p,2}(A_*,B_*,G+G_*+\gamma)$ 类,其中 A_*,B_* 按式(11.2)的形式定义在 $G+G_*$ 内.

定理 3.17　设 G 是在圆 $|z|<1$ 内且与 $|z|=1$ 的一段弧 γ 相连接的域.设 G_* 是 G 的关于 γ 的镜面映射.若(1)$w\in\mathfrak{U}_{p,2}(A,B,G)$,$p>2$,(2)$w\in C(G+\gamma)$ 和(3)$\mathrm{Re}(w)=0$(在 γ 上),则函数

$$w_*(z)=\begin{cases} w(z) & 若 z\in G \\ -\overline{w\left(\frac{1}{\bar z}\right)} & 若 z\in G_* \end{cases} \tag{11.3}$$

属于 $\mathfrak{U}_{p,2}(A_0,B_0,G+G_*+\gamma)(p>2)$ 类,其中

$$A_0(z),B_0(z)=\begin{cases} A(z),B(z) & 若 z\in G \\ -\frac{1}{z^2}\overline{A\left(\frac{1}{\bar z}\right)},-\frac{1}{\bar z^2}\overline{B\left(\frac{1}{\bar z}\right)} & 若 z\in G_* \end{cases} \tag{11.4}$$

证明 可以只证后面这个定理.直接验算后可知 $\partial_{\bar z}w_*+A_0w_*+B_0\overline{w}_*=0$ 在 G_* 内成立.此外在 γ 上 $w_*^+=w_*^-$ 成立,这是由条件 $w(z)+\overline{w}(z)=0$(在 γ 上)易于推出的.

不难做出对任意圆 $|z-z_0|<R$ 的这种定理.

§12 致 密 性

1.若从 $\mathfrak{U}(A,B,G)$ 类的函数集合 $\{w(z)\}$ 的任何无穷序列中都可选出一个在 G 内一致收敛的子序列,我们就说 $\mathfrak{U}(A,B,G)$ 类的函数集合 $\{w(z)\}$ 在 G 内是致密的.

我们指出,广义解析函数在 G 内的一致收敛性保证了它在 $L_p(\overline{G})(p\geqslant 1)$ 中的弱收敛性,有:

定理 3.18 设 $w_i\in\mathfrak{U}_{p,2}(A,B,G)$,$p>2$,$i=1,2,\cdots$,若序列 w_i 在 $L_p(\overline{G})(p\geqslant 1)$ 中弱收敛,则它是强收敛的,同时也在 G 内一致收敛于 $\mathfrak{U}_{p,2}(A,B,G)L_p(\overline{G})$ 类中函数 w.

证明 把 G 算作有界域.不难证明,在 G 全纯的函数序列 $\Phi_i=w_i-P_Gw_i$ 弱收敛于 $L_p(\overline{G})$ 中的函数 $\Phi\equiv w-P_Gw$,其中 w 是序列 w_i 的弱极限.可是我们在第一章,§1,7 中已经指出了 Φ 在 G 内全纯.因此,$w\in\mathfrak{U}(A,B,G)$.此外,Φ_i 在 L_p 中强收敛于 Φ,同时在域 G 内一致收敛.由此 $w_i\equiv\Phi_i+R_G\Phi_i$ 在 L_p 中强收敛,同时在域 G 内一致收敛于 w.这就是要证明的.

定理 3.1.9 $\mathfrak{U}_{p,2}(A,B,G)$ 类函数集合 $\{w\}$ 在 G 中是致密的,当且仅当对应的标准解析因子的集合 $\{\Phi\}$ 是致密的.

证明 依公式

$$w(z)=\Phi(z)e^{\omega(z)},\Phi\in\mathfrak{U}_0(G)$$

$$\omega(z)=\frac{1}{\pi}\iint_E \frac{A(\zeta)w(\zeta)+B(\zeta)\overline{w(\zeta)}}{(\zeta-z)w(\zeta)}\mathrm{d}\xi\mathrm{d}\eta \tag{12.1}$$

将集合$\{\Phi\}$及$\{\omega\}$跟集合$\{w\}$相对应.

从不等式(4.15)可推出集合$\{\omega\}$在全平面E上一致有界和等度连续.据此从式(12.1)立即可得:若集合$\{\Phi\}$在某闭集上一致有界和等度连续,则$\{w\}$也在其上一致有界和等度连续.反之亦然.这就证明了我们的定理.

从这个定理立即可得:

定理 3.20 若$\mathfrak{U}_{p,2}(A,B,G)$类的函数集合$\{w\}$在$G$内一致有界,则它在$G$内是致密的.

我们注意,$\mathfrak{U}_{p,2}(A,B,G)$类的函数族$\{w\}$的致密性由它在$L_p(\overline{G})$中的弱致密性的条件所保证.事实上,若$\{w\}$在$L_p$中弱致密,则$L_p(w,\overline{G})\leqslant M$,其中$M$是常数,它不依赖于族$\{w\}$中的元素(定理1.3).那么函数族$\{w\}$的标准解析因子族$\{\Phi\}$也就在$L_p$中弱致密:$L_p(\Phi,\overline{G})\leqslant M'$.但是从后一不等式容易断定族$\{\Phi\}$在$G$内是一致有界的,即是说$\{\Phi\}$是致密的(第一章,§1,7).这就是我们所要证明的.

2.我们现在可以把致密性原理推广到更一般的广义解析函数族.

若$\mathfrak{U}_{p,2}(G)$类的元素集合$\{w\}$的任何无穷序列都包含一个在G内一致收敛于$\mathfrak{U}_{p,2}(G)$类的某元素的子序列,我们说$\mathfrak{U}_{p,2}(G)$类的元素集合$\{w\}$在G内是致密的.

定理 3.21 设$\mathfrak{M}$是$L_{p,2}(E)$类函数的致密集.设$\mathfrak{U}^{\mathfrak{M}}_{p,2}(G)$是广义解析函数集,其生成对$(A,B)$属于$\mathfrak{M}$,即是说$A,B\in\mathfrak{M}$.

在这种条件下,$\mathfrak{U}^{\mathfrak{M}}_{p,2}(G)$的元素的无穷集合$\{w\}$是致密的,当且仅当对应的标准解析因子的集合$\{\Phi\}$是致密的.

证明 如果给定集合$\{w\}$,则我们用公式(12.1)把它跟集合$\{\Phi\}$与$\{w\}$作单值对应.若预先给定集合$\{\Phi\}$,则$\{w\}$可以由以下方法给出:对每一个Φ,从致密集$\mathfrak{M}$中取出某一生成对(A,B)与它对应,然后列出$\mathfrak{U}(A,B,G)$类中建立具有标准解析因子Φ的函数w.这样,每一个集合$\{\Phi\}$有无穷集合$\{w\}$和$\{\omega\}$与之对应.

由于$\{A\}$和$\{B\}$的致密性,从式(4.15)推得集合$\{\omega\}$在全平面一致有界和等度连续.由此,若集合$\{w\}$和$\{\Phi\}$中的一个在某个闭域上一致有界和等度连续,则另一个也就具有同样的性质.因此很显然,若$\{w\}$是致密的,则$\{\Phi\}$也是致密的.接下来还要证明相反的命题.从$\{\Phi\}$的致密性推导出,在$\{w\}$的元素的任意无穷序列中都可以选出在G内一致收敛的子序列$w_1,w_2,\cdots$.显然

$$w_n(z)=\Phi_n(z)e^{\omega_n(z)} \quad (n=1,2,\cdots)$$

其中

$$\omega_n(z)=\frac{1}{\pi}\iint_E\left(A_n(\zeta)+B_n(\zeta)\frac{\overline{w_n(\zeta)}}{w_n(\zeta)}\right)\frac{d\xi d\eta}{\zeta-z} \quad (A_n,B_n\in\mathfrak{M})$$

序列 w_n,Φ_n,ω_n 在 G 内的任意闭子集上都各自一致收敛于函数 w,Φ 和 ω，显然它们满足等式

$$w(z)=\Phi(z)e^{\omega(z)} \tag{12.2}$$

而且 $\Phi(z)$ 在 G 内全纯，而 $\omega(z)$ 在全平面上连续. 若 $\Phi\equiv 0$，则 $w\equiv 0$，定理也就证明了，因为零总是在 $\mathfrak{U}_{p,2}^{\mathfrak{M}}(G)$ 中. 假设 $\Phi(z)\neq 0$. 那么 $w(z)$ 在 G 内仅有孤立零点.

由 $\mathfrak{M}$ 的致密性，从序列 $\{A_n\}$，$\{B_n\}$ 中可以选出子序列 $\{A_n\}$，$\{B_n\}$ 平均收敛于 $\mathfrak{M}$ 中的函数 A,B

$$L_{p,2}(A_n-A)\to 0,L_{p,2}(B_n-B)\to 0 \quad (n\to\infty)$$

设

$$\omega_0(z)=\frac{1}{\pi}\iint_E\left(A(\zeta)+B(\zeta)\frac{\overline{w_n(\zeta)}}{w_n(\zeta)}\right)\frac{d\xi d\eta}{\zeta-z}$$

不难看出序列 $g_n=A_n+B_n\dfrac{\overline{w_n}}{w_n}$ 强收敛（在 $L_{p,2}$ 的度量意义下）于 $g=A+B\dfrac{\overline{w}}{w}$. 所以当 $n\to\infty$ 时 $\omega_n\to\omega_0$，即是说 $\omega=\omega_0$，且公式(12.2)有形式

$$w(z)=\Phi(z)\exp\left[\frac{1}{\pi}\iint_E\left(A(\zeta)+B(\zeta)\frac{\overline{w_n(\zeta)}}{w_n(\zeta)}\right)\frac{d\xi d\eta}{\zeta-z}\right]$$

这就证明了 $w\in\mathfrak{U}_{p,2}^{\mathfrak{M}}(G)$. 这样定理 3.21 得证.

3. 从这个定理立即推得：

定理 3.22 集合 $\mathfrak{U}_{p,2}^{\mathfrak{M}}(G)$ 中元素的集合 $\{w\}$ 在 G 内是致密的，如果它在 G 内一致有界.

定理 3.23 设 $A_n,B_n\to A,B$（在 $L_{p,2}$ 度量意义下）. 若 $\mathfrak{U}(A,B,G)$ 类的函数序列 $\{w_n\}$ 的标准解析因子序列 $\{\Phi_n\}$ 在域 G 内一致收敛于函数 $\Phi(z)$，则序列 $\{w_n\}$ 在域 G 内一致收敛于 $\mathfrak{U}(A,B,G)$ 类中具有标准解析因子 Φ 的函数 w.

事实上，因为集合 $\{w_n\}$ 是有界的，所以由定理 3.22 得它是致密的，但是序列 $\{w_n\}$ 的在 G 内一致收敛的任意子序列 $\{w_{n_k}\}$，显然是收敛于 $\mathfrak{U}(A,B,G)$ 类的具有标准解析因子 Φ 的函数 w. 这就意味着，$w_n\to w$，定理证毕.

由这个定理得出两个推论.

推论 1 若 $A_n,B_n\to A,B$（在 $L_{p,2}$ 的度量意义下），则对 $\mathfrak{U}(A,B,G)$ 类的任

何函数 w 可以找到 $\mathfrak{U}(A_n,B_n,G)$ 类的在 G 内一致收敛于 w 的函数序列 w_n.

事实上,若 Φ 是函数 w 的标准解析因子,则 w_n 自然可以取作具有同样标准解析因子 Φ 的 $\mathfrak{U}(A_n,B_n,G)$ 类中的函数.

推论 2 若 $A_n,B_n\to A,B$(在 $L_{p,2}$ 的度量意义下),则当 $z\neq\zeta$ 时,方程 $\partial_{\bar z}w+A_nw+B_n\overline{w}=0$ 的基本解序列 $X_{jn}(z,\zeta)$ 和基本核 $\Omega_{jn}(z,\zeta)(j=1,2)$ 序列收敛于方程 $\partial_{\bar z}w+Aw+B\overline{w}=0$ 的基本解 $X_j(z,\zeta)$ 和基本核 $\Omega_j(z,\zeta)$,而且若 $z\in G',\zeta\in G''$,其中 G' 和 G'' 是平面上两个无公共点的任意闭集,则收敛性对两个自变量 z,ζ 将是一致的.

事实上,只要指出,基本解 X_{jn} 和 X_j 有同样的标准解析因子 $\dfrac{1}{2(\zeta-z)}$ 和 $\dfrac{1}{2\mathrm{i}(\zeta-z)}$.

§ 13 用核表示预解式

1. 若在 $\overline{G}$ 外 $A=B=0$,则 $\mathfrak{U}_{p,2}(A,B,G)(p>2)$ 类的核就用 $\Omega_1(z,t,G)$ 和 $\Omega_2(z,t,G)$ 来表示. 我们将称这种核为关于域 G 的标准核.

根据式(8.14)

$$\partial_{\bar z}\Omega_1(z,t,G)=0,\partial_{\bar z}\Omega_2(z,t,G)=0\quad(\text{在 }\overline{G}\text{ 外})$$

若 $t\in G$,则显然 $\Omega_1(z,t,G),\Omega_2(z,t,G)$ 在 G 外对 z 全纯,在无穷处变成零. 类似地得到 $\Omega_1(z,t,G)$ 与 $\overline{\Omega_2(z,t,G)}$ 在 G 外对 z 全纯,在无穷处变成零. 这是考虑到以下等式得出的

$$\begin{cases}\Omega_1(z,t,G)=-\Omega'_1(t,z,G)\\ \Omega_2(z,t,G)=-\overline{\Omega'_2(t,z,G)}\end{cases}\tag{13.1}$$

所以,若 Φ 在 $\overline{G}$ 外全纯,连续到边界且在无穷远处变成零,则根据柯西定理有

$$\frac{1}{2\pi\mathrm{i}}\int_\Gamma\Omega_1(z,t,G)\Phi^-(t)\mathrm{d}t-\Omega_2(z,t,G)\overline{\Phi^-(t)}\mathrm{d}\bar t=0\quad(z\in G)\tag{13.2}$$

设 $w(z)\in\mathfrak{U}_{p,2}(A,B,G),p>2$,同时在 $\overline{G}$ 上连续,那么当 $z\in G$ 时

$$w(z)=\frac{1}{2\pi\mathrm{i}}\int_\Gamma\Omega_1(z,t,G)w(t)\mathrm{d}t-\Omega_2(z,t,G)\overline{w(t)}\mathrm{d}\bar t\tag{13.3}$$

我们考虑解析函数

$$\Phi(z)=\frac{1}{2\pi i}\int_{\Gamma}\frac{w(t)\mathrm{d}t}{t-z} \tag{13.4}$$

如同在 §2 中已经证明的一样，它在闭域 $\overline{G}$ 上是连续的. 由第一章的等式(8.25)，就有

$$w(t)=\Phi^{+}(t)-\Phi^{-}(t)\quad(t\in\Gamma) \tag{13.5}$$

因为 $w(t)$ 和 $\Phi(t)=\Phi'(t)$ 在 Γ 上连续，则从式(13.5)推得 $\Phi^{-}(t)$ 亦在 Γ 上连续. 把式(13.5)代入式(13.3)的右端且考虑到等式(13.2)，我们得到

$$\begin{aligned}w(z)&=\mathscr{K}(\Phi,G)\\&\equiv\frac{1}{2\pi i}\int_{\Gamma}\Omega_1(z,t,G)\Phi(t)\mathrm{d}t-\Omega_2(z,t,G)\,\overline{\Phi(t)}\,\mathrm{d}\bar{t}\end{aligned} \tag{13.6}$$

用方程 $\mathscr{K}(w)=0$ 的关于域 G 的标准核 $\Omega_1(z,t,G)$ 和 $\Omega_2(z,t,G)$ 表示的这个公式，使每一个在 G 内全纯且在 $\overline{G}$ 上连续的函数 $\Phi(z)$ 有一个属于 $\mathfrak{U}_{p,2}(A,B,G)(p>2)$ 类的，在 $G+\Gamma$ 上连续的函数 $w(z)$ 与之对应，而且 $\Phi(z)$ 可按公式(13.4)用 $w(z)$ 表示. 因此公式(13.6)可以当作建立 $\mathfrak{U}_{p,2}(A,B,G)$ 类全部函数的工具.

共轭方程

$$\partial_{z}w'-Aw'-\overline{B}\,\overline{w}'=0 \tag{13.7}$$

的解的一般表达式，由式(13.1)和(13.6)，就有形式

$$w'(z)=\mathscr{K}'(\Phi,G)\equiv-\frac{1}{2\pi i}\int_{\Gamma}\Omega_1(\zeta,t,G)\Phi(\zeta)\mathrm{d}\zeta-\overline{\Omega_2(\zeta,t,G)}\,\overline{\Phi(\zeta)}\,\mathrm{d}\bar{\zeta} \tag{13.6}$$

2. 对等式(13.6)的右端应用格林公式，我们可以写出

$$\begin{aligned}w(z)=&\lim_{\varepsilon\to0}\left\{\frac{1}{\pi}\iint_{G_\varepsilon}\partial_{\bar{\zeta}}\Omega_1(z,\zeta,G)\Phi(\zeta)\mathrm{d}\xi\mathrm{d}\eta+\frac{1}{\pi}\iint_{G_\varepsilon}\partial_{\zeta}\Omega_2(z,\zeta,G)\,\overline{\Phi(\zeta)}\,\mathrm{d}\xi\mathrm{d}\eta\right\}+\\&\lim_{\varepsilon\to0}\left\{\frac{1}{2\pi i}\int_{|\zeta-z|=\varepsilon}\Omega_1(z,\zeta,G)\Phi(\zeta)\mathrm{d}\zeta-\Omega_2(z,\zeta,G)\,\overline{\Phi(\zeta)}\,\mathrm{d}\bar{\zeta}\right\}\end{aligned}$$

其中 G_ε 是域 G 和 $|\zeta-z|>\varepsilon$ 的交集. 考虑到公式(8.16)就有

$$\begin{aligned}w(z)=\mathscr{K}(\Phi,G)\equiv\Phi(z)+&\iint_{G}\Gamma_1(z,\zeta,G)\Phi(\zeta)\mathrm{d}\xi\mathrm{d}\eta+\\&\iint_{G}\Gamma_2(z,\zeta,G)\,\overline{\Phi(\zeta)}\,\mathrm{d}\xi\mathrm{d}\eta\end{aligned} \tag{13.9}$$

其中

$$\begin{aligned}\Gamma_1(z,\zeta,G)&=\frac{1}{\pi}\partial_{\bar{\zeta}}\Omega_1(z,\zeta,G)\\\Gamma_2(z,\zeta,G)&=\frac{1}{\pi}\partial_{\zeta}\Omega_2(z,\zeta,G)\end{aligned} \tag{13.10}$$

因为由式(13.1),$-\Omega_1(\zeta,z,G)$ 和 $-\overline{\Omega_2(\zeta,z,G)}$ 是共轭方程(13.7)的核,则由方程(8.14),有

$$\begin{cases}\partial_{\bar\zeta}\Omega_1(z,\zeta,G)-A(\zeta)\Omega_1(z,\zeta,G)-\overline{B(\zeta)}\Omega_2(z,\zeta,G)=0\\ \partial_{\bar\zeta}\Omega_2(z,\zeta,G)-\overline{A(\zeta)}\Omega_2(z,\zeta,G)-B(\zeta)\Omega_1(z,\zeta,G)=0\end{cases}\tag{13.11}$$

或者由式(13.10),有

$$\begin{cases}\Gamma_1(z,\zeta,G)=\dfrac{1}{\pi}A(\zeta)\Omega_1(z,\zeta,G)+\dfrac{1}{\pi}\overline{B(\zeta)}\Omega_2(z,\zeta,G)\\ \Gamma_2(z,\zeta,G)=\dfrac{1}{\pi}\overline{A(\zeta)}\Omega_2(z,\zeta,G)+\dfrac{1}{\pi}B(\zeta)\Omega_1(z,\zeta,G)\end{cases}\tag{13.12}$$

应该考虑到,这里的 $\Phi(z)$ 是与 $\omega(z)$ 按公式(13.4)的关系的域 G 上的全纯函数,所以公式(13.9)表示了具有在域 G 内全纯且在 $\bar{G}$ 上连续的任意的右端 $\Phi(z)$ 的积分方程

$$w(z)-\frac{1}{\pi}\iint_G\frac{A(\zeta)w(\zeta)+B(\zeta)\overline{w(\zeta)}}{\zeta-z}\mathrm{d}\xi\mathrm{d}\eta=\Phi(z)\tag{13.13}$$

的解.然而这个公式对属于 $L_q(\bar{G}),q\geqslant\dfrac{p}{p-1}$ 的任意的右端保持有效(参看§5).换句话说,积分方程(13.13)的预解式可表示成公式

$$Rg\equiv\iint_G\Gamma_1(z,\zeta,G)g(\zeta)\mathrm{d}\xi\mathrm{d}\eta+\iint_G\Gamma_2(z,\zeta,G)\overline{g(\zeta)}\mathrm{d}\xi\mathrm{d}\eta\tag{13.14}$$

$$\left(g\in L_q(\bar{G}),q\geqslant\frac{p}{p-1}\right)$$

这样一来,方程

$$\partial_{\bar z}w+Aw+B\bar{w}=0\quad(A,B\in L_{p,2}(E),p>2)\tag{13.15}$$

的属于 $L_q(\bar{G}),q\geqslant\dfrac{p}{p-1}$ 类的全部解都按公式(13.9)表示,其中 $\Phi(z)$ 是在域 G 内属于 $L_q(\bar{G}),q\geqslant\dfrac{p}{p-1}$ 的任意解析函数.若 $q<2$,则 Φ 可以有简单极点.这样一来,公式(13.9)可用来建立具有预先固定的简单极点的方程(13.15)的解.

若注意到公式(13.1)和(13.12),则共轭方程(13.7)的预解式将有表示式

$$\begin{cases}\pi\Gamma_1'(z,\zeta,G)=A(\zeta)\Omega_1(\zeta,z,G)+\overline{B(\zeta)}\,\overline{\Omega_2(\zeta,z,G)}\\ \qquad\equiv-\partial_{\bar\zeta}\Omega_1(\zeta,z,G)\\ \pi\Gamma_2'(z,\zeta,G)=\overline{A(\zeta)}\,\overline{\Omega_2(\zeta,z,G)}+B(\zeta)\Omega_1(\zeta,z,G)\\ \qquad\equiv-\partial_{\bar\zeta}\overline{\Omega_2(\zeta,z,G)}\end{cases}\tag{13.16}$$

因此公式(13.8)可以写成形式

$$w'(z)=\mathscr{K}'(\Phi,G)\equiv\Phi(z)+\iint_G\Gamma'_1(z,\zeta,G)\Phi(\zeta)\mathrm{d}\xi\mathrm{d}\eta+$$

$$\iint_G\Gamma'_2(z,\zeta,G)\overline{\Phi(\zeta)}\mathrm{d}\xi\mathrm{d}\eta \tag{13.17}$$

其中$\Phi(z)$是在域G内属于$L_q(\overline{G}),q\geqslant\dfrac{p}{p-1}$的任意解析函数,这个公式将给出共轭方程(13.7)的$L_q(\overline{G})$类的全部解.

3. 非齐次方程

$$\mathfrak{E}(w)=\partial_{\bar{z}}w+Aw+B\overline{w}=F \tag{13.18}$$

的特解根据公式(5.7)可以以形式$w_1=TF+RTF$来建立.这个公式容易化成形式

$$w_1=-\frac{1}{\pi}\iint_G\Omega_1(z,\zeta,G)F(\zeta)\mathrm{d}\xi\mathrm{d}\eta-\frac{1}{\pi}\iint_G\Omega_2(z,\zeta,G)\overline{F(\zeta)}\mathrm{d}\xi\mathrm{d}\eta \tag{13.19}$$

非齐次共轭方程

$$\mathfrak{E}'(w')\equiv\partial_z w'-Aw'-\overline{Bw'}=F' \tag{13.20}$$

的特解有形式

$$w'_1=\frac{1}{\pi}\iint_G\Omega_1(\zeta,z,G)F'(\zeta)\mathrm{d}\xi\mathrm{d}\eta+\frac{1}{\pi}\iint_G\overline{\Omega_2(\zeta,z,G)}\,\overline{F'(\zeta)}\mathrm{d}\xi\mathrm{d}\eta \tag{13.21}$$

本节引入的公式和关系曾经在作者的工作[14a]中建立.

§14 广义解析函数借助于广义柯西型积分的表达式

1. 若Γ由可求长约当曲线组成,$\varphi(t)$是Γ上的可和函数,则我们称积分

$$w(z)=\frac{1}{2\pi\mathrm{i}}\int_\Gamma\Omega_1(z,t)\varphi(t)\mathrm{d}t-\Omega_2(z,t)\overline{\varphi(t)}\mathrm{d}\bar{t} \tag{14.1}$$

为广义柯西型积分,其中Ω_1,Ω_2是$\mathfrak{U}_{p,2}(A,B,E)$类的标准核.它是方程(13.15)的在$\Gamma$外的正则解,而且在无穷远点附近有$w=O(|z|^{-1})$.这个论断可借助于等式(8.14)和(8.15)直接推出.

设Γ包含C^1类的一段弧γ.若$\zeta\in\gamma,\varphi\in C_\alpha(\gamma),0<\alpha\leqslant1$,则公式

$$\begin{cases}w^+(\zeta)=+\dfrac{1}{2}\varphi(\zeta)+w(\zeta)\\ w^-(\zeta)=-\dfrac{1}{2}\varphi(\zeta)+w(\zeta)\quad(\zeta\in\gamma)\end{cases} \tag{14.2}$$

成立，其中

$$w(\zeta)=\frac{1}{2\pi\mathrm{i}}\int_{\Gamma}\Omega_1(\zeta,t)\varphi(t)\mathrm{d}t-\Omega_2(\zeta,t)\overline{\varphi(t)}\mathrm{d}\bar{t} \tag{14.3}$$

而且上式右端第一个积分理解为柯西主值意义下的积分，而第二个积分在通常意义下是收敛的. 当 $A\equiv B\equiv 0$，正像我们在前面已经指出的，$\Omega_1=(\zeta-z)^{-1}$，$\Omega_2=0$，我们就有对于柯西型积分的熟知的公式

$$\begin{cases}w^{+}(\zeta)=+\dfrac{1}{2}\varphi(\zeta)+\dfrac{1}{2\pi\mathrm{i}}\displaystyle\int_{\Gamma}\frac{\varphi(t)}{t-\zeta}\mathrm{d}t\\ w^{-}(\zeta)=-\dfrac{1}{2}\varphi(\zeta)+\dfrac{1}{2\pi\mathrm{i}}\displaystyle\int_{\Gamma}\frac{\varphi(t)}{t-\zeta}\mathrm{d}t\end{cases} \tag{14.4}$$

若还注意到关系式(8.16)，公式(14.2) 可用式(14.4) 得到.

2. 若函数 $w(z)$ 在 $G+\Gamma$ 上连续，在 G 内满足方程 $\mathfrak{E}(w)\equiv\partial_{\bar{z}}w+Aw+B\bar{w}=0$，而 φ 取函数 $w(z)$ 的边值，则由式(10.6) 将有等式

$$\frac{1}{2\pi\mathrm{i}}\int_{\Gamma}\Omega_1(z,t)\varphi(t)\mathrm{d}t-\Omega_2(z,t)\overline{\varphi(t)}\mathrm{d}\bar{t}=0 \tag{14.5}$$

它对在 $G+\Gamma$ 外的任意点 z 都成立. 由式(14.2)，这个等式等价于以下等式$(\Gamma\in C^1)$

$$\varphi(\zeta)-\frac{1}{\pi\mathrm{i}}\int_{\Gamma}\Omega_1(\zeta,t)\varphi(t)\mathrm{d}t-\Omega_2(\zeta,t)\overline{\varphi(t)}\mathrm{d}\bar{t}=0\quad(\zeta\in\Gamma) \tag{14.6}$$

若函数 $w(z)$ 在 G 外连续，在 $G+\Gamma$ 外满足方程 $\mathfrak{E}(w)=0$，并在无穷远点为零，而 φ 取这样的函数 $w(z)$ 的边值，则对 G 中任一点 z 等式(14.5) 都成立，在这种情形它等价于等式

$$\varphi(\zeta)+\frac{1}{\pi\mathrm{i}}\int_{\Gamma}\Omega_1(\zeta,t)\varphi(t)\mathrm{d}t-\Omega_2(\zeta,t)\overline{\varphi(t)}\mathrm{d}\bar{t}=0\quad(\zeta\in\Gamma) \tag{14.7}$$

也不难证明所述条件的充分性. 例如，若 $\varphi\in C_\alpha(\Gamma)$，$0<\alpha<1$，且满足等式(14.5) 或等式(14.6)，则这就意味着它在每一个边界点所取的值等于广义柯西积分(14.1) 从域 G 内部所取的边界值. 因此等式(14.5) 或者等价于它的等式(14.6) 的成立是使 $\varphi(t)$ 取 $\mathfrak{U}_{p,2}(A,B,G)(p>2)$ 类中在 $G+\Gamma$ 上连续的某个函数的边值的必要和充分条件.

类似的，在 Γ 上属于 G 的点处等式(14.7) 或等式(14.5) 的成立，是使 $\varphi(z)$ 取类 $\mathfrak{U}_{p,2}(A,B,G')(p>2)$ 中连续于 $G'+\Gamma$ 上且在无穷远处为 0 的某一函数的边界值的必要和充分条件，而且 G' 是补充 $G+\Gamma$ 为全平面的域.

对共轭方程 $\mathfrak{E}'(w')=0$ 类似的命题也容易建立. 对共轭方程的条件(14.6) 和(14.7) 将取形式

$$\varphi(\zeta)+\frac{1}{\pi \mathrm{i}}\int_{\Gamma}\Omega_1(t,\zeta)\varphi(t)\mathrm{d}t-\overline{\Omega_2(t,\zeta)}\,\overline{\varphi(t)}\mathrm{d}\bar{t}=0 \tag{14.8}$$

$$\varphi(\zeta)-\frac{1}{\pi \mathrm{i}}\int_{\Gamma}\Omega_1(t,\zeta)\varphi(t)\mathrm{d}t-\overline{\Omega_2(t,\zeta)}\,\overline{\varphi(t)}\mathrm{d}\bar{t}=0 \tag{14.9}$$

这里我们利用了等式(13.1).

3. **定理 3.24** 设 $A,B\in L_{p,2}(E)$,$G\in C^1$. 若 $\varphi(t)\in C_\alpha(\Gamma)(0<\alpha<1)$,则广义柯西型积分(14.1)属于 $C_\beta(\bar{G})$,其中 $\beta=\min\left(\alpha,\frac{p-2}{p}\right)$.

证明 等式(14.1)还可以写为形式

$$w(z)=\Phi(z)+\iint_G\Gamma_1(z,\zeta)\Phi(\zeta)\mathrm{d}\xi\mathrm{d}\eta+\iint_G\Gamma_2(z,\zeta)\overline{\Phi(\zeta)}\mathrm{d}\xi\mathrm{d}\eta \tag{14.10}$$

其中

$$\Phi(z)=\frac{1}{2\pi \mathrm{i}}\int_{\Gamma}\frac{\varphi(\zeta)\mathrm{d}\zeta}{\zeta-z} \tag{14.11}$$

因此 w 满足积分方程 $w=-T_G(Aw+B\bar{w})+\Phi(z)$,又因为根据定理1.10,$\Phi\in C_\alpha(G+\Gamma)$,则在 $G+\Gamma$ 上 w 是连续的. 在这种情形,$\Gamma_G(Aw+B\bar{w})\in C_v(E)$,$v=\frac{p-2}{p}$,显然 $w\in C_\beta(G+\Gamma)$,其中 $\beta=\min(\alpha,\nu)$,这就是所要求证明的.

4. 广义解析函数的积分表达式,其中也包括广义柯西型积分,有很多应用,当研究各类边值问题时,它们特别有用. 这些表达式可以从公式(13.6)利用全纯函数的各种积分表达式得到(参看[14ж][60a]). 因此,这些表达式可以在十分广的范围内变化,便于使我们尽可能地适应于每一次所研究问题的具体条件. 作为一个例子,我们这里所指出的广义解析函数的一个积分表达式,它在下章所讨论的边值问题中极为有用(参看[14a]).

定理 3.25 设 $G\in C_\alpha^1$,$0<\alpha\leqslant 1$. 若函数 $w(z)\in \mathfrak{U}_{p,2}(G)$,$p>2$,且在 $\bar{G}$ 上是连续的,则存在边界 Γ 上的点 t 的连续实函数 $\mu(t)$ 和实常数 c,使得

$$w(z)=\int_{\Gamma}\mu(t)M(z,t)\mathrm{d}s+cw_1(z)\quad(z\in G) \tag{14.12}$$

其中

$$M(z,t)=\frac{t'(s)}{\pi \mathrm{i}}\Omega_1(z,t,G)-\overline{\frac{t'(s)}{\pi \mathrm{i}}}\Omega_2(z,t,G) \tag{14.13}$$

$$w_1(z)=K(\mathrm{i},G)$$

并且,若 G 是单连通域,则在 $w(z)$ 和 $(\mu(t),c)$ 之间有相互单值对应,若 G 是 $m+1$ 连通域,则常数 c 由 w 唯一地表示,而所定出的实函数 $\mu(t)$ 只相差形如 $c_1\mu_1+\cdots+c_m\mu_m$ 的被加式,其中 $c_1,\cdots,c_m$ 是任意常数,而 $\mu_1,\cdots,\mu_m$ 是由等式

$$\mu_j(t)=\begin{cases}1 & \text{若 } t\in\Gamma_j, j=1,\cdots,m\\ 0 & \text{若 } t\in\Gamma_k, k\neq j, k=0,1,\cdots,m\end{cases}\tag{14.14}$$

确定的函数,其中$\Gamma_1,\cdots,\Gamma_m$是域G的'内'边界回路,而Γ_0是'外'边界回路(Γ的正方向这样选取,使得在Γ上依这方向绕行时域总在左边).

若w在$G+\Gamma$上是赫尔德意义下连续的,则μ在Γ上将满足赫尔德条件,反之亦然.

证明 对于全纯函数类定理是熟知的(参看[14ж][60a],第三章 Ⅱ).这时,公式(14.12)取形式

$$\Phi(z)=\frac{1}{\pi\mathrm{i}}\int_\Gamma\frac{\mu(t)\mathrm{d}t}{t-z}+\mathrm{i}c$$

把这个表达式代入公式(13.6)的右端,我们得到公式(14.12).此外,若考虑到Φ按照公式(13.4)由w唯一地表示,则我们就得到定理的全部证明.

§15 广义解析函数的完全组·广义幂级数

1.设给定方程

$$\partial_{\bar z}w+Aw+B\overline{w}=0\quad(A,B\in L_{p,2}(E))\tag{15.1}$$

的特解组$w_n(n=1,2,\cdots)$,若这个方程在G内的任意正则解w可以借助于实系数的线性组合$c_1w_1+c_2w_2+\cdots+c_nw_n$在域$G$内来一致地逼近,我们将说$w_n$是关于域$G$的解的完全组.例如,借助于公式(13.6)就可以建立解的完全组.可以证明,对每一个在$G+\Gamma$上连续的、关于域G解析函数Φ_n的完全组,式(13.6)使我们有方程(15.1)的解$w_n=\mathscr{K}(\Phi_n,G)$的完全组与之对应.例如我们考虑以下的对$z$的有理函数组

$$(z-z_0)^{n-1},(z-z_j)^{-k}\quad(j=1,2,\cdots,m;n,k=1,2,\cdots)\tag{15.2}$$

其中$z_0,z_1,\cdots,z_m$是固定点.我们知道对于边界为简单约当曲线$\Gamma_0,\Gamma_1,\cdots,\Gamma_m$,且$\Gamma_0$是包含曲线$\Gamma_1,\Gamma_2,\cdots,\Gamma_m$在其内部,而点$z_j$位于$\Gamma_j(j=1,\cdots,m)$内部的(参看[87]).任意域$G$这个组是完全的(在全纯函数类中的).借助于公式(13.6),可使函数组(15.2)与方程(15.1)关于域G的特解的完全组对应如下

$$
\begin{cases}
w_{2n}(z,z_0)=\mathscr{K}((z-z_0)^n,G) \\
w_{2n+1}(z,z_0)=\mathscr{K}(\mathrm{i}(z-z_0)^n,G) \quad (n=0,1,\cdots) \\
w_{-2n+1}(z,z_j)=\dfrac{\partial^{n-1}\Omega_1(z,z_j,G)}{\partial z_j^{n-1}}+\dfrac{\partial^{n-1}\Omega_2(z,z_j,G)}{\partial \bar{z}_j^{n-1}} \\
w_{-2n}(z,z_j)=\mathrm{i}\dfrac{\partial^{n-1}\Omega_1(z,z_j,G)}{\partial z_j^{n-1}}-\mathrm{i}\dfrac{\partial^{n-1}\Omega_2(z,z_j,G)}{\partial \bar{z}_j^{n-1}} \quad (n=1,2,\cdots)
\end{cases}
\tag{15.3}
$$

这里，当 $z\in G$ 时，我们认为核 $\Omega_1(z,\zeta,G)$ 和 $\overline{\Omega_2(z,\zeta,G)}$ 在 $G+\Gamma$ 外关于 ζ 是全纯的.

不难看出，$w_n(z,z_0)$ 是 $\left[\dfrac{n}{2}\right]$ 次广义多项式，而 $w_{-n}(z,z_j)$ 是具有 $\left[\dfrac{n+1}{2}\right]$ 阶唯一的极点 z_j 的广义有理函数，并在无穷远处为零. 下面将看到 $w_n(z,z_0)$ 是函数 $\Omega_j(z,\zeta,G)$ 在无穷远点邻近关于 ζ 的展开式的系数.

事实上，若 $z\in G$，而 ζ 在 $G+\Gamma$ 外，则由柯西公式

$$
\begin{cases}
\Omega_1(z,\zeta,G)=-\dfrac{1}{2\pi\mathrm{i}}\displaystyle\int_\Gamma \dfrac{\Omega_1(z,t,G)}{t-\zeta}\mathrm{d}t \\
\Omega_2(z,\zeta,G)=\dfrac{1}{2\pi\mathrm{i}}\displaystyle\int_\Gamma \dfrac{\Omega_2(z,t,G)}{\bar{t}-\bar{\zeta}}\mathrm{d}\bar{t}
\end{cases}
\tag{15.4}
$$

现在对充分大的 ζ 按 $\zeta-z_0$ 和 $\bar{\zeta}-\bar{z}_0$ 的负幂展开这些等式的右端，再由公式(13.6)得

$$
\begin{cases}
\Omega_1(z,\zeta,G)=\dfrac{1}{2}\displaystyle\sum_{k=0}^{\infty}[w_{2k}(z,z_0)-\mathrm{i}w_{2k+1}(z,z_0)](\zeta-z_0)^{-k-1} \\
\Omega_2(z,\zeta,G)=\dfrac{1}{2}\displaystyle\sum_{k=0}^{\infty}[w_{2k}(z,z_0)+\mathrm{i}w_{2k+1}(z,z_0)](\bar{\zeta}-\bar{z}_0)^{-k-1}
\end{cases}
\tag{15.5}
$$

设 G 是圆 $|z-z_0|<\rho$. 那么这些级数对 z 和 ζ 相应地在圆内和圆外一致收敛.

若满足条件 $|z-z_0|>\rho$，$|\zeta-z_0|<\rho$，则有展开式

$$
\begin{cases}
\Omega_1(z,\zeta,G)=-\dfrac{1}{2}\displaystyle\sum_{k=0}^{\infty}[w'_{2k}(\zeta,z_0)-\mathrm{i}w'_{2k+1}(\zeta,z_0)](z-z_0)^{-k-1} \\
\Omega_2(z,\zeta,G)=-\dfrac{1}{2}\displaystyle\sum_{k=0}^{\infty}[\overline{w'_{2k}(\zeta,z_0)}-\overline{\mathrm{i}w'_{2k+1}(\zeta,z_0)}](z-z_0)^{-k-1}
\end{cases}
\tag{15.6}
$$

其中 $w'_n(z,z_0)$ 是 $\left[\dfrac{n}{2}\right]$ 次广义多项式，并满足共轭方程

$$
\partial_{\bar{z}}w'-Aw'-\bar{B}\,\overline{w'}=0 \tag{15.7}
$$

$$
w'_{2k}(z,z_0)=\mathscr{K}'[(z-z_0)^k,G]
$$

$$w'_{2k+1}(z,z_0) = \mathscr{K}'[\mathrm{i}(z-z_0)^k, G] \tag{15.8}$$

展开式(15.6)从下面公式得到

$$\Omega_j(z,\zeta,G) = -\frac{1}{2\pi\mathrm{i}}\int_\Gamma \frac{\Omega_j(t,\zeta,G)}{t-z}\mathrm{d}t \quad (j=1,2) \tag{15.9}$$

若 $\zeta \in G$,而 z 在 $G+\Gamma$ 之外这两个公式是成立的.

2.借助于广义有理函数组 $w_n(z,z_0)(n=0,\pm 1,\pm 2,\cdots)$ 可以得到方程(5.1)任意解的展开式,它是解析函数的泰勒级数与洛朗级数的推广(参看[14a][5a]).

设 G 是圆 $|z-z_0|<\rho$,Γ 是圆周 $|z-z_0|=\rho$. 这时相应的广义多项式 $w_n(z,z_0)$ 用 $w_n(z,z_0,\rho)$ 来表示. 若 $w(z)$ 在 G 内满足方程(15.1),同时在 $G+\Gamma$ 上是连续的,则它将表示成公式

$$\begin{aligned} w(z) &= \mathscr{K}(w,G) \\ &\equiv \frac{1}{2\pi\mathrm{i}}\int_\Gamma \Omega_1(z,\zeta,G)w(\zeta)\mathrm{d}\zeta - \Omega_2(z,\zeta,G)\overline{w(\zeta)}\mathrm{d}\bar{\zeta} \end{aligned} \tag{15.10}$$

或

$$w(z) \equiv \mathscr{K}(\Phi,G) = \frac{1}{2\pi\mathrm{i}}\int_\Gamma \Omega_1(z,\zeta,G)\Phi(\zeta)\mathrm{d}\zeta - \Omega_2(z,\zeta,G)\overline{\Phi(\zeta)}\mathrm{d}\bar{\zeta} \tag{15.11}$$

其中

$$\Phi(z) = \frac{1}{2\pi\mathrm{i}}\int_\Gamma \frac{w(\zeta)}{\zeta-z}\mathrm{d}\zeta \tag{15.12}$$

把最后这个等式右端按 $(z-z_0)^n$ 的幂展开成级数,我们就得

$$\Phi(z) = \sum_{k=0}^{\infty}(c_{2k}+\mathrm{i}c_{2k+1})(z-z_0)^k \tag{15.13}$$

其中 c_k 是实常数,它们可由以下的等式来确定

$$c_{2k}+\mathrm{i}c_{2k+1} = \frac{1}{2\pi\mathrm{i}}\int_\Gamma \frac{w(\zeta)}{\zeta^{k+1}}\mathrm{d}\zeta \quad (k=0,1,\cdots) \tag{15.14}$$

现在考虑方程(15.1)的下列一组解

$$\hat{w}_n(z) = \sum_{k=0}^{n} c_k w_k(z,z_0,\rho) \equiv \mathscr{K}(\Phi_n,G) \tag{15.15}$$

其中

$$\Phi_n(z) = \sum_{k=0}^{\left[\frac{n}{2}\right]}(c_{2k}+\mathrm{i}c_{2k+1})(z-z_0)^k$$

因为 $w(z)-\hat{w}_n(z) = \mathscr{K}(\Phi-\Phi_n,G) \equiv \mathscr{K}(w-\Phi_n,G)$,则我们将有不等式

$$
\begin{aligned}
&|w(z)-\hat{w}_n(z)| \\
&\leqslant \frac{1}{2\pi}\int_\Gamma (|\Omega_1(z,\zeta,G)|+|\Omega_2(z,\zeta,G)|)\,|w(\zeta)-\Phi_n(\zeta)|\,\mathrm{d}s
\end{aligned}
$$

若 z 属于圆 G 内某闭子集 G'，则有

$$
|w(z)-\hat{w}_n(z)| \leqslant M(G')L_1(w-\Phi_n,\Gamma) \tag{15.16}
$$

因为根据公式(15.14)在圆 Γ 上级数(15.13)是连续函数 $w(\zeta)$ 的傅里叶级数，所以它在 Γ 上按度量 $L_p(\Gamma)(p\geqslant 1)$ 意义下收敛于 w. 因此当 $n\to\infty$，$L_1(w-\Phi_n,\Gamma)\to 0$. 由此从式(15.16)就知序列 $\hat{w}_n(z)$ 在 G 内一致收敛于 $w(z)$. 这样就证明了 $w(z)$ 可展开成级数

$$
w(z)=\sum_{k=0}^{\infty} c_k w_k(z,z_0,\rho) \tag{15.17}
$$

它在圆 G 内一致收敛. 这个级数的系数用公式(15.14)表示，它丝毫不差的重合于解析函数的泰勒级数系数的熟知的积分公式. 所以级数(15.17)称作广义泰勒级数.

现在设 G 是圆环 $0\leqslant\rho_0<|z-z_0|<\rho_1$，边界圆周是 $|z-z_0|=\rho_0$ 与 $|z-z_0|=\rho_1$，它们将用 Γ_0 与 Γ_1 来表示. 在考察与这个域相应的广义有理函数 $w_n(z,z_0)(n=0,\pm 1,\pm 2,\cdots)$ 时，我们将用 $w_n(z,z_0,\rho_0,\rho_1)$ 来表示它们.

若 $w(z)$ 在 G 内满足方程(15.1)且在 $\bar{G}$ 上是连续的，则它可展开成下列级数

$$
w(z)=\sum_{k=-\infty}^{+\infty} c_k w_k(z,z_0,\rho_0,\rho_1) \tag{15.18}
$$

其中 c_k 是实常数，它按下列公式计算

$$
\begin{aligned}
&c_{2k}+\mathrm{i}c_{2k+1}=\frac{1}{2\pi\mathrm{i}}\int_{\Gamma_1}\frac{w(\zeta)\mathrm{d}\zeta}{\zeta^{k+1}} \quad (k=0,1,\cdots) \\
&c_{2k}+\mathrm{i}c_{2k+1}=\frac{1}{2\pi\mathrm{i}}\int_{\Gamma_0} w(\zeta)\zeta^k\mathrm{d}\zeta \quad (k=-1,-2,\cdots)
\end{aligned} \tag{15.19}
$$

级数(15.18)在圆环 $0\leqslant\rho_0<|z-z_0|<\rho_1$ 内一致收敛. 这个断言的证明几乎是逐字重复前面对级数(15.17)的讨论.

3. 形式为

$$
\sum_{k=-\infty}^{+\infty}(c_{2k}+\mathrm{i}c_{2k+1})(z-z_0)^k \tag{15.20}
$$

的每个幂级数可以有级数

$$
\sum_{k=-\infty}^{+\infty} c_k w_k(z,z_0,\rho_0,\rho_1) \tag{15.21}
$$

与之相应，其中 $0 \leqslant \rho_0 < |z-z_0| < \rho_1$ 是级数(15.20)的收敛圆环．这个级数称为第一类广义幂级数，并具有以下的重要性质．

定理 3.26 级数(15.21)在级数(15.20)的收敛域(圆或圆环)内一致收敛．

证明 我们只在级数(15.20)中仅有 $z-z_0$ 的正幂的情形下来证明定理．对一般情形的讨论没有原则上的困难．

设 $|z-z_0|<\rho$ 是幂级数

$$\sum_{k=0}^{\infty}(c_{2k}+\mathrm{i}c_{2k+1})(z-z_0)^k \tag{15.22}$$

的收敛圆．我们应当证明形如

$$\sum_{k=0}^{\infty}c_k w_k(z,z_0,\rho) \tag{15.23}$$

的广义幂级数在每一个圆 $|z-z_0| \leqslant \rho' < \rho$ 上的一致收敛性．

设 A_n, B_n 是在圆 G_n：$|z-z_0| < \frac{n}{n+1}\rho$ 内与 A, B 相同且在 G_n 外为零的函数．设 G' 是圆 $|z-z_0|<\rho$ 内的闭集．这时一定能找到整数 n_0，使 $n>n_0$ 时集合 G' 属于全部的圆 G_n．设 G'' 是某个不与 G' 相交的闭集．在这种情形下，根据定理 3.23 的推论 2，若 $z\in G'$ 和 $\xi \in G''$，方程 $\partial_{\bar z}w + A_n w + B_n\bar w = 0$ 的核序列 $\Omega_{jn}(z,\zeta,G) \equiv \Omega_j(z,\zeta,G_n)$ 对 z,ζ 一致收敛于方程 $\partial_{\bar z}w + Aw + B\bar w = 0$ 的核 $\Omega_j(z,\zeta,G)$．因为当 $z\in G'$ 时函数 $\Omega_{1n}(z,\zeta,G)$ 和 $\overline{\Omega_{2n}(z,\zeta,G)}$ 在 G 外对 ζ 全纯，则有

$$\begin{aligned} w_{n,p}(z) &= \frac{1}{2\pi \mathrm{i}}\int_{\Gamma}\Omega_1(z,\zeta,G)\Phi_{n,p}(\zeta)\mathrm{d}\zeta - \Omega_2(z,\zeta,G)\overline{\Phi_{n,p}(\zeta)}\mathrm{d}\bar\zeta \\ &= \lim_{m\to\infty}\frac{1}{2\pi \mathrm{i}}\int_{\Gamma_m}\Omega_1(z,\zeta,G_m)\Phi_{n,p}(\zeta)\mathrm{d}\zeta - \Omega_2(z,\zeta,G_m)\overline{\Phi_{n,p}(\zeta)}\mathrm{d}\bar\zeta \end{aligned} \tag{15.24}$$

其中 Γ_m 是圆周 $|z-z_0| = \frac{m}{m+1}\rho$，有

$$w_{n,p}(z) = \sum_{k=n}^{n+p}c_k w_k(z,z_0)$$

$$\Phi_{n,p}(z) = \sum_{k=n}^{\left[\frac{n+p}{2}\right]}(c_{2k}+\mathrm{i}c_{2k+1})(z-z_0)^k$$

由最大模原理知存在正的常数 M 与 Γ_n 上的一点 $\hat z$，使得

$$\max_{z\in G'}|w_{n,p}(z)| < M|w_{n,p}(\hat z)| \tag{15.25}$$

因为由式(15.24)，有

$$|w_{n,p}(\hat{z})| \leqslant \frac{1}{2\pi}\overline{\lim}\int_{\Gamma_m}(|\Omega_1(\hat{z},\zeta,G_m)|+|\Omega_2(\hat{z},\zeta,G_m)|)|\Phi_{n,p}(\zeta)|\mathrm{d}s$$

则可以指出整数 $m_0 > n_0$，由等式(15.25)有不等式

$$\max_{z\in G'}|w_{n,p}(z) \leqslant \frac{M}{2\pi}|\int_{\Gamma_{m_0}}(|\Omega_{1m_0}(\hat{z},\zeta)|+|\Omega_{2m_0}(\hat{z},\zeta)|)|\Phi_{n,p}(\zeta)|\mathrm{d}s$$

因级数(15.22)在圆 $|z-z_0|<\rho$ 内一致收敛，那么在 Γ_{m_0} 上 $\Phi_{n,p}(\zeta)\to 0$ 是一致的. 由此 $w_{n,p}(z)\to 0$ 在 G' 上是一致的. 这就证明了定理.

4. 广义解析函数的级数，类似于泰勒和洛朗级数的，还可以由以下方式得到.

设 $\widetilde{w}_{2n}(z,z_0)$，$\widetilde{w}_{2n+1}(z,z_0)$ 是 $\mathfrak{U}_{p,2}(A,B,E)(p>2)$ 类的广义多项式，各具有标准解析因子 $(z-z_0)^n$ 与 $\mathrm{i}(z-z_0)^n$(§7)

$$\widetilde{w}_{2n}(z,z_0)=\mathfrak{R}_{z_0}((z-z_0)^n)$$
$$\widetilde{w}_{2n+1}(z,z_0)=\mathfrak{R}_{z_0}(\mathrm{i}(z-z_0)^n) \tag{15.26}$$

这些函数唯一确定且满足以下不等式(§4,6)

$$\mathrm{e}^{-\Omega_0(z)} \leqslant \frac{|\widetilde{w}_n(z,z_0)|}{|z-z_0|^n} \leqslant \mathrm{e}^{\Omega_0(z)} \tag{15.27}$$

并且由第一章的不等式(6.15)和对 Ω_0 的公式(7.3)便有估计式

$$0 \leqslant \Omega_0(z) \leqslant M_p L_p(|A|+|B|)|z-z_0|^{\frac{p-2}{p}} \tag{15.28}$$

函数 $\widetilde{w}_n(z,z_0)$ 将称为 $\mathfrak{U}_{p,2}(A,B,E)(p>2)$ 类的广义幂级数.

现在比较幂级数

$$\sum_{n=-\infty}^{+\infty}(c_{2n}+\mathrm{i}c_{2n+1})(z-z_0)^n \tag{15.29}$$

与级数

$$\sum_{n=-\infty}^{+\infty}c_n\widetilde{w}_n(z,z_0) \tag{15.30}$$

我们将称它为第二类广义幂级数.

借助于不等式(15.27)容易证明：

定理 3.27(广义阿贝尔定理)　级数(15.29)和(15.30)有同样的收敛域与发散域(圆或圆环)，并且在这些域内级数绝对且一致收敛. 特别地若级数

$$\sum_{n=0}^{\infty}c_n\widetilde{w}_n(z,z_0) \tag{15.31}$$

在一点 $z'\neq z_0$ 收敛，则它将在圆 $|z-z_0|<|z'-z_0|$ 内绝对且一致收敛. 若级数(15.31)在点 $z'\neq z_0$ 发散，则当 $|z-z_0|>|z'-z_0|$ 时它发散.

因为由定理 3.10 在域内收敛的级数(15.31)的和仍是 $\mathfrak{U}_{p,2}(A,B,E)(p>$

2）类中的函数，所以这个级数可以看作一个（线性）算子，它把在这域内的每一个解析函数（或者同样地可以说是相应的幂级数）与 $\mathfrak{U}_{p,2}(A,B,E)(p>2)$ 类中的函数对照起来.

设 $w(z)$ 是级数(15.31)的和.那么这个级数的系数将用以下的递推关系计算

$$c_0+\mathrm{i}c_1=w(z_0)$$

$$c_{2n}+\mathrm{i}c_{2n+1}=\lim_{z\to z_0}\frac{w(z)-\sum_{k=0}^{n-1}c_{2k}\widetilde{w}_{2k}(z,z_0)+c_{2k+1}\widetilde{w}_{2k+1}(z,z_0)}{(z-z_0)^n}\quad(n=1,2,\cdots)\tag{15.32}$$

看来现在可以证明这样的论断：

设 $w(z)$ 是 $\mathfrak{U}_{p,2}(A,B,E)(p>2)$ 类的函数，其中 G 是圆 $|z-z_0|<R$. 设 c_n 是按递推公式(15.32)找出的实常数.那么展开式

$$w(z)=\sum_{n=0}^{\infty}c_n\widetilde{w}_n(z,z_0)\tag{15.33}$$

成立.它在圆 $|z-z_0|<R$ 内绝对且一致收敛.

当展开 $\widetilde{w}_n(z,z_0)$ 成形如(15.17)的广义泰勒级数，于是按公式(15.14)计算展开式的系数时，得到

$$\widetilde{w}_n(z,z_0)=a_{n0}w_0(z,z_0)+\cdots+a_{nl_n}w_{l_n}(z,z_0)\tag{15.34}$$

其中 a_{nj} 是实常数，对 n 是偶数时有 $l_n=n+1$，n 是奇数时有 $l_n=n$. 由此看出

$$\widetilde{w}_n(z,z_0')=\mathscr{K}[P_{\frac{l_n-1}{2}}(z-z_0),E]\tag{15.35}$$

其中

$$P_{\frac{l_n-1}{2}}(z)=\sum_{k=0}^{\frac{1}{2}(l_n-1)}(a_{n,2k}+\mathrm{i}a_{n,2k+1})z^k\tag{15.36}$$

最后我们注意，在倍尔斯、加莫恩（参看[6]）及倍尔斯（参看[5a,б]）的工作中用略为不同的方法建立了广义幂级数理论.

§16　对于广义解析函数实部的积分方程

方程

$$\mathfrak{E}(w)\equiv\partial_{\bar z}w+Aw+B\overline{w}=F\tag{16.1}$$

的一般解的建立可以利用一个具有实核的积分方程来完成，这个核仅包含未知

函数 $w=u+\mathrm{i}v$ 的实部或者虚部.

将方程(16.1) 写为下列形式

$$\partial_{\bar{z}}w+(A-B)w+2Bu=F \tag{16.2}$$

并考虑函数

$$\omega(z)=-\frac{1}{\pi}\iint_G\frac{A(\zeta)-B(\zeta)}{\zeta-z}\mathrm{d}\xi\mathrm{d}\eta+\Phi_0(z) \tag{16.3}$$

其中 Φ_0 是在 $G+\Gamma$ 连续并且是在域 G 内的任意解析函数,等式(16.2) 可写为

$$\frac{\partial}{\partial\bar{z}}[\mathrm{e}^{\omega(z)}w]+2B\mathrm{e}^{\omega(z)}u=F(z)\mathrm{e}^{\omega(z)}$$

由此即有

$$w(z)\mathrm{e}^{\omega(z)}=\frac{2}{\pi}\iint_G\frac{B(\zeta)\mathrm{e}^{\omega(\zeta)}u(\zeta)}{\zeta-z}\mathrm{d}\xi\mathrm{d}\eta+F_0(z) \tag{16.4}$$

其中

$$F_0(z)=\Phi(z)-\frac{1}{\pi}\iint_G\frac{F(\zeta)\mathrm{e}^{\omega(\zeta)}}{\zeta-z}\mathrm{d}\xi\mathrm{d}\eta \tag{16.5}$$

这里 Φ 是 z 的任意解析函数,它可按公式

$$\Phi(z)=\frac{1}{2\pi\mathrm{i}}\int_\Gamma\frac{w(\zeta)\mathrm{e}^{\omega(\zeta)}}{\zeta-z}\mathrm{d}\zeta \tag{16.6}$$

用 w 来表示. 若以 $\mathrm{e}^{-\omega(z)}$ 乘等式(16.4) 的两端,然后将实部及虚部分开,则我们有

$$u(z)-\frac{2}{\pi}\iint_G u(\zeta)\mathrm{Re}\left[\frac{\mathrm{e}^{\omega(\zeta)}B(\zeta)}{(\zeta-z)\mathrm{e}^{\omega(z)}}\right]\mathrm{d}\xi\mathrm{d}\eta=f(z) \tag{16.7}$$

$$v(z)-\frac{2}{\pi}\iint_G u(\zeta)\mathrm{Im}\left[\frac{\mathrm{e}^{\omega(\zeta)}B(\zeta)}{(\zeta-z)\mathrm{e}^{\omega(z)}}\right]\mathrm{d}\xi\mathrm{d}\eta=g(z) \tag{16.8}$$

其中

$$f(z)=\mathrm{Re}[\mathrm{e}^{-\omega(z)}\Phi(z)]-\mathrm{Re}\left[\frac{1}{\pi}\iint_G\frac{\mathrm{e}^{\omega(\zeta)}F(\zeta)}{\mathrm{e}^{\omega(z)}(\zeta-z)}\mathrm{d}\xi\mathrm{d}\eta\right] \tag{16.9}$$

$$g(z)=\mathrm{Im}[\mathrm{e}^{-\omega(z)}\Phi(z)]-\mathrm{Im}\left[\frac{1}{\pi}\iint_G\frac{\mathrm{e}^{\omega(\zeta)}F(\zeta)}{\mathrm{e}^{\omega(z)}(\zeta-z)}\mathrm{d}\xi\mathrm{d}\eta\right] \tag{16.10}$$

这样,对于函数 $w(z)$ 的实部 $u(z)$ 我们得到弗雷德霍姆型的实的积分方程(16.7). 我们证明对任意连续的右边部分它是可解的. 为此必须证明对应的齐次方程

$$u(z)-\iint_G\mathrm{Re}\left[\frac{2B(\zeta)\mathrm{e}^{\omega(\zeta)}}{\pi(\zeta-z)\mathrm{e}^{\omega(z)}}\right]u(\zeta)\mathrm{d}\xi\mathrm{d}\eta=0$$

没有非零解. 此方程可写为

$$u(z)=\mathrm{Re}\{\mathrm{e}^{-\omega(z)}w_1(z)\}$$

其中

$$w_1(z)=\frac{2}{\pi}\iint_G u(\zeta)\frac{B(\zeta)\mathrm{e}^{\omega(\zeta)}}{\zeta-z}\mathrm{d}\xi\mathrm{d}\eta \tag{16.11}$$

不难看出，w_1 满足方程

$$\partial_{\bar z}w_1+Bw_1+B\mathrm{e}^{\omega-\bar\omega}\overline{w}_1=0$$

但由等式(16.11)知 w_1 连续拓展到全平面，并且在 $G+\Gamma$ 之外解析，而于无穷远处变为零. 根据一般的刘维尔定理(参看 §11)，$w_1\equiv 0$ 即 $u=0$，这就是所要证明的.

由方程(16.7)得出函数 $w(z)$ 的实部 u，再由公式(16.8)我们可以得出它的虚部 v.

注意在方程(16.7)的核中包含一个任意的全纯函数 $\Phi_0(z)$，它的选择完全由我们决定. 利用 Φ_0 的适当选择可以使 $\omega(z)$ 满足这个或那个特别条件.

§17　一般形式椭圆型方程组解的性质

形如 $\partial_{\bar z}w+Aw+B\overline{w}=F$ 的方程的解的一些性质，可以推广到非标准型的一阶椭圆型偏微分方程组的解. 显然若预先将方程组化为标准型，这是不难办到的. 然而用这种方法的缺点在于对方程组的系数不得不加上比事实上所需要的更强的限制. 在这个方向的推广已在保亚斯基[11г]、倍尔斯及尼伦贝格[7a]的工作中彼此独立的得到. 我们在以下叙述保亚斯基的工作(参看[11г]ПП. 2,3,4,6)的主要结果.

1. 我们将研究形如

$$\begin{cases}-v_y+a_{11}u_x+a_{12}u_y+a_0u+b_0v=f\\ v_x+a_{21}u_x+a_{22}u_y+c_0u+d_0v=g\end{cases} \tag{17.1}$$

的方程组(参看第二章，§7,1). 我们将假定系数 a_{ik} 是平面 E 上的有界可测函数，满足方程组的如下的椭圆性条件

$$a_{11}>0,\Delta=a_{11}a_{22}-\frac{1}{4}(a_{12}+a_{21})^2>\Delta_0>0\quad(\text{右 } E)(\Delta_0=\text{常数}) \tag{17.2}$$

若 a_{ik} 给在满足条件(17.2)的有界域是已知，则只需按照法则 $a_{11}=a_{22}=1$，$a_{12}=a_{21}=0$ 将其延拓到 G 的外部就够了. 对于其他系数及自由项我们将认为它

们是属于 $L_{p,2}(E)(p>2)$ 的.

考虑复函数 $w=u+\mathrm{i}v$,可写方程组(17.1) 为下列形式

$$(\tilde{p}+1)\partial_{\bar{z}}w+(\tilde{p}-1)\partial_{\bar{z}}\overline{w}+\tilde{q}(\partial_z w+\partial_{\bar{z}}\overline{w})+\tilde{A}w+\tilde{B}\overline{w}=\overline{F} \quad (17.3)$$

其中

$$\tilde{p}=\frac{a_{11}+a_{22}-\mathrm{i}(a_{12}-a_{21})}{2},\tilde{q}=\frac{a_{11}-a_{22}+\mathrm{i}(a_{12}-a_{21})}{2}$$

还考虑式(17.3) 的复共轭方程并且从这些方程消去 $\partial_z\overline{w}$,我们得到方程

$$\partial_{\bar{z}}w-q_1(z)\partial_z w-q_2(z)\partial_z\overline{w}+Aw+B\overline{w}=F \quad (17.4)$$

其中

$$q_1=\frac{2\tilde{q}}{|\tilde{q}|^2-|1+\tilde{p}|^2},q_2=\frac{|\tilde{q}|^2+(1+\tilde{p})(1-\overline{\tilde{p}})}{|1+\tilde{p}|^2-|\tilde{q}|^2} \quad (17.5)$$

通过简单的计算指出

$$|1+\tilde{p}|^2-|\tilde{q}|^2=1+\Delta+a_{11}+a_{22}+\frac{1}{4}(a_{21}-a_{12})^2\geqslant 1+\Delta$$

$$|q_1(z)|+|q_2(z)|=\frac{\sqrt{(a_{11}+a_{22})^2-4\Delta}+\sqrt{(1+\delta)^2-4\Delta}}{1+a_{11}+a_{22}+\delta} \quad (17.6)$$

其中

$$\delta=\Delta+\frac{1}{4}(a_{21}-a_{12})^2$$

考虑到条件 $\Delta>\Delta_0>0$(在 E),从等式(17.6) 立刻得到

$$|q_1(z)|+|q_2(z)|\leqslant q_0<1 \quad (q_0\text{ 为常数}) \quad (17.7)$$

这样在以后我们将有复方程(17.4),根据式(17.7),方程(17.4) 完全等价于原来的方程组(17.1). 系数 q_1 及 q_2 为 E 上满足条件(17.7) 的可测函数,而 A,B,F 为属于 $L_{p,2}(E)(p>2)$ 类的函数.

方程(17.4) 的解我们将从某一类 $D_{1,p}(G)(p>2)$ 中去找,这一点以后不再每一次都特别说明①.

当对域作保角变换:$z=\varphi(\zeta)$,方程(17.4) 变为方程

$$\partial_{\bar{\zeta}}w-q_{1*}\partial_\zeta w-q_{2*}\partial_\zeta\overline{w}+A_*w+B_*\overline{w}=F_* \quad (17.8)$$

其中

$$q_{1*}=q_1\frac{\overline{\varphi'(\zeta)}}{\varphi'(\zeta)}\quad (q_{2*}=q_2)$$

① 可以指出,若方程(17.4) 的解 $w(z)\in D_{1,p'}$,$2-\varepsilon\leqslant p'$,则对于充分小的 ε,当 $p>2$ 时一定有 $w(z)\in D_{1,p}(G)$.

$$A_* = A\overline{\varphi}', B_* = B\overline{\varphi}', F_* = F\overline{\varphi}'$$

这样一来,对于新的方程(17.8),条件(17.7)亦满足并且常数 q_0 保持不变,特别是,这可使我们把对方程(17.4)的解在点 $z=\infty$ 附近的性质的研究,化为去研究方程(17.8)的解在点 $\zeta=0$ 附近的性质.为此只要把 $\varphi(\zeta)$ 取为 $\dfrac{1}{\zeta}$ 就够了.

2.本段我们研究形如

$$\partial_{\bar{z}} w - q(z)\partial_z w + Aw + B\overline{w} = 0 \quad (|q(z)| \leqslant q_0 < 1) \tag{17.9}$$

的齐次方程的解的性质.除了方程(17.9)的解以外,我们将考虑对应的贝尔特拉米方程的解,本节将以符号 f 表示

$$\partial_{\bar{z}} f - q(z)\partial_z f = 0 \tag{17.10}$$

我们将在某个有界域 G 内考虑这个方程.我们来证明以下定理,它是基本引理的推广(参看 §4,1).

定理 3.28 设 $w=w(z)$ 为方程(17.9)在域 G 内的解(可以有孤立奇点),那么 $w(z)$ 可表示为

$$w(z) = f(z)e^{T\omega} \equiv f(z)e^{\varphi(z)} \tag{17.11}$$

其中 $f(z)$ 为方程(17.10)的解,$\omega \in L_p(\overline{G})$,$p>2$,有

$$\varphi(z) = T\omega = -\frac{1}{\pi}\iint_G \frac{\omega(\zeta)}{\zeta - z} d\xi d\eta$$

函数 $\varphi(z) \in C_\alpha(E)$,$\alpha = \dfrac{p-2}{p}$ 在 $\overline{G}$ 之外全纯并在无穷远处为零.

证明 设 $w(z)$ 为所说的解.我们设

$$h(z) = -\left(A + B\frac{\overline{w}}{w}\right) \quad (w \neq 0, w \neq \infty) \tag{17.12}$$

在 G 内,$h(z)=0$ 在平面的所有其余的点上.

考虑积分方程

$$\omega - q\Pi\omega = h, \Pi\omega = \partial_z T\omega \equiv -\frac{1}{\pi}\iint_E \frac{w(\zeta)}{(\zeta - z)^2} d\xi d\eta \tag{17.13}$$

并且我们认为在域 G 外 $q=0$ 及 $h=0$.固定 $p>2$,使

$$q_0\Lambda_p < 1 \quad (\Lambda_p = L_p(\Pi), \Lambda_2 = 1) \tag{17.14}$$

方程(17.13)对于任意 $h \in L_p(\overline{G})$,将有唯一的解 $\omega \in L_p(\overline{G})$,并且显然在 $\overline{G}$ 外 $\omega \equiv 0$.

考虑函数 $f(z) = w(z)e^{-\varphi(z)}$,我们有

$$[f_{\bar{z}} - q(z)f_z]e^{\varphi} = w_{\bar{z}} - w[\omega - q\Pi\omega] - qw_z$$

$$= w_{\bar{z}} - wh - qw_z = 0$$

于是 $f(z)$ 是方程(17.10) 的解；但 $w=fe^{\varphi}$，这就证明了公式(17.11). 定理的其余断言可由 $\varphi(z)$ 的表达式推出.

当函数 φ 具有定理中所述性质时形如(17.11) 的表示式是唯一的.

事实上，假定 $w=f(z)e^{\varphi(z)}=f_1(z)e^{\varphi_1(z)}$，我们将看出商 $\dfrac{f(z)}{f_1(z)}=e^{\varphi-\varphi_1}$ 是域 G 内可以解析拓展到全平面并在无穷远处等于 1 的全纯函数. 根据刘维尔定理，这样的函数恒等于 1，唯一性就证明了. 应当注意，若 $B\neq 0$，在公式(17.11) 中 $\varphi(z)$ 依赖于所要求的解，但若 $B\equiv 0$，则 φ 只依赖于系数 q 及 A，于是公式(17.11) 给出方程

$$\partial_{\bar{z}}w-q(z)\partial_z w+Aw=0 \tag{17.15}$$

的一般解. 此时在公式(17.11) 中，$f(z)$ 为贝尔特拉米方程(17.10) 的任意解，它可以有任意的奇异性(极点，本性奇点，支点，间断线，等等). 根据第二章的定理 2.15，$f(z)$ 具有形式

$$f(z)=\Phi(W(z)) \tag{17.16}$$

其中 $W(z)$ 是方程(17.10) 的基本同胚，而 Φ 是在域 $W(G)$ 中的任意解析函数.

我们利用 $W(z)\in D_{1,p}(E)$，$p>2$，因此有 $W\in C_{\alpha}(E)$，$\alpha=\dfrac{p-2}{p}$.

在公式(17.16) 中 $W(z)$ 也可以取为方程(17.10) 的关于域 G 的任意整体同胚.

表示式(17.11) 不是唯一可能的. 式(17.11) 有以下特征：式(17.11) 里的函数 $\varphi(z)$ 可以连续地拓展到全平面，在 $\bar{G}$ 外是全纯的且在无穷远处为零. 若不要 $\varphi(z)$ 的这些性质，则可以指出形如式(17.11) 的另外的表示式. 于是我们叙述以下定理(在特别的情形下，G 是单位圆).

定理 3.29 设 G 为单位圆 $|z|<1$，则方程(17.9) 在域 G 内的每一个解可以表示为形式

$$w(z)=f(z)e^{\psi(z)} \tag{17.17}$$

其中

$$\psi(z)=\widetilde{T}\omega=-\frac{1}{\pi}\iint_G\left[\frac{\omega(t)}{t-z}+\frac{z\overline{\omega(t)}}{1-z\bar{t}}\right]dG_t \quad (\omega\in L_p(G),p>2) \tag{17.18}$$

并且对于 $|z|=1$，$\mathrm{Re}\,\psi(z)=0$，而 $f(z)$ 是方程(17.10) 的解.

这样的表示式是唯一的.

证明是重复以前定理的证明，不同之处是要解方程

$$\omega - q\widetilde{\Pi}\omega = h$$

而不是解积分方程(17.13),上式中算子 $\widetilde{\Pi}$ 按公式

$$\widetilde{\Pi}\omega = \partial_z \widetilde{T}\omega = -\frac{1}{\pi}\iint_G \left(\frac{\omega(\zeta)}{(\zeta - z)^2} + \frac{\overline{\omega(\zeta)}}{(1 - z\bar{\zeta})^2}\right) \mathrm{d}\xi \mathrm{d}\eta$$

定义.用公式

$$\omega(\zeta) = \frac{1}{\zeta^2}\overline{\omega\left(\frac{1}{\bar{\zeta}}\right)} \quad (|\zeta| \geqslant 1) \tag{17.19}$$

将 $\omega(z)$ 拓展到 G 外,我们将有

$$\widetilde{\Pi}\omega = -\frac{1}{\pi}\iint_E \frac{\omega(\zeta)\mathrm{d}\xi \mathrm{d}\eta}{(\zeta - z)^2}$$

当借助于这个积分将 $\widetilde{\Pi}\omega$ 拓展到全平面且记为 $g(z) = \widetilde{\Pi}\omega$,容易断言

$$g(z) = \frac{1}{z^2}\overline{g\left(\frac{1}{\bar{z}}\right)} \tag{17.20}$$

由等式(17.20)及(17.19)有(参看 §9,1)

$$\iint_G \widetilde{\Pi}\omega\, \overline{\widetilde{\Pi}\omega}\, \mathrm{d}x \mathrm{d}y = \frac{1}{2}\iint_E g(z)\,\overline{g(z)}\, \mathrm{d}x \mathrm{d}y$$
$$= \frac{1}{2}\iint_E \omega\bar{\omega}\, \mathrm{d}x \mathrm{d}y = \iint_G \omega\bar{\omega}\, \mathrm{d}x \mathrm{d}y$$

由此推出算子 $\widetilde{\Pi}$ 在 L_2 的范数等于 1. 所以,固定 $p > 2$ 使 $q_0 L_p(\widetilde{\Pi}) < 1$,我们容易确信对于每一个 $h \in L_p(\bar{G})$,方程 $\omega - q\widetilde{\Pi}\omega = h$ 有唯一的解 $\omega \in L_p(\bar{G})$.

3. 本段将把以上证明的定理推广到形如

$$\partial_{\bar{z}} w - q_1(z)\partial_z w - q_2(z)\partial_{\bar{z}}\bar{w} + Aw + B\bar{w} = 0 \tag{17.21}$$

的更一般情形的方程. 除了式(17.21)之外,我们还将考虑方程

$$\partial_{\bar{z}} w - q_1(z)\partial_z w - q_2(z)\partial_{\bar{z}}\bar{w} = 0 \tag{17.22}$$

若 $w = w(z)$ 是它的解,则 $w(z)$ 满足方程

$$\partial_{\bar{z}} w - q(z)\partial_z w = 0 \tag{17.23}$$

其中

$$q(z) = q_1(z) + q_2\frac{\overline{w_z}}{w_z} \quad (\text{在域 } G \text{ 内}, w_z \neq 0)$$

而

$$q(z) = 0 \quad (w_z = 0 \text{ 并在 } G \text{ 外})$$

显然,$|q(z)| \leqslant |q_1(z)| + |q_2(z)| \leqslant q_0 < 1$,$q_0$ 为常数. 故由第二章的定理 2.15 直接推得:

定理 3.30 方程(17.22)的每一个解可表示为

$$w(z)=f(W(z)) \tag{17.24}$$

其中 $f(W)$ 是在 $W(G)$ 内的解析函数，$W(z)$ 为方程(17.23)的基本同胚.

$W(z)$ 自然也可以取为方程(17.23)的关于域 G 的任意的整体同胚.

用同样的方法我们可从定理 3.28 得到以下的定理.

定理 3.31 方程(17.21)的每一个解可表示为

$$w(z)=f(W(z))\mathrm{e}^{\varphi(z)} \tag{17.25}$$

其中 $f(W)$ 是在 $W(G)$ 中的解析函数，$W(z)$ 为方程(17.23)的基本同胚，而 $\varphi(z)\in D_{1,p}(E)$，$p>2$，它在域 G 外全纯并在无穷远处为零.

对于 W 及 φ 所加的条件保证了表示式(17.25)的唯一性.不过这样的条件是多样的.对于 φ 及 W 可以加上其他条件而不破坏表示式(17.25)的唯一性.

表示式(17.24)及(17.25)在解具有孤立奇异点的情形仍旧适用.此时所有的奇异性都转移到解析函数 $f(W)$ 上.

定理3.30和定理3.31异于定理3.28和定理3.29的地方是：其中的同胚变换 $W(z)$ 不能认为对于所有的解都是固定的同一个.事实上，$W(z)$ 满足方程(17.23)，其中系数 $q(z)$ 依赖于所要求的解.所以公式(17.25)不能看作是求方程(17.21)的解的工具.虽然如此，对于研究方程(17.21)的解的各种不同的性质时，它是重要工具.它使我们能将解析函数的一整套性质推广到形如方程(17.21)的解.例如，对于形如方程组(17.21)，以下各原理的陈述是逐字逐句相同的：最大模原理、辐角原理、连续拓展的唯一性定理、零点的孤立性定理，关于可去奇异点的类似的定理，关于在极点或本性奇点附近解的性质，单叶映射法则，等等.

为了使以上定理成立，做了重要限制：在有界域 G 外 $q_1=q_2=A=B=0$.不难核验，这只要取 $A,B\in L_{p,2}(E)$，并在全平面 E 上取 $|q_1|+|q_2|\leqslant q_0<1$($q_0$ 是常数)就够了.这些假定只对 $z\to\infty$ 时 A 及 B 减小的阶加上某些条件，完全不要求这些函数恒为零.

关于这一点我们指出以下的定理，它在以后要用到，而且只要在全平面 E 上满足条件 $|q_1|+|q_2|\leqslant q_0<1$($q_0=$常数)，它就成立.

定理 3.32 若方程

$$\partial_{\bar z}w-q_1\partial_z w-q_2\partial_{\bar z}\overline{w}=0,\ |q_1|+|q_2|\leqslant q_0<1 \tag{17.25a}$$

的解在全平面 E 上是有界的，且它在一点 $z_0\in E$ 为零，则当解的导数 $w_{\bar z}\in L_{p'}L_p(E)$($p\geqslant 2,1\leqslant p'<2$)时，这解就恒等于 0.

事实上，将解 $w(z)$ 表示为

$$w(z) = -\frac{1}{\pi}\iint_E \frac{\omega(t)}{t-z}\mathrm{d}E_t + \Phi(z) \quad (\omega = \partial_{\bar z} w) \tag{17.25b}$$

其中 $\Phi(z)$ 是整函数，根据定理 1.21 及定理 3.32 的条件我们有 $\Phi(z)$ = 常数. 将式(17.25b) 代入方程(17.25a)，得 $\omega - q\Pi\omega = 0$，$|q| \leqslant q_0 < 1$. 由此得 $\omega = 0$，即是说 w = 常数 = 0.

注意 定理 3.30 及定理 3.31 对下列不等式的解也是正确的

$$\begin{cases} |w_{\bar z}| \leqslant |q_1| \cdot |w_z| & (|q_1| \leqslant q_0 < 1) \\ |w_{\bar z} - q_1 w_z - q_2 \overline{w_z}| \leqslant A|w| & (A \in L_p, p > 2) \\ |q_1| + |q_2| < q_0 < 1 \end{cases} \tag{17.26}$$

4. 本段我们指出建立方程(17.4) 的解的方法. 当在某一个有界域 G 内求解时，我们将假定方程的系数及自由项在域 G 外等于零. 总而言之，在域 G 外我们有柯西 — 黎曼方程 $\partial_{\bar z} w = 0$. 我们有：

定理 3.33 在所说的条件下，方程(17.4) 总有解 $w = w(z)$，并且它可以这样解析拓展到域 G 外，使 $z \to \infty$ 时

$$w(z) \sim \Phi(z)$$

其中 $\Phi(z)$ 是任意的预先给定的整函数.

这样的解是唯一的.

证明 若在域 G 外设 $\omega = 0$，方程(17.4) 的满足定理中条件的解可用下式去求

$$w(z) = \Phi(z) - \frac{1}{\pi}\iint_E \frac{\omega(\zeta)}{\zeta - z}\mathrm{d}\xi\mathrm{d}\eta \equiv \Phi(z) + T\omega \tag{17.27}$$

约定：在 G 外 $w = 0$. 将式(17.27) 代入式(17.4)，我们得到对于 ω 的方程

$$\omega - q_1\Pi\omega - q_2\overline{\Pi\bar\omega} + AT\omega + B\overline{T\omega} = F_* \tag{17.28}$$

其中

$$F_* = A\Phi + B\bar\Phi + F + q_1\Phi' + q_2\bar\Phi' \quad (z \in G) \tag{17.28a}$$

当 z 在域 G 外时 $F_* = 0$.

对方程(17.28) 可以应用弗雷德霍姆理论. 事实上，当用 R 表示算子 $I - q_1\Pi - q_2\bar\Pi$ 的逆算子时，它在某个 $L_p(E)$，$p > 2$ 中存在，我们看出方程(17.28) 与方程 $\omega = -RAT\omega - RB\overline{T\bar\omega} + RF_* \equiv R_1\omega + RF_*$ 是等价的. 因为 T 是全连续算子，所以 R_1 也是全连续算子. 这意味着弗雷德霍姆定理可以应用于方程(17.28). 考虑齐次方程

$$\omega - q_1\Pi\omega - q_2\overline{\Pi\bar\omega} + AT\omega + B\overline{T\omega} = 0 \tag{17.29}$$

设 $\omega \in L_p(p > 2)$ 是这方程的解，则 $w_1(z) = T\omega \in C_\alpha(E)\left(\alpha = \frac{p-2}{p}\right)$ 将是齐

次方程(17.21)的这种解，它在域 G 外为全纯而在无穷远处为零. 根据式(17.25)，$w_1(z)=\Phi_0(W(z))e^{\varphi(z)}$，其中 $W(z)$ 为方程(17.23)的基本同胚变换，Φ_0 为域 $W(G)$ 内的全纯函数；$\varphi(z)\in D_{1,p}(E)(p>2)$ 在域 $\bar{G}$ 外全纯，并在无穷远处等于零. 然后把变量 z 换为变量 W，并根据 $W(z)$ 在域 $\bar{G}$ 外是 z 的全纯函数这一事实，我们看出 $\Phi_0(W)$ 可以解析拓展到全平面，且在 $W=\infty$ 时 $\Phi_0(W)=0$. 所以 $\Phi_0(W)\equiv 0$，即是说 $w_1(z)\equiv 0$，由此 $\omega(z)=\partial_{\bar{z}}w_1=0$.

这样，我们证明了齐次方程(17.29)仅有等于零的显易解. 据此我们断定，非齐次方程(17.28)恒有唯一的解 ω. 此时公式(17.27)给出方程(17.4)的未知解. 唯一性可以这样推出来，根据定理1.16，满足定理3.33中条件的每一个解，可以表示为形式(17.27). 若 $\Phi(z)$ 不是整函数，而仅满足条件 $\Phi'(z)\in L_p(G)$，$p>2$，则利用以上指出的方法也可得到方程(17.4)的解，不过，一般来说，这种解已经不能够解析拓展到全平面. 容易看出，方程(17.28)可以按形式

$$\omega_{n+1}-q_1\Pi\omega_{n+1}-q_2\overline{\Pi\omega_{n+1}}=-AT\omega_n-B\overline{T\omega_n}+F_* \tag{17.30}$$

用逐次逼近法求解.

这样，积分方程(17.28)使我们可以建立方程(17.4)的所有属于类 $D_{1,p}$，$p\geqslant 2-\varepsilon$(其中 ε 是充分小的数，$\varepsilon>0$)的解. 用这种方法，$D_{1,p}(G)(p\geqslant 2-\varepsilon)$ 类中每一个任意取的解析于域 G 内的函数 $\Phi(z)$，就有方程(17.4)的完全确定的解与之对应，并且显然用此法我们可以得到在考虑的域 G 内的 $D_{1,p}$ 类的所有解. 但是应该知道这不是用来建立方程(17.4)的解的唯一方法. 若用不同方式来改变解的表示式(17.27)，可以得到各种不同的积分方程用来建立满足预先给定的各种条件的解.

5. 作为例子，我们建立这样的解，它在预先固定的点 $z_1,\cdots,z_n$ 取预先给定的值. 像在 §5 的4中一样，我们来考虑 z 的 $(n-1)$ 次多项式

$$P(z,\zeta;z_1,\cdots,z_n)=\sum_{k=1}^{n}\frac{(z-z_1)\cdots(z-z_{k-1})(z-z_{k+1})\cdots(z-z_n)}{(z_k-z_1)\cdots(z_k-z_{k-1})(z_k-z_{k+1})\cdots(z_k-z_n)}\frac{1}{\zeta-z_k}$$

并寻求方程(17.4)的形如

$$w(z)=\Phi(z)-\frac{1}{\pi}\iint_E\frac{\omega(\zeta)\mathrm{d}\xi\mathrm{d}\eta}{\zeta-z}+\frac{1}{\pi}\iint_E\omega(\zeta)P(z,\zeta;z_1,\cdots,z_n)\mathrm{d}\xi\mathrm{d}\eta \tag{17.31}$$

的解，其中 Φ 是在域 G 中 z 的解析函数，且假定 $\omega\in L_p(\bar{G})p,>2$，而在域 G 外 $\omega\equiv 0$. 我们回忆方程(17.4)的系数及自由项也可看作在域 G 外等于零. 不难看出，在点 z_j 函数 $w(z)$ 及 $\Phi(z)$ 取相等的值. 将式(17.31)代入方程(17.4)，我们

得到对于 ω 的积分方程如下

$$\omega - q_1 \Pi\omega - q_2 \overline{\Pi\omega} + T_0\omega = F_0 \tag{17.32}$$

其中 T_0 是全连续算子，它的显式不难写出. 必须指出的是，对于任意的函数 $\omega \in L_p(\bar{G})$，$p > 2$，在域 G 外 $\omega = 0$，有 $T_0\omega \in C_\alpha(E)$，$\alpha = \dfrac{p-2}{p}$，在域 G 外为全纯而在无穷远处附近有等于 $n-1$ 的阶. F_0 的第一部分具有形式(17.28a)，并在域 G 外恒等于零. 用相似于上面证明方程(17.28) 的可解性时所用的论证可以证明，对于任意的右端部分 $F_0 \in L_p$，$p > 2$，在域 G 外 $F_0 \equiv 0$，方程(17.32) 有解. 事实上，考虑相应的齐次方程($\Phi \equiv F \equiv 0$) 的解 ω_0 并且仍然利用公式(17.25)，$w_0 = \Phi_0(W(z))e^{\varphi(z)}$，我们断言，$\Phi_0$ 可以解析拓展到全平面并在无穷远处有 $n-1$ 阶的极点. 由此推出，Φ_0 是 $n-1$ 次的多项式. 因为 Φ_0 同 w_0 在 n 个点 $z_1, \cdots, z_n$ 为零，显然，$\Phi_0 \equiv 0$，这证明了我们的断言正确.

这样，除了方程(17.28) 之外我们可以利用积分方程(17.32) 作为建立方程(17.4) 的解的工具. 后一积分方程使我们可以建立在给定点取预定值的解，这就是它胜过方程(17.28) 的重要优越性. 为此只要把公式(17.31) 中的 $\Phi(z)$ 取为这样的一个解析函数，使它在点 z_k 取未知解的预定的值，特别是，我们可以用这种方法来建立有预定零点的解.

现在注意，由这个结果容易得出一个推论.

方程(17.5) 的每一个解 $w(z)$ 可表示为和的形式

$$w(z) = w_0(z) + w_*(z) \tag{17.33}$$

其中 w_0 是在固定点 $z_1, \cdots, z_n$ 取函数 $w(z)$ 的值的解：$w_0(z_k) = w(z_k)(k = 1, \cdots, n)$，而 w_* 是在这些点处等于零的解.

事实上，以公式(17.31) 表示 $w(z)$，我们可将解析函数 Φ 表示为两个解析函数之和

$$\Phi(z) = \Phi_0(z) + \Phi_*(z) \tag{17.34}$$

其中 $\Phi_0(z_k) = w(z_k)$ 和 $\Phi_*(z_k) = 0(k = 1, \cdots, n)$. 因为在积分方程(17.32) 的右端 Φ 以相加项的形式出现，所以它的解具有形式 $\omega = \omega_0 + \omega_*$.

将此代入式(17.31) 的右端，我们得到解 w 成为两项之和的分解形式(17.33).

6. 对于方程(17.4) 还有用来建立具有已知性质的解的其他定理. 由于这个缘故我们不加证明而引入与定理 3.31 相似的下列定理.

定理 3.34 设 G 是单位圆 $|\zeta| < 1$，而 $\Phi(\zeta)$，$\zeta \in G$ 是 G 内的任意解析函数，它在 G 内或边界上可能有任意类型的孤立奇点，则类 $D_{1,p}(G)$($p > 2$) 中有

闭圆上按赫尔德意义连续的两个函数 $W_0(z)$ 和 $\varphi(z)$，使公式

$$w(z)=\Phi(W_0(z))e^{\varphi(z)}$$

确定方程(17.21)的解. 函数 $\zeta=W_0(z)$ 实现圆 G 到自身的同胚映射，在预先给定 G 的边界上三点和它们的象，或者给定一个内点和一个边界点以及跟它们的相应的象之后，这个映射是可以规格化的. 对 φ 则要求它可拓展到全平面，使它成为变量 z 的在全平面连续、在域 G 外全纯、在无穷远处等于零的函数. 若 $A=B\equiv 0$，则我们取 φ 恒等于零.

如果对于 φ 的要求改为下列要求：$\mathrm{Re}\,\varphi=0$，$\varphi(1)=0$ 在单位圆 G 的边界上，定理3.34的所有结论仍成立. 定理3.34中的圆可改为任意单连通域；特别是这个域可以是变量 z 的全平面.

在保亚斯基的工作[11г]里有定理3.34的证明. 它是根据肖德尔的不动点原理的.

定理3.34使我们能建立方程(17.21)的在 z 平面的单连通域中具有各种预先给定性质的解. 例如，在任意的单连通域中，存在方程(17.21)的具有预定的(在定性的意义下)零点、极点及本性奇点的分布情况的解. 任意单连通域还是方程(17.21)的广义正则解的存在域，而且这个解不可能再拓展到较广的域. 定理3.34可以用来建立具有幂 z^n 型($n=\pm 1,\pm 2,\cdots$)的方程(17.21)的解；特别是用此法可以得出倍尔斯所引进的整体的形式幂(参看[5a,б][6]). 定理3.34也可以用来建立方程(17.21)及平面上二阶方程的格林函数及基本解.

在 $A=B\equiv 0$ 的特别情形下，当对映射特征做十分广泛的假定时，定理3.34包含了具有两对特征量的拟保角映射理论中的基本存在定理(参看[11в]).

若给定解析函数 $\Phi(\zeta)$ 的域不假定是单连通的，即要使定理3.34成立就得改变它的叙述方式. 在 $q_2\equiv 0$ 的情形不难得到相应的叙述方式. 在一般情形这个问题暂时还没有详细研究过.

附注 许多作者(参看，例如，[67])从事于一个复变数的解析函数的各种推广，其中最重要的推广自然和分析、几何或力学的一些关键问题有联系. 在这方面的深刻结果第一次出现在拉夫伦捷夫的与空气动力学问题有密切关系的拟保角变换的研究中([45a,б,в])，在这些工作中，柯西－黎曼方程的解的许多几何性质及分析的性质都推广到很广的一类线性及非线性椭圆型方程. 工作[46a][93a,б][94][19]也是研究这类问题的.

保罗西的工作[70a,б,в]专门研究具有形式(17.1)的某些类线性方程组的解的性质.

不久以前保亚斯基将本章的许多结果推广到 $2n(n>1)$ 个未知函数的椭

圆型方程组(参看[11и,к]).

再谈谈二阶及更高阶的椭圆方程的推广.专门研究这个问题的有以下几位作者:别尔格曼、维库阿、比查奇、洛帕丁斯基、哈利洛夫等(文献目录可以在工作[4*][14б][49][90*]中找到).

第四章 边值问题

在这一章中将研究在二维域内的一阶椭圆型方程组和二阶椭圆型方程的某些边值问题. 所考察的问题按其特性来说不属于通常的经典的范围. 要注意这样的情况，即对于它们，一般来说，熟知的弗雷德霍姆备择定理不再成立. 在这方面非常典型的是所谓广义黎曼－希尔伯特问题，这个问题的研究在这一章里占据重要的地位. 对这个问题之所以特别注意，原因还在于它在分析、几何和力学的各种问题中有很广泛的应用. 对所研究的问题的系数和其他已知量采用了比较弱的限制，因此必须考虑广义观点下的解. 顺便还研究解的微分性质对于问题中已知量的微分性质的依赖关系. 必须指出，这一章所考虑的边值问题是在工作[14б]中对具有解析系数的椭圆型方程所研究的一般边界问题的特别情形.

§1 广义黎曼－希尔伯特问题的提出·问题的解的连续性特征

1. 首先我们研究下面的边值问题.

问题 A　要求在域 G 中找方程

$$\mathfrak{G}(w) \equiv \partial_{\bar{z}} w + A(z)w + B(z)\overline{w} = F(z) \quad (\text{在 } G \text{ 内}) \tag{1.1}$$

的解 $w(z) = u + \mathrm{i}v$，满足边界条件

$$\alpha u + \beta v \equiv \mathrm{Re}[\overline{\lambda(z)}w] = \gamma(z) \quad (\text{在 } \Gamma \text{ 上})$$

$$\lambda = \alpha + i\beta \tag{1.2}$$

当 $A \equiv B \equiv F \equiv 0$ 时，我们将有关于解析函数的熟知的黎曼－希尔伯特问题.[①] 因此所提的问题(1.1) 和(1.2)，我们称为广义黎曼－希尔伯特问题或者简称为问题 A. 当 $F \equiv 0, \gamma \equiv 0$ 时，我们有齐次问题 Å.

像通常一样，以后 A, B 将称为方程(1.1) 的系数，α, β 以及 $\lambda = \alpha + i\beta$ 是边界条件(1.2) 的系数；最后，F 和 γ 称为方程(1.1) 的和边界条件(1.2) 的自由项或右端，或者问题 A 的自由项或右端.

像我们在第五章和第六章中所要看到的，正曲率曲面的无穷小变形理论的许多问题，以及无矩薄壳理论的静力学问题可以归结为形如(1.2) 的边界条件.

2. 关于问题A的已知量我们采用下面的假定，这些假定的全部我们今后称为条件 Ⅰ.

条件 Ⅰ：

(1)A, B 和 $F \in L_{p,2}(E), p > 2$；

(2)$\Gamma \in C^1_{\mu, v_1, \cdots, v_k}, 0 < \mu \leqslant 1, 0 < v_j \leqslant 2$；

(3)$\lambda \equiv \alpha + i\beta$ 和 $\gamma \in C_v(\Gamma), 0 < v \leqslant 1$，且 $|\lambda(z)| = 1$.

我们将在闭域 $G + \Gamma$ 中连续的函数类[②]中找问题 A 的解. 如果所求的解存在的话，由定理 3.1 得出，它在 G 内部属于 $C_{\frac{p-2}{p}}(G)$. 但是在闭域内的解，一般来说，不属于这一类. 显然，闭域中连续性的特征还依赖于区域 G 的光滑性和边界条件中出现的函数 α, β, γ 的光滑性的特征. 下面我们证明，当条件 Ⅰ 满足时，可以在闭域中按赫尔德意义下连续的函数类中找问题A的解. 这是由我们即将证明的定理得出的.

定理 4.1 若条件 Ⅰ 满足且问题 A 有在闭域 $G + \Gamma$ 中连续的解 $w(z)$，则 $w(z) \in G_\tau(G + \Gamma)$，其中

$$\tau = \sigma v' v'' \quad \left(0 < \tau \leqslant \frac{p-2}{p}\right) \tag{1.3}$$

并且

$$\begin{cases} \sigma = \min\left(v, \dfrac{p-2}{p}\right), v' = \min\left(1, \dfrac{1}{v_1}, \cdots, \dfrac{1}{v_k}\right) \\ v'' = \min(1, v_1, \cdots, v_k) \end{cases} \tag{1.4}$$

---

① 我们引用穆斯赫利什维利的书[60a] 中的术语.

② 在某些情形下我们也将考虑在间断函数类中的解. 但这种情形和对应的条件常常将有特别的说明.

证明 问题A的解可以表示成形式：$w=w_0+\widetilde{w}$，其中 w_0 是齐次方程 $\mathfrak{E}(w)=0$ 的解，因此，也就有形式(参看第三章，§4)

$$w_0(z)=\Phi(z)e^{\omega(z)},\omega(z)=\frac{1}{\pi}\iint_G\left(A+B\frac{\overline{w_0}}{w_0}\right)\frac{d\xi d\eta}{\zeta-z}$$

而 $\widetilde{w}$ 是非齐次方程 $\mathfrak{E}(w)=F$ 的特解，它可取为形式(参看第三章，§13,4)

$$\widetilde{w}(z)=-\frac{1}{\pi}\iint_G\Omega_1(z,\zeta)F(\zeta)d\xi d\eta-$$
$$\frac{1}{\pi}\iint_G\Omega_2(z,\zeta)\overline{F(\zeta)}d\xi d\eta$$

函数 ω 和 $\widetilde{w}\in C_{\frac{p-2}{p}}(G+\Gamma)$，而在 G 中全纯的函数 $\Phi(z)$ 在 $G+\Gamma$ 中连续，同时满足边界条件

$$\mathrm{Re}[\overline{\lambda_0(z)}\Phi(z)]=\gamma_0(z)\quad(\text{在}\ \Gamma\ \text{上})\tag{1.6}$$

其中

$$\overline{\lambda_0(z)}=\overline{\lambda(z)}e^{\omega(z)},\gamma_0(z)=\gamma(z)-\mathrm{Re}[\overline{\lambda(z)}\widetilde{w}]$$

显然，λ_0 和 $\gamma_0\in C_\sigma(\Gamma)$，$\sigma=\min\left(v,\dfrac{p-2}{p}\right)$. 如果我们现在证明黎曼—希尔伯特问题(1.6)的解 $\Phi(z)$ 属于类 $C_\tau(G+\Gamma)$，那么定理得证.

我们首先考虑圆 $|z|<1$ 的情形. 那么 $\lambda_0(z)$ 在 Γ 上可以表示为形式

$$\overline{\lambda_0(z)}=|\lambda_0(z)|z^{-n}e^{\chi(z)}e^{-p(z)}\tag{1.7}$$

其中 $\chi(z)=p+iq$ 是圆 $|z|<1$ 内的全纯函数，它的虚部在圆周 $|z|=1$ 上等于 $q=-\arg\lambda_0(z)+n\arg z$，而整数 n 取得使 $q(z)$ 的任意一个分支在圆周上(从而也在圆内)是单值函数. 借助于施瓦兹积分，函数 χ 可以这样构造

$$\chi(z)=\frac{1}{2\pi}\int_\Gamma q(t)\frac{t+z}{t-z}\frac{dt}{t}\tag{1.8}$$

因为 $q\in C_\sigma(\Gamma)$，故 $\chi(z)\in C_\sigma(G+\Gamma)$(定理1.10)，而且，由式(1.8)得出(参看第一章，§3)

$$C_\sigma(\chi,G+\Gamma)\leqslant M_\sigma C_\sigma(q,\Gamma)\quad(M_\sigma=\text{常数})$$

在边界条件(1.6)中代入表达式(1.7)，得到

$$\mathrm{Re}[z^{-n}e^{\chi(z)}\Phi(z)]=\gamma_1(z),\gamma_1(z)=\frac{\gamma_0e^{p(z)}}{|\lambda_0(z)|}\tag{1.9}$$

显然，$\gamma_1\in C_\sigma(\Gamma)$. 若 $n<0$，则由式(1.9)得出

$$\Phi(z)=\frac{z^ne^{-\chi(z)}}{2\pi i}\int_\Gamma\gamma_1(t)\frac{t+z}{t-z}\frac{dt}{t}+ic_0z^ne^{-\chi(z)}$$

其中 c_0 是实数. 因此由 $\Phi(z)$ 的连续性，得出

$$c_0=0,\int_0^{2\pi}\gamma_1(e^{i\vartheta})e^{-ki\vartheta}d\vartheta=0\quad(k=0,\cdots,n+1)$$

这些等式保证了函数 $\Phi(z)$ 在点 $z=0$ 的连续性. 在这种情形下,$\Phi(z)$ 将具有形式

$$\Phi(z)=\frac{e^{-\chi(z)}}{\pi i}\int_\Gamma\frac{\gamma_1(t)t^n dt}{t-z}$$

由此立刻得到,$\Phi(z)\in C_\sigma(G+\Gamma)$,并且

$$C_\sigma(\Phi,G+\Gamma)\leqslant M'_\sigma C_\sigma(\gamma,\Gamma)$$

如果 $n\geqslant 0$,则问题(1.9) 的解将由公式

$$\Phi(z)=\frac{z^n e^{-\chi(z)}}{2\pi i}\int_\Gamma\gamma_1(t)\frac{t+z}{t-z}\frac{dt}{t}+e^{-\chi(z)}\sum_{k=0}^{2n}c_k z^k \tag{1.10}$$

表出,其中 c_k 是复常数,满足条件

$$c_{2n-k}=-\bar{c}_k\quad(k=0,\cdots,n)$$

从式(1.10) 得出,$\Phi(z)\in C_\sigma(G+\Gamma)$. 这样一来,我们的定理在圆 $|z|<1$ 的情形得到证明.

若 G 是单连通域,则借助于全纯函数 $z=\varphi(\zeta)$ 可以把 G 保角映射到圆 $|\zeta|<1$ 上,这时边界条件(1.6) 采取形式

$$\mathrm{Re}[\overline{\lambda_1(\zeta)}\Phi_1(\zeta)]=\gamma_1(\zeta)\quad(|\zeta|=1) \tag{1.11}$$

其中 $\lambda_1(\zeta)=\lambda_0[\varphi(\zeta)]$,$\Phi_1(\zeta)=\Phi[\varphi(\zeta)]$,$\gamma_1(\zeta)=\gamma_0[\varphi(\zeta)]$. 因为按条件 $\Gamma\in C^1_{\mu,v_1,\cdots,v_k}$,$0<\mu\leqslant 1$,$0<v_j\leqslant 2$,故在圆 $|\zeta|\leqslant 1$ 内,$\varphi(\zeta)\in C_{v''}$,其中 $v''=\min(1,v_1,\cdots,v_k)$. 因此,显然地,$\lambda_1(\zeta)$ 和 $\gamma_1(\zeta)\in C_{\sigma v''}(\Gamma')$,其中 Γ' 是圆周 $|\zeta|=1$. 由于上面证明的命题,满足边界条件(1.11) 并在 $|\zeta|\leqslant 1$ 中连续的函数 $\Phi_1(\zeta)$ 在圆 $|\zeta|\leqslant 1$ 中将属于 $C_{\sigma v''}$ 类. 因为函数 $\varphi(\zeta)$ 的反函数 $\zeta=\psi(z)$ 属于 $C_{v'}(G+\Gamma)$ 类,其中 $v'=\min(1,\frac{1}{v_1},\cdots,\frac{1}{v_k})$(定理 1.9),所以 $\Phi(z)=\Phi_1[\psi(z)]$ 将属于 $C_{\sigma v'v''}(G+\Gamma)$ 类. 这表示,$w(z)\in C_\tau(G+\Gamma)$,其中 $\tau=\sigma v'v''$,定理在单连通域的情形得到了证明.

现在还要考虑多连通域的情形. 设 $\Gamma_0,\Gamma_1,\cdots,\Gamma_m$ 是 $C^1_{\mu,v_1,\cdots,v_k}$ 类的曲线,域 G 以它们为界,而 Γ_0 是外面的围道,它包含 $\Gamma_1,\cdots,\Gamma_m$ 在其内部. 在 G 内全纯,在 $G+\Gamma$ 上连续的函数 $\Phi(z)$,可按柯西公式表示为形式

$$\Phi(z)=\frac{1}{2\pi i}\int_\Gamma\frac{\Phi(\zeta)d\zeta}{\zeta-z}=\Phi_0(z)+\cdots+\Phi_m(z) \tag{1.12}$$

其中

$$\Phi_j(z)=\frac{1}{2\pi i}\int_{\Gamma_j}\frac{\Phi(\zeta)d\zeta}{\zeta-z}\quad(j=0,1,\cdots,m)$$

这时 $\Phi_0(z)$ 在由曲线 Γ_0 所包围的单连通域 G_0 内全纯，而 $\Phi_j(z), j \geqslant 1$ 在由曲线 Γ_j 所包围的无界单连通域 G_j 内全纯，并且 $\Phi_j(\infty)=0$. 由式(1.12)，边界条件(1.6) 可以写为形式

$$\operatorname{Re}[\overline{\lambda_0(z)}\Phi_j(z)]=\gamma_j(z) \quad (\text{在 } \Gamma_j \text{ 上}) \tag{1.13}$$

其中

$$\gamma_j(z)=\gamma_0(z)-\sum_{\substack{k=0\\k\neq j}}^{m}\operatorname{Re}[\overline{\lambda_0(z)}\Phi_k(z)]$$

因为 $\Phi_0(z),\cdots,\Phi_{j-1}(z),\Phi_{j+1}(z),\cdots,\Phi_m(z)$ 在 Γ_j 上全纯，所以 $\gamma_j \in C_\sigma(\Gamma_j)$. 因此，根据上面的证明，边值问题(1.13) 的解属于 $C_{\sigma v' v''}(G+\Gamma)$ 类. 因此，$\Phi=\Phi_0+\Phi_1+\cdots+\Phi_m \in C_{\sigma v' v''}(G+\Gamma)$，这表示，问题 A 的解 $w(z)$ 属于 $C_\tau(G+\Gamma)$ 类，其中 $\tau=\sigma v' v''$. 我们的定理也就全部证毕.

3. 以下我们将假定条件 Ⅰ 满足. 因此在定理 4.1 的基础上，我们将在函数类 $C_\alpha(\bar{G}), 0<\alpha<1$ 中求问题 A 的解. 此外，我们现在证明，问题 A 总可以归结为标准域的情形，这种域以圆周 $\Gamma_0,\Gamma_1,\cdots,\Gamma_m$ 为界，这时 Γ_0 是单位圆周，它的中心重合于属于域 G 的点 $z=0$，而 $\Gamma_1,\cdots,\Gamma_m$ 在 Γ_0 的内部. 这可以由保角变换 $z=\varphi(\zeta)$(第一章，§2) 得到，由于这个变换的结果，方程(1.1) 和边界条件(1.2) 采取形式

$$\partial_{\bar{\zeta}} w_1 + A_1(\zeta)w_1 + B_1(\zeta)\overline{w_1} = F_1(\zeta)$$

$$\operatorname{Re}[\lambda_1(\zeta)w_1(\zeta)]=\gamma_1(\zeta) \quad (\text{在 } \Gamma \text{ 上})$$

其中

$$A_1(\zeta)=\overline{\varphi'(\zeta)}A(\varphi), B_1(\zeta)=\overline{\varphi'(\zeta)}B(\varphi)$$

$$F_1(\zeta)=\overline{\varphi'(\zeta)}F(\varphi), \lambda_1(\zeta)=\lambda[\varphi(\zeta)], \gamma_1(\zeta)=\gamma[\varphi(\zeta)]$$

因为 $\varphi(\zeta)$ 在闭域中按赫尔德意义连续(定理 1.8，定理 1.9)，所以 $\lambda_1(\zeta)$ 和 $\gamma_1(\zeta)$ 同样在新(标准) 域的边界上按赫尔德意义连续. 正如我们在第三章，§1 中证明过的，函数 A_1, B_1, F_1 属于 $L_p(\bar{G}), p \geqslant p_1 > 2$.

这样一来，我们得到完全等价于原问题的新问题，但是，它具有这样的优点，就是新域的边界由圆周组成，而条件 Ⅰ 仍然保持上面的形式.

下面就会看到，这种情况大大简化了问题 A 的研究. 因此在下面，如果适合的话，作为域 G 就取成上面所说的标准域，而不再每次特别声明.

问题 A 常可以化成 $F\equiv 0$ 的情形来研究，即可以限于求齐次方程

$$\mathfrak{E}(w) \equiv \partial_{\bar{z}} w + Aw + B\bar{w} = 0 \tag{1.14}$$

满足形如式(1.2) 的边界条件的解. 为此只需求所提问题的形如

$$w = w_0 + \widetilde{w} \tag{1.15}$$

的解，其中 $\widetilde{w}$ 是方程(1.1)的某个特解. 这个特解可以(譬如说)利用公式(1.5)得到. 那么，对于 w_0 将有带边界条件

$$\mathrm{Re}[\overline{\lambda(z)}w_0(z)] = \gamma(z) - \mathrm{Re}[\overline{\lambda(z)}\widetilde{w}(z)] \quad (\text{在 } \Gamma \text{ 上})$$

的齐次方程(1.14)的边值问题.

问题 A 的研究同样可以归结为求非齐次方程(1.1)满足齐次边界条件($\gamma \equiv 0$)的解的问题. 这可以仍旧利用式(1.5)的代换来得到，如果我们选取某个满足边界条件(1.2)的连续可微函数来作为 $\widetilde{w}$.

§2 共轭边值问题 $\mathring{\mathrm{A}}'$ · 问题 A 可解的必要和充分条件

1. 对于以后整个极为重要的是考察所谓共轭边值问题 A′. 为了这个目的转向第三章的公式(9.3). 如果在这公式中取 w' 为齐次方程(1.14)的共轭方程

$$\mathfrak{E}'(w') \equiv \partial_z w' - Aw' - B\overline{w}' = 0 \tag{2.1}$$

的解，则将有

$$\mathrm{Re}\left[\frac{1}{2\mathrm{i}}\int_\Gamma ww'\mathrm{d}z - \iint_G w'\mathfrak{E}(w)\mathrm{d}x\mathrm{d}y\right] = 0 \tag{2.2}$$

此外设 w' 满足边界条件

$$\mathrm{Re}[\lambda(z)z'(s)w'(z)] = 0, z'(s) = \frac{\mathrm{d}z(s)}{\mathrm{d}s} \quad (\text{在 } \Gamma \text{ 上}) \tag{2.3}$$

即

$$w'(z) = \mathrm{i}\,\overline{\lambda(z)}\;\overline{z'(s)}\,\chi(z) \quad (\text{在 } \Gamma \text{ 上}) \tag{2.4}$$

其中 $\chi(z)$ 是边界 Γ 上点 z 的实函数. 由于定理 4.1，它将满足赫尔德条件.

在式(2.2)中代入式(2.4)将有

$$\mathrm{Re}\left[\frac{1}{2}\int_\Gamma \overline{\lambda(t)}\,\chi(t)\,\overline{t'(s)}w(t)\mathrm{d}t\right] \equiv \frac{1}{2}\int_\Gamma \chi(t)\mathrm{Re}[\overline{\lambda(t)}w(t)]\mathrm{d}s$$
$$= \mathrm{Re}\iint_G w'\mathfrak{E}(w)\mathrm{d}x\mathrm{d}y$$

由此可以看出，如果 w 是问题 A 的解，即 w 满足方程(1.1)和边界条件(1.2)，则满足等式

$$\frac{1}{2}\int_\Gamma \chi(t)\gamma(t)\mathrm{d}s - \mathrm{Re}\iint_G w'(z)F(z)\mathrm{d}x\mathrm{d}y = 0$$

或者，由式(2.4)，有

$$\frac{1}{2\mathrm{i}}\int_{\Gamma}\lambda(t)w'(t)\gamma(t)\mathrm{d}t-\mathrm{Re}\iint_{G}w'F(z)\mathrm{d}x\mathrm{d}y=0 \tag{2.5}$$

这样一来，这个等式的满足是问题 A 可解的必要条件. 这里 w' 是方程(2.1) 的满足边界条件(2.3) 的任意一个解.

下面我们还要证明这个条件的充分性. 因此求方程(2.1) 的满足边界条件(2.3) 的解 w' 的问题，我们今后称为关于问题 A 的共轭齐次边值问题，或者简称为问题 $\mathring{A}'$.

为了使叙述简化，在这一节中将假定 $F\equiv 0$. 像我们在上面已经指出的，这样做对结论的普遍性没有影响. 在这种情形下，等式(2.5) 采取形式

$$\int_{\Gamma}\lambda(t)w'(t)\gamma(t)\mathrm{d}t=0 \tag{2.6}$$

此外，在这一节中我们将假定 $\Gamma\in C_{\mu}^{1}, 0<\mu\leqslant 1$. 然而这不限制所得到的结果的普遍性(参看 §13).

2. 根据第三章的公式(10.8)，对于共轭方程(2.1) 的广义柯西公式具有形式

$$w'(z)=-\frac{1}{2\pi\mathrm{i}}\int_{\Gamma}\Omega_1(\zeta,z,G)w'(\zeta)\mathrm{d}\zeta-\overline{\Omega_2(\zeta,z,G)}\,\overline{w'(\zeta)}\,\overline{\mathrm{d}\zeta}$$

如果 w' 是问题 $\mathring{A}'$ 的解，则由式(2.4) 将有

$$w'(z)=-\frac{1}{2\pi}\int_{\Gamma}(\Omega_1(t,z,G)\bar{\lambda}+\overline{\Omega_2(t,z,G)\lambda})\chi\mathrm{d}s \tag{2.7}$$

取当点 z 由 G 内部趋向于边界点 ζ 的极限，由第三章公式(14.2)，得到

$$w'(\zeta)=\frac{\mathrm{i}}{2}\overline{\lambda(\zeta)}\,\overline{\zeta'(\sigma)}\,\chi(\zeta)+\int_{\Gamma'}K_0(t,\zeta)\chi(t)\mathrm{d}s\quad(\zeta\in\Gamma) \tag{2.8}$$

其中 σ 是围道 Γ 的对应点 ζ 的弧长

$$K_0(t,\zeta)=-\frac{1}{2\pi}[\Omega_1(t,\zeta,G)\overline{\lambda(t)}+\overline{\Omega_2(t,\zeta,G)}\lambda(t)] \tag{2.9}$$

因为 χ 是实函数，所以在边界条件(2.3) 中代入表达式(2.8)，我们得到

$$\int_{\Gamma}K_1(t,\zeta)\chi(t)\mathrm{d}s=0 \tag{2.10}$$

$$K_1(t,\zeta)=\mathrm{Re}[\lambda(\zeta)\zeta'(\sigma)K_0(t,\zeta)]$$

这样一来，齐次问题 $\mathring{A}'$ 的解表示为式(2.7)，其中 $\chi(t)$ 是边界 Γ 上点 t 的实函数，满足齐次积分方程(2.10).

3. 这个方程含有柯西主值意义下的积分，因此它属于所谓奇异积分方程类. 目前这种类型方程的理论有相当好的研究. 对于这种类型的方程有所谓熟

知的弗雷德霍姆定理的推广的诺特定理.

我们不加证明地从奇异积分方程的理论中引进某些事实(参看[60a]第二章).

方程(2.10)是下面形式的方程

$$K\varphi \equiv a(\zeta)\varphi(\zeta)+\frac{1}{\pi \mathrm{i}}\int_{\Gamma}\frac{K(\zeta,t)\varphi(t)\mathrm{d}t}{t-\zeta}=f(\zeta)\quad(\zeta\in\Gamma)\tag{2.11}$$

的特殊情形,其中 $a(\zeta),K(\zeta,t),f(\zeta)\in C_v(\Gamma),0<v\leqslant 1$,并且函数 $a(\zeta)+K(\zeta,\zeta),a(\zeta)-K(\zeta,\zeta)$ 在 Γ 上到处不等于零.在奇异积分方程理论中起重要作用的是指数的概念.

称整数 x 为方程(2.11)的指数,它等于函数

$$\frac{1}{2\pi}\arg\frac{a(\zeta)-K(\zeta,\zeta)}{a(\zeta)+K(\zeta,\zeta)}$$

当点 ζ 沿使域保持在左面的方向绕行域 G 的边界 Γ 一周时的增量,即

$$x=\frac{1}{2\pi}\Delta_{\Gamma}\arg\frac{a(\zeta)-K(\zeta,\zeta)}{a(\zeta)+K(\zeta,\zeta)}\tag{2.12}$$

对于方程(2.10),$x=0$,因为这时 $a(\zeta)\equiv 0,K(\zeta,\zeta)\neq 0$.

考察相联齐次方程

$$K'\psi\equiv a(\zeta)\psi(\zeta)-\frac{1}{\pi\mathrm{i}}\int_{\Gamma}\frac{K(t,\zeta)\psi(t)\mathrm{d}t}{t-\zeta}=0\tag{2.13}$$

设 k 和 k' 各是齐次方程 $K\varphi=0$ 和 $K'\psi=0$ 线性无关解的个数.

这些数是有限的且满足关系式

$$k=k'=x\tag{2.14}$$

方程(2.11)当且仅当等式

$$\int_{\Gamma}f(\zeta)\psi_j(\zeta)\mathrm{d}\zeta=0\quad(j=1,\cdots,k')\tag{2.15}$$

满足时可解,其中 $\psi_1,\cdots,\psi_{k'}$ 是相联齐次方程(2.13)的线性无关解的完全组.

若 $\Gamma\in C_{\mu}^{1},0<\mu\leqslant 1,a(\zeta),K(\zeta,t)\in C_v(\Gamma),0<v\leqslant 1$,则找得到这样的数 $\sigma,0<\sigma<1$,使得齐次方程 $K\varphi=0$ 和 $K'\psi=0$ 的所有解属于 $C_{\sigma}(\Gamma)$ 类,这时 σ 只依赖于 μ 和 v.

若 $f\in C_{\tau}(\Gamma),0<\tau\leqslant 1$,则方程 $K\varphi=f(K'\psi=f)$ 的解如果存在的话,将属于某个类 $C_{\rho}(\Gamma),0<\rho<1$,这时 ρ 依赖于 μ,v,τ,但不依赖于函数 $a(\zeta)$,$K(\zeta,t)$ 和 $f(\zeta)$ 的具体的形式.此外,如果方程 $K\varphi=f$ 有解,则在其中可以找到这样的解,它具有形式 $\varphi=Hf$,其中 H 是从 $C_{\tau}(\Gamma)$ 作用到 $C_{\rho}(\Gamma)$ 的线性算子.

特别地,方程(2.11)对任意的右端可解,当且仅当相联齐次方程(2.13)没

有非零解.在这种情形方程(2.11)恒有这样的解,它满足形如

$$C_{v'}(\varphi,\Gamma)\leqslant M_0C_v(f,\Gamma)\quad(0<v'\leqslant v<1,M_0=\text{常数})\tag{2.16}$$

的条件.为此只需注意,$K\varphi$ 是某个空间 $C_{v'}(\Gamma)$ 内的线性算子(参看[60a]第二章,§49).因此,当逆算子 K^{-1} 存在时,这个逆算子同样也是线性的.

我们注意,$K\varphi$ 同样是 $L_p(\Gamma)(p>1)$ 内的线性算子.把式(2.11)作为 L_p 内的线性方程来考虑时,可以证明上述结果的正确性且当 $f\in L_p(\Gamma)(p>1)$ 时,在原来的形式下保持其余的命题(参阅赫维利杰的工作[91]).在这种情形下,不等式(2.16)将有形式

$$L_p(\varphi,\Gamma)\leqslant M_pL_p(f,\Gamma)\quad(p>1)\tag{2.17}$$

4.设 $\chi_1,\cdots,\chi_k$ 是方程(2.10)的线性无关解的完全组.在等式(2.7)的右边代入这些函数,我们就得到问题 Å′ 的解.然而这些解中的某几个可以是零解.像我们上面所看到的(参看第三章,§14),这将在这些情形下发生:当函数 $\overline{\lambda(t)}\,\chi(t)\,\overline{t'(s)}$ 在每一个边界围道 $\Gamma_j(j=0,1,\cdots,m)$ 上取域 G_j 内某些全纯函数 $\Phi_j(z)$ 的值,并且 $\Phi_0(\infty)=0$.设 $\chi_1,\cdots,\chi_{l'}$ 是方程(2.10)的这样的解,它们对应问题 Å′ 的线性无关解 $w_1',\cdots,w_{l'}'$.这时方程(2.10)的其余的解满足形如

$$\chi(t)=\mathrm{i}\lambda(t)t'(s)\Phi^-(t)\quad(\text{在}\ \Gamma\ \text{上})\tag{2.18}$$

的边界条件,其中 $\Phi(z)$ 是一个在 $\bar{G}$ 外全纯的函数,并且 $\Phi_0(\infty)=0$.从式(2.18)得出,Φ^- 满足边界条件

$$\mathrm{Re}[\lambda(t)t'(s)\Phi^-(t)]=0\quad(\text{在}\ \Gamma\ \text{上})\tag{2.19}$$

这个问题我们将称为关于问题 Å′ 的伴随问题,或者简记为问题 $\text{Å}'_*$,设 l'_* 是这个问题的线性无关解的个数.显然

$$l'+l'_*=k\tag{2.20}$$

其中 k 是齐次方程(2.10)解的个数.

5.现在回到问题 A 的讨论,若 w 是它的解,则它的边界值将有形式

$$w(t)=\lambda(t)\gamma(t)+\mathrm{i}\lambda(t)\mu(t)\quad(t\in\Gamma)\tag{2.21}$$

其中 $\mu(t)$ 是曲线 Γ 上点 t 的暂时还是未知的实函数.由于定理4.1它是赫尔德意义下连续的.现在利用第三章的广义柯西公式(10.6),将有

$$w(z)=w_1(z)+w_2(z)\tag{2.22}$$

其中

$$w_1(z)=\frac{1}{2\pi\mathrm{i}}\int_\Gamma\Omega_1(z,t,G)\lambda(t)\gamma(t)\mathrm{d}t-\frac{1}{2\pi\mathrm{i}}\int_\Gamma\Omega_2(z,t,G)\,\overline{\lambda(t)}\gamma(t)\,\overline{\mathrm{d}t}\tag{2.23}$$

$$w_2(z)=\frac{1}{2\pi}\int_\Gamma \Omega_1(z,t,G)\lambda(t)\mu(t)\mathrm{d}t+$$
$$\frac{1}{2\pi}\int_\Gamma \Omega_2(z,t,G)\overline{\lambda(t)}\mu(t)\overline{\mathrm{d}t} \tag{2.24}$$

如果在等式(2.22)中当点 z 由域 G 内趋向于边界点 ζ 时取极限,则将有

$$w^+(\zeta)=\frac{1}{2}\lambda(\zeta)[\gamma(\zeta)+\mathrm{i}\mu(\zeta)]+w_1(\zeta)+w_2(\zeta)$$

以此代入边界条件(1.2)且由 γ 和 μ 都是实函数,得到

$$\int_\Gamma K_1(\zeta,t)\mu(t)\mathrm{d}s=\gamma_0(\zeta) \tag{2.25}$$

其中

$$\gamma_0(\zeta)=\gamma(\zeta)-\mathrm{Re}[\overline{\lambda(\zeta)}w_1^+(\zeta)]\equiv-\mathrm{Re}[\overline{\lambda(\zeta)}w_1^-(\zeta)] \tag{2.26}$$

这样一来,问题A的所有的解由公式(2.22)表出,其中 μ 满足方程(2.25).特别,齐次问题 Å 的解将由公式(2.24)表出,其中 μ 是齐次积分方程

$$\int_\Gamma K_1(\zeta,t)\mu(t)\mathrm{d}s=0 \tag{2.27}$$

的解,这个方程是(2.10)的相联.因为方程(2.10)和(2.27)的指数等于零,所以由公式(2.14),它们的线性无关解的个数将相等

$$k=k' \tag{2.28}$$

6.现在考虑问题 Å 的伴随问题 $\mathring{A}_*$,对于问题 $\mathring{A}_*$ 我们将有边界条件

$$\mathrm{Re}[\overline{\lambda(t)}\Phi^-(t)]=0 \tag{2.29}$$

其中 $\Phi^-(t)$ 是 $G+\Gamma$ 外全纯的函数的边界值,且 $\Phi(\infty)=0$.用 l 和 l_* 相应地表示齐次问题 Å 和 $\mathring{A}_*$ 的线性无关解的个数并且考虑等式(2.20)和(2.28),将有

$$l+l_*=k \tag{2.30}$$

7.现在回到非齐次方程(2.25).由式(2.15),它可解的必要与充分条件是满足等式

$$\int_\Gamma \gamma_0(t)\chi_j(t)\mathrm{d}s=0\quad(j=1,\cdots,k) \tag{2.30a}$$

其中 $\chi_1,\cdots,\chi_k$ 是相联齐次奇异积分方程的解完全组,它在已给情况下与方程(2.10)相同.正如我们看到的,这些解分为两类:$\chi_1,\cdots,\chi_{l'}$ 和 $\chi_{l'+1},\cdots,\chi_k$,这时由式(2.4)和(2.18)有

$$\chi_j(t)=\mathrm{i}\lambda(t)t'(s)w_j'(t)\quad(j=1,\cdots,l',t\in\Gamma) \tag{2.31}$$

$$\chi_j(t)=\mathrm{i}\lambda(t)t'(s)\Phi_j(t)\quad(j=l'+1,\cdots,k,t\in\Gamma) \tag{2.32}$$

其中 w_j' 和 Φ_j 各是问题 Å′ 和 $\mathring{A}'_*$ 的解.

然而由式(2.26)和(2.31)，当 $j \leqslant l'$ 时

$$\int_{\Gamma} \gamma_0(t)\chi_j(t)\mathrm{d}s = \mathrm{i}\int_{\Gamma} \gamma(t)\lambda(t)w_j'(t)\mathrm{d}t - \mathrm{Re}\left[\mathrm{i}\int_{\Gamma} w_1^{+}(t)w_j'(t)\mathrm{d}t\right]$$

因此由式(2.2)和(2.6)，我们有

$$\int_{\Gamma} \gamma_0(t)\chi_j(t)\mathrm{d}s = 0 \quad (j = 1, \cdots, l')$$

其次，当 $j > l'$ 时，由式(2.32)和(2.26)，有

$$\int_{\Gamma} \gamma_0(t)\chi_j(t)\mathrm{d}s = \mathrm{Re}\left[\mathrm{i}\int_{\Gamma} w_1^{-}(t)\Phi_j^{-}(t)\mathrm{d}t\right] = 0$$

这是因为 w_1 和 Φ_j 在 $\bar{G}$ 外全纯，且 $w_1(\infty) = \Phi_j(\infty) = 0$.

这样一来，如果等式(2.6)成立，则所有等式(2.30a)均满足. 于是证明了这个等式是问题 A 可解的充分条件. 如果对于非齐次方程(1.1)考虑问题 A，那么对于它可解的充分条件，显然是满足等式(2.5). 这样一来就证明了以下的①：

定理 4.2 非齐次边值问题 A 可解，当且仅当满足条件(2.5)，其中 w' 是共轭齐次边值问题 A′ 的任意解.

由此立刻得出：

定理 4.3 非齐次边值问题 A 对任意的右端可解，当且仅当共轭齐次问题 $\mathring{A}'$ 没有解.

8. 若非齐次问题 A 可解，即如果满足条件(2.5)，则解由公式

$$w(z) = w_0(z) + \sum_{k=1}^{l} c_k w_k(z) \tag{2.33}$$

确定，其中 $w_1, \cdots, w_l$ 是齐次问题 $\mathring{A}$ 的线性无关解的完全组，$c_1, \cdots, c_l$ 是任意的实常数，而 w_0 是非齐次问题 A 的特解. 这个特解常可表示为形式

$$w_0(z) = \int_{\Gamma} \gamma(t)M_0(z,t)\mathrm{d}s \tag{2.34}$$

其中 $M_0(z,t)$ 是已知的函数，由方程(1.1)和边界条件(1.2)求出，但不依赖于 γ. 我们注意，如果 $\gamma \in C_v(\Gamma)$，则由定理 4.1，$w_0 \in C_\sigma(\bar{G})$，并且可以证明

$$C_\sigma(w_0, \bar{G}) \leqslant MC_v(\gamma, \Gamma) \quad \left(\sigma = \min\left(v, \frac{p-2}{p}\right)\right) \tag{2.35}$$

9. 上面的结果可以推广到具有一阶偏微商的广义线性椭圆型方程组. 正如在第二章，§7 中所表明的那样，这样的方程组恒可化为下面的形式

① 这个定理在作者的工作[14a]中用稍微不同的方法来证明，那里利用第三章公式(14.12)，把问题 A 引导到异于式(2.25)的奇异积分方程.

$$\begin{cases}-v_y+a_{11}u_x+a_{12}u_y+a_1u+b_1v=f_1\\ v_x+a_{21}u_x+a_{22}u_y+a_2u+b_2v=f_2\end{cases} \tag{2.36}$$

$a_{11}>0,\Delta=a_{11}a_{22}-\dfrac{1}{4}(a_{12}-a_{21})^2\geqslant\Delta_0>0,\Delta_0=$常数.

对于它考虑边界条件

$$\alpha u+\beta v=\gamma \tag{2.37}$$

像在第二章,§7 中证明过的,利用特别选择的自变量的变换并作形如

$$U=\sqrt{\Delta u},V=v-\frac{a_{12}-a_{21}}{2}u \tag{2.38}$$

的代换,方程组(2.36) 就可化成标准型,而边界条件(2.37) 采取形式

$$\alpha_*U+\beta V=\gamma_*\quad(\text{在 }\Gamma_*\text{ 上}) \tag{2.39}$$

其中 Γ^* 是曲线 Γ 的象

$$\alpha_*=\frac{1}{\sqrt{\Delta}}\left(\alpha+\frac{a_{12}-a_{21}}{2}\beta\right) \tag{2.40}$$

若在 Γ 上 $\alpha^2+\beta^2>0$,则在 Γ^* 上 $\alpha_*^2+\beta^2>0$.

关于方程组(2.36) 的系数和自由项只需加以下的限制:

(1)$a_{ik}\in D_{1,p}(\bar{G}),p>2$;(2)$a_i,b_i,f_i\in L_p(\bar{G}),p>2$.

这时变换后的标准型方程组的系数和自由项将属于类 $L_p(\bar{G}_*),p>2$. 若还假定域属于 $C_\mu^1,0<\mu<1,\alpha,\beta,\gamma\in C_v(\Gamma)$,则不难看出,对于问题 A 证明的上述定理对问题(2.36) ~ (2.37) 仍然成立(还可参阅第四章 §3 中的 2 和 §9).

§3　问题 A 的指数·化问题 A 的边界条件为标准型

1. 我们在下面将看到,在研究问题 A 时起着重要作用的是所谓指数,我们现在来定义它.

以 $\Delta_\Gamma f(t)$ 表示函数 $f(t)$ 当点 t 按保持域 G 在其左边的方向绕行曲线 Γ 一次时的增量. 在研究过程中引进整数

$$n=n_0+n_1+\cdots+n_m\equiv\frac{1}{2\pi}\Delta_\Gamma\arg\lambda(t) \tag{3.1}$$

其中

$$n_j=\frac{1}{2\pi}\Delta_{\Gamma_j}\arg\lambda(t)\quad(j=0,\cdots,m) \tag{3.2}$$

把复函数 $\lambda(t)$ 表示为具有分量 $\alpha(t)$ 和 $\beta(t)$ 的单位向量的形式,而且将假设它

的始点是固定的.当点t沿着使区域在左边的方向绕行区域G的边界Γ一次时，λ 按逆时针方向绕完了 n^+ 整圈并按反方向绕完了 n^- 整圈，而后回到原来的位置.

不难看出，由等式(3.1)给出的数 n，等于差数 n^+-n^-. 以后我们将称这差为函数 $\lambda(t)$ 关于域 G 的边界 Γ 的指数，或者还称为边值问题 A 的指数.

我们注意，问题 A 的指数在域的保角变换下和在这样形式

$$w=w_0\mathrm{e}^{\omega}$$

的代换下都是不变的，其中 ω 是类 $D_{1,p}(\bar{G})(p>2)$ 中的某个函数.

我们现在可以利用公式(3.2)来计算共轭问题 A′ 的指数. 我们有

$$\begin{aligned} n' &= \frac{1}{2\pi}\Delta_\Gamma \arg(\overline{\lambda(t)}\ \overline{t'(s)}) \\ &= -\frac{1}{2\pi}\Delta_\Gamma \arg\lambda(t)-\frac{1}{2\pi}\Delta_\Gamma \arg t'(s) \end{aligned}$$

因为 $\arg t'(s)$ 围绕外部边界的围道 Γ_0 时得到增量 2π，而围绕内部边界的围道 Γ_j 时的增量等于 -2π，因此有

$$n'=-n+m-1 \tag{3.3}$$

2. 还要注意，在把一般形式的方程组(2.36)化为标准型变换的结果，边界条件(2.37)的指数不改变. 这是由于 $\lambda=\alpha+\mathrm{i}\beta$ 和 $\lambda_*=\alpha_*+\mathrm{i}\beta$ 的虚部相等，因而它们辐角之差的绝对值不超过 π. 因此由 $\lambda(z)$ 和 $\lambda_*(z)$ 的连续性容易断言，$\arg\lambda(z)$ 和 $\arg\lambda_*(z)$ 沿 Γ 和 Γ_* 的增量相同.

3. 设 $z_1,\cdots,z_m$ 是位于G外但各在曲线 $\Gamma_1,\cdots,\Gamma_m$ 内部的某些固定点. 此外，在域G内完全任意地确定点$a_1,\cdots,a_k$，其中$n\geqslant 0$时$k=n$；$n<0$时$k=-n$. 引入记号

$$\Omega_n(z)=\begin{cases}\prod\limits_{i=1}^{n}(z-a_i) & n>0\\ 1 & n=0\\ \prod\limits_{i=1}^{-n}(z-a_i)^{-1} & n<0\end{cases} \tag{3.4}$$

特别地，若 $a_1=\cdots=a_k=0$(我们算作点 $z=0$ 位于域 G 内)，则显然

$$\Omega_n(z)=z^n \tag{3.5}$$

现在考虑函数

$$\lambda_0(z)=\lambda(z)\overline{\Omega_n(z)}\prod_{k=1}^{m}(\bar{z}-\bar{z}_k)^{-n_k}\mathrm{e}^{-\overline{TA}} \tag{3.6}$$

$$TA=-\frac{1}{\pi}\iint_G \frac{A(\zeta)}{\zeta-z}\mathrm{d}\xi\mathrm{d}\eta$$

容易相信

$$|\lambda_0(z)|>0, z\in\Gamma, \Delta_{\Gamma_j}\arg\lambda_0(z)=0 \quad (j=0,\cdots,m)$$

因此

$$\lambda_0(z)=|\lambda_0(z)|\mathrm{e}^{\mathrm{i}\sigma(z)} \quad (z\in\Gamma) \tag{3.7}$$

这里

$$\sigma(z)=\arg\lambda(z)-\arg\Omega_n(z)+\sum_{k=1}^{m}n_k\arg(z-z_k)+\operatorname{Im}(TA) \tag{3.8}$$

因为 $\lambda\in C_v(\Gamma)$ 和 $TA\in C_\alpha(\Gamma)$，$\alpha=\dfrac{p-2}{p}$，故 $\sigma(z)$ 在每一围道 Γ_j 上是单值的实函数且属于 $C_\tau(\Gamma)$，$0<\tau=\min(v,\alpha)$.

下面(§5,3)将证明，函数 $\sigma(t)$ 可以表示为下面的形式

$$\sigma(t)=p(t)-\mathrm{i}\sigma_*(t)+\pi\alpha(t)$$

其中 $p(z)$ 是在 G 内全纯且在 $G+\Gamma$ 上在赫尔德意义下连续的函数，$\sigma_*(t)$ 是 $p(t)$ 的虚部，而 $\alpha(t)$ 是 Γ 上的逐段为常数的连续函数，这时在 Γ_0 上 $\alpha=0$，而在 Γ_j 上 $\alpha=\alpha_j=$常数$(j=1,\cdots,m)$. 在这些条件下，p 和 α 可用 $\sigma(t)$ 唯一地表示出来. 在这种情形下，由式(3.7)和(3.8)，边界条件(1.2)可以写成

$$\operatorname{Re}[\overline{\Omega_n(t)}\mathrm{e}^{-\pi\mathrm{i}\alpha(t)}w_0(t)]=\gamma_0(t) \quad (\text{在 }\Gamma\text{ 上}) \tag{3.9}$$

其中

$$w_0(z)=w(z)\mathrm{e}^{-\mathrm{i}p(z)+TA}\prod_{k=1}^{m}(z-z_k)^{n_k} \tag{3.10}$$

$$\gamma_0(t)=\frac{\gamma(t)}{|\lambda(t)|}\mathrm{e}^{\sigma_*(t)+\operatorname{Re}TA}|\Omega_n(t)|\prod_{k=1}^{m}|t-z_k|^{n_k} \tag{3.11}$$

不难看出，函数 w_0 满足方程

$$\partial_{\bar z}w_0+B_0\overline{w_0}=0 \tag{3.12}$$

其中

$$B_0=B\exp\left\{-2\mathrm{i}\left(\operatorname{Re}p(z)-\operatorname{Im}TA-\sum_{k=1}^{m}n_k\vartheta_k\right)\right\} \tag{3.13}$$

这里 $\vartheta_j=\arg(z-z_j)(j=1,\cdots,m)$. 显然，$B_0\in L_p(\bar G)$，$p>2$，因为 $|B_0|=|B|$.

这样一来，问题 A 恒可以化为具有较简单形式(3.9)的边界条件式(3.12)形方程的等价问题. 问题 A 的这种形式将称为标准型(参看[39a]).

显然，齐次问题 A 等价于具有边界条件

$$\mathrm{Re}[\overline{\Omega_n(t)}\mathrm{e}^{-\pi i\alpha(t)}w]=0 \quad (\text{在}\ \Gamma\ \text{上}) \tag{3.14}$$

的方程(3.12)的齐次问题,而共轭齐次边值问题 $\mathring{A}'$ 可化为共轭方程

$$\partial_{\bar z}w'-\bar{B}_0\overline{w}'=0 \tag{3.15}$$

在具有边界条件

$$\mathrm{Re}[\Omega_n(z)z'\mathrm{e}^{\pi i\alpha(z)}w'(z)]=0,z'=\frac{\mathrm{d}z(s)}{\mathrm{d}s} \quad (\text{在}\ \Gamma\ \text{上}) \tag{3.16}$$

时的等价问题.

§4　齐次问题 $\mathring{A}$ 的解的零点性质·问题 $\mathring{A}$ 和 A 的可解性判别法

在本节中,将证明满足齐次边界条件

$$\mathrm{Re}[\overline{\lambda(z)}w(z)]=0 \quad (\text{在}\ \Gamma\ \text{上}) \tag{4.1}$$

的广义解析函数的零点的某些性质.将得出内部零点个数和边界上零点个数与问题指数间的关系式.同样,将得到齐次问题 $\mathring{A}$ 和 $\mathring{A}'$ 的解的个数之间的基本关系式.此外,将建立非齐次问题 A 的可解性判别法.

在本节中,如果没有相反的声明,我们总假定,$\Gamma\in C_\mu^1$,$0<\mu\leqslant 1$,而 $\lambda(z)\in C_v(\Gamma)$,$0<v<1$.

1.我们已经知道,在域 G 内连续的 $\mathfrak{U}_p(G)(p>2)$ 类的函数 $w(z)$,可以表示成(第三章,§4,2)

$$w(z)=\Phi(z)\mathrm{e}^{\omega(z)} \tag{4.2}$$

其中 $\Phi(z)$ 在 G 内全纯,而 $\omega(z)$ 在全平面上按赫尔德意义连续,$\omega\in C_{\frac{p-2}{p}}(E)$,而且 $\omega(z)$ 在 $G+\Gamma$ 外全纯,在无穷远处为零.从这个公式得出,如果 $w(z)$ 不恒等于零,则它在域 G 内的零点是孤立的,而且,每一个这样的零点是整数阶的,即若 $w(z)$ 在点 $z_0\in G$ 等于零,则存在一个正整数 k,使得在点 z_0 的邻域内成立等式

$$w(z)=(z-z_0)^k w_0(z) \tag{4.3}$$

其中 $w_0(z)$ 是连续函数,而且 $w_0(z_0)\neq 0$.因此显然得出,在属于 G 的每一个闭集上,函数 $w(z)$ 只可能有有限个零点.对于函数 $w(z)$ 位于在域 G 的边界上的零点,这一结论,甚至当 $w(z)$ 在闭域 $G+\Gamma$ 上连续时,亦不成立.但是可以看到,对于齐次问题 $\mathring{A}$ 的解,在整个闭域 $G+\Gamma$ 上保持这些性质(当然,要在前面对给定问题所设的条件下).

定理 4.4 设 $\Gamma \in C_\mu^1, 0 < \mu \leqslant 1$. 如果 $w(z)$ 是问题 Å 的非零解,则

$$w(z) = P(z)\hat{w}(z) \tag{4.4}$$

其中 $P(z)$ 是多项式,它的全部的根都属于 $G+\Gamma$,而 $\hat{w}(z)$ 在 $G+\Gamma$ 上连续并到处不为零.

证明 利用保角映射 $z=\varphi(\zeta)$,域 G 可以映射到以圆周为边界的域 G' 上,我们用 Γ' 表示这些边界的总和. 显然,函数 $w_1(\zeta) = w[\varphi(\zeta)]$ 在 $G'+\Gamma'$ 上连续,属于 $\mathfrak{U}_p(G')$ 类($p>2$),并且满足边界条件

$$\mathrm{Re}[\overline{\lambda_1(\zeta)}w_1(\zeta)] = 0 \quad (\text{在 } \Gamma' \text{ 上}, \lambda_1 = \lambda[\varphi(\zeta)]) \tag{4.5}$$

由定理 1.8 可知,$\varphi(\zeta)$ 在 $G'+\Gamma'$ 上满足李普希兹条件. 因此,显然 $\lambda_1(\zeta) \in C_v(\Gamma')$,利用形如式(3.10) 的代换边界条件(4.5) 可化为形式

$$\mathrm{Re}[\zeta^{-n}\mathrm{e}^{-\pi i\alpha(\zeta)}w_0(\zeta)] = 0 \quad (\text{在 } \Gamma' \text{ 上}) \tag{4.6}$$

其中

$$w_0(\zeta) = w_1(\zeta)\mathrm{e}^{\omega(\xi,\eta)}\prod_{k=1}^{n}(\zeta-\zeta_k)^{n_k} \tag{4.7}$$

$$\omega = -\mathrm{i}p(\zeta) + TA$$

在点 $\zeta=0$ 的任一小邻域的外部,函数 $w_*(\zeta) = \zeta^{-n}w_0(\zeta)$ 属于 $\mathfrak{U}_p(p>2)$ 类并连续到 Γ' 上. 因此由广义对称原理,它可在 G' 外连续拓展到包含闭域 $G'+\Gamma'$ 的更大的域 G'' 上,而仍属于 $\mathfrak{U}_p$ 类. 因此,等于 $\zeta^n w_*(\zeta)$ 的函数 $w_0(\zeta)$ 在 $G'+\Gamma'$ 上只有有限个零点. 由式(4.7),这一结论对于函数 $w_1(\zeta)$ 亦成立. 由此得出,存在这样的多项式 $P_1(\zeta)$,使得

$$w_1(\zeta) = P_1(\zeta)w_2(\zeta) \tag{4.7a}$$

其中 $w_2(\zeta)$ 在 $G'+\Gamma'$ 上连续且处处不为零. 现在回到函数 $w(z)$ 上来,我们将有

$$w(z) = P_1[\psi(z)]w_2[\psi(z)] \tag{4.7б}$$

其中 $\psi(z)$ 是 $\varphi(\zeta)$ 的反函数. 从这一等式得出,$w(z)$ 在 $G+\Gamma$ 上只有有限个零点. 以 $z_1,\cdots,z_k$ 表示这些零点,我们将有 $P_1[\psi(z_j)]=0 (j=1,\cdots,k)$. 所以我们可写:$w(z) = P(z)\hat{w}(z)$,其中

$$P(z) = \prod_{j=1}^{k}(z-z_j)^{n_j}$$

$$\hat{w}(z) = w_2[\psi(z)]\prod_{j=1}^{k}\left(\frac{\psi(z)-\psi(z_j)}{z-z_j}\right)^{n_j} \tag{4.8}$$

因为 $\Gamma \in C_\mu^1$,则 $\psi(z)$ 在 $G+\Gamma$ 有连续且异于零的微商 $\psi'(z)$(第一章,§2). 由此,从式(4.8) 立刻得出,$\hat{w}(z)$ 在 $G+\Gamma$ 上连续且不等于零.

附注　如果 $\Gamma \in C^1_{\mu,v_1,\cdots,v_k}$ 且在边界点 z_0，$w(z_0)=0$，z_0 不是角点，则从式(4.7б)又得出：在 z_0 附近函数 $w(z)=(z-z_0)^{n_0}w_0(z)$，其中 n_0 是大于零的整数，而 w_0 在 z_0 的邻域内连续且 $w_0(z_0)\neq 0$. 如果 z_0 是角点，则由第一章的公式(2.3)，从式(4.7б)推出

$$w(z)=(z-z_0)^{\frac{n_0}{v_0}}w_0(z)\quad (\text{在 } z_0 \text{ 附近}) \tag{4.8a}$$

其中 n_0 是大于零的整数，$v_0\pi$ 等于在点 z_0 的内角，而 w_0 在点 z_0 的邻域内连续且 $w_0(z_0)\neq 0$.

2. 如果 $w(z)$ 是问题 Å 的非零解，则根据前一定理，我们可把 $w(z)$ 表示成式(4.4)的形式，其中 $P(z)$ 是多项式，而 $\hat{w}(z)$ 在 $G+\Gamma$ 上连续且不为 0.

设

$$\vartheta(z)=\arg\lambda(z),\theta(z)=\arg P(z),\hat{\theta}(z)=\arg\hat{w}(z) \tag{4.9}$$

设 $a_1,\cdots,a_l$ 是多项式 $P(z)$ 在域 G 内部的根，而 $a_{j1},\cdots,a_{jl_j}$ 是多项式 $P(z)$ 的位于边界曲线 $\Gamma_j(j=0,1,\cdots,m)$ 上的根，我们分别用 k_i 和 k_{ji} 表示根 a_i 和 a_{ji} 的相重数.

由式(4.4)和(4.9)，边界条件(4.1)可写为

$$e^{i(\theta+\hat{\theta}-\vartheta)}=i(-1)^k\quad (k \text{ 是整数}) \tag{4.10}$$

在曲线 Γ_j 上固定某一点 z_j，它不是多项式 $P(z)$ 的根，然后，按正方向绕这曲线一周，由式(4.10)，$\theta,\hat{\theta}$ 和 ϑ 的值就有

$$2\pi n_j\equiv\Delta_{\Gamma_j}\vartheta=\Delta_{\Gamma_j}\theta+\Delta_{\Gamma_j}\hat{\theta}\quad (j=0,1,\cdots,m) \tag{4.11}$$

但是，不难看出，对外面的围道 Γ_0

$$\begin{aligned}\Delta_{\Gamma_0}\theta&=\pi\sum_{i=0}^{l_0}k_{0i}+2\pi\sum_{i=1}^{l}k_i+2\pi\sum_{j=1}^{m}\sum_{i=1}^{l_j}k_{ji}\\&=\pi N_{\Gamma_0}+2\pi(N_{\Gamma_1}+\cdots+N_{\Gamma_m})+2\pi N_G\end{aligned} \tag{4.12}$$

而对于内部的围道

$$\Delta_{\Gamma_j}\theta=-\pi\sum_{i=1}^{l_j}k_{ji}=-\pi N_{\Gamma_j}\quad (j=1,\cdots,m) \tag{4.13}$$

其中

$$N_G=k_1+\cdots+k_l,N_{\Gamma_j}=k_{j_1}+\cdots+k_{jl_j}\quad (j=0,\cdots,m)$$

分别表示函数 $w(z)$ 位在 G 内和围道 Γ_j 上零点的个数. 必须注意到，零点的个数是按其相重数来计算的.

由式(4.12)和(4.13)，等式(4.11)还可以改写为

$$2n_0=N_{\Gamma_0}+2(N_{\Gamma_1}+\cdots+N_{\Gamma_m})+2N_G+2\hat{n}_0$$

$$2n_j = -N_{\Gamma_j} + 2\hat{n}_j \quad (j=1,\cdots,m) \tag{4.14}$$

其中 $\hat{n}_j = \frac{1}{2\pi}\Delta_{\Gamma_j}\hat{\theta}$. 把这些等式加起来并注意到式(3.2),我们将有

$$2n = N_{\Gamma_0} + N_{\Gamma_1} + \cdots + N_{\Gamma_m} + 2N_G + 2\hat{n} \tag{4.15}$$

$$\hat{n} = \hat{n}_0 + \hat{n}_1 + \cdots + \hat{n}_n \tag{4.16}$$

但是,因为 $\hat{w}$ 是在 $G+\Gamma$ 上连续和处处不为零的广义解析函数,故由辐角原理知(第三章,§4,10),$\hat{n} = \frac{1}{2\pi}\Delta_\Gamma \arg \hat{w} = 0$. 这样一来,就有下面的关系式

$$2n = 2N_G + N_\Gamma$$

$$N_\Gamma = N_{\Gamma_0} + N_{\Gamma_1} + \cdots + N_{\Gamma_m} \tag{4.17}$$

上述结果容易推广到这种情形,即在更广的单值函数类 —— 在域内及其边界上由有限多个奇点的函数类中去找问题A的解. 后面我们将限于讨论这种情形,即问题 Å 的解 $w(z)$ 在每一个奇点 z_0 附近有

$$w(z) = O(|z - z_0|^{-v_0}) \tag{4.17a}$$

这里 v_0 为某一正数. 若 z_0 位在域 G 内,则从公式(4.2) 立刻推出数 v_0 是整数. 在我们所考虑的条件下,当奇点 z_0 是属于域边界的情形,v_0 亦是整数.

设 Γ' 是边界弧,它只包含问题 Å 的解 w 的一个奇点 z_0,不失推理的一般性,我们可以假定 $z_0=0$ 和 Γ' 是实轴上的区间$[-\rho',\rho']$,借助于保角变换,一般情形都可化成这一情形. 把 w 表示成式(4.2) 的形式,我们总可以使 $\omega(z)$ 在 Γ' 上所取的值等于 $\arg\lambda(z)$. 在这种情况,函数 $\Phi(z)$ 在某一个半圆 K_ρ: $|z| < \rho < \rho'$, $\mathrm{Im}(z) > 0$ 内全纯,在它的闭包 $\overline{K}_\rho$ 上(只有点 $z=0$ 除外) 连续,在 $z=0$ 附近,有 $\Phi = O(|z|^{-v_0})$. 此外它满足边界条件

$$\mathrm{Re}[\Phi(z)] = 0 \quad (z \in [-\rho,\rho], z \neq 0)$$

根据对称原理,把函数 Φ 拓展到下半圆 K'_ρ: $|z| < \rho$, $\mathrm{Im}(z) < 0$,容易确定,对于这个函数,点 $z=0$ 是极点,即 v_0 是整数,这就是所要证明的(还可参看[60a]第一章,§15).

这样一来,就指出了,齐次问题 Å 的每一个在域 G 内和边界 Γ 上有有限个式(4.17a) 型奇点的解 $w(z)$,可表示为

$$w(z) = R(z)\hat{w}(z) \tag{4.17б}$$

其中 $R(z)$ 是有理函数,它的零点和极点位在 $G+\Gamma$ 上,而 $\hat{w}$ 是某一个 $\mathfrak{U}_p(G)$ $(p>2)$ 类的函数,在 $G+\Gamma$ 上在赫尔德意义下连续且处处不为零.

从公式(4.17б),立即推得下面的等式

$$2N_G + N_\Gamma - 2P_G - P_\Gamma = 2n \tag{4.17в}$$

其中 N_G, P_G, N_Γ 和 P_Γ 分别是函数 $w(z)$ 在 G 内和 Γ 上的零点和极点的个数.

从公式(4.17б)立刻得到下面的定理:

若当 $n<0$ 时,齐次问题 $\mathring{A}$ 的解 $w(z)$ 在内部和边界上的极点的个数满足不等式

$$2P_G + P_\Gamma < -2n \tag{4.17г}$$

则 $w(z) \equiv 0$.

3. 现在,我们还要引入一系列定理,它们容易从公式(4.4)(4.14)和(4.17)推出.

定理 4.5 如果问题 A 的指数 n 是负数,则齐次问题 $\mathring{A}$ 没有非零解.

在下面 §5,4 中给出这个定理的另一个证明.

定理 4.6 如果当 $n=0$ 时,问题 $\mathring{A}$ 有非零解,则所有的解由公式

$$w(z) = c_0 w_0(z) \tag{4.18}$$

表出,其中 c_0 是任意实常数,而 $w_0(z)$ 是问题 $\mathring{A}$ 的特解,它在 $G+\Gamma$ 上处处不为零.

证明 当 $n=0$ 时,从式(4.17)得出 $N_\Gamma = N_G = 0$,这表示公式(4.4)中的多项式 $P(z)$ 退化为一常数 c_0. 这样一来,问题 $\mathring{A}$ 的任一非零解有式(4.18)的形式,因此,它在 $G+\Gamma$ 上处处不为零.

我们来证明,当 $n=0$ 时,问题 $\mathring{A}$ 的两个解一定线性相关. 事实上,如果 w_1 和 w_2 是问题 $\mathring{A}$ 的非零解,则它们的带有实系数的线性组合 $w=c_1w_1+c_2w_2$ 同样是它的解. 但是由于在 Γ 上的边界条件 $w_1 = \mathrm{i}\lambda\chi_1$ 和 $w_2 = \mathrm{i}\lambda\chi_2$,其中 χ_1 和 χ_2 是实函数,它们在 Γ 上处处不为零. 所以常数 c_1 和 c_2 永远可以这样选取,使在 Γ 上的某一固定点 z_0 有 $w(z_0) = c_1w_1(z_0) + c_2w_2(z_0) = 0$. 但这仅当 $c_1w_1(z) + c_2w_2(z) \equiv 0$ 时才可能. 由此推出,问题 $\mathring{A}$ 的所有非零解有式(4.18)的形式,其中 c_0 是任一实常数,这就是要求证明的.

定理 4.7 如果当 $n>0$ 时,齐次问题 $\mathring{A}$ 有非零解 $w(z)$,则它在闭域 $G+\Gamma$ 上有零点,而且在 G 内的零点个数 N_G 和 Γ 上的零点个数 N_Γ 之间有关系式

$$N_\Gamma + 2N_G = 2n \tag{4.19}$$

此外,在每一个边界围道 Γ_j 上仅有偶数个零点(按它们的重数计算).

证明 从等式(4.14)指出这个定理;从这些等式还可看出 N_{Γ_j} 是偶数.

从式(4.19)推出,齐次问题 $\mathring{A}$ 的非零解在内部的零点个数不超过 n,而边界上的零点个数小于或等于 $2n$,而且可能有临界的情形

$$N_\Gamma = 0, N_G = n, N_\Gamma = 2n, N_G = 0 \tag{4.19a}$$

构成等式(4.4)的多项式 $P(z)$ 的幂次等于

$$p = N_\Gamma + N_G = 2n - N_G \tag{4.20}$$

因此

$$n \leqslant p \leqslant 2n \tag{4.21}$$

同样,下面的定理成立.

定理 4.8 如果 $n \geqslant 0$,则齐次问题 Å 不可能有多于 $2n+1$ 个线性独立解.

证明 如果 w_0 是问题 Å 的解,则函数 $w = z^{-n} w_0$ 在 G 内除去点 z_0(该处它可能有阶数小于或等于 n 的极点)之外处处满足方程

$$\partial_{\bar z} w + Aw + B\mathrm{e}^{-2in\varphi}\overline{w} = 0 \quad (\varphi = \arg z)$$

所以,我们可把它表示成(第三章,§15,4)

$$w(z) = w_*(z) + c_1 \widetilde{w}_{-1}(z) + \cdots + c_{2n} \widetilde{w}_{-2n}(z) \quad (c_k \text{ 是实常数}) \tag{4.22}$$

其中 $w_*(z)$ 满足方程 $\partial_{\bar z} w + Aw + B\mathrm{e}^{-2in\varphi}\overline{w} = 0$,在 $G + \Gamma$ 上连续并满足边界条件

$$\mathrm{Re}[w_*(z)] = -\sum_{k=1}^{2n} c_k \mathrm{Re}[\widetilde{w}_{-k}(z)] \quad (\text{在 } \Gamma \text{ 上}) \tag{4.23}$$

因为对应的齐次问题 $\mathrm{Re}[w_*(z)] = 0$,根据定理 4.6,不能有多于一个(线性独立)解,所以边值问题(4.23)将有不多于 $2n+1$ 个的线性独立解. 回到等式(4.22),我们就知道原来的问题 Å 不能有多于 $2n+1$ 个解.

4. **定理 4.9** 齐次边值问题 Å 和 Å$'$ 的解的个数的差等于对应的指数的差,即

$$l - l' = n - n' = 2n + 1 - m^{①} \tag{4.24}$$

证明 从式(2.20)和(2.30)得出

$$l = l' = l'_* - l_* \tag{4.25}$$

其中 l_* 和 l'_* 为具有边界条件(2.29)和(2.19)的伴随齐次边值问题 Å$_*$ 和 Å$'_*$ 的解的个数. 这些个数是不难计算的. 为此,我们可以认为边值问题已化成标准型式. 此外,不失一般性,我们可以认为外部的边界围道 Γ_0 是圆周 $|z| = 1$,而且仍认为坐标原点在所考察的域 G 内.

因为,我们可以把问题 Å 和 Å$'$ 的边界条件取成形式:$\mathrm{Re}[z^{-n} w(z)] = 0$ 和 $\mathrm{Re}[z^n z' w'(z)] = 0$,那么伴随问题 Å$_*$ 和 Å$'_*$ 的边界条件将有形式

$$\mathrm{Re}[t^{-n} \Phi^-(t)] = 0 \quad (t \in \Gamma) \tag{4.26}$$

---

① 这个公式在工作[14a]中曾经证明过(亦可参考 §6,4).

$$\mathrm{Re}[t^n t'(s)\Psi^-(t)]=0 \quad (t\in\Gamma) \tag{4.27}$$

其中 Φ 和 Ψ 为在域 $G_0, G_1, \cdots, G_m$ 内全纯，并且是适合条件 $\Phi(\infty)=\Psi(\infty)=0$ 的未知函数.

在内部的边界曲线上考虑边界条件(4.26)，我们立即得到

$$\Phi(z)=\mathrm{i}c_j z^n \quad (z\in G_j; j=1,\cdots,m) \tag{4.28}$$

这里 c_j 是任意的实常数，条件(4.27)我们可改写为

$$\frac{\mathrm{d}}{\mathrm{d}s}\mathrm{Re}\int^z t^{-n}\Psi(t)\mathrm{d}t=0 \quad (z\in\Gamma_j; j=1,\cdots,m)$$

因为，在这个等式中出现的积分是域 G_j 内的全纯函数，则我们有

$$\Psi(z)=0 \quad (z\in G_j; j=1,2,\cdots,m) \tag{4.29}$$

现在来考虑在外部围道 Γ_0 上的边界条件. 首先，讨论 $n\geqslant 0$ 的情形. 这时，在条件 $\Phi(\infty)=0$ 下，从式(4.26)立刻得出 $\Phi(z)=0$(当 $z\in G_0$ 时). 因此，由式(4.28)，伴随齐次问题 $\mathring{A}_*$ 的解的个数等于 m，即

$$l_*=m \tag{4.30}$$

因为，按照假定 Γ_0 是圆周 $|t|=1$，所以 $t'(s)=\mathrm{i}t$ 和条件(4.27)取为

$$\mathrm{Re}[\mathrm{i}t^{n+1}\Psi^-(t)]=0$$

由 $\Psi^-(\infty)=0$，就容易得到：这个问题有 $2n+1$ 个线性独立解

$$\mathrm{i}z^{-n-1}, \mathrm{i}(z^{-n-2}+z^{-n}), z^{-n-2}-z^{-n}, \cdots, \mathrm{i}(z^{-1}+z^{-2n-1}), z^{-1}-z^{-2n-1} \tag{4.31}$$

因此，由式(4.29)，伴随齐次问题 $\mathring{A}'_*$ 的解的个数等于 $2n+1$，即

$$l'_*=2n+1 \tag{4.32}$$

由式(4.25)，从式(4.30)和(4.32)立刻得出公式(4.24).

现在设 $n<0$. 这时，对于外部域 G_0 的边值问题(4.26)将有 $-(2n+1)$ 个解[注意到条件 $\Phi(\infty)=0$]

$$\mathrm{i}z^n, \mathrm{i}(z^{n-1}+z^{n+1}), z^{n-1}-z^{n+1}, \cdots, \mathrm{i}(z^{-1}+z^{2n+1}), z^{-1}-z^{2n+1} \tag{4.33}$$

这样一来，再由公式(4.28)，在所考虑的情形，我们得到

$$l_*=-2n+m-1 \tag{4.34}$$

从式(4.27)推出，当 $z\in G_0$ 时 $\Psi(z)=0$，即

$$l'_*=0 \tag{4.35}$$

由式(4.25)，从式(4.34)和(4.35)我们又一次得到公式(4.24). 这样，定理就证明完毕.

定理 4.8 建立了问题 $\mathring{A}$ 的解的个数的上界，定理 4.9 同样地能够建立这个数的下界. 因为 $l'\geqslant 0$，所以，显然 l 不小于 $2n+1-m$. 一般来说，有不等式

$$\max(0, 2n+1-m)\leqslant l\leqslant 2n+1 \tag{4.36}$$

但是,当 $n<0$ 和 $n>m-1$ 时,可得到更为精确的结果.

从定理 4.5 和式(4.9),直接推出:

定理 4.10 如果 $n<0$,则

$$l=0, l'=m-2n-1 \tag{4.37}$$

如果 $n>m-1$,则

$$l=2n+1-m, l'=0 \tag{4.38}$$

特别,在单连通域($m=0$)的情形下,有下面的定理.

定理 4.11 如果 $m=0$,则:(1) 当 $n<0$ 时,齐次问题 $\mathring{A}$ 没有非零解($l=0$),而共轭齐次问题 $\mathring{A}'$ 恰有 $l'=-2n-1$ 个解;(2) 当 $n\geqslant 0$ 时,齐次问题 $\mathring{A}$ 恰有 $l=2n+1$ 个解,而共轭问题 $\mathring{A}'$ 没有非零解.

特别地,当 $n=0$ 时,问题 $\mathring{A}'$ 有一个(线性无关)解,而且它在 $G+\Gamma$ 上处处不为零.

在下面 §7 中,我们将引进这一定理的另一证明.

从定理 4.3 和定理 4.10 直接推出下述定理.

定理 4.12 如果 $n>m-1$,则非齐次问题 A 永远可解并且它的通解由公式

$$w(z)=w_0(z)+\sum_{j=1}^{2n+1-m} c_j w_j(z) \quad (c_j \text{ 是实常数}) \tag{4.39}$$

给出,其中 $w_1,\cdots,w_{2n+1-m}$ 是齐次问题 $\mathring{A}$ 的解的完全组,而 w_0 是非齐次问题 A 的特解. 如果 $n<0$,则非齐次问题 A 要有解(且是唯一的)当且仅当满足等式

$$\int_\Gamma \gamma(t) w_j'(t) \lambda(t) \mathrm{d}t=0 \quad (j=1,\cdots,m-2n-1) \tag{4.40}$$

其中 $w_1',\cdots,w_{m-2n-1}'$ 是共轭齐次问题 $\mathring{A}'$ 的解的完全组.

5. 以上所证明的定理的重要性在于,它们能够借助于十分简单的判别法来确定问题 A 且有这样或那样的性质,而不用实际上来建立它的解,而这解在一般情形下,显然是很难求出的. 对于这一点,在前面当问题的指数在满足条件

$$n<0, n>m-1 \tag{4.41}$$

的情形下我们得到了最完备的结果. 在这些条件下,定理 4.10 和定理 4.12 使我们有可能来确定问题 A 的可解性或不可解性的事实,并定出齐次问题 A 和 $\mathring{A}$ 的解的个数. 在问题的指数满足条件

$$0\leqslant n\leqslant m-1 \tag{4.42}$$

的情形下,我们还没有这样完备的结果. 在这些特别的情形,以上所引入的定理不可能用来分别地找出数 l 和 l'. 显然,只要找出它们中的一个,借助于公式

(4.24) 就立刻得出另一个来. 所以,我们可以限于讨论这样的情形,即当问题的指数满足条件

$$0 \leqslant n < \frac{1}{2}m \tag{4.43}$$

的情形,因为当 $n \geqslant \frac{1}{2}m$ 时,共轭问题 $\mathring{A}'$ 的指数 $m-n-1$ 将满足这一条件.

显然,为了计算齐次问题 $\mathring{A}$ 的解的个数,只要把边界条件取为形式(参看§3,3)

$$\operatorname{Re}[\overline{\Omega_n(z)}w(z)]=0, \Omega_n(z)=\prod_{k=1}^{n}(z-a_k) \quad (a_k \in G) \tag{4.44}$$

这时,共轭问题的边界条件将为

$$\operatorname{Re}[\Omega_n(z)z'(s)w'(z)]=0 \quad (\text{在 } \Gamma \text{ 上}) \tag{4.45}$$

或者,考察新函数

$$\hat{w}'(z)=\Omega_n(z)\hat{w}'(z) \tag{4.46}$$

我们将有

$$\operatorname{Re}[z'(s)\hat{w}'(z)]=0 \quad (\text{在 } \Gamma \text{ 上}) \tag{4.47}$$

显然,$\hat{w}'$ 是在 $G+\Gamma$ 上连续的广义解析函数. 为了计算问题(4.47) 的解的个数,我们讨论它的共轭问题

$$\operatorname{Re}[\hat{w}(z)]=0 \quad (\text{在 } \Gamma \text{ 上}) \tag{4.48}$$

因为这一问题的指数等于 0,所以根据定理 4.8,它的解的个数 $\hat{l}$ 不超过 1,即

$$\hat{l}=0 \text{ 或 } \hat{l}=1 \tag{4.49}$$

下面,我们将引入一个例子来表明这两种情形都是可能出现的(§5,1). 边值问题(4.47) 的指数等于 $m-1$,所以,根据公式(4.24) 解的个数由等式

$$\hat{l}'=2(m-1)+1+\hat{l}-m=m-1+\hat{l}$$

来确定. 因此,由式(4.49),就有

$$\hat{l}'=m-1 \text{ 或 } \hat{l}'=m \tag{4.50}$$

这样一来,边值问题(4.47) 的一般解具有下列形式

$$\hat{w}'(z)=c_1\hat{w}_1'(z)+\cdots+c_{\hat{l}}\hat{w}_{\hat{l}'}'(z) \quad (c_k \text{ 是实常数}) \tag{4.51}$$

如果 $\hat{w}'(z)$ 满足下述条件

$$\hat{w}'(a_1)=0,\cdots,\hat{w}'(a_n)=0 \tag{4.52}$$

则从公式(4.46) 得到问题(4.45) 的解. 这些等式给出了 $2n$ 个线性方程来确定 l' 个实常数 $c_1,\cdots,c_{\hat{l}'}$. 由于式(4.50) 和(4.43),所以 $\hat{l}'\geqslant 2n$. 因此方程组(4.52) 的秩满足条件

$$0 \leqslant r \leqslant 2n \tag{4.53}$$

现在,容易看出,问题(4.45)的解的个数由公式

$$l' = \hat{l}' - r \tag{4.54}$$

确定,也就是,根据式(4.50),由

$$l' = m - r - 1 \text{ 或 } l' = m - r \tag{4.55}$$

所确定.

由式(4.24)和(4.54),问题 Å 的解的个数将由等式

$$l = 2n + 1 + l' - r - m \tag{4.56}$$

表出,也就是,由

$$l = 2n + 1 - r \text{ 或 } l = 2n - r \tag{4.57}$$

表出.

现在,自然可提出这样的问题:能不能把满足条件(4.53)的所有的值 r 或其中的某一些值完全消去.

显然,在 $r=2n$ 的情形,问题 Å 的解的个数最少($l=0$ 或 $l=1$). 下面我们将指出,正是这些情形是最常遇到的. 同时,将指出当满足条件(4.43)时,有不等式

$$0 \leqslant l \leqslant n + 1 \tag{4.58}$$

而且 $l = n + 1$ 的情形是可能出现的. 然而,这仅对于特殊形式的边值问题才成立(参看 §5,8).

§5 在 $0 \leqslant n \leqslant m-1$ 情形下 A 型的边值问题的特殊类的研究

1. 首先我们考虑对应于 $n=0$ 与 $m \geqslant 1$ 情形的两个简单的、但是典型的问题.

当 $n=0$ 时,根据式(4.53)与(4.56),$l = 1 + \hat{l} - m$. 因而,由式(4.50)

$$l = 0 \text{ 或 } l = 1 \tag{5.1}$$

我们要指出这两种情形是可能实现的. 例如,考虑下面问题:

求函数 $\Phi(z)$ 在 G 内全纯,在 $G+\Gamma$ 上连续,并满足边界条件

$$\mathrm{Re}[\mathrm{e}^{\pi i\alpha(z)}\Phi(z)] = 0 \quad (\text{在 } \Gamma \text{ 上}) \tag{5.2}$$

其中 $\alpha(z)$ 是逐段为实常数的函数

$$\alpha = 0 \text{ 在 } \Gamma_0 \text{ 上}, \alpha = \alpha_k = \text{常数在 } \Gamma_k \text{ 上} \quad (k = 1, 2, \cdots, m) \tag{5.3}$$

显然，此问题的指数等于零.

若所有的 $\alpha_k \equiv 0(\bmod 1)$，那么问题(5.2) 可以有解 $\Phi = \mathrm{i}c$（c 是实常数），因此，$l=1$ 的情形已实现.

现在设这些常数 α_k 中至少有一个满足条件

$$\alpha_k \not\equiv 0(\bmod 1) \tag{5.4}$$

在这种情形，下面我们要证明，问题(5.2) 没有非零解. 这样，它就对应于 $l=0$ 的情形.

借助于对称原理，问题的解经过圆周 $\Gamma_c, \Gamma_1, \cdots, \Gamma_m$ 可解析拓展. 因此我们能够对等式(5.2) 的两边按对应的圆周的弧长进行微分，由此得到

$$\mathrm{Re}[\mathrm{e}^{\pi \mathrm{i}\alpha(z)} \Phi'(z) z'(s)] = 0 \quad (\text{在 } \Gamma \text{ 上}) \tag{5.5}$$

但是由于式(5.2)，函数 $\mathrm{i}\mathrm{e}^{-\pi \mathrm{i}\alpha} \overline{\Phi(z)}$ 在 Γ 上取实值. 乘此函数于等式(5.5) 的两边，就有

$$\mathrm{Re}[\mathrm{i}\overline{\Phi(z)} \Phi'(z) z'(s)] = 0 \quad (\text{在 } \Gamma \text{ 上})$$

把这个等式的两边沿 Γ 积分并应用格林公式，得到

$$\mathrm{Re}\left[\mathrm{i}\int_\Gamma \overline{\Phi(z)} \Phi'(z) \mathrm{d}z\right] \equiv -2 \iint_G |\Phi'(z)|^2 \mathrm{d}x \mathrm{d}y = 0$$

即 $\Phi'(z) \equiv 0$. 因此，$\Phi = c =$ 常数. 由不等式(5.4) 和边界条件(5.2) 得到 $c=0$.

克维谢拉瓦在[39a] 中，用到某些其他的方法来研究问题(5.2).

2. 在很多方面，值得我们去研究下面的特殊边值问题

$$\mathrm{Re}[z'(s) \psi(z)] = 0 \quad (\text{在 } \Gamma \text{ 上}) \tag{5.6}$$

$$\mathrm{Re}[\mathrm{e}^{\pi \mathrm{i}\alpha(z)} z'(s) \psi(z)] = 0 \quad (\text{在 } \Gamma \text{ 上}) \tag{5.7}$$

其中 $\psi(z)$ 是所求的在 G 内全纯函数，而 $\alpha(z)$ 仍是形如式(5.3) 的逐段为常数的函数，满足条件(5.4). 这些问题的指数都等于 $m-1$，然而它们的解的个数是不相同的，分别等于

$$l' = m, l' = m-1 \tag{5.8}$$

如果注意到共轭边界条件有形式

$$\mathrm{Re}[\Phi(z)] = 0 \text{ 与 } \mathrm{Re}[\mathrm{e}^{-\pi \mathrm{i}\alpha} \Phi(z)] = 0 \tag{5.9}$$

这个等式可从公式(4.24) 立即得到. 如上段所说，对第一种情形有 $l=1$，对第二种情形有 $l=0$[当然要满足条件(5.4)]. 现在我们指出，不难建立问题(5.6) 的所有解.

设 $u_k(x, y)$ 是 G 内的调和函数，满足下面的边界条件

$$u_k = 0 \text{ 在 } \Gamma_0 \text{ 上}, u_k = \delta_{ki} \text{ 在 } \Gamma_i \text{ 上} \tag{5.10}$$

$$(i = 1, \cdots, m; k = 1, \cdots, m; \delta_{kk} = 1, \delta_{ki} = 0 (i \neq k))$$

函数 u_k 是关于域 G 的边界 Γ_k 的调和测度. 显然,这些函数仅依赖于域. 它们按公式

$$u_k(x,y)=\int_{\Gamma_k}\frac{\partial g(t,z)}{\partial n_t}\mathrm{d}s_t \quad (k=1,\cdots,m) \tag{5.11}$$

来建立,其中 $g(z,\zeta)$ 是关于域 G 对应于狄利克雷问题的格林函数. 众所周知,它有形式

$$g(z,\zeta)=\frac{1}{2\pi}\ln|z-\zeta|+g_0(z,\zeta) \tag{5.12}$$

其中 $g_0(z,\zeta)$ 是在 G 内关于 z 的调和函数,满足边界条件(ζ 为固定点)

$$g_0=-\frac{1}{2\pi}\ln|z-\zeta| \quad (z\in\Gamma) \tag{5.13}$$

我们考虑关于点 z 共轭于 $g(z,\zeta)$ 的函数 $g_*(z,\zeta)$,它由曲线积分

$$g_*(z,\zeta)=\int_{z_0}\frac{\partial g(t,\zeta)}{\partial n_t}\mathrm{d}s_t+\text{常数} \tag{5.14}$$

所确定,而且它在 G 内显然是多值的. 若点 z 描绘出一条闭曲线,与 Γ_k 同胚且在其内部不包含点 ζ,则 $g_*(z,\zeta)$ 得到的增量等于 $u_k(\zeta)$. 若这条闭曲线所围的区域属于 G 且包含点 ζ,则 g_* 得到的增量等于 1.

由等式(5.10) 立即得到

$$\frac{\mathrm{d}u_k}{\mathrm{d}n}=\frac{\partial u_k}{\partial z}\cdot\frac{\mathrm{d}z}{\mathrm{d}s}+\frac{\partial u_k}{\partial\bar{z}}\cdot\frac{\mathrm{d}\bar{z}}{\mathrm{d}s}=0 \quad (\text{在 }\Gamma\text{ 上}) \tag{5.15}$$

即

$$\mathrm{Re}\left[z'(s)\frac{\partial u_k}{\partial z}\right]=0 \quad (\text{在 }\Gamma\text{ 上})$$

这个等式在函数 u_k 的所有等位线上成立.

这样一来,问题(5.6) 有 m 个解

$$\Phi_k(z)=2\frac{\partial u_k}{\partial z} \quad (k=1,\cdots,m) \tag{5.16}$$

这些函数仅依赖于域. 它们是线性独立的. 这可从调和函数 $u_1,\cdots,u_m$ 的线性独立性立即推得. 因为问题(5.6) 如上所见,有 m 个线性独立解,则它的通解由公式

$$\Phi(z)=c_1\Phi_1(z)+\cdots+c_m\Phi_m(z) \tag{5.17}$$

给出,其中 $c_1,\cdots,c_m$ 是任意实常数.

由式(5.15) 有

$$\frac{\partial u_k}{\partial n}=\frac{1}{\mathrm{i}}\frac{\partial u_k}{\partial z}\frac{\mathrm{d}z}{\mathrm{d}s}-\frac{1}{\mathrm{i}}\frac{\partial u_k}{\partial\bar{z}}\frac{\mathrm{d}\bar{z}}{\mathrm{d}s}$$

$$=\frac{2}{\mathrm{i}}\frac{\partial u_k}{\partial z}\frac{\mathrm{d}z}{\mathrm{d}s}=\frac{1}{\mathrm{i}}\Phi_k(z)z'(s)$$

即

$$\Phi_k(z)=\overline{\mathrm{i}z'(s)}\frac{\partial u_k}{\partial n}\quad(\text{在 }\Gamma\text{ 上},k=1,\cdots,m)\tag{5.18}$$

其中 n 是 Γ 的外法线. 我们要证明,函数 $\Phi_k(z)$ 在 Γ 上处处不为零. 从边界条件(5.10)得到,在 G 内满足不等式

$$0<u_k(x,y)<1\quad(\text{在 }G\text{ 内},k=1,\cdots,m)\tag{5.19}$$

由此推出

$$\frac{\partial u_k}{\partial n}\leqslant 0\quad(\text{在 }\Gamma_j\text{ 上,当 }j\neq k)$$

$$\frac{\partial u_k}{\partial n}\geqslant 0\quad(\text{在 }\Gamma_k\text{ 上})$$

我们指出,上述不等式中的等号处处不能成立. 否则函数 $\Phi_k(z)$ 在 Γ 上有零点,且对应的点是调和函数 u_k 的临界点. 这意味着,除 Γ 外,通过该点的至少还有一条等位线 $u_k=\delta_{kj}$,而且这条等位线显然也进入域 G 的内部. 但这与不等式(5.19)相矛盾. 这样一来

$$\frac{\partial u_k}{\partial n}<0\quad(\text{在 }\Gamma_j\text{ 上},j\neq k)$$

$$\frac{\partial u_k}{\partial n}>0\quad(\text{在 }\Gamma_k\text{ 上},i,k=1,\cdots,m)\tag{5.20}$$

成立. 这就是,函数 $\Phi_k(z)$ 在域 G 的边界 Γ 上处处不为零.

现在若看等式(4.17),则可确定,每一个函数 Φ_k 在域 G 内恰好有 $m-1$ 个零点(按它们的重数计). 事实上,因为问题(5.6)的指数等于 $m-1$,则根据公式(4.17)

$$N_\Gamma+2N_G-2m-2\tag{5.21}$$

其中 N_Γ 与 N_G 是问题(5.6)的解在边界与内部零点的个数. 因为对于 Φ_k,如上所证 $N_\Gamma=0$,则由式(5.21)得到 $N_G=m-1$.

3. 现在我们考虑问题 A 的下列特殊情形.

问题 D　求函数 $\Phi(z)$ 在 G 内全纯,在 $\bar{G}$ 上连续并满足条件

$$\mathrm{Re}[\Phi(z)]=\gamma(z)\quad(\text{在 }\Gamma\text{ 上})\tag{5.22}$$

因为共轭的齐次问题(5.6)有 m 个线性独立解(5.16),则根据一般定理 4.2,边值问题 D 可解的必要和充分条件为满足下面等式

$$\frac{1}{\mathrm{i}}\int_\Gamma\gamma(z)\Phi_k(z)\mathrm{d}z\equiv\int_\Gamma\gamma(z)\frac{\partial u_k}{\partial n}\mathrm{d}s=0\quad(k=1,\cdots,m)\tag{5.23}$$

现在取 γ 为形如

$$\gamma(z)=\gamma_0(z)+c_j \quad (\text{在 } \Gamma_j \text{ 上}, j=0,1,\cdots,m) \tag{5.24}$$

的函数,其中 c_j 为实常数,并且 $c_0=0$,而 γ_0 为在 Γ 上的某个连续函数.我们指出,总可以这样选取常数 c_j(并且以唯一的方式)的值,使式(5.23)① 的所有条件都满足.如此,必要和充分的条件是:常数 c_j 要满足等式

$$\sum_{j=1}^{m} A_{kj}c_j=-\int_{\Gamma}\gamma_0\frac{\partial u_k}{\partial n}\mathrm{d}s \quad (k=1,\cdots,m) \tag{5.25}$$

其中

$$A_{kj}=\int_{\Gamma_j}\frac{\partial u_k}{\partial n}\mathrm{d}s \quad (j,k=1,\cdots,m) \tag{5.26}$$

利用条件(5.10)并应用格林公式,得到

$$\begin{aligned} A_{kj}&=\int_{\Gamma}u_j\frac{\partial u_k}{\partial n}\mathrm{d}s=\frac{1}{\mathrm{i}}\int_{\Gamma}u_j\Phi_k(z)\mathrm{d}z \\ &=\iint_G \overline{\Phi}_j\Phi_k\mathrm{d}x\mathrm{d}y \end{aligned} \tag{5.27}$$

这表明方程组(5.25)的行列式是线性独立函数组 $\Phi_1,\cdots,\Phi_m$ 的格拉姆行列式.因此方程组(5.25)有唯一解,我们可以把解写成下面形式

$$c_j=-\int_{\Gamma}\gamma_0\frac{\partial u_j^*}{\partial n}\mathrm{d}s \quad (j=1,\cdots,m) \tag{5.28}$$

其中

$$u_j^*=a_{j1}u_1+\cdots+a_{jm}u_m \tag{5.29}$$

这同样只依赖于域的函数 u_j^*,我们称之为域的标准调和函数.

从式(5.27)立即得到

$$A_{kj}=A_{jk}, \text{即}\int_{\Gamma_j}\frac{\partial u_k}{\partial n}\mathrm{d}s=\int_{\Gamma_k}\frac{\partial u_j}{\partial n}\mathrm{d}s \tag{5.30}$$

由此 $a_{jk}=a_{kj}$,此外

$$\sum_{i=1}^{m}A_{ki}a_{ij}=\sum_{i=1}^{m}A_{ik}a_{ij}\delta_{kj} \tag{5.31}$$

由等式(5.29)与(5.26),可得

$$\int_{\Gamma_k}\frac{\partial u_j^*}{\partial n}\mathrm{d}s=\delta_{kj} \tag{5.32}$$

常数 a_{jk} 仅依赖于所考虑的域.调和函数 u_j^* 也仅依赖于域,因为它们唯一地被

① 这个狄利克雷问题的特殊提法曾被穆斯赫利什维利所研究(参看[60a]第三章,§60).下面指出解这个问题的略为不同的方法.

自己的边界值

$$u_j^* = 0 \quad (\text{在 } \Gamma_0 \text{ 上})$$

$$u_j^* = a_{jk} \quad (\text{在 } \Gamma_k \text{ 上}, j, k = 1, \cdots, m) \tag{5.33}$$

所确定. 因为 u_k^* 线性独立,则问题(5.6) 的线性独立解组可以取函数

$$\Phi_k^*(z) = 2\frac{\partial u_k^*}{\partial z} = \mathrm{i}\bar{z}'(s)\frac{\partial u_k^*}{\partial n} \quad (k = 1, \cdots, m) \tag{5.34}$$

这里微商 $z'(s)$ 是关于函数 u_k^* 的等位线的弧长而取,而此函数的微商沿着弧的法线而取.

若利用等式(5.32)(5.10) 和格林公式,则得

$$\begin{aligned}\delta_{kj} &= \int_{\Gamma_j}\frac{\partial u_k^*}{\partial n}\mathrm{d}s = \int_{\Gamma} u_j \frac{\partial u_k^*}{\partial n}\mathrm{d}s = \frac{1}{\mathrm{i}}\int_{\Gamma} u_j \Phi_k^* \,\mathrm{d}z \\ &= \iint_G \bar{\Phi}_j \Phi_k^* \,\mathrm{d}x\mathrm{d}y\end{aligned} \tag{5.35}$$

这样一来,函数组 Φ_k 与 Φ_j^* 关于域G 是双正交的. 从式(5.35) 还可推出下面等式

$$\begin{aligned}a_{ik} &= \sum_{j=1}^{m} a_{ij}\delta_{jk} = \iint_G \Phi_k^* \sum_{j=1}^{m} a_{ij}\Phi_j \,\mathrm{d}x\mathrm{d}y \\ &= \iint_G \Phi_k^* \bar{\Phi}_j^* \,\mathrm{d}x\mathrm{d}y\end{aligned} \tag{5.36}$$

等式(5.28) 现在可以写成形式

$$c_k = \mathrm{i}\int_{\Gamma} \gamma_0 \Phi_k^*(z)\mathrm{d}z \quad (k = 1, \cdots, m) \tag{5.37}$$

这样一来,如果常数 c_k 由公式(5.28) 或式(5.37)($c_0 = 0$) 所确定,问题D对于形如式(5.24) 的右端永远有解,而且是唯一的.

现在我们把边界条件(5.22) 写为形式

$$\mathrm{Re}[\Phi(z)] = \gamma_0(z) + c(z) \quad (\text{在 } \Gamma \text{ 上}) \tag{5.38}$$

其中

$$\gamma_0(z) = \gamma(z) - c(z) \tag{5.39}$$

$$c(z) = 0 \quad (\text{在 } \Gamma_0 \text{ 上})$$

$$c(z) = c_k = \frac{1}{\mathrm{i}}\int_{\Gamma} \gamma\Phi_k^*(z)\mathrm{d}z \quad (\text{在 } \Gamma_k \text{ 上}, k = 1, \cdots, m) \tag{5.40}$$

函数 γ_0 满足条件(5.23),因此,存在在 G 内全纯的函数 $\psi_0(z)$ 满足边界条件

$$\mathrm{Re}[\psi_0(z)] = \gamma_0 \quad (\text{在 } \Gamma \text{ 上}) \tag{5.41}$$

由此得到

$$\gamma(z) = \psi_0(z) - \mathrm{i}\gamma_*(z) + c(z) \quad (\text{在 } \Gamma \text{ 上}) \tag{5.42}$$

其中 γ_* 是函数 ψ_0 的虚部.

这样一来,类 $C_v(\Gamma)(0<v<1)$ 的所有函数 γ 可以表示成式(5.42)的形式,其中 $\psi_0(z)$ 是 G 内的全纯函数,满足边界条件(5.41),而 $c(z)$ 是由公式(5.40)给出的逐段为常数的函数.

4. 在此结果的基础上我们还可以给出定理 4.5 的新的证明. 如我们在上面(§3,3)所看到的,齐次问题 Å 的边界条件可以写成形式

$$\mathrm{Re}[z^{-n}\mathrm{e}^{\mathrm{i}\sigma(z)}w(z)]=0\quad(在\ \Gamma\ 上)$$

现在利用函数 w 的(4.2)形的表达式,我们可把最后边界条件重写成

$$\mathrm{Re}[z^{-n}\mathrm{e}^{\mathrm{i}\sigma_0(z)}\Phi(z)]=0\quad(在\ \Gamma\ 上)\tag{5.43}$$

其中 Φ 是 G 内全纯函数,而 $\sigma_0(z)$ 是 Γ 上在赫尔德意义下连续的实函数. 以公式(5.42)表达 σ_0,并认为 $n<0$. 那么边界条件(5.43)采取形式

$$\mathrm{Re}[\mathrm{e}^{\pi\mathrm{i}\alpha(z)}\Phi_0(z)]=0,\Phi_0=z^{-n}\mathrm{e}^{\mathrm{i}\psi_0(z)}\Phi(z)\tag{5.44}$$

其中 α 是逐段为常数的函数,$\alpha=0$ 在 Γ_0 上;$\alpha=\alpha_k=$常数,在 $\Gamma_k(k=1,\cdots,m)$ 上,而 Φ_0 是在 G 内全纯的函数,并在 $G+\Gamma$ 上连续. 此外,因为根据条件 $n<0$,故 $\Phi_0(0)=0$. 然而,如我们在上面(第1段)所见,在这种条件下边界问题(5.44)没有非零解,而这就证明了定理 4.5.

5. 还需要再考察下面的多值解析函数

$$w_k^*(z)=u_k^*(z)+\mathrm{i}v_k^*(z)\quad(k=1,\cdots,m)\tag{5.45}$$

其中 $v_k^*(z)$ 是与 $u_k^*(z)$ 共轭的调和函数,由下面公式

$$v_k^*(z)=\int_{z_0}^{z}\frac{\partial u_k^*}{\partial n}\mathrm{d}s+c_k\tag{5.46}$$

所表示,其中 c_k 是实常数,而 n 是联结域 G 内定点 z_0 与动点 z 的积分曲线的法线. 这个函数可称为域的共轭标准调和函数.

若点 z 在域 G 内描绘出与边界 $\Gamma_j(j=1,\cdots,m)$ 同调的闭曲线,则由式(5.46)与(5.32),w_k^* 得到的增量等于 $\mathrm{i}\delta_{kj}$. 我们就可以看到,这些函数能够用来组成函数,把所考虑的域保角映射到标准(多连通的)域之一.

研究以下的双线性形式

$$h_0(z,\zeta)=u_1(\zeta)w_1^*(z)+\cdots+u_m(\zeta)w_m^*(z)\tag{5.46a}$$

这个函数关于 z 是解析的,并且如 z 在域 G 内描绘出与 $\Gamma_j(j=1,\cdots,m)$ 同调的闭曲线,则它得到的增量等于 $\mathrm{i}u_j(\zeta)$. 再研究解析函数

$$\frac{1}{2\pi}h(z,\zeta)=g(z,\zeta)+\mathrm{i}g_*(z,\zeta)-h_0(z,\zeta)\tag{5.47}$$

其中 $g_*(z,\zeta)$ 关于 z 是调和函数,共轭于 $g(z,\zeta)$. 如 z 在 G 内描绘出与 $\Gamma_k(k=$

$1,\cdots,m$) 同调的闭边界,则如上面所指出的,g_* 得到增量等于 $u_k(\zeta)$. 因此函数

$$h_*(z,\zeta)=h(z,\zeta)-\ln(z-\zeta)$$

在域 G 内关于 z 是单值解析函数. 由此函数

$$\varphi(z,\zeta)=e^{h(z,\zeta)}\equiv(z-\zeta)e^{h*(z,\zeta)} \tag{5.48}$$

在 G 内是单值和解析的. 当 $z=\zeta$ 时这个函数为零,并满足边界条件

$$\varphi=e^{ip(z,\zeta)}\quad(z\in\Gamma_0) \tag{5.49}$$

$$\varphi=e^{ip(z,\zeta)}e^{-2\pi u_k^*(z)}\quad(z\in\Gamma_k;k=1,\cdots,m)$$

其中

$$p(z,\zeta)=2\pi[g_*(z,\zeta)-u_1(\zeta)v_1^*(z)-\cdots-u_m(\zeta)v_m^*(z)] \tag{5.50}$$

借助于这些等式不难确定,函数 $w=\varphi(z,\zeta)$(ζ 是域内固定点) 把域 G 保角映射到标准域 G_0,G_0 的边界是以坐标原点为中心的单位圆周 Γ_0',并与其他的圆周 Γ_k' 是同心的,而后者的半径各等于 $e^{-2\pi u_k^*(\zeta)}$($k=1,\cdots,m$). 显然,这时点 $z=\zeta$ 对应于坐标原点 $w=0$(参看[96]).

从公式(5.49) 可以得出一系列其他的保角映射,把域 G 变成不同型的标准域.

6. 特别引起兴趣的是研究如下的非齐次边值问题.

问题 D′ 求函数 $\Phi(z)$ 在 G 内全纯,在 $\bar{G}$ 内连续,并满足边界条件

$$\operatorname{Re}[e^{-\pi i\alpha(z)}\Phi(z)]=\gamma(z)\quad(\text{在 }\Gamma\text{ 上}) \tag{5.51}$$

其中 $\alpha(z)$ 是逐段为常数的函数,在 Γ_0 上,$\alpha=0$,在 Γ_k 上($k=1,\cdots,m$),$\alpha=\alpha_k=$ 常数,并且假定条件(5.4) 是满足的. 下面的边值问题就是能化成这种问题的一例:

在 G 内,求方程

$$\partial_{\bar z}w+A(z)w=F(z)\quad(A,F\in L_p(\bar{G}),p>2) \tag{5.52}$$

的满足边界条件

$$\operatorname{Re}[w(z)]=\gamma(z)\quad(\text{在 }\Gamma\text{ 上}) \tag{5.53}$$

的解 $w,w\in C(\bar{G})$.

事实上,方程(5.52) 的一般解可表示成(参看第三章,§4,4)

$$w(z)=w_0(z)+\Phi(z)e^{\omega(z)} \tag{5.54}$$

其中

$$\omega(z)=\frac{1}{\pi}\iint_G\frac{A(\zeta)}{\zeta-z}d\zeta d\eta \tag{5.55}$$

$$w_0(z)=-\frac{e^{\omega(z)}}{\pi}\iint_G\frac{e^{-\omega(\zeta)}F(\zeta)}{\zeta-z}d\zeta d\eta \tag{5.56}$$

设 ω_0 与 ω_1 是 $\omega(t)$ 的实部与虚部，把式(5.54) 代入式(5.53)，得到

$$\mathrm{Re}[\Phi(z)\mathrm{e}^{\mathrm{i}\omega_1(z)}]=\gamma_1,\gamma_1=\gamma\mathrm{e}^{-\omega_0}-\mathrm{e}^{-\omega_0}\mathrm{Re}(w_0) \tag{5.57}$$

因为 $\omega_1\in C_v(E),v=\dfrac{p-2}{p}$，所以我们可根据公式(5.42) 把此函数表示成下面的形式

$$\omega_1(z)=p(z)-\mathrm{i}\omega_*(z)-\pi\alpha(z)\quad(\text{在 }\Gamma\text{ 上}) \tag{5.58}$$

其中 $p(z)$ 是 G 内的全纯函数，ω_* 是它的虚部，$\alpha(z)$ 是在 Γ 上逐段为常数的函数，根据公式(5.40)，它可用 ω_1 唯一地表示成形式

$$\alpha=0\quad(\text{在 }\Gamma_0\text{ 上})$$

$$\alpha=\alpha_k=-\frac{1}{\pi\mathrm{i}}\int_\Gamma\omega_1\Phi_k^*(z)\mathrm{d}z\quad(\text{在 }\Gamma_k\text{ 上},k=1,\cdots,m) \tag{5.59}$$

由 $\omega_1=\mathrm{Im}[\omega(z)]$ 和 $\mathrm{Re}[\Phi_k^*(z)z']=0$(在 Γ 上)，有

$$\alpha_k=\frac{1}{\pi}\mathrm{Im}\left\{\frac{-1}{\mathrm{i}}\int_\Gamma\omega(z)\Phi_k^*(z)\mathrm{d}z\right\}=\frac{-2}{\pi}\mathrm{Im}\iint_G\partial_{\bar z}\omega\Phi_k^*(z)\mathrm{d}x\mathrm{d}y$$

或者，由 $\partial_{\bar z}\omega=-A(z)$，得

$$\alpha_k=\frac{2}{\pi}\mathrm{Im}\iint_G A(\zeta)\Phi_k^*(\zeta)\mathrm{d}\xi\mathrm{d}\eta\quad(k=0,\cdots,m) \tag{5.60}$$

现在把式(5.58) 代入式(5.57)，将有

$$\mathrm{Re}[\mathrm{e}^{\pi\mathrm{i}\alpha(z)}\Phi_*(z)]=\gamma_* \tag{5.61}$$

其中

$$\Phi_*(z)=\mathrm{e}^{\mathrm{i}p(z)}\Phi(z),\gamma_*=\mathrm{e}^{-\omega_*}\gamma_1 \tag{5.62}$$

如在 Γ_k 上有 $\alpha(z)=N_k$，其中 N_k 为整数，则边界条件(5.61) 变为边界条件(5.22)，这已经在上面第三段中考虑过了. 值得指出的是，这种情形可以在正曲率二阶曲面的无穷小变形问题中实现. 我们将在第五章(§3,5；§4；§6,6) 见到，在这种情形下，问题的基本方程变为式(5.52) 的形式，其中

$$A(z)=-\partial_{\bar z}\ln\sqrt{a\sqrt{K}},F=0 \tag{5.63}$$

这里 K 是曲面的总曲率，a 是关于共轭等距坐标系(第二章，§6,3) 的基本二次型的判别式，因此由公式(5.60) 和(5.34) 得

$$\begin{aligned}-\alpha_k&=\frac{2}{\pi}\mathrm{Im}\iint_G\frac{\partial\ln\sqrt{a\sqrt{K}}}{\partial\bar z}\Phi_k^*(z)\mathrm{d}x\mathrm{d}y\\&=\frac{2}{\pi}\mathrm{Im}\frac{1}{2\mathrm{i}}\int_\Gamma\ln\sqrt{a\sqrt{K}}\Phi_k^*(z)\mathrm{d}z\\&=\frac{1}{\pi}\mathrm{Im}\int_\Gamma\ln\sqrt{a\sqrt{K}}\frac{\partial u_k^*}{\partial n}\mathrm{d}s=0\end{aligned}$$

我们再回到满足条件(5.4)的一般情形，根据定理4.2，问题(5.51)当且仅当满足等式

$$\int_L \gamma\psi_k(z)\mathrm{d}z=0 \quad (k=1,\cdots,m-1) \tag{5.64}$$

时有解，其中 $\psi_1,\cdots,\psi_{m-1}$ 是共轭齐次问题(5.7)的解的完全组. 我们已在上面见到，这个问题有 $m-1$ 个解. 问题 D′ 有唯一的解，因为如我们在上面所见，相应的齐次问题没有解.

特别当 $m=1$ 时，条件(5.64)没有了，这表明在二连通域的情况下，问题 D′ 永远可解. 这是本质的情况，对问题 D 是不会发生的.

特别：在二连通域的情形下，按边界条件(5.53)来找方程(5.52)的解总是找得到的，并且这解是唯一的，只要系数 A 满足条件

$$\operatorname{Im}\iint_G A(\zeta)\Phi_1^*(\zeta)\mathrm{d}\xi\mathrm{d}\eta\neq\frac{\pi}{2}N \quad (N\text{ 是整数}) \tag{5.65}$$

注意，方程(5.52)是形如

$$\frac{\partial u}{\partial x}-\frac{\partial v}{\partial y}+au+bv=f$$

$$\frac{\partial u}{\partial y}+\frac{\partial v}{\partial x}-bu+av=g$$

的椭圆型方程组的复数写法.

7. 现在我们考虑在解析函数类中的一般黎曼－希尔伯特齐次边值问题

$$\operatorname{Re}[\overline{\lambda(z)}\Phi(z)]=0 \quad (\text{在 }\Gamma\text{ 上}) \tag{5.66}$$

由于公式(3.6)和(3.7)，这个边界问题可写成

$$\operatorname{Re}[\overline{\Omega_n(z)}\mathrm{e}^{-\mathrm{i}\sigma(z)}\Phi_0(z)]=0 \quad (\text{在 }\Gamma\text{ 上}) \tag{5.67}$$

其中

$$\sigma(z)=\arg\lambda(z)-\arg\Omega_n(z)+\sum_{k=1}^{n}n_k\arg(z-z_k) \tag{5.68}$$

$$\Phi_0(z)=\Phi(z)\prod_{k=1}^{m}(z-z_k)^{n_k}$$

现在根据等式(5.42)把函数 $\sigma(z)$ 表示成下面的形式

$$\sigma(z)=q(z)-\mathrm{i}\sigma_*(z)+\pi\alpha(z)$$

其中 $q(z)$ 是在 G 内全纯的函数，而 $\alpha(z)$ 是逐段为常数的函数，形如

$$\alpha=0 \quad (\text{在 }\Gamma_0\text{ 上})$$

$$\alpha=\alpha_k=\frac{1}{\pi\mathrm{i}}\int_\Gamma\sigma(z)\Phi_k^*(z)\mathrm{d}z \quad (\text{在 }\Gamma_k\text{ 上},k=1,\cdots,m) \tag{5.69}$$

边界条件(5.66)取如下的形式

$$\operatorname{Re}[\overline{\Omega_n(z)}\mathrm{e}^{-\pi \mathrm{i}\alpha(z)}\Phi_*(z)]=0 \quad (\text{在 } \Gamma \text{ 上}) \tag{5.70}$$

其中

$$\Phi_*(z)=\mathrm{e}^{-\mathrm{i}q(z)}\Phi_0(z)$$

逐段是常数的函数 $\alpha(z)$ 不仅依赖于函数 $\lambda(z)$，而且也依赖于域 G 中的点 $a_1,\cdots,a_n$ 的选择. 暂时认为这些点为变点，将有[由式(5.69)与(5.68)]

$$\frac{\partial \alpha_k}{\partial a_j}=\frac{1}{\pi \mathrm{i}}\int_\Gamma \frac{\partial \sigma}{\partial a_j}\Phi_k^*(z)\mathrm{d}z=\frac{-1}{2\pi}\int_\Gamma \frac{\Phi_k^*(z)}{z-a_j}\mathrm{d}z=\frac{1}{\mathrm{i}}\Phi_k^*(a_j)$$

或由式(5.34)，有

$$\frac{\partial u_k^*}{\partial a_j}-\frac{\mathrm{i}}{2}\frac{\partial \alpha_k}{\partial a_j}=0 \quad (j=1,\cdots,n) \tag{5.71}$$

这表示 u_k^* 和 $\frac{1}{2}\alpha_k$ 是关于每一点 a_j 的互为共轭的调和函数，因此

$$\alpha_k=\alpha_k^0+2\sum_{j=1}^{n}v_k^*(a_j) \quad (k=1,\cdots,m) \tag{5.72}$$

其中 v_k^* 是与 u_k^* 共轭的调和函数，而 α_k^0 是某些固定的实常数. 由此得出，当围绕点 a_j 的闭曲线在域 G 内时，由等式(5.72)，α_k 就获得等于偶数或零的增量. 因此，$\mathrm{e}^{\pi \mathrm{i}\alpha(z)}$ 是 $a_1,\cdots,a_n$ 诸点的单值函数.

用类似的方法可证，常数 α_k 与位在 G 外且在表达式(5.68)中出现的各点 $z_1,\cdots,z_m$ 的选择无关.

如果 $a_1=\cdots=a_n=a$，则等式(5.72)采取形式

$$\alpha_k(a)=\alpha_k^0+2nv_k^*(a) \quad (k=1,\cdots,m) \tag{5.73}$$

现在可以指出，在什么样的条件下，边值问题(5.66)化为比较简单的形式

$$\operatorname{Re}[\overline{\Omega_n(z)}\Phi_k(z)]=0 \tag{5.74}$$

显然，当且仅当 $\alpha(z)$ 在每一边界 $\Gamma_k(k=1,\cdots,m)$ 上都取整数值的情况下，才是成立的. 为此其必要和充分条件为：在域 G 内存在点 $a_1,\cdots,a_n$ 满足等式

$$\alpha_k^0+2\sum_{k=1}^{n}v_k^*(a_j)=N_k \quad (k=1,\cdots,m) \tag{5.75}$$

其中 N_k 为整数. 因数 α_k^0 依赖于任意给定的函数 λ，故对于给定的点 a_j，总能指出这样的函数 $\lambda(z)$，使等式(5.75)成立.

特别，如果在域 G 内存在这样的定点 a，使等式

$$\alpha_k^0+2nv_k^*(a)=N_k \quad (k-1,\cdots,m) \tag{5.76}$$

成立，则边界条件(5.66)化为下列等价的形式

$$\operatorname{Re}[(z-a)^{-n}\Phi(z)]=0 \quad (\text{在 } \Gamma \text{ 上}) \tag{5.77}$$

8. 再引进一个简单的例子，这个例子指出，如果 $0\leqslant n\leqslant m-1$，问题 A 可

以有 $n+1$ 个线性独立解(参看[14м]). 下面在 §6 中,我们会发现这是最大数. 我们假定存在函数 $\zeta=\psi(z)$,把域 G 保角映射到 ζ 平面,其中沿实轴有切口 $a_0b_0, a_1b_1, \cdots, a_mb_m$,并把点 $z=a$ 变成点 $\zeta=\infty$. 这表明在点 a 附近,函数 $\psi(z)$ 有展开式

$$\psi(z)=\frac{1}{z-a}(b_0+b_1(z-a)+\cdots) \quad (b_0\neq 0) \tag{5.78}$$

此外,在边界 Γ_j 上函数 $\psi(z)$ 取实值,这是因为按条件这些边界被映射到实轴上的区间. 由此,$\psi(z)$ 满足边界条件

$$\operatorname{Re}[\mathrm{i}\psi(z)]=0 \quad (\text{在 } \Gamma \text{ 上}) \tag{5.79}$$

其推导也注意到了 $\psi(z)$ 在闭域 G 上连续.

在这些条件下,不难验证函数

$$\mathrm{i}(z-a)^n, \mathrm{i}(z-a)^n\psi(z), \mathrm{i}(z-a)^n\psi^2(z), \cdots, \mathrm{i}(z-a)^n\psi^n(z) \tag{5.80}$$

是问题(5.77)的线性独立解. 这个问题以 $A_n(a)$ 来表示,其解的个数用 l_n 来表示. 显然,$l_n\geqslant n+1$. 现在注意:如果 Φ_n 是问题 $A_n(a)$ 的解,则 $(z-a)\Phi_n$ 将是问题 $A_{n+1}(a)$ 的解. 但问题 $A_{n+1}(a)$ 还有解 $\mathrm{i}^n(z-a)^{n+1}\psi^{n+1}(z)$,而这个函数在点 $z=a$ 不为 0,因此不能表示成 $(z-a)\Phi_n$. 这表明了 $l_n<l_{n+1}$. 因为 $l_0=1$ 和 $l_m=m+1$(后者由定理 4.10 推出),则将有

$$1\leqslant n+1\leqslant l_n<l_{n+1}\leqslant m+1 \quad (n=0,1,\cdots,m-1)$$

由此立即得到

$$l_n=n+1 \quad (0\leqslant n\leqslant m-1) \tag{5.81}$$

因此共轭齐次问题 $\mathring{A}'_n(a)$,当其边界条件有形式

$$\operatorname{Re}\left[(z-a)^n\frac{\mathrm{d}z}{\mathrm{d}s}\Phi(z)\right]=0 \quad (\text{在 } \Gamma \text{ 上}) \tag{5.82}$$

时,其解的个数等于

$$l'_n=m-n \tag{5.83}$$

9. 现在考虑任意(多连通)域 G 的情形下形如式(5.77)的边值问题. 此问题的解显然可写成

$$\Phi(z)=-c_n-c_{n-1}(z-a)-\cdots-c_1(z-a)^{n-1}+(z-a)^n\Phi_0(z) \tag{5.84}$$

其中 $c,\cdots,c_n$ 是未定的复的常数,而 Φ_0 是新的要求的全纯函数,那么对 Φ_0 将有边界条件

$$\operatorname{Re}[\Phi_0(z)]=\operatorname{Re}\sum_{k=1}^{n}c_k(z-a)^{-k} \tag{5.85}$$

根据等式(5.23),这个问题的可解条件将有形式

$$\operatorname{Re}\sum_{k=1}^{n} c_k \frac{1}{2\pi i}\int_{\Gamma} \frac{\Phi_j(z)}{(z-a)^k}dz$$

$$\equiv \operatorname{Re}\sum_{k=1}^{n} \frac{c_k}{(k-1)!}\Phi_j^{(k-1)}(a) = 0 \quad (j=1,\cdots,m)$$

这样一来,得到下面的方程组

$$c_1'\Phi_j(a) + \bar{c}_1' \overline{\Phi_j(a)} + \cdots + c_n'\Phi_j^{(n-1)}(a) + \bar{c}_n' \overline{\Phi_j^{(n-1)}(a)} = 0$$
$$(j=1,\cdots,m) \tag{5.86}$$

其中

$$c_k' = \frac{c_k}{(k-1)!} \quad (k=1,\cdots,n)$$

如我们在上面第 3 段中所看到的,函数 $\Phi_k(z)$ 仅依赖于域. 因此方程组(5.86)的系数矩阵仅依赖于域 G 和点 a 的选择. 于是这个矩阵的秩 r 仅依赖于域 G 及点 a:$r = r(a,G)$.

因为我们认为 $2n < m$,则显然

$$0 < r \leqslant 2n \tag{5.87}$$

边值问题(5.85) 将有 $2n - r + 1$ 个线性独立解. 因此由公式(5.84),边值问题(5.77) 的解的个数由公式

$$l = 2n - r + 1 \tag{5.87a}$$

所确定.

设 v 为某个数,满足不等式(5.87). 用 $M_v(a,G)$ 表示这样的点 $a \in G$ 的集合. 在这些点,方程组(5.86) 的系数矩阵之秩等于 v.

在前段中我们见到,存在域 G,在其中 $M_n(a,G)$ 不空. 现在我们要证明,对所有域 G,$M_{2n}(a,G)(2n < m)$ 是在 G 内处处稠密的开集.

先证明下面的引理.

引理 1 设 $f_1(z),\cdots,f_n(z)$ 是域 G 内的全纯函数,并设 $\Delta_n(z)$ 是 n 阶行列式,其第 k 行的元素,当 n 是偶数时为

$$f_k, \bar{f}_k, f_k', \bar{f}_k', \cdots, f_k^{(\frac{n-2}{2})}, \overline{f_k^{(\frac{n-2}{2})}} \tag{5.88}$$

当 n 是奇数时为

$$f_k, \bar{f}_k, \cdots, f_k^{(\frac{n-3}{2})}, \overline{f_k^{(\frac{n-3}{2})}}, f_k^{(\frac{n-1}{2})} \tag{5.89}$$

为了要使这一组在域 G 内全纯的函数 $f_1,\cdots,f_n$ 在实数域内线性独立,其充要条件是至少在域 G 内存在一点 z_0,使

$$\Delta_n(z_0) \neq 0 \tag{5.90}$$

证 条件的充分性的证明非常容易. 如果 $f_1,\cdots,f_n$ 线性相关,则

$$c_1f_1(z)+\cdots+c_nf_n(z)\equiv 0 \tag{5.91}$$

其中 $c_1,\cdots,c_n$ 是某些实常数，并且 $c_1^2+\cdots+c_n^2>0$，将等式(5.91)接连微分 $\left[\frac{n-2}{2}\right]$ 次，并同样地考虑与它共轭的复数的等式，就得到对 $c_1,\cdots,c_n$ 的以 $\Delta_n(z)$ 为行列式的线性齐次方程组. 由此显见，只要在一点上 $\Delta(z)\neq 0$，所有的 c_j 就将都等于零. 这就证明了条件(5.90)的充分性.

现在证明此条件的必要性，首先考虑 $n=2$ 的情形. 如果

$$\Delta_2(z)\equiv f_1(z)\overline{f_2(z)}-\overline{f_1(z)}f_2(z)\equiv 0 \quad (\text{在 } G \text{ 内})$$

则方程组

$$c_1f_1(z)+c_2f_2(z)=0,\; c_1\overline{f}_1(z)+c_2\overline{f}_2(z)=0$$

将有非零的实解 c_1,c_2，并且在使 $f_1(z)\neq 0$ 的点的邻域内，显然 c_2 恒不为零. 因此将有

$$\alpha f_1(z)+f_2(z)\equiv 0 \quad \left(\alpha=\frac{c_1}{c_2}\right) \tag{5.92}$$

将此等式的两边对 $\bar{z}$ 微分，得到

$$\alpha_{\bar{z}}f_1(z)\equiv 0,\text{即 } \alpha_{\bar{z}}\equiv 0$$

因为 α 是实数，则由此可得 $\alpha=$常数. 因此，由式(5.92)，函数 f_1 和 f_2 线性相关，这与我们的假定相矛盾.

现在为了要对任意的 n 证明引理，只需证明，如果引理对 k 个函数 $f_1,f_2,\cdots,f_k$，$k<n$ 成立时，则它也对 $k+1$ 个函数 $f_1,f_2,\cdots,f_k,f_{k+1}$ 成立. 如果不然，即假设存在点 z_0 的某一个邻域 G_0，使得

$$\Delta_k(z)\neq 0,\Delta_{k+1}(z)\equiv 0 \quad (\text{在 } G_0 \text{ 内})$$

先设 k 是偶数，那么由最后的等式，方程组

$$\sum_{i=1}^{k+1}c_if_i^{(j)}(z)=0,\sum_{i=1}^{k+1}c_i\overline{f_i^{(j)}(z)}=0 \quad \left(j=1,2,\cdots,\frac{k-2}{2}\right) \tag{5.93}$$

$$\sum_{i=1}^{k+1}c_if_i^{\left(\frac{k}{2}\right)}(z)=0 \tag{5.94}$$

有非零解 $c_1,\cdots,c_k,c_{k+1}$，并且 c_{k+1} 在 G_0 内处处不为零. 这立刻可以由条件在 G_0 内 $\Delta_k(z)\neq 0$ 得到.

用 c_{k+1} 除所有等式(5.93)和(5.94)，得到

$$\sum_{i=1}^{k}\alpha_if_i^{(j)}(z)=-f_{k+1}^{(j)}(z),\sum_{i=1}^{k}\alpha_i\overline{f_i^{(j)}(z)}=-\overline{f_{k+1}^{(j)}(z)} \quad \left(j=0,1,\cdots,\frac{k-2}{2}\right) \tag{5.95}$$

$$\sum_{i=1}^{k}\alpha_i f_i^{(\frac{k}{2})}(z)+f_{k+1}^{(\frac{k}{2})}(z)=0\quad\left(\alpha_i=\frac{c_i}{c_{k+1}}\right)\tag{5.96}$$

因为$\Delta_k(z)\neq 0$,则方程组(5.95)有唯一的非全零的实解$\alpha_1,\cdots,\alpha_k$,而且也满足等式(5.96).将等式(5.95)对$\bar{z}$微分,然后由这个等式及等式(5.96),我们就得到

$$\sum_{i=1}^{k}\frac{\partial\alpha_i}{\partial\bar{z}}f_i^{(j)}(z)=0,\sum_{i=1}^{k}\frac{\partial\alpha_i}{\partial\bar{z}}\overline{f_i^{(j)}(z)}=0\quad\left(j=1,\cdots,\frac{k-2}{2}\right)$$

但这个方程组的行列式等于$\Delta_k(z)$,按条件在G_0内不等于零.因此

$$\frac{\partial\alpha_i}{\partial\bar{z}}\equiv 0,\text{即 }\alpha_i=\text{常数}\quad(i=1,\cdots,k)$$

但是由等式(5.95),这意味着函数$f_1,\cdots,f_k,f_{k+1}$线性相关,这就与引理的条件矛盾.对于k为奇数的情形也不难类似的引出证明.这个引理在一般情形下已得证.

现在回到边值问题$\mathring{A}_n(a)$

$$\mathrm{Re}[(z-a)^{-n}\Phi(z)]=0\quad(\text{在 }\Gamma\text{ 上})\tag{5.97}$$

并且假定,这样的选择点a,使函数组$\Phi_1(z),\cdots,\Phi_{2n}(z)$的行列式$\Delta_{2n}(a)$不等于零.在此情况下,显然方程组(5.86)仅允许有显易解$c_1=0,\cdots,c_n=0(2n<m)$.因此问题(5.85)有唯一解$\Phi_0=\mathrm{i}c$(c为实常数),且根据式(5.84),边值问题(5.77)仅有唯一解

$$\Phi=\mathrm{i}c(z-a)^n$$

这样一来,在所考虑的情况下,问题$A_n(a)$的解有最少的个数,即$l=1$,并且如(5.87a)所见,$r=2n$.对于成立此关系的点集a在G内是开的,而且是处处稠密的.这意味着仅在特殊情况下:当点a和域G都特别选取时,问题$\mathring{A}_n(a)$才可能有多于一个解.这种情况我们并不把它除外,这已在前段例子中指出.

10.现在考虑边界条件(5.74),这个条件可写成形式(问题$A(a_1,\cdots,a_n)$)

$$\mathrm{Re}\left[\frac{\Phi(z)}{\Omega_n(z)}\right]=0,\Omega_n(z)=\prod_{k=1}^{n}(z-a_k)$$

其中Φ是G内所求的全纯函数.我们可把此函数表示成形式(当$i\neq k$时,认为$a_i\neq a_k$)

$$\frac{\Phi(z)}{\Omega_n(z)}=-\sum_{k=1}^{n}\frac{c_k}{z-a_k}+\Phi_0(z)\tag{5.98}$$

那么对Φ_0将有边界条件

$$\mathrm{Re}[\Phi_0(z)]=\mathrm{Re}\sum_{k=1}^{n}\frac{c_k}{z-a_k}\tag{5.99}$$

根据等式(5.23),此问题的可解条件是

$$\mathrm{Re}\sum_{k=1}^{n} c_k \Phi_j(a_k)=0 \quad (j=1,\cdots,m) \tag{5.100}$$

设 r 是此方程组的系数矩阵的秩. 它显然仅依赖于点 $a_1,\cdots,a_n$ 及域 G 的选择: $r=r(a_1,\cdots,a_n,G)$,并且

$$0\leqslant r(a_1,\cdots,a_n,G)\leqslant 2n \tag{5.101}$$

齐次问题(5.97)的解的个数显然等于 $2n+1-r$. 用 $M_r(a_1,\cdots,a_n,G)$ 表示域 G 内满足条件(5.101)的点 $a_1,\cdots,a_n$ 的集合. 现在重要的是说明,是否对于所有固定的 $r(0\leqslant r\leqslant 2n)$ 都存在域 G,对于这域而言 $M_r(a_1,\cdots,a_n,G)$ 不空. 下面我们可以相信,对所有域 G 而言,$M_{2n}(a_1,\cdots,a_n,G)$ 不空,并且此集是在 G 内处处稠密的开集.

现在证明下面引理:

引理 2 设 $f_1(z),\cdots,f_n(z)$ 是在 G 内的全纯函数,并设 $\Delta_n(z_1,\cdots,z'_n)$, $n'=\left[\dfrac{n+1}{2}\right]$,是行列式,其第 k 行元素当 n 是偶数时为

$$f_k(z_1),\overline{f_k(z_1)},\cdots,f_k(z_{n'}),\overline{f_k(z_{n'})}$$

当 n 是奇数时为

$$f_k(z_1),\overline{f_k(z_1)},\cdots,f_k(z_{n'-1}),\overline{f_k(z_{n'-1})},f_k(z_{n'})$$

当且仅当在域 G 内存在一组点 $z_1,\cdots,z_{n'}$,使

$$\Delta_n(z_1,\cdots,z_{n'})\neq 0 \tag{5.102}$$

时,函数 $f_1,\cdots,f_n$ 就在实数域内线性独立.

证明 这个条件的充分性可以像条件(5.90)一样地证明,因此不在这里重复. 条件(5.102)当 $n=2$ 时的必要性是显然的,因为在这种情形引理 1 与引理 2 相同. 因此为了要对任意的 $n>2$ 证明引理,只需证明,如果引理对函数 $f_1,\cdots,f_k$ 成立,则对函数 $f_1,\cdots,f_k,f_{k+1}(k\leqslant n-1)$ 仍成立. 如果不然,即设存在一组点 $z_1,\cdots,z_{k'}$ 使

$$\Delta_k(z_1,\cdots,z_{k'})\neq 0 \quad \left(k'=\left[\frac{k+1}{2}\right]\right) \tag{5.103}$$

成立,但是对任意点 z 等式

$$\Delta_{k+1}(z_1,\cdots,z_{k'},z)=0$$

成立. 由最后的等式知道方程组

$$\sum_{i=1}^{k+1} c_i f_i(z_j)=0,\ \sum_{i=1}^{k+1} c_i\,\overline{f_i(z_j)}=0 \quad (j=1,\cdots,k') \tag{5.101}$$

$$\sum_{i=1}^{k+1} c_i f_i(z) = 0$$

有非显易解 $c_1,\cdots,c_k,c_{k+1}$，并且不难看出，c_{k+1} 在域 G 内处处不为零，因此用 c_{k+1} 除所有等式(5.104)，即得

$$\sum_{i=1}^{k} \alpha_i f_i(z_j) = -f_{k+1}(z_j),\ \sum_{i=1}^{k} \alpha_i \overline{f_i(z_j)} = -\overline{f_{k+1}(z_j)} \quad (j=1,\cdots,k') \tag{5.105}$$

$$\sum_{i=1}^{k} \alpha_i f_i(z) + f_{k+1}(z) = 0 \quad (\alpha_i = \frac{c_i}{c_{k+1}}) \tag{5.106}$$

由式(5.103)可知方程组(5.105)有唯一解 $\alpha_1,\cdots,\alpha_k$，并且 α_j 是仅依赖于 $z_1,\cdots,z_{k'}$ 而不依赖于 z 的实数，此外，对于 z 的任意值，都满足等式(5.106). 这样一来，$f_1,\cdots,f_k,f_{k+1}$ 线性相关，这与我们的假设相矛盾.

显然，满足条件(5.102)的点集，在一切可能有的点组$(z_1,\cdots,z_{n'})$，$z_i \in G$ 的集合中，即在$\underbrace{G\times G\times\cdots\times G}_{n'}$中是处处稠密的开集. 换句话说，不存在 $G\times G\times\cdots\times G$ 的子集，它的所有点满足条件

$$\Delta_n(z_1,\cdots,z_{n'}) \equiv 0$$

现在回到问题(5.97)，假定选取点 $a_1,\cdots,a_n$，使函数 $\Phi_1,\cdots,\Phi_{2n-1}$ 的行列式 $\Delta_n(a_1,\cdots,a_n)$ 不等于零. 因为由条件 $2n-1<m$，则函数 $\Phi_1,\cdots,\Phi_{2n-1}$ 线性独立，而这根据引理2是可能的. 在这种情况下，方程组(5.100)只有零解 $c_1=\cdots=c_n=0$，因此问题(5.97)仅有如下的解

$$\Phi = \mathrm{i}c\Omega_n(z) \quad (c\ \text{是实常数})$$

这样一来，在所考虑的情况下，问题 $A(a_1,\cdots,a_n)$ 的解有最少的个数，即 $l=1$，因此 $r=2n$. 此外显然可见，使这个结论成立的集合 $M_{2n}(a_1,\cdots,a_n,G)$ 在 $G\times G\times\cdots\times G$ 中是到处稠密的开集. 这种情况指出齐次边值问题(5.97)仅在特殊的情况下，即在特别选取点组 $a_1,\cdots,a_n$ 或特别选取域 G 时才能有多于一个的解. 这种情况无疑是可能的.

§6 问题 A 的适定性条件

1. 如果边值问题的解永远存在，唯一并且随问题中参数的连续变化而连续变化，通常我们说，边值问题关于所提问题中出现的这一组参数是适定的. 注意“参数”这一术语是在很广泛的意义下使用的. 参数可以理解为问题的解所依

赖的各种不同性质的量(常数参数、方程的系数和方程的右端、边界条件以及域的边界等). 此外,所谓连续变化和关于不同参数的连续依赖性,可以作不同意义的解释. 有一些情形下它可能理解为在通常欧氏度量意义下的或在空间 C 的度量意义下的,另一些情形,它可以理解为在不同的巴拿赫空间的度量意义下的,或在不同拓扑空间的收敛性意义下的.

特别,对于问题 A 而言,研究关于方程系数右端和边界条件,以及关于域 G 的边界 Γ 的某些连续(微小) 变形的适定性问题是有意义的. 在本节中,我们要指出问题 A 的关于方程右端和边界条件的适定性的若干判别法. 问题 A 的关于其他给定条件的适定性问题,我们以后再回过来讨论(本章的 §7,4,第五章的 §10,5 和第四章的附录).

在本节下面几段,我们要指出若干条件,把这些条件和边值问题

$$\mathfrak{E}(w)=\partial_{\bar{z}}w+Aw+B\overline{w}=F(z)\quad(\text{在 }G\text{ 内})\tag{6.1}$$

$$\mathrm{Re}[\overline{\lambda(z)}w(z)]=\gamma(z)\quad(\text{在 }\Gamma\text{ 上})\tag{6.2}$$

结合起来,就能保证变态问题的解的存在性和唯一性,而且也连续依赖于所给始值.

2. 显然,仅当齐次问题 Å 无解,而非齐次问题 A 永远可解(后者仅当共轭齐次问题 Å′ 没有非显易解时才可能发生) 的情况下,问题 A 关于函数 F 和 γ 才可能是适定的. 但是在这种情况下,根据定理 4.3,问题 A 有唯一的解 w,可由公式表示成

$$w(z)=\int_{\Gamma}M(z,\zeta)\gamma(\zeta)\mathrm{d}s+\iint_{G}(M_1(z,\zeta)F(\zeta)+M_2(z,\zeta)\overline{F(\zeta)})\mathrm{d}\xi\mathrm{d}\eta\tag{6.3}$$

其中 M,M_1 和 M_2 是由方程(6.1) 的系数与边界条件(6.2) 所唯一确定,但全不依赖于其右端 F 与 γ. 等式(6.3) 的右端是线性算子,这个算子把任意一对函数 F 与 $\gamma[F\in L_p(\overline{G}),p>2,\gamma\in C_v(\Gamma),0<v<1]$ 和问题 A 的,属于类 $C_\sigma(G+\Gamma)\left[\sigma=\min\left(v,\dfrac{p-2}{p}\right)\right]$ 的解对应起来. 因此,当满足条件 $l=l'=0$ 时,问题 A 对分别属于函数类 $L_p(\overline{G})(p>2)$ 和 $C_v(\Gamma)(0<v<1)$ 的函数 F 与 γ 是适定的.

从式(4.24) 可知,在此情形下将有

$$m=2n+1\tag{6.4}$$

即是说,仅对偶连通域($m=1,3,\cdots$),问题 A 关于 γ 和 F 才可能是适定的. 这一情况是由保亚斯基[11a,a′] 首先注意到的.

由定理 4.10 和定理 4.12 得到,如果 $n<0$ 或 $n>m-1$,问题 A 显然不是

适定的.在第一种情形($n<0$),问题A并非永远可解,但是在可解的情况下就有唯一的解.在第二种情形($n>m-1$),问题A永远可解,但解不是唯一的.这样一来,一般地说,问题的提法不是适定的.因此,重要的是说明,必须怎样改变问题A的提法,以保证其解的存在性和唯一性,而且也保证这解在熟知的意义下是连续依赖于所给数据的.这个问题有特别的兴趣,这主要由于很多几何的和力学的问题都会引到问题A(参考第五章和第六章).

在上述意义下来改变问题A的提法可以有很多不同的方法.例如当$n>m-1$时,附加在边界条件(6.2)上的形如

$$l_j(w)=c_j \quad (j=1,\cdots,k) \tag{6.5}$$

的等式,其中l_j是w的某些齐次可和泛函,而c_j是常数,可以使改变后的问题永远可解而且只有唯一解.例如,取泛函满足条件

$$l_j(w_i)=\delta_{ji} \quad (\delta_{ii}=1,\delta_{ji}=0,j\neq i) \tag{6.6}$$

就可以了,其中$w_i(i=1,2,\cdots,2n+1-m)$是齐次问题$\mathring{A}$的解的完全组.但是这种泛函实际上是不方便的,因它的结构要依赖于齐次问题的解.从实用的观点来看,很有兴趣来考虑这样的泛函l_j,它全不依赖于问题的给值,因而也就不依赖于相应的齐次问题的解.在单连通域情形下,这种泛函已由尼采指出(参看[64a]),而多连通域的情形由什米特指出(参看[97a]).但是尼采所指出的条件具有很特殊的性质,并且难于做几何解释与力学解释.

下面我们要指出改变问题A提法的若干另外的途径,它能更适应于这个问题的几何解释和力学解释.

3.在这一段中我们指出,可以使所求解在域G和其边界的某个有限点集上取确定数值,并以这样的等式来作为附加条件(6.5).

设$z_1,\cdots,z_k$和$z'_1,\cdots,z'_{k'}$分别是域G内和其边界Γ上的任意确定的点,并且满足下面两个条件:(1) 数k和k'满足关系

$$2k+k'=2n+1-m \quad (n>m-1) \tag{6.7}$$

(2) 在$m+1$个边界曲线$\Gamma_0,\Gamma_1,\cdots,\Gamma_m$中,有$m$条曲线,例如$\Gamma_1,\cdots,\Gamma_m$,在其中每一条上有奇数个定点$z'_j$.

在域G内和其边界Γ上的满足这些条件的固定点组称为法式分布$(k,k',G+\Gamma)$集合.对k与k'的选择可能有下面的临界情形:(1)$k=0,k'=2n+1-m$和(2)$k=n-m,k'=m+1$.因此,$0\leqslant k\leqslant n-m,m+1\leqslant k'\leqslant 2n-1-m$.

现在我们给定问题A的未知解在这个集合上的值

$$w(z_j)=a_j+\mathrm{i}b_j \quad (j=1,\cdots,k)$$
$$w(z'_j)=\lambda_j(\gamma_j+\mathrm{i}c_j) \quad (j=1,\cdots,k') \tag{6.8}$$

其中 a_j, b_j 与 c_j 是任意给定的实常数，$\lambda_j = \lambda(z_j')$ 且 $\gamma_j = \gamma(z_j')$. 关于边界点 z_j' 的等式(6.8)，应该预想得到，是会符合于问题 A 的边界条件的

$$\mathrm{Re}[\bar{\lambda}_j w(z_j')] = \gamma_j \quad (j = 1, \cdots, k')$$

我们要证明，在附加条件(6.8)下问题 A 永远有解而且是唯一的.

根据定理 4.12，问题的一般解(当 $m < n+1$)具有下列形式

$$w(z) = w_0(z) + \sum_{j=1}^{2n+1-m} d_j w_j(z) \tag{6.9}$$

其中 w_0 是非齐次问题 A 的特解，d_j 是任意实常数，w_j 是齐次问题 Å 的解的完全组. 使这个解满足附加条件(6.8)，我们就得到下面用以确定常数 d_j 的线性方程组

$$\begin{cases} \displaystyle\sum_{i=1}^{2n+1-m} d_i w_i(z_j) = a_j + \mathrm{i} b_j - w_0(z_j) \quad (j = 1, \cdots, k) \\ \displaystyle\sum_{i=1}^{2n+1-m} d_i w_i(z_j') = \lambda_j(\gamma_j + \mathrm{i} c_j) - w_0(z_j') \quad (j = 1, \cdots, k') \end{cases} \tag{6.10}$$

我们要证明，这个方程组对于任意右端都有解. 设 d_j^0 为对应的齐次方程组的非显易解. 在这种情况下

$$w_*(z) = \sum_{i=1}^{2n+1-m} d_i^0 w_i(z) \tag{6.11}$$

是齐次问题 Å 的解，此外还满足齐次的点型条件

$$\begin{aligned} &w_*(z_j) = 0 \quad (j = 1, \cdots, k) \\ &w_*(z_j') = 0 \quad (j = 1, \cdots, k') \end{aligned} \tag{6.12}$$

这表明 $w_*(z)$ 以内点 $z_1, \cdots, z_k$ 及边界点 $z_1', \cdots, z_{k'}'$ 为零点. 按条件，在 m 个边界曲线 $\Gamma_1, \cdots, \Gamma_m$ 上各有集合 $z_1', \cdots, z_k'$ 中的奇数个点. 但由定理 4.7，在每一边界线上只能有齐次问题 Å 的解的偶数个零点. 所以在所指的边界上至少还有函数 $w_*(z)$ 的一个零点. 因此，$w_*(z)$ 至少具有 $N_\Gamma = k' + m$ 个边界零点和 $N_G = k$ 个内部零点. 但由式(6.7)，N_Γ 与 N_G 满足关系

$$2N_G + N_\Gamma = 2n + 1$$

这与定理 4.7 相矛盾. 由此推出，$w_*(z) \equiv 0$，因而 $d_j^0 = 0 (j = 1, \cdots, 2n+1-m)$. 这证明了方程组(6.10)对任意右端都有解. 这样就证明了下面定理.

定理 4.13 如在法式分布$(k, k', G+\Gamma)$的点集上给定形如(6.8)的条件，则当 $n > m-1$ 时问题 A 永远有满足这些条件的解，并且这样的解是唯一确定的且连续依赖于 F 和 γ. 它还连续地依赖于点 z_j 和 z_j'，并且线性地包含着常数 $a_j, b_j (j = 1, \cdots, k)$ 和 $c_j (j = 1, \cdots, k')$.

在下章我们要说明条件(6.8)的几何的和力学的意义.

4. 现在我们考虑 $n\leqslant m-1$ 的情形. 一般来说,这时问题A在连续函数类中并非永远有解. 因此,自然产生这种问题:在这种情形下,是不是把所求解的类扩充一下,就能保证问题A的解存在并且是唯一的? 我们下面将证明,如果在域 G 内有某些预先固定极点的函数类中找问题的解,那么就是可以保证的. 在第五章和第六章中将说明这样提法下的问题的几何意义和力学意义.

设 $z_1,\cdots,z_k$ 为域 G 内若干定点,其中 $k=m-n$. 我们要在形如

$$w(z)=Q(z)\widetilde{w}(z),Q(z)=\prod_{j=1}^{k}(z-z_j)^{-1} \tag{6.13}$$

的函数类中找问题A的解,其中 $\widetilde{w}(z)$ 是在 $G+\Gamma$ 连续的函数,它是下面边值问题

$$\partial_{\bar z}\widetilde{w}+A\widetilde{w}+\widetilde{B}\overline{\widetilde{w}}=\widetilde{F}\quad(在\ G\ 内)$$

$$\mathrm{Re}[\overline{\widetilde{\lambda}(z)}\widetilde{w}(z)]=\gamma\quad(在\ \Gamma\ 上) \tag{6.14}$$

的解,其中

$$\widetilde{B}=B=\frac{\overline{Q(z)}}{Q(z)},\widetilde{F}=\frac{F(z)}{Q(z)},\widetilde{\lambda}=\lambda(z)\cdot\overline{Q(z)}$$

这个边值问题的指数等于

$$\widetilde{n}=n+k=m$$

对问题(6.14)附加具有下列形式的点型条件

$$\bar{\lambda}_j w(z_j')\equiv\bar{\widetilde{\lambda}}_j\widetilde{w}(z_j')=\gamma_j+\mathrm{i}c_j\quad(j=0,1,\cdots,m)$$

其中 z_j' 为在 $\Gamma_i(j=0,1,\cdots,m)$ 上的任意定点,c_j 是任意给定的实常数,则由定理4.13,我们的问题就永远可解,是唯一解,而这解可表示成下式

$$\widetilde{w}(z)=\widetilde{w}_*(z)+\sum_{i=0}^{m}c_i\widetilde{w}_i(z)$$

其中 $\widetilde{w}$ 是所述问题在 $c_i=0(i=0,1,\cdots,m)$ 时的解,而 $\widetilde{w}_1$ 是齐次问题($\widetilde{F}=0$,$\gamma=0$)的满足等式

$$\widetilde{w}_i(z_j')=\delta_{ij}\quad(i,j=0,1,\cdots,m) \tag{6.15}$$

的解.

由此,根据公式(6.13)立刻推出下面的定理.

定理4.14 如果 $n<m$,则问题A永远有形如式(6.13)的唯一的解,并满足形如

$$\bar{\lambda}_j w(z_j')=\gamma_j+\mathrm{i}c_j\quad(j=0,1,\cdots,m) \tag{6.16}$$

的附加条件,其中 z_j' 是边界 Γ_j 上的任意定点,而 $c_0,c_1,\cdots,c_m$ 是任意给定的实

常数.

我们现在可以写出在正规函数类中问题A可解的充要条件. 显然这些条件就是下面的等式

$$\sum_{i=0}^{m} c_i \widetilde{w}_i(z_j) = -\widetilde{w}_*(z_j) \quad (j=1,\cdots,m-n) \tag{6.17}$$

这样,我们就有 $2m-2n$ 个实方程来确定 $m+1$ 个实常数.

设 r 为方程组(6.17)的矩阵的秩:$r \leqslant \min(m+1,2m-2n)$. 显然问题 $\mathring{A}$ 有 $l=m+1-r$ 个解,而非齐次问题 A 当且仅当满足等式

$$\sum_{j=1}^{m-n} X_{ij} \widetilde{w}_*(z_j) = 0 \quad (i=1,\cdots,l'=2m-2n-r)$$

时可解,其中 X_{ij} 是方程组(6.17)的矩阵的子式. 显然这些等式应与前面得到的问题 A 有解的充要条件(2.5)相符合(§2,1).

因 $l=m+1-r$, $l'=2m-2n-r$,所以我们重新得到公式

$$l-l'=2n+1-m$$

这表示了相互共轭的齐次问题 A 和 $\mathring{A}$ 的解的个数之差(§4,4).

如果 $n<0$,当齐次问题 $\mathring{A}$ 在域 G 内有极点,且极点的个数小于 $-n$ 时,则根据不等式(4.17r)立刻知道齐次问题 $\mathring{A}$ 没有解. 由此,当 $n<0$ 时,$l=m+1-r=0$,即方程组(6.17)的矩阵的秩等于 $m+1$. 由此容易证明下面定理.

定理 4.15 如果 $n<0$,则问题 A 永远在这样的函数类中有解,其中的函数在 G 内有任意固定的极点,而极点的个数是由下面等式

$$p=\frac{1}{2}(m-2n-1) \quad (m \text{ 为奇数})$$

或

$$p=\frac{1}{2}(m-2n) \quad (m \text{ 为偶数})$$

所确定的.

此外,如 m 为奇数,则问题的解唯一确定,而如 m 为偶数,则解簇线性地包含一个任意实常数.

对于单连通域的情形,这个定理是由什米特[976] 用多少有些不同的方法得到的.

上面的结果在某种程度上说明问题 A 的不适定性的程度. 给问题 A 附加某些新的条件,按确定方式来限制方程的所求解的类,或者反过来,扩充所考虑的解的类,使之有极点,或者最后,按确定的方式,同时限定而又扩充解的类,这样,我们就得出问题的特殊提法,使其具有适定性. 特别当 $n>m-1$ 时,我们需

要按确定方式[例如,附加形如(6.8)的点型条件]来缩小连续解的类,以保证问题 A 的适定性.因此,在所述情形($n > m-1$)下,问题 A 称为拟适定问题.

相反的,在另外情形下,当我们需要扩充所考虑的解的函数类,使其具有极点时,我们将称问题 A 是伪适定的.

最后我们应注意,问题在伪适定情形下,依靠不完全给定方程右端和边界条件,可以在连续解类中得到适定的提法.在解析函数类中对于狄利克雷问题的这种变形提法曾由穆斯赫利什维利所研究(参看[60a],第三章,§1).在单连通域情形下,对于问题 A 的类似问题曾被尼采[64a] 分析过.

5.现在我们考虑特殊情形 $0 \leqslant n \leqslant m-1$.若 $r < m+1$,则问题 Å 有连续解,它在 $m-r$ 条不同边界上至少各有一个零点.事实上,不失一般性,我们可以假定方程组(6.17)的矩阵的 r 阶主子式异于零.那么对应的齐次方程组的解可写成

$$c_i = A_{ir}c_r + \cdots + A_{im}c_m \quad (i=0,\cdots,r-1)$$

因此,齐次问题 Å 可有形如

$$w(z) = Q(z)\sum_{j=r}^{m} c_j \widetilde{w}'_j(z)$$

的连续解,其中

$$\widetilde{w}'_j(z) = \widetilde{w}_j(z) + \sum_{i=0}^{r-1} A_{ij}\widetilde{w}_i(z) \quad (j=r,r+1,\cdots,m)$$

但由式(6.15),如 $i \geqslant r$ 且 $i \neq j$,则 $\widetilde{w}'_j(z'_i)=0$.因此,齐次问题 Å 就有连续解 $w=Q\widetilde{w}'_r(z)$,它具有 $m-r$ 个零点 $z'_{r+1},\cdots,z'_m$,这些零点按条件位于不同的边界上.因此,由定理 4.7,它在 Γ 上至少有 $2m-2r$ 个零点,而按照(4.19)有不等式

$$r \geqslant m-n$$

它给出对 r 的下界.由此得不等式

$$l = m+1-r \leqslant n+1$$

这给出齐次问题 Å 的解的个数的上界,正如我们前面(§5,8)所看到的,这个界实际上是可以达到的.

这样,我们就建立了:当 $0 \leqslant n \leqslant m-1$ 时,齐次问题 Å 的解的个数满足不等式

$$0 \leqslant l \leqslant n+1 \tag{6.18}$$

这个我们已在前面(§4,5)指出过.这个不等式在那种意义下是确切的,即对于 l 的临界值,$l=0$ 和 $l=n+1$ 时,是可以实现的.但是正如前节的讨论所指出的,如 $n \leqslant \frac{1}{2}m$,通常都实现了 $l=0$ 的情形,其余的情形,仅当边界条件(即函数

λ)，方程 $\mathfrak{C}(w)=0$ 的系数和域都经特别选定时才能实现.

在 §5 曾指出，分别对应于 $l=0,1$ 和 $n+1$ 各种情形的一些例子. 还值得要指出对应于其他情形 $1<l<n+1$ 的例子.

为了了解关于问题 Å 的特殊情形 $0\leqslant n\leqslant m-1$ 的其他结果，我们介绍读者看第四章的附录，其中特别包含着在工作[11e] 中给出的不等式(6.18) 的证明.

§7 借助于域上的积分方程来解问题 A · 广义对称原理的应用 · 广义施瓦兹积分

1. 在本节中我们将不采用环路积分来表示通解，而引入一种新的弗雷德霍姆型方程来解问题 A. 与上面的情况不同我们这里遇到的方程含有域上的积分(参看[14a]，§8.9).

我们限于研究单连通域的情况，且保持以前对这问题的其他条件. 在这种情况下不失一般性我们可以认为 G 是圆 $|z|<1$. 此外我们将认为问题 A 的边界条件已化成标准型(§3)

$$\partial_{\bar{z}}w+B\overline{w}=F\quad(G\text{ 内})$$

$$\operatorname{Re}[z^{-n}w(z)]=\gamma(z)\quad(\Gamma\text{ 上})\tag{7.1}$$

这里 n 是整数.

问题 A 的解显然适合积分方程

$$w(z)-\frac{1}{\pi}\iint_G\frac{B(\zeta)\ \overline{w(\zeta)}}{\zeta-z}\mathrm{d}\xi\mathrm{d}\eta=\Phi(z)+T_GF\tag{7.2}$$

这里 $\Phi(z)$ 是某个在 G 内的解析函数，而

$$T_GF=-\frac{1}{\pi}\iint_G\frac{F(\zeta)\mathrm{d}\xi\mathrm{d}\eta}{\zeta-z}\tag{7.3}$$

若我们能将 Φ 表示成这样的形式，使得方程(7.2) 的解适合问题(7.1) 的边界条件，则积分方程(7.2) 等价于问题 A.

2. 先考虑 $n\geqslant 0$ 的情况，且 Φ 有下面的形式

$$\Phi(z)=\Phi_0(z)+\frac{z^{2n+1}}{\pi}\iint_G\frac{\overline{B(\zeta)w(\zeta)}}{1-\bar{\zeta}z}\mathrm{d}\xi\mathrm{d}\eta-\frac{z^{2n+1}}{\pi}\iint_G\frac{\overline{F(\zeta)}}{1-\bar{\zeta}z}\mathrm{d}\xi\mathrm{d}\eta\tag{7.4}$$

这里 Φ_0 是在 G 内的新的未知解析函数. 把表示式(7.4) 代入等式(7.2) 的右边，我们得到下面的对于未知函数 w 的弗雷德霍姆型积分方程

$$w(z)+P_n(B\overline{w})=\Phi_0(z)+P_nF \tag{7.5}$$

这里

$$P_nf=-\frac{1}{\pi}\iint_G\left(\frac{f(\zeta)}{\zeta-z}+\frac{z^{2n+1}\overline{f(\zeta)}}{1-\overline{\zeta}z}\right)\mathrm{d}\xi\mathrm{d}\eta \tag{7.6}$$

以 G' 来记单位圆 $|z|\leqslant 1$ 的外部,我们还可以把 P_nf 表示成下面的形式

$$P_nf=T_Gf+z^{2n+1}T_{G'}f_1 \tag{7.7}$$

这里

$$T_{G'}f_1\equiv-\frac{1}{\pi}\iint_{G'}\frac{f_1(\zeta)\mathrm{d}\xi\mathrm{d}\eta}{\zeta-z},f_1(\zeta)=\frac{\overline{f\left(\frac{1}{\overline{\zeta}}\right)}}{\zeta\overline{\zeta}^2} \tag{7.8}$$

根据定理 1.24,定理 1.25 及定理 1.29,从式(7.7) 推出,算子

$$Q_nf\equiv P_n(B\overline{f}) \tag{7.9}$$

是线性的(在实数域上),并在空间 $C(\overline{G})$ 与 $Lq(\overline{G})\left(q\geqslant\dfrac{p}{p-1}\right)$ 内是完全连续的,且把 $C(\overline{G})$ 映到 $C_{\frac{p-2}{p}}(\overline{G})$,而当 $q\geqslant\dfrac{2p}{p-1}$ 时把 $L_q(\overline{G})$ 映到 $C_v(\overline{G})$,这里 $v=1-2\left(\dfrac{1}{p}+\dfrac{1}{q}\right)$. 若 $\dfrac{p}{p-1}\leqslant q\leqslant\dfrac{2p}{p-2}$,那么 Q_nf 属于 $L^{\alpha}_{p_1}(\overline{G})$ 类,这里

$$p_1=\frac{1}{\dfrac{1}{p}+\dfrac{1}{q}-\dfrac{1}{2}+\alpha}$$

这里 α 为固定的充分小的正数. 此外若 $f\in L_q(G)$, $q\geqslant\dfrac{p}{p-1}$,则存在这样的一个整数 m,使得 Q_n^mf 属于某一 $C_\beta(\overline{G})$, $0<\beta<1$. 容易看出,$L_p(\overline{G})$ 类中任一函数 f, $p>2$,满足条件

$$\mathrm{Re}[z^{-n}P_nf]=0\quad(\text{在 }\Gamma\text{ 上}) \tag{7.10}$$

所以,若解析函数 Φ_0 适合边界条件

$$\mathrm{Re}[z^{-n}\Phi_0(z)]=\gamma\quad(\text{在 }\Gamma\text{ 上}) \tag{7.11}$$

则积分方程(7.5) 的解是问题 A 的解. 反之,若 w 为问题 A 的解,则可求出这样一个在 G 内解析且适合边界条件(7.11) 的函数 Φ_0,使 w 适合积分方程(7.5).

问题(7.11) 的通解,如我们在前面 §1 中所见到的,可由公式

$$\Phi_0(z)=\frac{z^n}{2\pi\mathrm{i}}\int_\Gamma\gamma(t)\frac{t+z}{t-z}\frac{\mathrm{d}t}{t}+\sum_{k=0}^{2n}c_kz^k \tag{7.12}$$

给出,这里 c_k 为满足下列关系的复常数

$$c_{2n-k} = -\bar{c}_k \quad (k=0,1,\cdots,n) \tag{7.13}$$

即

$$\sum_{k=0}^{2n} c_k z^k = \sum_{k=0}^{n-1} \alpha_k (z^k - z^{2n-k}) + \mathrm{i}\beta_k (z^k + z^{2n-k}) + \mathrm{i} c_0 z^n$$

这里 c_0, α_k 及 β_k 为任意实常数.

这样一来,当 $n \geqslant 0$ 时问题 A 化为下面的等价的弗雷德霍姆型方程

$$w + Q_n w = P_n F + \frac{z^n}{2\pi \mathrm{i}} \int_\Gamma \gamma(t) \frac{t+z}{t-z} \frac{\mathrm{d}t}{t} + \sum_{k=0}^{2n} c_k z^k \tag{7.14}$$

不论 c_k 是怎样的复常数,只要它们满足条件(7.13),方程(7.14)的解就是问题 A 的解.

现在证明,方程(7.14)对属于 $L_q(G+\Gamma)\left(q \geqslant \frac{p}{p-1}\right)$ 的任意右端有解. 如上面所指出的,Q_n 是在任意的 $L_q\left(q \geqslant \frac{p}{p-1}\right)$ 中的完全连续算子. 所以若我们能证明齐次方程 $w + Q_n w = 0$ 在 L_q 类$\left(q \geqslant \frac{p}{p-1}\right)$内没有非零解,则就证明了我们的断言. 但是利用定理 1.29 容易看出这个方程在 $L_q\left(q \geqslant \frac{p}{p-1}\right)$ 内的解在 $G+\Gamma$ 上连续. 所以问题就归结到要证明方程 $w + Q_n w = 0$ 没有连续的非零解. 这个方程我们能写成如下的形式

$$w(z) - \frac{1}{\pi} \iint_G \frac{B(\zeta)\overline{w(\zeta)}}{\zeta - z} \mathrm{d}\xi \mathrm{d}\eta = \frac{z^{2n+1}}{\pi} \iint_G \frac{\overline{B(\zeta) w(\zeta)}}{1 - \bar{\zeta} z} \mathrm{d}\xi \mathrm{d}\eta \tag{7.15}$$

它的右边在 G 内解析、在 $G+\Gamma$ 上连续,而左边的积分在全平面上连续,在 $G+\Gamma$ 外解析并在无穷远处为零. 设 $z \in \Gamma$. 在等式(7.15)的两边乘以

$$\frac{1}{2\pi \mathrm{i}} \frac{\mathrm{d}z}{z-t} \quad (t \in G)$$

然后在 Γ 上取两边的积分. 这时根据柯西定理与柯西公式得到

$$\frac{1}{2\pi \mathrm{i}} \int_\Gamma \frac{w(z)\mathrm{d}z}{z-t} = \frac{t^{2n+1}}{\pi} \iint_G \frac{\overline{B(\zeta) w(\zeta)}}{1 - t\bar{\zeta}} \mathrm{d}\xi \mathrm{d}\eta$$

若将等式的左边与右边展成 t 的幂级数,$|t| < 1$,则得到

$$\int_\Gamma w(z) \mathrm{e}^{-\mathrm{i}k\theta} \mathrm{d}\theta = 0 \quad (k=0,1,\cdots,2n, z=\mathrm{e}^{\mathrm{i}\theta}) \tag{7.16}$$

此外,方程(7.15)的解适合齐次方程 $\mathfrak{C}(w)=0$ 及齐次边界条件

$$\mathrm{Re}[z^{-n} w(z)] = 0 \quad (\text{在 } \Gamma \text{ 上}) \tag{7.17}$$

所以我们可以把 w 表示成形式(第三章,§4)

$$w(z) = \Phi(z) \mathrm{e}^{p(z)} \tag{7.18}$$

这里 Φ 为 z 在 G 内的解析函数,而

$$p(z)=-\frac{1}{\pi}\iint_G\left\{\frac{f(\zeta)}{\zeta-z}-\frac{z\overline{f(\zeta)}}{1-\overline{\zeta}z}\right\}\mathrm{d}\xi\mathrm{d}\eta\quad\left(f=B\frac{\overline{w}}{w}\right)$$

因为在 Γ 上 $\mathrm{Re}[\mathrm{i}p(z)]=0$,则由式(7.18),边界条件(7.17)取形式

$$\mathrm{Re}[z^{-n}\Phi(z)]=0\qquad(7.19)$$

但是根据公式(7.12),这个问题的通解有形式

$$\Phi(z)=\sum_{k=0}^{2n}c_kz^k$$

这里 c_k 为满足条件(7.13)的复常数.所以根据式(7.18),方程(7.15)的解应该有形式

$$w(z)=\left(\sum_{k=0}^{2n}c_kz^k\right)\mathrm{e}^{p(z)}$$

代入到等式(7.16),得

$$\sum_{k=0}^{2n}c_k\int_\Gamma z^kz^{-l}\mathrm{e}^{p(z)}\mathrm{d}z=0\quad(l=0,1,\cdots,2n)\qquad(7.20)$$

因为(7.20)的线性无关函数系 $z^k\mathrm{e}^{\frac{1}{2}p(z)}(k=0,\cdots,2n;p(z)=\overline{p(z)},z\in\Gamma)$ 的格拉姆行列式不等于零,由此得出 $c_k=0(k=0,1,\cdots,2n)$.这就证明了,齐次方程(7.15)没有非零解.所以非齐次方程(7.14)对属于 $L_q(G+\Gamma)\left(q\geqslant\frac{p}{p-1}\right)$ 的任意右端有(唯一)解.

这样一来,我们证明了当 $n\geqslant0$ 时非齐次问题 A 恒有解,而齐次问题 Å$(F\equiv0,\gamma\equiv0)$ 有 $2n+1$ 个线性无关解.因为这时它等价于积分方程

$$w+Q_nw=\mathrm{i}c_0z^n+\sum_{k=0}^{n-1}\alpha_k(z^k-z^{2n-k})+\mathrm{i}\beta_k(z^k+z^{2n-k})\qquad(7.21)$$

它的右边是含任意实系数的线性无关函数

$$\mathrm{i}z^n,z^k-z^{2nk},\mathrm{i}(z^k+z^{2n-k})\quad(k=0,1,\cdots,n-1)\qquad(7.22)$$

的线性组合.

3.现在考虑 $n<0$ 的情形.在这种情形下要利用上面(7.14)的积分方程显然是不可能的,因为这时它含有一项因子 z^{2n+1},它在 $z=0$ 处有高阶不连续点.所以我们要来考虑函数 $w_0=z^kw$,这里 $k=-n$.因为 $k>0$,则 w_0 在 G 内连续且适合方程

$$\partial_{\overline{z}}w_0+B_0\overline{w}_0=z^kF(z)\quad\left(B_0=B\frac{z^k}{\overline{z}^k}\right)\qquad(7.23)$$

及边界条件

$$\mathrm{Re}(z^k w) \equiv \mathrm{Re}(w_0) = \gamma \quad (\text{在 } \Gamma \text{ 上}) \tag{7.24}$$

然而这个问题对应于我们上段所考虑的问题在 $n=0$ 的情形. 所以, 函数 $w_0 = z^k w$ 适合积分方程

$$z^k w(z) + P_0[z^k(B\overline{w})] = P_0(z^k F) + \frac{1}{2\pi \mathrm{i}}\int_\Gamma \gamma(t)\frac{t+z}{t-z}\frac{\mathrm{d}t}{t} + \mathrm{i}c_0 \tag{7.25}$$

不难得到下面的恒等式

$$\frac{1}{2\pi\mathrm{i}}\int_\Gamma \gamma(t)\frac{t+z}{t-z}\frac{\mathrm{d}t}{t} = \frac{1}{2\pi\mathrm{i}}\int_\Gamma \frac{\gamma(t)}{t}\mathrm{d}t + \sum_{j=1}^{k-1}\frac{z^j}{\pi\mathrm{i}}\int_\Gamma \frac{\gamma(t)\mathrm{d}t}{t^{j+1}} + \frac{z^k}{\pi\mathrm{i}}\int_\Gamma \frac{\gamma(t)\mathrm{d}t}{t^k(t-z)}$$

$$P_0(z^k f) = -\frac{1}{\pi}\iint_G \zeta^{k-1} f(\zeta)\mathrm{d}\xi\mathrm{d}\eta - \frac{z}{\pi}\iint_G (\zeta^{k-2} f(\zeta) + \overline{\zeta}^k\,\overline{f(\zeta)})\mathrm{d}\xi\mathrm{d}\eta + \cdots -$$

$$\frac{z^{k-1}}{\pi}\iint_G (f(\zeta) + \overline{\zeta}^{2k-2}\,\overline{f(\zeta)})\mathrm{d}\xi\mathrm{d}\eta + z^k P_k^*(f)$$

这里

$$P_k^* f = -\frac{1}{\pi}\iint_G \left(\frac{f(\zeta)}{\zeta - z} + \frac{\overline{\zeta}^{2k-1}\,\overline{f(\zeta)}}{1 - z\overline{\zeta}}\right)\mathrm{d}\xi\mathrm{d}\eta \tag{7.26}$$

算子 $P_k^* f$ 还可表示成

$$P_k^* f = T_E f_* = -\frac{1}{\pi}\iint_E \frac{f_*(\zeta)}{\zeta - z}\mathrm{d}\xi\mathrm{d}\eta \tag{7.27}$$

这里

$$f_*(\zeta) = \begin{cases} f(\zeta) & \text{当 } |\zeta| \leqslant 1 \\ \dfrac{1}{\overline{\zeta}^2\zeta^{2k}}\overline{f\left(\dfrac{1}{\overline{\zeta}}\right)} & \text{当 } |\zeta| > 1 \end{cases} \tag{7.28}$$

所以在上面式(7.9)以后所指出的算子 $Q_n f$ 的一般性质可以全部推广到算子

$$Q_k^* f \equiv P_k^*(B\overline{f}) \tag{7.29}$$

即, 这个算子在任何 $L_q(G+\Gamma)\left(q \geqslant \dfrac{p}{p-1}\right)$ 上是完全连续的.

方程(7.25)可改写成下面的形式

$$w(z) + Q_k^*(w) = P_k^* F + \frac{1}{\pi\mathrm{i}}\int_\Gamma \frac{\gamma(t)\mathrm{d}t}{t^k(t-z)} + \sum_{j=1}^{k} a_j z^{-j}$$

这里

$$a_j \equiv a_j(w) = \frac{1}{\pi}\iint_G [(B\overline{w} - F)\zeta^{j-1} + \overline{\zeta}^{2k-j-1}(\overline{B}w - \overline{F})]\mathrm{d}\xi\mathrm{d}\eta +$$

$$\frac{1}{\pi\mathrm{i}}\int_\Gamma \frac{\gamma(t)\mathrm{d}t}{t^{k-j+1}} \quad (j = 1, 2, \cdots, k-1) \tag{7.30}$$

$$a_k \equiv a_k(w) = \mathrm{i}c_0 + \frac{1}{\pi\mathrm{i}}\int_\Gamma \frac{\gamma(t)\mathrm{d}t}{t} - \frac{1}{\pi}\iint_{G_*}(B\overline{w} + \overline{F})\zeta^{k-1}\mathrm{d}\xi\mathrm{d}\eta$$

函数 $w(z)$ 在 G 内应该连续.而它的充要条件为下面的等式成立

$$a_1(w)=0, a_2(w)=0, \cdots, a_k(w)=0 \tag{7.31}$$

这样一来,当 $n<0$ 时问题 A 化为积分方程

$$w(z)+Q_k^* w=P_k^* F+\frac{1}{\pi \mathrm{i}} \int_\Gamma \frac{\gamma(t) \mathrm{d} t}{t^k(t-z)} \tag{7.32}$$

且后者之解适合边界条件(7.24),当且仅当等式(7.31) 成立.

现在证明,齐次方程

$$w+P_k^*(B \bar{w})=0 \tag{7.33}$$

没有非零解.不难相信,任意两个在 $G+\Gamma$ 上连续的函数 f 和 g 满足恒等式

$$\operatorname{Im}\left\{\iint_G\left[g\left(f+P_k^* f\right)-f\left(g-P_k g\right)\right] \mathrm{d} x \mathrm{~d} y\right\} \equiv 0$$

设 f 是方程(7.33) 的非零解.这时有等式

$$\operatorname{Im} \iint_G f\left(g-P_k g\right) \mathrm{d} x \mathrm{~d} y=0$$

它应为任意的连续函数 g 所满足.然而在上段我们证明了方程 $g-P_k g=h$ 对属于 $L_q(\bar{G})\left(q \geqslant \frac{p}{p-1}\right)$ 类的任何函数 h 都有解.取 h 为 $\mathrm{i} \bar{f}$,得等式

$$\iint_G|f|^2 \mathrm{d} x \mathrm{~d} y=0$$

与假设 $f \not\equiv 0$ 相矛盾.

这样一来,非齐次方程(7.32) 有唯一解,它显然可通过 F 与 γ 唯一表示成下面的形式

$$\begin{aligned} w(z)= & \int_\Gamma X_k^*(z, \zeta) \gamma(\zeta) \mathrm{d} s+ \\ & \iint_G \Omega_1^*(z, \zeta) F(\zeta) \mathrm{d} \xi \mathrm{d} \eta+\iint_G \Omega_2^*(z, \zeta) \overline{F(\zeta)} \mathrm{d} \xi \mathrm{d} \eta \end{aligned} \tag{7.34}$$

为了要得到问题 A 的解,我们还必须使所求得的方程(7.32) 的解适合等式(7.31).然而条件(7.31) 含有 $2k$ 个实等式.可以适当地选取常数 c_0,使满足其中之一等式 $\operatorname{Im} a_k=0$.所以还剩下 $2k-1$ 个条件,它可化成以下的形式(对原问题 A)

$$\operatorname{Re}\left\{\iint_G \chi_j^{\prime}(\zeta) F(\zeta) \mathrm{d} \xi \mathrm{d} \eta\right\}+\int_\Gamma \chi_j^{\prime \prime}(\zeta) \gamma(\zeta) \mathrm{d} s=0 \quad(j=1,2, \cdots, 2k-1) \tag{7.35}$$

这里$\chi_j^{\prime}$ 和$\chi_j^{\prime \prime}$ 是线性无关的函数,它们不依赖于函数 F 和γ.等式(7.35) 是问题

A 可解的必要和充分的条件(对 $n<0$). 所以它包含必要条件(2.5)(充分性尚未证明)

$$\mathrm{Re}\left\{\iint_G w'(z)F(z)\mathrm{d}x\mathrm{d}y\right\}-\frac{1}{2\mathrm{i}}\int_\Gamma \lambda(t)w'(t)\gamma(t)\mathrm{d}t=0 \tag{7.36}$$

这里 w' 为共轭齐次问题 $\mathring{A}'$ 的任一解

$$\mathfrak{C}'(w')\equiv \partial_{\bar{z}}w'-\overline{B\overline{w}'}=0 \quad (\text{在 } G \text{ 内}) \tag{7.37}$$

$$\mathrm{Re}[\lambda(z)z'(s)w'(z)]=0 \quad (\text{在 } \Gamma \text{ 上}) \tag{7.38}$$

这个问题的指数 $n'=-n+1=k+1>0$,根据上段的结果它有 $2k-1$ 个线性无关解 $w_1',\cdots,w_{2k-1}'$. 现在不难证明:我们可假定

$$\chi_j'(z)=w_j'(z),\chi_j''(z)=-\frac{1}{2\mathrm{i}}\lambda(z)z'(s)w_j'(z) \quad (j=1,\cdots,2k-1) \tag{7.39}$$

这样一来,条件(7.35)和(7.36)相结合. 这里我们得到了条件(7.36)充分性的一个新证明.

这个结果和上段的结果,同我们前面(§4)用其他的方法证明的定理 4.11 完全符合.

4. 现在我们作一附注,它在下节将会用到. 即对方程 $\mathfrak{C}(w)=F$ 的右边作更弱的要求下,也可用积分方程(7.14)和(7.32)来解问题 A.

设 $F\in L_q(G+\Gamma),q\geqslant 1$,保持条件 Ⅰ 的其余假定. 在这种情况下问题 A 的解自然要在 $D_{1,q}(G+\Gamma)$ 内寻找,而且方程及问题的边界条件仅在广义观点下适合. 因为这时未知解可以在 $G+\Gamma$ 上不连续. 不难相信在这种情况下问题 A 的求解可化为积分方程(7.14)($n\geqslant 0$)和(7.32)($n<0$). 因为根据定理 1.29, P_nF 和 $P_k^*F(k=-n)$ 属于任意 $L_r(G+\Gamma)$ 类,这里 r 为小于 2 的任意数,则我们可令 $r\geqslant\dfrac{p}{p-1}$. 可是如上面所指出的,算子 Q_n 和 Q_n^* 在任意的 $L_r\left(r\geqslant\dfrac{p}{p-1}\right)$ 内是完全连续的. 故可应用弗雷德霍姆定理于方程(7.14)及(7.32),所以定理 4.11 在我们所考虑的情况下仍然成立,这时 $F\in L_q(G+\Gamma),q\geqslant 1$.

看来,对于 §4 中的其他定理在多连通域的情形,也有同样的情况发生.

同样,不难确信,在积分方程(7.14)和(7.32)中,对问题 A 的边界条件的右边部分 γ 的要求可以大大减弱. 例如,只要求 $\gamma\in L_r(\Gamma),r>2$. 显然,此时对问题的解的要求必须作相应的减弱. 这里所要用的一些数学工具,读者可在 Б. В. 赫维利杰的著作[91a]中找到.

5. 我们在上段所建立的积分方程含有未知复变函数 w 及复核. 实际上它们

是含有问题A的未知解的实部与虚部的两个实方程组.但是在许多情况下并不要求真正地找函数 w,而仅要求它的实部或虚部的值,在这些情况下,合适的方程显然是只用来确定问题 A 的解的实部或虚部的方程.在这段我们将证明,这样的积分方程只要利用第三章 §16 的结果是可以得到的(也可参看[14a, §8.10]).

在第三章 §16 里我们建立了方程 $\mathfrak{C}(w) \equiv \partial_{\bar z} w + Aw + B\overline{w} = F$ 的解的实部 $u(x, y)$ 适合积分方程

$$u(z) - \frac{2}{\pi}\iint_G u(\zeta)\mathrm{Re}\left[\frac{B(\zeta)\mathrm{e}^{\overline{\omega(\zeta)}}}{(\zeta - z)\mathrm{e}^{\omega(z)}}\right]\mathrm{d}\xi\mathrm{d}\eta = f(z) \tag{7.40}$$

这里

$$\omega(z) = \Phi_0(z) - \frac{1}{\pi}\iint_G \frac{A(\zeta) - B(\zeta)}{\zeta - z}\mathrm{d}\xi\mathrm{d}\eta \tag{7.41}$$

$$f(z) = \mathrm{Re}[\mathrm{e}^{-\omega(z)}\Phi(z)] - \mathrm{Re}\left[\frac{1}{\pi}\iint_G \frac{\mathrm{e}^{\omega(\zeta)}F(\zeta)}{\mathrm{e}^{\omega(\zeta)}(\zeta - z)}\mathrm{d}\xi\mathrm{d}\eta\right] \tag{7.42}$$

而且 Φ_0 及 Φ 为在 G 内的任意全纯函数.

在下面我们假定 G 是单位圆 $|z| < 1$. 此外,我们仅考虑这种情况即边界问题 A 的指数是非负的整数:$n \geqslant 0$.

取解析函数 Φ_0 为

$$\Phi_0(z) = \frac{z}{\pi}\iint_G \frac{\overline{A(\zeta)} - \overline{B(\zeta)}}{1 - z\bar{\zeta}}\mathrm{d}\xi\mathrm{d}\eta$$

有

$$\omega(z) = \frac{1}{\pi}\iint_G \left(\frac{B(\zeta) - A(\zeta)}{\zeta - z} - \frac{z(\overline{B(\zeta)} - \overline{A(\zeta)})}{1 - z\bar{\zeta}}\right)\mathrm{d}\xi\mathrm{d}\eta \tag{7.43}$$

这个函数显然在 $G + \Gamma$ 上连续且在 Γ 上取实值.

另一解析函数 Φ 恒能表示成形式

$$\Phi(z) = \Phi_1(z) - \frac{z^{2n+1}}{\pi}\iint_G \frac{\mathrm{e}^{\omega(\zeta)}(\overline{F(\zeta)} - 2\,\overline{B(\zeta)})}{1 - z\bar{\zeta}}\mathrm{d}\xi\mathrm{d}\eta \tag{7.44}$$

这里 Φ_1 为在 G 内的新的全纯函数.

把它代入式(7.42)的右边,我们得到下面的(实)积分方程

$$u(x, y) - \iint_G K(z, \zeta)u(\xi, \eta)\mathrm{d}\xi\mathrm{d}\eta = \mathrm{Re}[\mathrm{e}^{-\omega(z)}\Phi_1(z)] + F_1(z) \tag{7.45}$$

这里

$$K(z, \zeta) = \frac{2}{\pi}\mathrm{Re}\left\{\mathrm{e}^{-\omega(z)}\left[\frac{B(\zeta)\mathrm{e}^{\omega(\zeta)}}{\zeta - z} + \frac{z^{2n+1}\,\overline{B(\zeta)}\mathrm{e}^{\overline{\omega(\zeta)}}}{1 - z\bar{\zeta}}\right]\right\} \tag{7.46}$$

$$F_1(z)=-\frac{1}{\pi}\mathrm{Re}\left\{\mathrm{e}^{-\omega(z)}\iint\limits_G\left(\frac{F(\zeta)\mathrm{e}^{\omega(\zeta)}}{\zeta-z}+\frac{z^{2n+1}\overline{F(\zeta)}\mathrm{e}^{\overline{\omega(\zeta)}}}{1-z\overline{\zeta}}\right)\mathrm{d}\xi\mathrm{d}\eta\right\}\tag{7.47}$$

设 $u(x,y)$ 是方程(7.45)的解.考虑函数

$$\begin{aligned}w(z)&\equiv u(x,y)+\mathrm{i}v(x,y)\\&=\frac{2}{\pi}\mathrm{e}^{-\omega(z)}\iint\limits_G\left(\frac{B(\zeta)\mathrm{e}^{\omega(z)}}{\zeta-z}+\frac{z^{2n+1}\overline{B(\zeta)}\mathrm{e}^{\omega(\zeta)}}{1-z\overline{\zeta}}\right)u(\xi,\eta)\mathrm{d}\xi\mathrm{d}\eta+\\&\quad\mathrm{e}^{-\omega(z)}\Phi_1(z)-\frac{\mathrm{e}^{-\omega(\zeta)}}{\pi}\iint\limits_G\left(\frac{F(\zeta)\mathrm{e}^{\omega(\zeta)}}{\zeta-z}+\frac{z^{2n+1}\overline{B(\zeta)}\mathrm{e}^{\overline{\omega(\zeta)}}}{1-z\overline{\zeta}}\right)\mathrm{d}\xi\mathrm{d}\eta\end{aligned}\tag{7.48}$$

容易确定,它在 $G+\Gamma$ 上是连续的,适合方程 $\mathfrak{C}(w)=F$ 及边界条件

$$\mathrm{Re}[z^{-n}w]=\mathrm{e}^{-\omega(z)}\mathrm{Re}[z^{-n}\Phi_1(z)]\quad(\text{在 }\Gamma\text{ 上})\tag{7.49}$$

这里应当考虑到在 Γ 上有 $\omega(z)=\overline{\omega(z)}$.若函数 Φ_1 满足边界条件

$$\mathrm{Re}[z^{-n}\Phi_1(z)]=\gamma(z)\mathrm{e}^{\omega(z)}\quad(z\in\Gamma)\tag{7.50}$$

则由公式(7.48)给出的函数 $w(z)$ 根据式(7.49)是边值问题 $\mathring{A}$ 的解,即 $\mathfrak{C}(w)=F$(G 内)及 $\mathrm{Re}[z^{-n}w(z)]=\gamma(z)$($\Gamma$ 上).如我们在上面所看到的式(7.12),在 G 内适合条件(7.50)的全纯函数有形式

$$\begin{aligned}\Phi_1(z)&=\frac{z^n}{2\pi\mathrm{i}}\int_\Gamma\gamma(t)\mathrm{e}^{\omega(t)}\frac{t+z}{t-z}\frac{\mathrm{d}t}{t}+\\&\quad\mathrm{i}c_0z^n+\sum_{k=0}^{n-1}\alpha_k(z^k-z^{2n-k})+\mathrm{i}\beta_k(z^k+z^{2n-k})\end{aligned}\tag{7.51}$$

这里 $c_0,\alpha_k,\beta_k(k=0,1,\cdots,n-1)$ 是任意实常数.

这样一来,解问题A就等价于解带有实核和由未知函数的实部确定的实的右边部分的积分方程(7.45).将本节第二段中关于积分方程(7.15)可解性的讨论逐字重复一遍之后,我们确定方程(7.45)对任意的连续的右端有解.令 $\gamma\equiv0,F\equiv0$,我们得到非齐次积分方程

$$\begin{aligned}u(x,y)&=-\iint\limits_G K(z,\zeta)u(\xi,\eta)=\\&\quad\mathrm{Re}\left\{\mathrm{e}^{-\omega(z)}\left[\mathrm{i}c_0z^n+\sum_{k=0}^{n-1}\alpha_k(z^k-z^{2n-k})+\mathrm{i}\beta_k(z^k+z^{2n-k})\right]\right\}\end{aligned}\tag{7.52}$$

它给出了我们这个齐次问题 $\mathring{A}$ 的解的实部.

利用本节第三段所指出的方法,我们能够建立在负指数($n<0$)的情形下对于问题A的解的实部的积分方程.因为这里不会遇到任何原则上的困难,所以我们不再更详细地讨论这种情形.

6.问题A的解可用本节所得出的积分方程的预解式来表示.这就使我们得到用函数 F 及 γ 来表示问题的解的积分公式.用这种方法,我们得到了熟知的

泊松及施瓦兹积分公式的推广.

下面我们限于考虑 $n \geqslant 0$ 的情形.

设 $n \geqslant 0$,考虑下面的积分方程

$$w(z)+Q_n w=\frac{1}{2\pi}\left(\frac{t^{n+1}}{t-z}+\frac{z^{2n+1}\bar{t}^{n+1}}{1-z\bar{t}}\right) \tag{7.53}$$

$$w(z)+Q_n w=-\frac{1}{\pi}\left(\frac{1}{t-z}+\frac{z^{2n+1}}{1-z\bar{t}}\right) \tag{7.54}$$

$$w(z)+Q_n w=-\frac{1}{\pi \mathrm{i}}\left(\frac{1}{t-z}-\frac{z^{2n+1}}{1-z\bar{t}}\right) \tag{7.55}$$

这里 t 为平面上任一固定点.因这个方程的右端属于任意的 $L_q(G+\Gamma)$ 类($q<2$),那么如我们在本节第二段所建立的,设它们的解各用 $X_n(z,t)$,$X_n'(z,t)$ 及 $X_n''(z,t)$ 来表示.

设

$$\Omega_n'(z,t)=\frac{1}{2}(X_n'-\mathrm{i}X_n'')$$

$$\Omega_n''(z,t)=\frac{1}{2}(X_n'-\mathrm{i}X_n'') \tag{7.56}$$

我们称函数 X_n,Ω_n' 及 Ω_n'' 为问题 A 在圆域情况下的预解式.现在证明公式

$$w_*(z)=\int_0^{2\pi}X_n(z,\mathrm{e}^{\mathrm{i}\psi})\gamma(\psi)\mathrm{d}\psi+\iint_G \Omega_n'(z,\zeta)F(\zeta)\mathrm{d}\xi\mathrm{d}\eta+$$
$$\iint_G \Omega_n''(z,\zeta)\overline{F(\zeta)}\mathrm{d}\xi\mathrm{d}\eta \tag{7.57}$$

给出问题 A 的解,即证明在 G 内 $\mathfrak{C}(w_*)=F$ 及

$$\mathrm{Re}[z^{-n}w_*(z)]=\gamma \quad (\text{在 } \Gamma \text{ 上}) \tag{7.58}$$

因为根据式(7.53),对 $t\in\Gamma$ 有

$$X_n(z,t)=-Q_n X_n+\frac{1}{2\pi}\,\frac{t^{2n+1}+z^{2n+1}}{(t-z)t^n}$$

故有

$$\lim_{z\to\zeta\in\Gamma}\left[z^{-n}\int_0^{2\pi}X_n(z,\mathrm{e}^{\mathrm{i}\psi})\gamma(\psi)\mathrm{d}\psi\right]=\gamma(\zeta)+\int_0^{2\pi}\zeta^{-n}X_n(\zeta,\mathrm{e}^{\mathrm{i}\psi})\gamma(\psi)\mathrm{d}\psi$$

注意到 $\zeta\in\Gamma$ 时有 $\mathrm{Re}[\zeta^{-n}X_n(\zeta,\mathrm{e}^{\mathrm{i}\psi})]=0$,我们可以确定

$$w_*'(z)=\int_0^{2\pi}X_n(z,\mathrm{e}^{\mathrm{i}\psi})\gamma(\psi)\mathrm{d}\psi \tag{7.59}$$

适合边界条件(7.58).此外,显然,$\mathfrak{C}(w_*')=0$,因为这时对于 $z\in G$,$\mathfrak{C}(X_n(z,\mathrm{e}^{\mathrm{i}\psi}))=0$.

以 f 及 $-g$ 来记函数 F 的实部和虚部，则我们有

$$w''_*(z)=\iint_G(\Omega'_n F+\Omega''_n\overline{F})\mathrm{d}\xi\mathrm{d}\eta$$
$$=\iint_G(X'_n(z,\zeta)f(\zeta)+X''_n(z,\zeta)g(\zeta))\mathrm{d}\xi\mathrm{d}\eta \qquad (7.60)$$

因为对于 $z\in\Gamma,\zeta\in G$

$$\mathrm{Re}[z^{-n}X'_n(z,\zeta)]=0,\mathrm{Re}[z^{-n}X''_n(z,\zeta)]=0$$

故 w''_* 适合齐次边界条件 $\mathrm{Re}[z^{-n}w''_*]=0$（在 Γ 上）. 其次，因为

$$X'_n(z,t)=-Q_nX'_n-\frac{1}{\pi(t-z)}-\frac{z^{2n+1}}{\pi(1-z\bar{t})}$$

$$X''_n(z,t)=-Q_nX''_n-\frac{1}{\pi\mathrm{i}(t-z)}+\frac{z^{2n+1}}{\pi\mathrm{i}(1-z\bar{t})}$$

则有

$$w''_*(z)=-\iint_G(fQ_nX'_n+gQ_nX''_n)\mathrm{d}\xi\mathrm{d}\eta-$$
$$\frac{1}{\pi}\iint_G\frac{F(\zeta)\mathrm{d}\xi\mathrm{d}\eta}{\zeta-z}-\frac{z^{2n+1}}{\pi}\iint_G\frac{\overline{F(\zeta)}\mathrm{d}\xi\mathrm{d}\eta}{1-z\bar{\zeta}}$$

在此等式两边运用算子 $\partial_{\bar{z}}$，我们得到

$$\partial_{\bar{z}}w''_*=-\iint_G(f\partial_{\bar{z}}Q_nX'_n+g\partial_{\bar{z}}Q_nX''_n)\mathrm{d}\xi\mathrm{d}\eta+F(z)$$
$$=F(z)-\iint_G\{B(z)[\overline{X'_n(z,\zeta)}f(\zeta)+\overline{X''_n(z,\zeta)}g(\zeta)]\}\mathrm{d}\xi\mathrm{d}\eta$$
$$=F(\zeta)-B(z)\overline{w''_*(z)}$$

这样一来，我们建立了：由等式(7.57)给出的函数 $w_*=w'_*+w''_*$ 是问题 A 的特解. 为了要得到这个问题的通解，必须再加上积分方程(7.21)的解.

当 $n=0$ 及 $F\equiv0$ 时，问题 A 的通解有形式

$$w(z)=\int_0^{2\pi}X_0(z,\mathrm{e}^{\mathrm{i}\psi})\gamma(\psi)\mathrm{d}\psi+c_0\hat{w}(z) \qquad (7.61)$$

这里 c_0 是任意实常数，而 $\hat{w}$ 是齐次问题 Å 的解；$\hat{w}$ 适合积分方程

$$\hat{w}+Q_0\hat{w}=\mathrm{i}$$

公式(7.61)称作广义施瓦兹积分. 它给出了单位圆 $|z|<1$ 内的广义解析函数通过它的实部的边界值来表达的式子. 函数 w 的虚部在 $|z|=1$ 上可用下面公式来表示

$$\gamma_*(z)\equiv-\mathrm{i}\int_0^{2\pi}X_0(z,\mathrm{e}^{\mathrm{i}\psi})\gamma(\psi)\mathrm{d}\psi-\mathrm{i}c_0\hat{w}(z)\quad(z\in\Gamma) \qquad (7.62)$$

7. 公式(7.61)也可用广义黎曼－施瓦兹对称原理推出.

将方程 $\mathfrak{C}(w) \equiv \partial_{\bar z} w + B\overline{w} = 0$ 的系数按照规则(第三章，§11)

$$B_0(z) = -\frac{1}{z^2}\overline{B\left(\frac{1}{\bar z}\right)} \quad (|z| \geqslant 1)$$

开拓到圆 $G(|z|<1)$ 的外部，并在全平面来研究这个方程，且显然 $B_0 \in L_{p,2}(E)$，$p>2$. 设 $\Omega_1(z,\zeta)$ 和 $\Omega_2(z,\zeta)$ 是用这样的方法所得到的方程的标准核. 如果 $w(z)$ 在 G 内满足方程 $\mathfrak{C}(w)=0$ 且在 $\overline{G}$ 上连续，则函数

$$w_*(z) = \overline{w\left(\frac{1}{\bar z}\right)}$$

将在 G 外连续并且在 $G+\Gamma$ 外满足方程 $\mathfrak{C}(w)=0$. 所以根据第三章的广义柯西公式(10.6)将有

$$w(z) = \frac{1}{2\pi i}\int_\Gamma \Omega_1(z,\zeta)w(\zeta)d\zeta - \Omega_2(z,\zeta)\overline{w(\zeta)}d\bar\zeta \quad (z \in G) \tag{7.63}$$

$$0 = \frac{1}{2\pi i}\int_\Gamma \Omega_1(z,\zeta)\overline{w(\zeta)}d\zeta - \Omega_2(z,\zeta)w(\zeta)d\bar\zeta -$$

$$\frac{1}{2\pi i}\int_{\Gamma_R} \Omega_1(z,\zeta)w_*(\zeta)d\zeta - \Omega_2(z,\zeta)\overline{w_*(\zeta)}d\bar\zeta \quad (z \in G) \tag{7.64}$$

其中 Γ_R 是圆心在 $z=0$. 半径 R 充分大的圆周. 如果在等式(7.64)中当 $R\to\infty$ 时取极限，并考虑到

$$w_*(\infty) = \overline{w(0)} = c_0 - ic_1$$

那么将有

$$c_0 w_0(z) - c_1 w_1(z) = \frac{1}{2\pi i}\int_\Gamma \Omega_1(z,\zeta)\overline{w(\zeta)}d\zeta - \Omega_2(z,\zeta)w(\zeta)d\bar\zeta \tag{7.65}$$

其中 w_0 和 w_1 是方程 $\mathfrak{C}(w)=0$ 的满足条件(第三章，§4,9，§6,1)

$$w_0(\infty)=1, w_1(\infty)=i$$

的常数解. 如果把等式(7.63)和(7.65)相加，则得

$$w(z) = \int_0^{2\pi} \widetilde{X}_0(z,\zeta)\gamma(\psi)d\psi - c_0 w_0(z) + c_1 w_1(z) \tag{7.66}$$

其中

$$\gamma(\psi) = \operatorname{Re} w(e^{i\psi})$$

$$\widetilde{X}_0(z,\zeta) = \frac{1}{\pi}[\Omega_1(z,\zeta)\zeta + \Omega_2(z,\zeta)\bar\zeta] \quad (\zeta = e^{i\psi}) \tag{7.67}$$

在式(7.66)中使 z 等于零，得到

$$c_0(1+w_0(0)) + c_1(i - w_1(0)) = \int_\Gamma \widetilde{X}_0(z,e^{i\psi})\gamma(\psi)d\psi \tag{7.68}$$

但是不可能同时成立等式

$$w_0(0)=-1, w_1(0)=\mathrm{i}$$

因为这和不等式[第三章式(6.6)]

$$\operatorname{Im}[\overline{w_0(z)}w_1(z)]>0$$

相矛盾.所以,比如假定 $w_0(0)\neq -1$,则由式(7.68)得到

$$c_0=\int_0^{2\pi}\frac{\widetilde{X}_0(0,\mathrm{e}^{\mathrm{i}\psi})}{1+w_0(0)}\gamma(\psi)\mathrm{d}\psi+c_1\frac{w_1(0)-\mathrm{i}}{w_0(0)+1}$$

把这式代入式(7.66)的右边,将有

$$w(z)=\int_0^{2\pi}X_0(z,\mathrm{e}^{\mathrm{i}\psi})\gamma(\psi)\mathrm{d}\psi+c\hat{w}(z)\quad(c=c_1)\tag{7.69}$$

其中

$$X_0(z,\mathrm{e}^{\mathrm{i}\psi})=\widetilde{X}_0(z,\mathrm{e}^{\mathrm{i}\psi})-\frac{w_0(z)\widetilde{X}_0(0,\mathrm{e}^{\mathrm{i}\psi})}{w_0(0)+1}\tag{7.70}$$

$$\hat{w}(z)=w_1(z)+\frac{\mathrm{i}-w_1(0)}{1+w_0(0)}w_0(z)$$

这样一来,我们重新得到了广义施瓦兹公式(7.61).以后,出现在公式(7.69)中的函数 $X_0(z,\zeta)$ 称为方程 $\mathfrak{C}(w)=0$ 的广义施瓦兹公式的核.

8.现在我们证明,在 $n>0$ 的时候,利用公式(7.69)可以得到问题A的解.把所求的解表示为

$$w(z)=\widetilde{w}(z)+\sum_{k=1}^{2n}c_k\widetilde{w}_k(z)\quad(c_k\text{ 是实常数})\tag{7.71}$$

其中

$$\widetilde{w}_{2k-1}(z)=\mathfrak{R}_0(z^{k-1}),\widetilde{w}_{2k}(z)=\mathfrak{R}_0(\mathrm{i}z^{k-1})\quad(k=1,\cdots,2n)\tag{7.72}$$

$$\widetilde{w}(z)=\mathfrak{R}_0(z^n\Phi(z))\tag{7.73}$$

并且这里 $\Phi(z)$ 是某个(未知的)在域 G 内全纯的函数.用 $\mathfrak{R}_0(\Phi)$ 表示在第三章§7中引进的算子,它使解析函数 Φ 和方程 $\mathfrak{C}(w)=0$ 的形如

$$w(z)=\Phi(z)\mathrm{e}^{\omega(z)}\quad(t=\infty)\tag{7.74}$$

的解相对应,其中 ω 在全平面连续,在 $G+\Gamma$ 外全纯并且在无穷远处变为零.显然,函数 $w_*=z^{-n}\widetilde{w}(z)$ 在 G 内连续且满足方程

$$\mathfrak{C}_n(w_*)\equiv\partial_{\bar{z}}w_*+B_n\overline{w}_*=0, B_n=B\left(\frac{\bar{z}}{z}\right)^n\tag{7.75}$$

和边界条件

$$\operatorname{Re}[w_*(z)]=\gamma(z)-\sum_{k=1}^{2n}c_k\operatorname{Re}[z^{-n}\widetilde{w}_k(z)]\quad(z\in\Gamma)\tag{7.76}$$

应用公式(7.69),将有

$$w_*(z)=\int_0^{2\pi}X_0(z,\zeta)\gamma(\psi)\mathrm{d}\psi-$$

$$\sum_{k=1}^{2n}c_k\int_0^{2\pi}X_0(z,\zeta)\mathrm{Re}[\zeta^{-n}\widetilde{w}_k(\zeta)]\mathrm{d}\psi+c_0\hat{w}_0(z) \tag{7.77}$$

这里 X_0 是方程(7.75)的广义施瓦兹公式的核,$\hat{w}_0$ 是方程 $\mathfrak{C}_n(w)=0$ 的满足边界条件 $\mathrm{Re}[\hat{w}]=0$(在 Γ 上)的解,而 c_0 是任意的实常数.因为 $\widetilde{w}=z^n w_*$,则公式(7.71)具有形式

$$w(z)=\int_\Gamma X_n(z,\zeta)\gamma(\psi)\mathrm{d}\psi+\sum_{k=0}^{2n}c_k w_k(z) \tag{7.78}$$

其中

$$X_n(z,\zeta)=z^n X_0(z,\zeta) \tag{7.79}$$

而 $w_0,w_1,\cdots,w_{2n}$ 是齐次问题 Å 的线性无关的解,并且

$$w_k(z)=\widetilde{w}_k(z)-\int_\Gamma z^n X_0(z,\zeta)\mathrm{Re}[\zeta^{-n}\widetilde{w}_k(\zeta)]\mathrm{d}\psi \quad (\zeta=\mathrm{e}^{\mathrm{i}\psi},k=1,\cdots,2n) \tag{7.80}$$

$$w_0(z)=z^n\hat{w}_0(z) \tag{7.81}$$

公式(7.78)给出问题 A 在 $n\geqslant 0$ 和 $F\equiv 0$ 时的通解.

9.在这一段中,我们在闭域上研究问题A的解的可微性.显然,这些性质依赖于问题的系数和自由项的可微性以及区域边界光滑的特性.

我们有下列定理:

定理 4.15a 如果(1)$G\in C_\mu^{k+1}$,(2)$A,B,F\in C_\mu^k(G+\Gamma)$ 以及(3)λ 和 $\gamma\in C_\mu^{k+1}(\Gamma)$,则问题 A 的解(如果存在的话)属于 $C_\mu^{k+1}(G+\Gamma)$ 类($k\geqslant 0,0<\mu<1$).

证明 首先研究域 G 为圆($|z|<1$)的情况.

设 n 是函数 $\lambda(z)$ 关于圆周 Γ 的指数.那么有

$$\overline{\lambda(z)}=z^{-n}\mathrm{e}^{\chi(z)}\mathrm{e}^{-p(z)} \tag{7.82}$$

其中 $\chi=p+\mathrm{i}q$ 是在 G 内的全纯函数,它可表示为下面的施瓦兹积分

$$\chi(z)=\frac{1}{2\pi}\int_0^{2\pi}q(t)\,\frac{t+z}{t-z}\,\frac{\mathrm{d}t}{t}$$

其中 $q(t)=-\arg\lambda(t)+n\arg t,t\in\Gamma$.按照条件 $q\in C_\mu^{k+1}(\Gamma)$,在定理 1.10 中 $\chi\in C_\mu^{k+1}(G+\Gamma)$.由式(7.82),问题 A 的边界条件化为

$$\mathrm{Re}[z^{-n}w_1(z)]=\gamma_1(z) \tag{7.83}$$

其中

$$w_1(z)=\mathrm{e}^{\chi(z)}w(z),\gamma_1(z)=\gamma(z)\mathrm{e}^{p(z)}$$

显然，$\gamma_1 \in C_{\mu}^{k+1}(\Gamma)$. 对于 w_1，我们有方程

$$\partial_{\bar{z}} w_1 + A_1 w_1 + B_1 \overline{w_1} = F_1$$

其中

$$A_1 = A, B_1 = B\mathrm{e}^{\chi - \bar{\chi}}, F_1 = \mathrm{e}^{\chi} F$$

因而，A_1，B_1 和 $F_1 \in C_{\mu}^{k}(G+\Gamma)$.

首先研究 $n \geqslant 0$ 的情况. 这时，正如我们前面在本节第二段中所证明的，w_1 满足积分方程

$$w_1 + Q_n w_1 = P_n F_1 + \frac{z^n}{2\pi \mathrm{i}} \int_{\Gamma} \gamma_1(t) \frac{t+z}{t-z} \frac{\mathrm{d}t}{t} + \sum_{l=0}^{2n} c_l z^l \tag{7.84}$$

$$(c_{2n-l} = -\bar{c}_l, l = 0, 1, \cdots, n)$$

根据公式(7.7) 和(7.9) 有

$$Q_n w_1 = T_G(A_1 w_1 + B_1 \overline{w_1}) + z^{2n+1} T_{G'}(A_* w_* + B_* \overline{w_*})$$

其中 G' 是圆 $|z| < 1$ 的外部，而

$$A_*(\zeta) = \overline{A_1\left(\frac{1}{\bar{\zeta}}\right)}, B_*(\zeta) = \overline{B_1\left(\frac{1}{\bar{\zeta}}\right)}$$

$$w_*(\zeta) = \frac{\overline{w_1\left(\frac{1}{\bar{\zeta}}\right)}}{\zeta \bar{\zeta}^2}$$

如果我们现在回到第一章 §8 定理 1.32 的推论，那么容易深信 $Q_n(w)$ 是把 $C_{\Gamma}^{k}(G+\Gamma)$ 映射到 $C_{\mu}^{k+1}(G+\Gamma)$ 的完全连续算子，基于同样的理由，$P_n F_1 \in C_{\mu}^{k+1}(G+\Gamma)$. 此外，由定理 1.10，出现在式(7.84) 右边的沿圆周 Γ 的积分同样也属于 $C_{\mu}^{k+1}(G+\Gamma)$. 因而，方程(7.84) 的右边属于 $C_{\mu}^{k+1}(G+\Gamma)$ 类. 因为逆算子 $(I+Q_n)^{-1}$ 存在[显然，它是把 $C_{\mu}^{k}(G+\Gamma)$ 变成 $C_{\mu}^{k+1}(G+\Gamma)$ 的算子]，故方程(7.84) 的解 $w_1(z)$ 属于 $C_{\mu}^{k+1}(G+\Gamma)$ 类. 现在回到原问题 A 的解，$w(z) = w_1 \mathrm{e}^{-\chi}$，则有 $w(z) \in C_{\mu}^{k+1}(G+\Gamma)$. 在 $n < 0$ 的情况下，研究积分方程(7.32)，我们得出同样的结果. 这样一来，对于区域是圆的情形定理得到证明.

现在转而研究 C_{μ}^{k+1} 类中任意的单连通域的情形. 映射这个域为单位圆 G'：$|\zeta| < 1$，我们看到函数 $w_*(\zeta) = w[\varphi(\zeta)]$($w$ 是原问题 A 的解，$\varphi(\zeta)$ 是实现保角变换的函数) 满足方程

$$\partial_{\bar{\zeta}} w_* + A_*(\zeta) w_* + B_*(\zeta) \overline{w_*} = F_*(\zeta) \quad (\text{在 } G' \text{ 内})$$

和边界条件

$$\mathrm{Re}[\overline{\lambda_*(\zeta)} w_*(\zeta)] = \gamma_*(\zeta) \quad (\text{在 } \Gamma \text{ 上})$$

其中

$$A_* = \bar{\varphi}' A[\varphi(\zeta)], B_* = \bar{\varphi}' B[\varphi(\zeta)], F_* = \bar{\varphi}' F[\varphi(\zeta)]$$

$$\lambda_* = \lambda(\varphi(\zeta)), \gamma_* = \gamma[\varphi(\zeta)]$$

因为根据定理 1.8,$\varphi \in C_\mu^k(G' + \Gamma')$,则容易看到

$$A_*, B_*, F_* \in C_\mu^k(G' + \Gamma'), \lambda_* \text{ 和 } \gamma_* \in C_\mu^{k+1}(\Gamma')$$

对于圆形域我们已经证明了定理,所以由于定理 4.13,$w_*(\zeta) \in C_\mu^{k+1}(G' + \Gamma')$. 在这样的情况下,显然 $w(z) = w_*(\psi(z)) \in C_\mu^{k+1}(G+\Gamma)$. 在这里应该考虑到 $\varphi(\zeta)$ 的反函数 $\psi(z)$ 属于 $C_\mu^{k+1}(G+\Gamma)$(定理 1.8). 这样一来,定理 4.16 在单连通域的情况下完全得到证明.

现在来讨论定理对于多连通域的证明. 考虑到区域边界属于 C_μ^{k+1} 类,按照条件属于 $C_\mu^k(G+\Gamma)$ 类的函数 A,B,F 可以开拓到 $G+\Gamma$ 的外部而在全平面上保持属于此类. 并且我们可以做到在无穷远的邻近使 $A=B=F=0$. 借助于广义柯西公式,我们可以把问题 A 的解表示为

$$w(z) = w_0(z) + w_1(z) + \cdots + w_m(z)$$

其中

$$w_j(z) = \frac{1}{2\pi i}\int_{\Gamma_j} \Omega_1(z,\zeta) w(\zeta) d\zeta - \Omega_2(z,\zeta) \overline{w(\zeta)}\, \overline{d\zeta} \quad (j = 0, 1, \cdots, m)$$

这里 Ω_1 和 Ω_2 是对应于全平面的方程 $\mathfrak{C}(w) = 0$ 的标准核. 由于定理 3.3,w 和 $w_j (j = 1, 2, \cdots, m)$ 各自在 Γ_0 的内部和 Γ_j 的外部属于 C_μ^{k+1} 类. 此外,$w_j(z)(j = 0, 1, \cdots, m)$ 满足边界条件

$$\mathrm{Re}[\overline{\lambda(z)} w_j(z)] = \gamma_j(z) \equiv \gamma - \sum_{\substack{i=0 \\ i \neq j}}^{n} \mathrm{Re}(\bar{\lambda} w_i) \quad (\text{在 } \Gamma_j \text{ 上})$$

显然,$\gamma_j \in C_\mu^{k+1}(\Gamma_j)$. 所以根据上面已经证明的 $w_j(z) \in C_\mu^{k+1}(G_j + \Gamma_j)(j = 0, 1, \cdots, m)$,从而得出 $w(z) \in C_\mu^{k+1}(G + \Gamma)$,至此我们的定理全部得到证明.

§8　二阶椭圆型方程的斜微商边值问题

这一节我们研究二阶椭圆型方程带有这样的边界条件的某些问题,这些边界条件含有未知函数和它的一阶微商,或者如我们通常所说的,称它们为斜微商问题. 类似的问题由 A. 庞加莱在[73]中联系到潮汐理论而第一次被考虑到. 必须指出,这些问题的研究有原则上的意义,即使由于它超出了通常的经典的范围. 在这些问题上经典的位势理论方法的运用照例引导到奇异积分方程,对于这种方程不再有通常的弗雷德霍姆备择定理. 因此在最近二三十年中对于斜

微商问题和奇异积分方程问题表现了浓厚的兴趣.它可用经典的位势法和积分方程的方法来研究(参看[54]),特别在最近这些年,它还同样地用泛函分析方法来研究(参看[16][17]).对两个自变量的方程,特别是对具有解析系数的方程的情形(参看[146][91]),利用奇异积分方程可获得最完整的结果.下面将把这些结果推广到二维域内的具有非解析系数的方程的情形,而对方程的系数我们将加以较弱的限制.这里可以超出经典著作中所研究的范围而研究广泛的一类问题,对于它们弗雷德霍姆的备择定理不再成立.在多维问题中所得的或多或少的结果,只是在很强的限制下才得到的,这在实质上使我们不能考虑所有非弗雷德霍姆情形.这里基本的限制是边界条件中的关于微分的方向.这些限制在二维的情形中比在多维情形中弱得多.因此在二维问题上遇到了经典的弗雷德霍姆备择定理不再成立的情形.同时,正如在数学的各部门及其应用中的许多例子所表明的,这些比较一般的情形所提供的兴趣绝不少于经典的情形.因此,以后在多维问题上朝着非弗雷德霍姆情形的方向去展开研究是很重要的.

1.首先我们研究这样的边界条件,它可以立刻引导到上节所研究的问题A.

问题 B　求方程

$$\Delta U+a(x,y)U_x+b(x,y)U_y=f(x,y) \tag{8.1}$$

在域 G 内满足边界条件

$$\alpha U_x-\beta U_y=\gamma \tag{8.2}$$

的解 $U(x,y)$.

引入记号

$$u=U_x, v=-U_y \tag{8.3}$$

方程(8.1) 变为方程组

$$u_x+v_y=0, u_x-v_y+au-bv=f \tag{8.4}$$

而边界条件变为

$$\alpha u+\beta v=\gamma \tag{8.5}$$

或者,引入函数 $w=u+\mathrm{i}v$,写成复数形式

$$\partial_{\bar{z}}w+\frac{1}{4}(a+\mathrm{i}b)w+\frac{1}{4}(a-\mathrm{i}b)\overline{w}=\frac{1}{2}f \tag{8.6}$$

$$\mathrm{Re}[\overline{\lambda(z)}w(z)]=\gamma, \lambda=\alpha+\mathrm{i}\beta \tag{8.7}$$

这样,我们就归结到上节研究的问题A.

若函数 $w=u+\mathrm{i}v$ 是问题A的解,则问题B的解由下面的曲线积分得到

$$U(x,y)=c_0+\mathrm{Re}\int_{z_0}^{z}w(\zeta)\mathrm{d}\zeta \quad (c_0=\text{常数}) \tag{8.8}$$

若G是单连通(有界的)域,则等式(8.8)的右边是点z的单值函数(对固定的z_0和c_0).

这样,在G是单连通域的情形下,解问题B完全等价于解对应的问题A.这意味着,问题B当且仅当问题A可解时可解且其解按照公式(8.8)做出.必须指出,齐次问题$\mathring{\mathrm{B}}(\gamma\equiv f\equiv 0)$恒有等于常数的解.因此,如果齐次问题$\mathring{\mathrm{A}}$有$l$个线性无关的解,则齐次问题$\mathring{\mathrm{B}}$将有$l+1$个线性无关的解.

谈到方程(8.1)的解时,我们指的是广义解,它用下面的方式来确定.设$w(z)=u(x,y)+\mathrm{i}v(x,y)$是方程(8.6)的广义解.这时称函数$U(x,y)$为方程(8.1)在点$z_0$的邻域内的广义解,如果它在其点$z_0$的邻域内由公式(8.8)表示.如果它是这方程在这域的每一点的邻域内的解,我们就称函数$U(x,y)$为方程(8.1)在域G内的解.下面谈到方程(8.1)在域内的解时,我们总是理解为单值连续解.

设$a,b,f\in L_p(\bar{G}),p>2$.这时方程(8.6)的连续解在$G$内属于$D_{1,p}$类.因此,在这情形下二阶方程(8.1)的连续解在域G内属于$D_{2,p}$类.若$a,b,f\in C_v^m$,$0<v<1$,则在G内$w\in C_v^{m+1}$,而$U(x,y)\in C_v^{m+2}$.

如果域G是多连通的,那么一般地说,等式(8.8)的右边在域G内是多值函数.设$\Gamma_0,\Gamma_1,\cdots,\Gamma_m$是简单的可求长的闭曲线,它们是域$G$的边界,而$\Gamma_1,\cdots,\Gamma_m$位于$\Gamma_0$的内部.这时,等式(8.8)的右边是单值的必要充分条件是使等式

$$\mathrm{Re}\int_{\Gamma_j}w\,\mathrm{d}\zeta\equiv\int_{\Gamma_j}u\,\mathrm{d}x-v\,\mathrm{d}y=0 \quad (j=1,2,\cdots,m) \tag{8.9}$$

得到满足.这样,在多连通域的情形下,一般地说,问题B不等价于对应的问题A.为了得到原问题B的解,应使问题A的解满足补充等式(8.9),即边界问题A的可解条件还要补充m个等式(8.9).

2. α,β这一对函数在边界Γ上每一点给出了完全确定的方向l

$$\cos(l,x)=\alpha,\cos(l,y)=-\beta \quad (\alpha^2+\beta^2=1) \tag{8.10}$$

所以条件(8.2)可以改写为

$$\frac{\partial U}{\partial l}=\gamma \tag{8.11}$$

方向l是随点的不同而改变的,并且l与Γ的法线v成交角ϑ,一般来说,这角是边界上点的函数.所以问题B也叫作斜微商问题.设l在曲线Γ上每一点都与法线重合,那么就有方程(8.1)的第二种基本边值问题,通常称为诺伊曼问题.若

l 在 Γ 上每一点都与切线重合，则等式(8.11) 将等价于条件

$$U=\int_{s_0}^{s}\gamma(s)\mathrm{d}s+c_0\quad(c_0=\text{常数})\tag{8.12}$$

从而，我们有对方程(8.1) 的第一种基本边值问题，通常称为狄利克雷问题. 在这种情况下，为了保证未知函数 U 在每个边界线上每一点都是单值连续，必须要求下列条件满足

$$\int_{\Gamma_j}\gamma\,\mathrm{d}s=0\quad(j=0,1,\cdots,m)\tag{8.13}$$

这样一来，众所周知的经典的狄利克雷边值问题和诺伊曼边值问题就变成了问题 B 的特殊情况，从而可以归结为在上节我已经研究过的边值问题 A.

3. 现在考察更广泛的边值问题.

问题 C 在域 G 内寻求方程

$$\Delta U+a(x,y)U_x+b(x,y)U_y+\varepsilon c(x,y)U=f(x,y)\tag{8.14}$$

的解 $U(x,y)$，使适合边界条件

$$\alpha U_x-\beta U_y+\varepsilon\gamma U=\delta\quad(\alpha^2+\beta^2\equiv 1)\tag{8.15}$$

这里 a,b,c,f 是给定的域 G 内点 $z=x+\mathrm{i}y$ 的实值函数，$\alpha,\beta,\gamma,\delta$ 是给定的域 G 的边界 Γ 上的点的实函数，而 ε 是常参数. 边界条件(8.15) 可以改写为

$$\frac{\mathrm{d}U}{\mathrm{d}l}+\varepsilon\gamma U=\delta\tag{8.16}$$

这里 l 是由等式(8.10) 所确定的方向.

限制区域为单连通域，我们在这里叙述解问题 C 的方法，这是与上一节解问题 A 的方法有紧密联系的. 这种方法是作者在[14₃] 中提出的.

借助于域的保角变换，问题可以归结为对单位圆 $|z|<1$ 的类似的问题. 所以我们将认为所考虑的问题的域 G 是圆 $|z|<1$，而边界 Γ 是圆周 $|z|=1$. 对于所给问题的其他方面有下列假定：(1) $a,b,c,f\in L_p(G+\Gamma)$，$p>2$，(2) $\alpha,\beta,\gamma,\delta\in C_\sigma(\Gamma)$，$0<\sigma<1$ 以及(3) $\Gamma\in C_\mu^k$，$k\geqslant 1$，$0<\mu\leqslant 1$. 未知解将理解为广义的，它属于 $C^1(\bar{G})$ 及 $D_{2,p}(G)$，$p>2$.

若引入复变函数

$$w(z)=U_x-\mathrm{i}U_y\equiv 2\partial_z U\tag{8.17}$$

那么方程(8.14) 及边界条件(8.15) 变为

$$\partial_{\bar z}w+\frac{1}{4}(a+\mathrm{i}b)w+\frac{1}{4}(a-\mathrm{i}b)\overline{w}+\frac{1}{2}\varepsilon cU=\frac{1}{2}f\tag{8.18}$$

$$\mathrm{Re}[\overline{\lambda(z)}w]+\varepsilon\gamma U=\delta,\lambda=\alpha+\mathrm{i}\beta\tag{8.19}$$

现在我们证明，由公式(8.8) 表达的未知函数 $U(x,y)$(实的) 还可表示为

$$U(x,y)=c_0+\mathrm{Re}\left[-\frac{1}{2\pi}\iint_G\left(\overline{\frac{w(\zeta)}{\zeta-z}}-\frac{zw(\zeta)}{1-\bar{\zeta}z}\right)\mathrm{d}\xi\mathrm{d}\eta\right] \tag{8.20}$$

这里 c_0 是常数. 按第一章公式(6.10)

$$U(x,y)=-\frac{1}{2\pi}\iint_G\overline{\frac{w(\zeta)}{\zeta-z}}\mathrm{d}\xi\mathrm{d}\eta+\Phi(z)$$

$$\Phi(z)=\frac{1}{2\pi\mathrm{i}}\int_\Gamma\frac{U(t)}{t-z}\mathrm{d}t \tag{8.21}$$

因为 $U=\overline{U}$,那么在圆周 Γ 上将有

$$\Phi(z)-\overline{\Phi(z)}=\frac{1}{2\pi}\iint_G\frac{\overline{w}(\zeta)}{\zeta-z}\mathrm{d}\xi\mathrm{d}\eta+\frac{1}{2\pi}\iint_G\frac{zw(\zeta)}{1-z\bar{\zeta}}\mathrm{d}\xi\mathrm{d}\eta\quad(z\in\Gamma)$$

从这个等式出发利用柯西公式及柯西定理,得

$$\Phi(z)-\overline{\Phi(0)}=\frac{1}{2\pi}\iint_G\frac{zw(\zeta)}{1-z\bar{\zeta}}\mathrm{d}\xi\mathrm{d}\eta\quad(z\in G) \tag{8.22}$$

这里

$$\overline{\Phi(0)}=\frac{1}{2\pi\mathrm{i}}\int_\Gamma\frac{U(t)\mathrm{d}t}{t}=\frac{1}{2\pi}\int_0^{2\pi}U(\mathrm{e}^{\mathrm{i}\psi})\mathrm{d}\psi=c_0 \tag{8.23}$$

$$c_0=\bar{c}_0$$

把式(8.22)中 Φ 的表达式代入式(8.21)的右端并注意到 $U=\overline{U}$,就得到等式(8.20).

从式(8.17)推出,w 满足等式

$$\partial_{\bar{z}}w-\partial_z\overline{w}=0 \tag{8.24}$$

因此剩下的只要证明,如果 w 在域 G 内满足等式(8.24)并在 $\overline{G}$ 上连续,则形为式(8.20)的实函数满足等式(8.17). 对式(8.20)施行运算 $\partial_{\bar{z}}$,就有

$$\partial_{\bar{z}}U=\frac{1}{4}w-\frac{1}{4\pi}\partial_{\bar{z}}\iint_G\overline{\frac{w(\zeta)}{\zeta-z}}\mathrm{d}\xi\mathrm{d}\eta+\frac{1}{4\pi}\partial_{\bar{z}}\iint_G\frac{\overline{zw(\zeta)}}{1-\bar{\zeta}z}\mathrm{d}\xi\mathrm{d}\eta \tag{8.25}$$

利用格林公式并注意到等式(8.24),容易得到

$$\iint_G\frac{zw(\zeta)\mathrm{d}\xi\mathrm{d}\eta}{1-\bar{\zeta}z}=-\frac{1}{2\mathrm{i}}\int_\Gamma w\ln(1-\bar{\zeta}z)\mathrm{d}\zeta-\frac{1}{2\mathrm{i}}\int_\Gamma\overline{w}\ln(1-\bar{\zeta}z)\mathrm{d}\bar{\zeta}$$

$$\iint_G\frac{\overline{w}\mathrm{d}\xi\mathrm{d}\eta}{\zeta-z}=-\frac{1}{2\mathrm{i}}\int_\Gamma\overline{w}\ln[(\zeta-z)(\bar{\zeta}-\bar{z})]\mathrm{d}\bar{\zeta}-\iint_G\partial_{\bar{\zeta}}\omega\ln[(\zeta-z)(\bar{\zeta}-z)]\mathrm{d}\xi\mathrm{d}\eta$$

关于 z 微分这个等式,得

$$\partial_z\iint\frac{zw(\zeta)}{1\bar{\zeta}\zeta z}\mathrm{d}\xi\mathrm{d}\eta=\frac{1}{2\mathrm{i}}\int_\Gamma\frac{w\mathrm{d}\zeta}{\zeta-z}+\frac{1}{2\mathrm{i}}\int_\Gamma\frac{\overline{w}\mathrm{d}\bar{\zeta}}{\zeta-z}$$

$$\partial_z\iint\frac{\overline{w}\mathrm{d}\xi\mathrm{d}\eta}{\zeta-z}=\frac{1}{2\mathrm{i}}\int_\Gamma\frac{\overline{w}\mathrm{d}\bar{\zeta}}{\zeta-z}+\iint_G\frac{\partial_{\bar{\zeta}}w}{\zeta-z}\mathrm{d}\xi\mathrm{d}\eta=\frac{1}{2\mathrm{i}}\int_\Gamma\frac{\overline{w}\mathrm{d}\bar{\zeta}}{\zeta-z}-\pi w+\frac{1}{2\mathrm{i}}\int_\Gamma\frac{w\mathrm{d}\zeta}{\zeta-z}$$

基于最后的公式，等式(8.25)的右边等于$\frac{1}{2}w$，这就是所要证明的.

正如我们在前面不止一次地所做过的那样，利用代换

$$\overline{\lambda(z)}=z^{-n}\mathrm{e}^{\chi(z)}\mathrm{e}^{-p(z)},w_*(z)=\mathrm{e}^{\chi(z)}w(z) \tag{8.25a}$$

其中$\chi(z)=p+\mathrm{i}q$是由施瓦兹积分给出的在G内的全纯函数

$$\chi(z)=\frac{1}{2\pi}\int_\Gamma q(t)\frac{t+z}{t-z}\frac{\mathrm{d}t}{t},q=-\arg\lambda+n\arg z$$

方程(8.18)和边界条件(8.19)可化为

$$\partial_{\bar{z}}w_*+Aw_*+B\overline{w}_*+\varepsilon CU=F\quad(\text{在}\ G\ \text{内}) \tag{8.26}$$

$$\mathrm{Re}[z^{-n}w_*(z)]+\varepsilon\gamma_*U=\delta_*\quad(\text{在}\ \Gamma\ \text{上}) \tag{8.27}$$

其中

$$A=\frac{1}{4}(a+\mathrm{i}b),B=\frac{1}{4}(a-\mathrm{i}b)\mathrm{e}^{2\mathrm{i}q}$$

$$C=\frac{1}{2}c\mathrm{e}^{\chi},F=\frac{1}{2}\mathrm{e}^{\chi}f,\gamma_*=\gamma\mathrm{e}^{p},\delta_*=\delta\mathrm{e}^{p}$$

现在可以把给出问题C的未知解的公式(8.20)写为

$$U(x,y)=c_0+Pw_* \tag{8.28}$$

其中c_0是实常数，而

$$Pw_*=\mathrm{Re}\left[-\frac{1}{2\pi}\iint_G\left(\frac{\overline{\mathrm{e}^{-\chi(\zeta)}w_*(\zeta)}}{\zeta-z}-\frac{z\overline{\mathrm{e}^{-\chi(\zeta)}w_*(\zeta)}}{1-\bar{\zeta}z}\right)\mathrm{d}\xi\mathrm{d}\eta\right] \tag{8.29}$$

4. 首先考虑$n\geqslant 0$的情形. 这时方程(8.26)和边界条件(8.27)可写为

$$\partial_{\bar{z}}w_*+Aw_*+B\overline{w}_*=F-\varepsilon CU\quad(\text{在}\ G\ \text{内}) \tag{8.30}$$

$$\mathrm{Re}[z^{-n}w_*(z)]=\delta_*-\varepsilon\gamma_*U\quad(\text{在}\ \Gamma\ \text{上}) \tag{8.31}$$

若暂且认为这些等式的右边部分是已知的，那么，就得到在前一节研究过的问题，它的解可表示为

$$w_*(z)=\hat{w}(z)+\varepsilon P'U+\sum_{k=1}^{2n+1}c_kw_k(z) \tag{8.32}$$

其中c_k是任意实常数，$w_1,\cdots,w_{2n+1}$是齐次问题

$$\partial_{\bar{z}}w+Aw+B\overline{w}=0\quad(\text{在}\ G\ \text{内})$$

$$\mathrm{Re}[z^{-n}w]=0\quad(\text{在}\ \Gamma\ \text{上}) \tag{8.33}$$

的线性无关解，而$\hat{w}+\varepsilon P'U$是问题(8.30)～(8.31)的特解. 由于公式(7.57)，对于$\hat{w}$和$P'U$就有表达式

$$\hat{w}(z)=\int_0^{2\pi}\hat{X}_n(z,\mathrm{e}^{\mathrm{i}\psi})\delta(\psi)\mathrm{d}\psi+\iint_G\hat{\Omega}_n(z,\zeta)f(\xi,\eta)\mathrm{d}\xi\mathrm{d}\eta$$

$$P'U = -\int_0^{2\pi} \hat{X}_n(z, e^{i\psi})\gamma(\psi)U\mathrm{d}\psi - \iint_G [\Omega_n'(z,\zeta)C(\zeta) + \Omega_n''(z,\zeta)\overline{C(\zeta)}]U(\xi,\eta)\mathrm{d}\xi\mathrm{d}\eta$$

其中

$$\hat{X}_n(z, e^{i\psi}) = X_n(z, e^{i\psi})e^{p(\psi)}$$

$$\hat{\Omega}_n(z,\zeta) = \frac{1}{2}\Omega_n'(z,\zeta)e^{\chi(\zeta)} + \frac{1}{2}\Omega_2''(z,\zeta)e^{\overline{\chi(\zeta)}}$$

这样一来，$\hat{w}$ 是 z 的已知函数，而 $P'U$ 依赖于暂且未知的函数 U. 在等式(8.28)的右边部分用表达式(8.32)代 w_*，得到关于 U 的下列积分方程

$$U - \varepsilon\hat{P}U = P\hat{w}(z) + c_0 + \sum_{k=0}^{2n+1} c_k P w_k(z) \tag{8.34}$$

容易看出，$\hat{P} = PP'$ 是在 $C(G+\Gamma)$ 和任一 $L_q(G+\Gamma)\left(q \geqslant \dfrac{p}{p-1}\right)$ 中的完全连续算子. 所以，弗雷德霍姆定理可以用到方程(8.34)上去.

这样一来，如果问题 C 有解 $U(x,y)$，则对于某些固定的常数值 $c_0, c_1, \cdots, c_{2n+1}$，是方程(8.34)的解. 反之，如果对某些给定的常数值 $c_0, c_1, \cdots, c_{2n+1}$ 方程(8.34)有解 U，那么它将是问题 C 的解.

设 $\varepsilon_1, \varepsilon_2, \cdots (0 < |\varepsilon_1| \leqslant |\varepsilon_2| \leqslant \cdots)$ 是齐次方程

$$w - \varepsilon\hat{P}w = 0 \tag{8.35}$$

的特征值，如果 $\varepsilon \neq \varepsilon_k$，则积分方程(8.34)对任意的常数值 $c_0, c_1, \cdots, c_{2n+1}$ 有解. 因此，有这种情形，对于出现在方程(8.14)和边界条件(8.15)的右边部分的任意函数 $f(x,y)$ 和 $\delta(z)$，问题 C 的解存在，而且它(解)由公式

$$U(x,y) = \int_0^{2\pi} S_{n,\varepsilon}(x,y,\vartheta)\gamma(\vartheta)\mathrm{d}\vartheta + \iint_G S_{n,\varepsilon}'(x,y,\xi,\eta)f(\xi,\eta)\mathrm{d}\xi\mathrm{d}\eta + \sum_{k=0}^{2n+1} c_k U_k(x,y) \tag{8.36}$$

给出，其中 $S_{n,\varepsilon}$ 和 $S_{n,\varepsilon}'$ 是完全确定的函数，它们完全依赖于所考虑的方程(8.14)的系数，依赖于出现在边界条件(8.15)中的函数 α, β, γ 以及参数 ε；$U_0(x,y), U_1(x,y), \cdots, U_{2n+1}(x,y)$ 是齐次问题 $\mathring{C}(f \equiv \delta \equiv 0)$ 的线性无关解. 这样一来，就证明了下面的定理.

定理 4.17 如果 $n \geqslant 0$，则问题 C 对所有的参数值 ε 有解，可能除去一离散的数列 $\varepsilon_1, \varepsilon_2, \cdots (0 < |\varepsilon_1| \leqslant |\varepsilon_2| \leqslant \cdots)$，它们是齐次方程(8.35)的特征值. 如果 $\varepsilon \neq \varepsilon_k (k = 1, 2, \cdots)$，则齐次问题 $\mathring{C}(f \equiv \delta \equiv 0)$ 恰有 $2n+2$ 个线性无关解.

特别，从这定理推出，对于充分小的参数值 $\varepsilon (0 < |\varepsilon| < \varepsilon_1)$，齐次问题 C 恰

有 $2n+2$ 个线性无关解，而非齐次问题恒可解.

当 $\varepsilon \neq \varepsilon_k (k=1,2,\cdots)$ 时，如公式(8.36)中所见，问题C有特解

$$U(x,y)=\int_\Gamma S_{n,\varepsilon}(x,y,\vartheta)\gamma(\vartheta)\mathrm{d}\vartheta+\iint_G S'_{n,\varepsilon}(x,y,\xi,\eta)f(\xi,\eta)\mathrm{d}\xi\mathrm{d}\eta \quad (8.37)$$

它连续地依赖于给定的函数. 在这种情形下，再附加 $2n+2$ 个点型条件(§6)到边界条件(8.15)上，我们就能使问题具有适定性. 因此，当 $\varepsilon \neq \varepsilon_k$ 和 $n \geqslant 0$ 时，我们把问题C称为是拟适定的.

设 ε 是方程(8.35)的秩为 p 的特征值. 按照弗雷德霍姆第三定理写出非齐次方程(8.34)的可解性条件，我们就得到 p 个代数线性方程组，以确定 $2n+2$ 个常数 $c_0, c_1, \cdots, c_{2n+1}$. 设 r 是对应的矩阵的秩，$0 \leqslant r \leqslant \min(p, 2n+2)$.

显然，有下面的定理：

定理 4.18 如果 $n \geqslant 0$，则齐次问题 $\mathring{C}$ 有 $N=2n+2+p-r$ 个线性无关解，而非齐次问题C当且仅当满足等式

$$\int_\Gamma \delta g_j \mathrm{d}s+\iint_G f h_j \mathrm{d}x\mathrm{d}y=0 \quad (j=1,\cdots,p-r) \quad (8.38)$$

时才可解，其中 g_j 和 h_j 是线性无关的函数，它们完全依赖于方程(8.14)的系数与边界条件(8.15)中的函数 α, β, γ.

特别，还证明了下面的定理：

定理 4.18a 如果 $n \geqslant 0$，则齐次边值问题 $\mathring{C}$ 有 N 个线性无关解，N 为一有限数，而且 $N \geqslant 2n+2$.

5. 现在转而考虑 $n<0$ 的情形. 设 $k=-n$. 根据 §7，3 的结果，方程(8.30)的满足边界条件(8.31)(暂且认为 U 是已知的)的解满足积分方程

$$\begin{aligned} w_*(z)+Q_k^* w_* = & \ {}_{\varepsilon}P_k^*(CU)-\frac{\varepsilon}{\pi\mathrm{i}}\int_\Gamma \frac{\gamma_*(t)U(t)\mathrm{d}t}{t^k(t-z)}+ \\ & P_k^* F_1+\frac{1}{\pi\mathrm{i}}\int_\Gamma \frac{\delta_*(t)\mathrm{d}t}{t^k(t-z)} \end{aligned} \quad (8.39)$$

因为算子 $I+Q_k^*$ 可逆，那么，解方程(8.39)并把 w_* 代入式(8.28)的右端，我们得到对于 U 的如下的方程

$$\begin{aligned} U-\varepsilon\hat{P}^* U = & \int_0^{2\pi} \hat{X}^*_{-n}(z,\mathrm{e}^{\mathrm{i}\psi})\delta(\psi)\mathrm{d}(\psi)+ \\ & \iint_G \hat{\Omega}^*_{-n}(z,\zeta)f(\xi,\eta)\mathrm{d}\xi\mathrm{d}\eta+c_0 \end{aligned} \quad (8.40)$$

其中 $\hat{P}^*$ 是完全连续算子. 此外，使等式(7.31)满足的结果引出如下的 $2k-1$

个等式

$$\varepsilon \iint_G \chi_j U \mathrm{d}x\mathrm{d}y + \iint_G f \chi'_j \mathrm{d}x\mathrm{d}y + \int_\Gamma \delta \chi''_j \mathrm{d}s + \varepsilon \int_\Gamma U \tilde{\chi}_j \mathrm{d}s = 0$$
$$(j = 1, 2, \cdots, 2k - 1) \tag{8.41}$$

其中$\chi_j, \chi'_j, \chi''_j, \tilde{\chi}_j$ 是不依赖于 f 和 δ 的线性无关的函数.

设 ε 不是齐次积分方程 $w - \varepsilon \hat{P}^* w = 0$ 的特征值. 在这一情形下，方程(8.40) 对任意的右端部分是可解的. 使它的解适合条件(8.41)，我们得到了 $2k-1$ 个等式

$$\iint_G f \hat{\chi}'_j \mathrm{d}x\mathrm{d}y + \int_\Gamma \delta \hat{\chi}''_j \mathrm{d}s + c_0 \hat{H}_j \varepsilon = 0 \quad (j = 1, 2, \cdots, 2k - 1) \tag{8.42}$$

应该指出，线性无关的函数$\hat{\chi}'_j, \hat{\chi}''_j$ 和常数 $\hat{H}_j(\varepsilon)$ 不依赖于 f 和 δ 的选取.

若所有常数 $\hat{H}_j = 0$，则问题 C 可解的充分和必要的条件是等式

$$\iint_G f \hat{\chi}'_j \mathrm{d}x\mathrm{d}y + \int_\Gamma \delta \hat{\chi}''_j \mathrm{d}s = 0 \quad (j = 1, 2, \cdots, 2k - 1) \tag{8.43}$$

成立. 如常数 $\hat{H}_j$ 中有一个不为零，那么，在相应的等式(8.42) 中，常数 c_0 将被 f 和 δ 单值地表达. 把这个值代入到式(8.42) 的其余等式中去，我们就得到问题 C 可解的充要条件如下

$$\iint_G f \hat{\chi}'_{*j} \mathrm{d}x\mathrm{d}y + \int_\Gamma \delta \hat{\chi}''_{*j} \mathrm{d}s = 0 \quad (j = 1, 2, \cdots, 2k - 2) \tag{8.44}$$

这样一来，证明了下面的定理：

定理 4.19 若 $n < 0$，则除了可能有的离散的数列 $\varepsilon_1, \varepsilon_2, \cdots (0 < |\varepsilon_1| \leqslant |\varepsilon_2| \leqslant \cdots)$ 外，对于所有的参数值 ε，齐次问题 $\mathring{C}$ 或者全无非零解，而此时非齐次问题 C 仅在 $2k-2$ 个等式(8.44) 成立时有解；或者它有一非零解，此时非齐次问题 C 仅当 $2k-1$ 个等式(8.43) 成立时有解.

若 ε 是齐次方程 $w - \varepsilon \hat{P}^* w = 0$ 的特征值，那么，考虑到方程(8.40) 的可解条件和等式(8.42)，推出下面的结果：

定理 4.20 若 $n < 0$，p 为方程 $w - \varepsilon \hat{P}^* w = 0$ 的特征值的秩 ε，则齐次问题 $\mathring{C}$ 有 l 个线性无关的解，$l \leqslant p + 1$，而非齐次问题 C 当且仅当 $2k-2+l$ 个等式

$$\iint_G f \chi'_j \mathrm{d}x\mathrm{d}y + \int_\Gamma \delta \chi''_j \mathrm{d}s = 0 \quad (j = 1, 2, \cdots, 2k - 2 + l) \tag{8.45}$$

成立时有解，其中χ'_j 和χ''_j 是不依赖于 f 和 δ 的线性无关函数.

从定理 4.20 得出下面的两个重要结果，我们将其陈述为定理的形式.

定理 4.21 问题 C 是适定的，也就是说，它永远可解且有唯一解，当且仅当下列的条件满足：(1) 齐次问题 $\mathring{C}$ 没有非零解，(2) 指数 $n=-1$.

很明显，在这一情形下，问题 C 的解连续地依赖于给定的函数 f 和 δ.

定理 4.22 若 $n<-1$，则非齐次问题 C 对任意给定的函数 f 和 δ 可能没有解，且可解条件的数目不少于 $2k-2(k=-n)$.

6. 现在，我们要依据方程和边界条件的系数与自由项的光滑性以及区域边界的光滑性，来阐明问题 C 的解的光滑程度和微分性质.

定理 4.23 若：(1)$\Gamma \in C_{\mu}^{1}(0<\mu \leqslant 1)$，(2)$a,b,c,f \in L_{p}(G+\Gamma)$，$p>2$，(3)$\alpha,\beta,\gamma,\delta \in C_{v}(\Gamma)$，$0<v<1$，则问题 C 的解 $U(x,y)$ 属于函数类 $C_{\tau}^{1}(G+\Gamma)$，其中

$$\tau=\min\left(v,\frac{p-2}{p}\right)$$

证明 我们限于对单连通区域当 $n \geqslant 0$ 时的情形给出证明. 对一般的情形当 $n<0$ 时可进行类似的讨论. 如我们在第四段中所见，问题 C 的解按公式 (8.28) 表示为：$U=c_{0}+P w_{*}$，其中 w_{*} 是边界问题(8.30) 和(8.31) 的解. 但 U 为方程(8.34) 的解，因此，它在 $\bar{G}$ 上在赫尔德意义下连续，所以，w_{*} 在 $G+\Gamma$ 上连续，且由于式(8.28)，$U \in C_{\frac{p-2}{p}}(G+\Gamma)$. 在这种情形下，由定理 3.1，$w_{*}$ 属于 $C_{\tau}(G+\Gamma)$.

然而

$$U_{z}=\frac{1}{2} w(z)=\frac{1}{2} \mathrm{e}^{-\chi(z)} w_{*}(z)$$

这意味着 $U \in C_{\tau}^{1}(G+\Gamma)$，得所欲证. 同样显然有 $U \in D_{2,p}$.

借助于定理 3.1，用类似的方法可证明下列的定理.

定理 4.23a 若(1)$\Gamma \in C_{\mu}^{k+1}$，(2)$a,b,c,f \in C_{\mu}^{k}(G+\Gamma)$，(3)$\alpha,\beta,\gamma,\delta \in C_{\mu}^{k+1}(\Gamma)$，如果问题 C 可解，则它的解属于类 $C_{\mu}^{k+2}(G+\Gamma)(k \geqslant 0,0<\mu<1)$.

7. 带斜微商的边值问题以及更一般的二阶椭圆型方程

$$a(x,y) \frac{\partial^{2} U}{\partial x^{2}}+2 b(x,y) \frac{\partial^{2} U}{\partial x \partial y}+c(x,y) \frac{\partial^{2} U}{\partial y^{2}}+d(x,y) \frac{\partial U}{\partial x}+$$

$$e(x,y) \frac{\partial U}{\partial y}+d(x,y) U=g(x,y) \tag{8.46}$$

$$a c-b^{2} \geqslant \Delta_{0}>0(\text{在 } G+\Gamma \text{ 上}) \quad (\Delta_{0}=\text{常数})$$

都可化为上述的问题.

设 $a,b,c \in D_{k+1,p}(G+\Gamma), k \geqslant 0, p>2, \Gamma \in C_{\sigma}^{k+1}, 0<\sigma \leqslant 1$. 在这种情形下 $a,b,c \in C_{v}^{k}(G+\Gamma), k \geqslant 0, v=\dfrac{p-2}{p}$. 我们能把这些函数拓展到平面上而保持它们所属的函数类,并且在无穷远附近总可以保证使条件 $a=c=1, b=0$ 成立. 此时,二次型 $a\mathrm{d}x^2-2b\mathrm{d}x\mathrm{d}y+c\mathrm{d}y^2$ 的全同胚 $\zeta(z)=\xi(x,y)+\mathrm{i}\eta(x,y)$ 存在且变量代换

$$\xi=\xi(x,y), \eta=\eta(x,y) \tag{8.47}$$

的结果,方程(8.46) 将取形式(第二章, § 7,2)

$$\Delta U+p(\xi,\eta)U_{\xi}+q(\xi,\eta)U_{\eta}+r(\xi,\eta)U=h(\xi,\eta) \tag{8.48}$$

因为 $\zeta(z) \in D_{k+2}L_{p}(E)$,则 $\zeta(z) \in C_{v}^{k+1}(E), v=\dfrac{p-2}{p}$. 所以,容易看出,边界 Γ 的象 Γ' 也属于类 $C_{\sigma'}^{k+1}, \sigma'=\min\left(\sigma, \dfrac{p-2}{p}\right)$.

设 $d,e,f,g \in D_{k,p}(G+\Gamma)$. 在这种情形下,由第二章公式(7.29) 可以看出

$$p,q,r,h \in D_{k,p}(G'+\Gamma'), G'=\zeta(G)$$

边界条件

$$\alpha U_{x}-\beta U_{y}+\gamma U=\delta \quad (\text{在 } \Gamma \text{ 上}) \tag{8.49}$$

经变量代换(8.47) 的结果得到如下形式

$$\alpha' U_{\xi}-\beta' U_{\eta}+\gamma U=\delta \quad (\text{在 } \Gamma \text{ 上}) \tag{8.50}$$

其中

$$\alpha'=\alpha\xi_{x}-\beta\xi_{y}, \beta'=-\alpha\eta_{x}+\beta\eta_{y} \tag{8.51}$$

因为 $\xi_{x}, \xi_{y}, \eta_{x}, \eta_{y} \in C_{v}^{k}(E)$,故若 $\alpha, \beta \in C_{v}^{k_0}(\Gamma)$,则 α' 和 β' 将属于类 $C_{v}^{k'}(\Gamma)$,且 $k'=\min(k_0,k)$. 从式(8.51) 得出

$$\alpha'-\mathrm{i}\beta'=(\alpha-\mathrm{i}\beta)\zeta_{z}+(\alpha+\mathrm{i}\beta)\zeta_{\bar{z}}$$

但是如我们在第二章 § 7,2 中所见,$\zeta(z)$ 满足方程

$$\frac{\partial\zeta}{\partial\bar{z}}-q(z)\frac{\partial\zeta}{\partial z}=0, \ |q(z)| \leqslant q_0<1 \tag{8.52}$$

由此

$$\alpha'-\mathrm{i}\beta'=(\alpha-\mathrm{i}\beta)\left(1+\frac{\alpha+\mathrm{i}\beta}{\alpha-\mathrm{i}\beta}q(z)\right)\frac{\partial\zeta}{\partial z} \tag{8.53}$$

然而,雅可比

$$J=\left|\frac{\partial\zeta}{\partial z}\right|^{2}-\left|\frac{\partial\zeta}{\partial\bar{z}}\right|^{2}=(1-|q|^{2})\left|\frac{\partial\zeta}{\partial z}\right|^{2}>0$$

因此,在平面上到处有 $\dfrac{\partial\zeta}{\partial z} \neq 0$.

另一方面，按 z 对方程(8.52) 施行微分后可知 $\frac{\partial \zeta}{\partial z}$ 满足形如第三章方程(17.15)

$$\frac{\partial}{\partial \bar{z}}\left(\frac{\partial \zeta}{\partial z}\right)+q(z)\frac{\partial}{\partial z}\left(\frac{\partial \zeta}{\partial z}\right)=-\frac{\partial q}{\partial z}\frac{\partial \zeta}{\partial z}$$

但这样根据定理 3.28 就可对函数 $\partial_z \zeta$ 应用辐角原理. 所以，从式(8.53) 推出，沿 Γ' 的增量 $\arg(\alpha'+\mathrm{i}\beta')$ 等于沿 Γ 的增量 $\arg(\alpha+\mathrm{i}\beta)$. 这意味着原来的边界条件(8.49) 的指数与变换后的边界条件(8.50) 的指数相同. 因而，前面各节所讲的关于带有斜微商的边界问题的结果，仍可应用到一般形式的方程(8.46) 上.

§9　按域的奇异积分方程应用于边值问题

迄今为止，研究边值问题时，我们先将微分方程化为标准型式，众所周知，这就要求做出对应贝尔特拉米方程组的一个同胚. 但如我们在第二章中所见，后一个问题也在做同胚的问题要用下面形式的奇异积分方程来解决

$$f-q\Pi f=p,\Pi f\equiv\partial_z Tf\equiv-\frac{1}{\pi}\iint_E\frac{f(\zeta)\mathrm{d}\xi\mathrm{d}\eta}{(\zeta-z)^2}\quad(|q|\leqslant q_0<1)\quad(*)$$

但在将微分方程化为标准型式之后，要解边值问题，还必须建立新的积分方程. 此外，为了建立标准方程的解的一般表示式(假如需要的话) 还必须解另一些积分方程. 这就明显指出，循这种途径来解决边值问题有很大的实际困难与不便之处. 因此自然会提出这样的问题，能否撇开上述的一切中间环节，直接用奇异积分方程(*) 来研究边值问题. 我们在本节中将见到，在许多情况下这是可以做到的. 而且所指出的方法能够扩大研究的方程类，因这时为保证微分方程可化为标准型式而对其系数所设的许多补充条件都成为多余的了. 除此以外，此方法适用于线性方程并又适用于拟线性方程. 这个方法在作者的工作[14п] 中已指出. 其进一步的应用则在 В. С. 维诺格拉多夫的工作[15а,б,в,г] 中给出.

1. 考虑下面形式的拟线性微分方程

$$\begin{aligned}&a(x,y,u,u_x,u_y)u_{xx}+2b(x,y,u,u_x,u_y)u_{xy}+\\&c(x,y,u,u_x,u_y)u_{yy}+d(x,y,u,u_x,u_y)=0\end{aligned}\tag{9.1}$$

在今后将认为满足下列条件：(1)$a(x,y,u,p,q)$，$b(\cdots)$，$c(\cdots)$ 当 $(x,y)\in G+\Gamma$，$u^2+p^2+q^2\leqslant M$ 时有界可测，其中 M 是任意确定的正数；(2) 对自变量的上

述这种值，有

$$ac-b^2 \geqslant \Delta_0 > 0 \quad (\Delta_0=\Delta_0(M)=\text{常数})$$

(3)$d(x,y,u,p,q)$ 是可测函数，而且 $d(x,y,0,0,0)\in L_p(G+\Gamma)$，$p>2$；(4)$a$，$b$，$c$ 对于变量 u，p，q 满足李普希兹条件

$$|f(x,y,u_1,p_1,q_1)-f(x,y,u_2,p_2,q_2)|$$
$$\leqslant M_1(|u_1-u_2|+|p_1-p_2|+|q_1-q_2|)$$

其中 M_1 是与 x，y 无关的常数；

(5)$d(x,y,u,p,q)$ 满足条件

$$|d(x,y,u_1,p_1,q_1)-d(x,y,u_2,p_2,q_2)|$$
$$\leqslant d_0(x,y)(|u_1-u_2|+|p_1-p_2|+|q_1-q_2|)$$

其中 $d_0(x,y)\in L_p(G+\Gamma)$，$P>2$.

我们限于研究单连通域的情况，且区域的边界是相当光滑的曲线 Γ. 在这种情况下借助于非奇异的变换

$$\xi=\varphi(x,y),\eta=\psi(x,y) \tag{9.2}$$

可将域 G 和它的边界 Γ 分别同胚地映射到单位圆 $\xi^2+\eta^2<1$ 和圆周 $\xi^2+\eta^2=1$ 上. 我们假设 φ 和 $\psi\in D_{2,p}(\overline{G})$，$p>2$. 为此只要 $\Gamma\in C_\mu^1$，$\dfrac{1}{2}<\mu<1$ 就足够了. 在此情况下变换(9.2)可以认为是保角的. 在这样的条件下 φ 和 ψ 以及它们的一阶微商将在 $G+\Gamma$ 上连续：$\varphi,\psi\in C_\beta^1(G+\Gamma)$，$\beta=\dfrac{p-2}{p}$. 由于这样变换的结果方程(9.1)变为新的方程，这个新方程将满足前面列举的一切条件，而且所考虑问题的域已是单位圆 $\xi^2+\eta^2<1$. 今后我们保留原用记号，因而，域 G 认为是圆 $x^2+y^2<1$. 把方程(9.1)写为以下的复数形式

$$\frac{\partial^2 u}{\partial z\partial\bar{z}}+\operatorname{Re}\left[A(z,u,u_z)\frac{\partial^2 u}{\partial z^2}\right]+B(z,u,u_z)=0 \tag{9.3}$$

其中

$$A=\frac{a-c+2ib}{a+c},B=\frac{d}{a+c}$$

这些函数将满足下列条件：(1)对于任意固定的 $M>0$，存在常数 $q=q(M)<1$ 使

$$|A(z,u,v)|\leqslant q<1 \quad (z\in G+\Gamma,\ |u|+|v|\leqslant M) \tag{9.4}$$

(2)$B(z,u,v)$ 是可测函数，而且

$$B(z,0,0)\in L_p(G+\Gamma) \quad (p>2) \tag{9.5}$$

(3)

$$|A(z,u_1,v_1)-A(z,u_2,v_2)|\leqslant M_1(|u_1-u_2|+|v_1-v_2|) \quad (9.6)$$

其中 M_1 是与 z 无关的常数；

(4)

$$|B(z,u_1,v_1)-B(z,u_2,v_2)|\leqslant B_0(z)(|u_1-u_2|+|v_1-v_2|) \quad (9.7)$$

其中

$$B_0(z)\in L_p(G+\Gamma) \quad (p>2) \quad (9.8)$$

不限制论证的一般性，我们可以把问题的边界条件取成形式

$$u=0 \quad (\text{在 } \Gamma: x^2+y^2=1 \text{ 上}) \quad (9.9)$$

我们称此问题为问题 D. 并在函数类 $D_{2,p}(G+\Gamma)(p>2)$ 中求它的解 $u(x,y)$. 这意味着 $u\in C_\alpha^1(G+\Gamma)$，$\alpha=\dfrac{p-2}{p}$. 我们证明，满足边界条件(9.9) 的类 $D_{2,p}(G+\Gamma)(p>2)$ 的一切函数，可以表示为形式

$$u(x,y)=\iint_G g_0(z,\zeta)\rho(\zeta)\mathrm{d}\xi\mathrm{d}\eta\equiv\Pi_0\rho \quad (9.10)$$

$$g_0=\frac{2}{\pi}\ln\left|\frac{z-\zeta}{1-z\bar{\zeta}}\right|$$

其中 $\rho(\zeta)$ 是点 ζ 的实函数，属于函数类 $L_p(G+\Gamma)$，$p>2$，而$\dfrac{1}{4}g_0$ 是对于单位圆的格林函数.

事实上，假如 $\rho\in L_p(G+\Gamma)$，则

$$\Pi_1\rho\equiv\partial_z\Pi_0\rho=\iint_G\frac{\partial g_0(z,\zeta)}{\partial z}\rho(\zeta)\mathrm{d}\xi\mathrm{d}\eta$$

$$\equiv-\frac{1}{\pi}\iint_G\left(\frac{1}{\zeta-z}-\frac{\bar{\zeta}}{1-z\bar{\zeta}}\right)\rho(\zeta)\mathrm{d}\xi\mathrm{d}\eta \quad (9.11)$$

关于 $\bar{z}$ 微分这个等式后，我们得到

$$\frac{1}{4}\Delta\Pi_0\rho\equiv\frac{\partial^2\Pi_0\rho}{\partial z\partial\bar{z}}=\rho(\zeta) \quad (9.12)$$

因此，如果取 $\rho=u_{z\bar{z}}$，那么有

$$\Delta(u-\Pi_0\rho)=0, \text{即 } u-\Pi_0\rho=u_0$$

其中 u_0 是 G 内的调和函数，而且它在 $G+\Gamma$ 上显然是连续的. 因为在 Γ 上 $u\equiv 0$ 和 $\Pi_0\rho\equiv 0$，所以在 G 内 $u_0\equiv 0$，于是公式(9.10) 证明了.

按法则

$$\rho_*(z)=\begin{cases}\rho(z) & \text{当 } |z|<1\\ -\dfrac{1}{|z|^4}\rho\left(\dfrac{1}{\bar{z}}\right) & \text{当 } |z|\geqslant 1\end{cases} \quad (9.12\text{a})$$

将函数 $\rho(z)$ 拓展到全平面,我们可以将等式(9.11)写成形式

$$\Pi_1\rho \equiv T_E\rho_* = -\frac{1}{\pi}\iint_E \frac{\rho_*(\zeta)\mathrm{d}\xi\mathrm{d}\eta}{\zeta - z} \tag{9.13}$$

如果 $\rho \in L_p(G+\Gamma)$,则 $\rho_* \in L_p(E)$. 如我们在第一章(§9,2)中证明了的,如果 $\rho_* \in L_p$, $p>1$,则 $T_E\rho_*$ 关于 z 有微商,此微商表示为奇异积分①

$$\Pi_2\rho \equiv \frac{\partial \Pi_1\rho}{\partial z} = \frac{\partial T\rho_*}{\partial z} = -\frac{1}{\pi}\iint_E \frac{\rho_*(\zeta)}{(\zeta-z)^2}\mathrm{d}\xi\mathrm{d}\eta \tag{9.14}$$

而且 $\Pi_2\rho$ 是将 L_p 变到 L_p 的线性运算子,因而

$$L_p(\Pi_2\rho,\bar{G}) \leqslant \Lambda_p L_p(\rho,\bar{G}) \tag{9.15}$$

我们来证明 $\Lambda_2 = 1$. 设 $\rho \in D_\infty(G)$. 我们有

$$\begin{aligned}(\Pi_2\rho,\Pi_2\rho) &= \iint_G \frac{\partial T\rho_*}{\partial z}\,\frac{\partial \overline{T\rho_*}}{\partial \bar{z}}\mathrm{d}x\mathrm{d}y \\ &= \iint_G \frac{\partial}{\partial \bar{z}}\left(\overline{T\rho_*}\,\frac{\partial T\rho}{\partial z}\right)\mathrm{d}x\mathrm{d}y - \iint_G \overline{T\rho_*}\,\frac{\partial^2 T\rho_*}{\partial z\partial \bar{z}}\mathrm{d}x\mathrm{d}y \\ &= \frac{1}{2\mathrm{i}}\int_\Gamma \overline{T\rho_*}\,\frac{\partial T\rho_*}{\partial z}\mathrm{d}z - \iint_G \overline{T\rho_*}\,\frac{\partial \rho_*}{\partial z}\mathrm{d}x\mathrm{d}y \\ &= \frac{1}{2\mathrm{i}}\int_\Gamma \overline{T\rho_*}\,\frac{\partial T\rho_*}{\partial z}\mathrm{d}z + \frac{1}{2\mathrm{i}}\iint_\Gamma \rho_*\,\overline{T\rho_*}\,\mathrm{d}\bar{z} + \iint_G \rho_*\bar{\rho}_*\,\mathrm{d}x\mathrm{d}y\end{aligned}$$

这里我们几次地进行分部积分及利用格林公式. 因为积分号下的函数在 $G+\Gamma(\rho \in G_\infty(G))$ 上连续且有任意阶微商,所以上述这些运算是合法的.

因为 $\rho_* = \rho$(在 G 内)和在 Γ 上 $\rho_* = \rho = 0$,因此有

$$(\Pi_2\rho,\Pi_2\rho) = I_0(\rho) + (\rho,\rho) \tag{9.16}$$

其中

$$I_0(\rho) = \frac{1}{2\mathrm{i}}\int_\Gamma \overline{T\rho_*}\,\frac{\partial T\rho_*}{\partial z}\mathrm{d}z \tag{9.17}$$

现在计算这个曲线积分. 因为在 Γ 上 $\Pi_0\rho = 0$,则对曲线 Γ 的弧微分这个等式,有

$$\frac{\mathrm{d}\Pi_0\rho}{\mathrm{d}s} \equiv \mathrm{i}z\Pi_1\rho - \overline{\mathrm{i}z}\,\overline{\Pi_1\rho} \equiv \mathrm{i}zT\rho_* - \overline{\mathrm{i}z}\,\overline{T\rho_*} = 0 \quad (\text{在 } \Gamma \text{ 上})$$

即在 Γ 上 $\overline{T\rho_*} = z^2 T\rho_*$,因而由式(9.17)有

$$I_0(\rho) = \frac{1}{2\mathrm{i}}\int_\Gamma z^2 T\rho_*\,\frac{\partial T\rho_*}{\partial z}\mathrm{d}z$$

按照在圆 $|z| \leqslant r < 1$ 外 $\rho \equiv 0$ 的条件,所以

① 用奇异积分来表示 $\partial_z T_\rho$,我们曾在第一章§8中,对 $\rho \in C_\alpha$ 的情况给予证明. 当 $\rho \in L_p$, $p>1$ 时,这在工作[36a,6]中已证明.

$$T\rho_* = -\frac{1}{\pi}\iint_{G_1}\frac{\rho(\zeta)\mathrm{d}\xi\mathrm{d}\eta}{\zeta - z} - \frac{1}{\pi}\iint_{G_2}\frac{\rho_*(\zeta)\mathrm{d}\xi\mathrm{d}\eta}{\zeta - z} \equiv T_1\rho + T_2\rho_* \quad (9.18)$$

其中 G_1 和 G_2 分别是域 $|z| \leqslant r$ 和 $|z| \geqslant \frac{1}{r}$. 由于 $T_1\rho$ 在域 G_1 内全纯且在无穷远点为零,而 $T_2\rho_*$ 在圆 $|z| < \frac{1}{r}$ 内全纯,得出 $I_0(\rho) = -\frac{1}{\pi}a_0^2 + I(\rho)$,其中

$$I(\rho) = \frac{1}{2\mathrm{i}}\int_\Gamma z^2 T_1\rho\frac{\partial T_2\rho_*}{\partial z}\mathrm{d}z + \frac{1}{2\mathrm{i}}\int_\Gamma z^2 T_2\rho_*\frac{\partial T_1\rho}{\partial z}\mathrm{d}z$$

$$a_0 = \iint_G \rho(\zeta)\mathrm{d}\xi\mathrm{d}\eta$$

现在把上式中的 $T_1\rho$ 和 $T_2\rho_*$ 用式(9.18)代替,得

$$I(\rho) = \frac{1}{2\mathrm{i}\pi^2}\int_\Gamma z^2\mathrm{d}z\iint_{G_1}\frac{\rho(\zeta_1)\mathrm{d}\xi_1\mathrm{d}\eta_1}{\zeta_1 - z}\iint_{G_2}\frac{\rho_*(\zeta_2)\mathrm{d}\xi_2\mathrm{d}\eta_2}{(\zeta_2 - z)^2} +$$
$$\frac{1}{2\mathrm{i}\pi^2}\int_\Gamma z^2\mathrm{d}z\iint_{G_2}\frac{\rho_*(\zeta_2)\mathrm{d}\xi_2\mathrm{d}\eta_2}{\zeta_2 - z}\iint_{G_1}\frac{\rho(\zeta_1)\mathrm{d}\xi_1\mathrm{d}\eta_1}{(\zeta_1 - z)^2}$$

变换曲线积分与二重积分的次序,这显然是完全合法的,得

$$I(\rho) = \frac{1}{\pi}\iint_{G_1}\rho(\zeta_1)\mathrm{d}\xi_1\mathrm{d}\eta_1\iint_{G_2}\rho_*(\zeta_2)\mathrm{d}\xi_2\mathrm{d}\eta_2 \cdot$$
$$\left\{\frac{1}{2\pi\mathrm{i}}\int_\Gamma\frac{z^2\mathrm{d}z}{(\zeta_1 - z)(\zeta_2 - z)^2} + \frac{1}{2\pi\mathrm{i}}\int_\Gamma\frac{z^2\mathrm{d}z}{(\zeta_2 - z)(\zeta_1 - z)^2}\right\}$$
$$= \frac{1}{\pi}\iint_{G_1}\rho(\zeta_1)\mathrm{d}\xi_1\mathrm{d}\eta_1\iint_{G_2}\rho_*(\zeta_2)\frac{\zeta_2 + \zeta_1}{\zeta_2 - \zeta_1}\mathrm{d}\xi_2\mathrm{d}\eta_2$$

或者,由式(9.12a)

$$I(\rho) = -\frac{1}{\pi}\iint_{G_1}\rho(\xi,\eta)\mathrm{d}\xi\mathrm{d}\eta\iint_{G_2}\rho(x,y)\frac{1 + z\bar{\zeta}}{1 - z\bar{\zeta}}\mathrm{d}x\mathrm{d}y$$

由此有

$$I(\rho) = -\frac{1}{\pi}a_0\bar{a}_0 - \frac{2}{\pi}\sum_{k=1}^{\infty}\alpha_k\bar{\alpha}_k \leqslant 0$$

$$\alpha_k = \iint_G \rho(\zeta)\zeta^k\mathrm{d}\xi\mathrm{d}\eta$$

于是 $I_0(\rho) \leqslant 0$,而且等号对于满足下面等式的函数成立

$$\iint_G \rho(\zeta)\zeta^k\mathrm{d}\xi\mathrm{d}\eta = 0 \quad (k = 0, 1, \cdots) \quad (9.19)$$

由等式(9.16),有

$$(\Pi_2\rho, \Pi_2\rho) \leqslant (\rho, \rho) \quad (9.20)$$

而且等号对于满足条件(9.19)的函数成立.因为 $D_\infty(G)$ 在 $L_2(G+\Gamma)$ 中稠密.随之对任意函数 $\rho \in L_2(G+\Gamma)$ 不等式(9.20)仍成立.由此得出在空间 L_2 中运算子 Π_2 的范数等于 1,即

$$\Lambda_2 = L_2(\Pi_2) \equiv | \Pi_2 |_{L_2} = 1 \tag{9.21}$$

现在回到我们的边值问题,我们可以按式(9.10)的形式来找它的解.把这个表示代入方程(9.3),由式(9.11)(9.12)和式(9.14),得到对 ρ 的泛函方程如下

$$\rho(z) + \mathrm{Re}[A(z,\Pi_0\rho,\Pi_1\rho)\Pi_2\rho] + B(z,\Pi_0\rho,\Pi_1\rho) = 0 \tag{9.22}$$

这个方程通常是非线性的.我们来研究它在空间 $L_p(G+\Gamma)(p>2)$ 中的可解性.如果 $\rho \in L_p(G+\Gamma)$,$p>2$,那么从(9.10)和(9.11)看出

$$|\Pi_0\rho| \leqslant KL_p(\rho),\ |\Pi_1\rho| \leqslant KL_p(\rho) \quad (K = 常数) \tag{9.23}$$

$$\Pi_1\rho \in C_\alpha(G+\Gamma),\alpha = \frac{p-2}{p} \tag{9.24}$$

所以如果 $p>2$,算子

$$P\rho \equiv -\mathrm{Re}[A(z,\Pi_0\rho,\Pi_1\rho)\Pi_2\rho] - B(z,\Pi_0\rho,\Pi_1\rho) \tag{9.25}$$

把空间 $L_p(G+\Gamma)$ 变成空间 $L_p(G+\Gamma)$;其次如果 $\rho_1,\rho_2 \in L_p(G+\Gamma)$,则有

$$\begin{aligned}|P\rho_1 - P\rho_2| \leqslant & |A(z,\Pi_0\rho_1,\Pi_1\rho_1) - A(z,\Pi_0\rho_2,\Pi_1\rho_2)||\Pi_2\rho_1| + \\ & |A(z,\Pi_0\rho_2,\Pi_1\rho_2)||\Pi_2(\rho_1-\rho_2)| + \\ & |B(z,\Pi_0\rho_1,\Pi_1\rho_1) - B(z,\Pi_0\rho_2,\Pi_1\rho_2)|\end{aligned}$$

利用条件(9.4)(9.6)(9.7)和不等式(9.23),就得

$$\begin{aligned}|P\rho_1 - P\rho_2| \leqslant & q(M)|\Pi_2(\rho_1-\rho_2)| + \\ & [2M_1K|\Pi_2\rho_1| + 2KB_0(z)]L_p(\rho_1-\rho_2)\end{aligned} \tag{9.26}$$

其中 $q(M)<1$,而 M 是常数,它服从条件

$$|\Pi_0\rho_2| + |\Pi_1\rho_2| \leqslant 2KL_p(\rho_2) \leqslant M$$

应用闵可夫斯基不等式,从式(9.26)得到

$$L_p[P(\rho_1-\rho_2)] \leqslant K_pL_p(\rho_1-\rho_2) \tag{9.27}$$

其中

$$K_p = q(M)\Lambda_p + 2M_1K\Lambda_pL_p(\rho_1) + 2KL_p(B_0) \tag{9.28}$$

根据黎斯定理(参看[77]第一章,§9),$\Lambda_p \equiv L_p(\Pi_2)$ 对 p 连续.因 $\Lambda_2 = L_2(\Pi_2) = 1$,则对任意固定的 $M>0$,可找到 $\varepsilon = \varepsilon(M) > 0$,使得满足不等式

$$q(M)\Lambda_p < 1 \quad (0 < p-2 \leqslant \varepsilon(M)) \tag{9.29}$$

现在固定满足这个条件的某个 p,取数 $r>0$ 和 $\delta>0$,满足不等式

$$2Kr < M \tag{9.30}$$

和

$$\alpha \equiv q(M)\Lambda_p + 2M_1 K\Lambda_p r + 2K\delta < 1 \tag{9.31}$$

此外使函数 $B_0(z)$ 满足不等式

$$L_p(B_0, \bar{G}) < \delta \tag{9.32}$$

在这种情况下对属于球

$$S(0,r): L_p(\rho) < r \tag{9.33}$$

的任何函数 ρ_1 和 ρ_2，由式(9.33)(9.32)(9.31)(9.28) 和(9.27)，就有

$$L_p[P(\rho_1 - \rho_2)] \leqslant \alpha L_p(\rho_1 - \rho_2) \quad (K_p \leqslant \alpha < 1) \tag{9.34}$$

由于运算子 P 作用到零元素 $\theta = 0$ 上给出 $B(z,0,0)$，假设

$$L_p[P(\theta)] \equiv L_p[B(z,0,0,0)] < (1-\alpha)r$$

在这些条件下我们能够利用广义的压缩映射原理(参看[51])，按照这个原理方程$\rho - P\rho = 0$ 将有唯一解 ρ，它在 $L_p(G+\Gamma)$，$p > 2$ 中属于球 $L_p(\rho) < r$ 内.

特别地，若 $B(z,0,0)=0$，则属于球 $L_p(\rho) < r$ 的方程$\rho - P\rho = 0$ 的唯一解 $\rho \equiv 0$.

这样一来，如果函数 $B(z,0,0)$ 和 $B_0(z)$ 按 $L_p(G+\Gamma)$，$p>2$ 中的范数充分小，那么拟线性方程(9.3) 的带有边界条件(9.9) 的狄利克雷问题总有解. 这个解按公式(9.10) 表示出，因而属于类 $D_{2,p}(G+\Gamma)$. 因此问题的解具有属于 $C_\alpha(G+\Gamma)$ 的一阶连续微商，其中 $\alpha = \dfrac{p-2}{p}$.

令 $|A| \leqslant q < 1$，$|B| \leqslant M_0$，而且常数 q 和 M_0 不依赖于 x, y, u, u_x, u_y. 这样，问题 D 的解满足条件(先验的估计)

$$D_{2,p}(u, \bar{G}) < M', C_\alpha^1(u, \bar{G}) < M' \quad \left(\alpha = \frac{p-2}{p}\right) \tag{9.35}$$

其中数 $p > 2$ 仅决定于 q，而 M' 仅决定于 q 及 $M_0$①.

2. 现在我们考察线性方程的情形

$$L(u) = au_{xx} + 2bu_{xy} + cu_{yy} + du_x + eu_y + fu = h \tag{9.36}$$

并且假定满足下列条件：(1)a, b, c 是变量 x 和 y 在圆 $x^2 + y^2 \leqslant 1$ 内的有界可测函数；(2) 当 $x^2 + y^2 \leqslant 1$ 时 $ac - b^2 \geqslant \Delta_0 > 0$；(3)$d, e, f, h \in L_p(G+\Gamma)$，$p > 2$. 在这些条件下，不失一般性，可以认为

$$a + c = 2 \quad (\text{在 } G \text{ 内})$$

在这种情况下算子 P 有如下的形式

① 对于拟线性方程的狄利克雷问题的其他解法，主要是借助所谓先验估计，被许多学者所研究(参看，例如[54][42]).

$$P\rho=-\frac{1}{2}\mathrm{Re}[(a-c+2\mathrm{i}b)\Pi_2\rho+(d+\mathrm{i}e)\Pi_1\rho]-\frac{1}{4}f\Pi_0\rho+\frac{1}{4}h \quad (9.37)$$

因而它是线性的. 由于在所考虑的情况下

$$A=\frac{1}{2}(a-b+2\mathrm{i}b)$$

$$B=\frac{1}{4}(d+\mathrm{i}e)u_z+\frac{1}{4}(d-\mathrm{i}e)u_{\bar{z}}+\frac{1}{4}fu-\frac{1}{4}h$$

将有

$$|A|\leqslant q=\sqrt{1-4\Delta_0}<1$$

$$B_0(z)=\frac{1}{2}\max\left(\frac{1}{2}|f(z)|,|d+\mathrm{i}e|\right) \quad (9.37\text{a})$$

并且 q 不依赖于常数 M 的选取, M 就是我们以上考虑过的. 此外, 在给定的情况下 $M_1=0$, 不等式(9.27) 变作

$$L_p[P(\rho_1-\rho_2)]\leqslant[q\Lambda_p+2KL_p(B_0)]L_p(\rho_1-\rho_2)$$

并且这个不等式对于 $L_p(G+\Gamma)$ 内的任何元素 ρ_1 和 ρ_2 都成立. 现在若固定某一个 $p>2$, 使不等式

$$q\Lambda_p<1, 0<p-2\leqslant\varepsilon \quad (9.37\text{б})$$

成立, 同时使函数 B_0 满足条件

$$\alpha=q\Lambda_p+2KL_p(B_0)<1 \quad (9.38)$$

我们将有

$$L_p[P(\rho_1-\rho_2)]\leqslant\alpha L_p(\rho_1-\rho_2) \quad (\alpha<1)$$

这样一来, 在这些条件下, 算子 P 遵从压缩映照原理, 因而方程 $\rho-P\rho=0$ 在 $L_p(G+\Gamma)$, $p>0$ 内有唯一解. 这就表明, 假定条件(9.38) 成立, 那么对具有齐次边界条件 $u=0$(在 Γ 上) 的线性方程(9.36) 的狄利克雷问题永远有唯一解. 特别地, 若 $h\equiv0$, 那么问题仅有显易解 $u\equiv0$. 若 $d=e=f=0$, 那么, 显然条件(9.38) 成立, 因而, 方程(广义的拉普拉斯方程)

$$L_0(u)=au_{xx}+2bu_{xy}+cu_{yy}=h$$

总有满足边界条件 $u=0$(在 Γ 上) 的唯一解. 特别地, 当 $h=0$ 时, 这个问题仅有显易解 $u\equiv0$.

在线性方程的情况, 相应的奇异积分方程正则, 之后问题可以化为弗雷德霍姆型方程. 由式(9.37) 可以看出算子 $P\rho$ 有下面的形式

$$P\rho=\widetilde{P}\rho+\frac{1}{4}h\equiv P_2\rho+P_1\rho+\frac{1}{4}h$$

其中

$$P_2\rho = -\operatorname{Re}[A(z)\Pi_2\rho]$$

$$A = \frac{a-c+2\mathrm{i}b}{2}$$

$$P_1\rho = -\operatorname{Re}[A_0(z)\Pi_1\rho] - \frac{1}{4}f\Pi_0\rho$$

$$A_0 = \frac{d+\mathrm{i}e}{2}$$

由式(9.37a)和(9.15)

$$L_p(P_2\rho) \leqslant q\Lambda_p L_p(\rho)$$

所以,根据不等式(9.37б),算子 $I-P_2$ 有逆算子 $(I-P_2)^{-1}$. 把这个算子作用到方程

$$\rho - \widetilde{P}\rho \equiv \rho - P_2\rho - P_1\rho = \frac{1}{4}h \tag{9.39}$$

的两端,就有

$$\rho - (I-P_2)^{-1}P_1\rho = \frac{1}{4}(I-P_2)^{-1}h \tag{9.40}$$

因为算子 $(I-P_2)^{-1}$ 是线性的,P_1 是完全连续的,那么算子 $(I-P_2)^{-1}P_1$ 就是线性的,且在 $L_p(G+\Gamma)$ 中全连续. 所以,弗雷德霍姆定理可以应用到奇异积分方程(9.39)等价的方程(9.40).

用这样的方法,我们得到下面的结果:

1. 对于线性方程 $L(u)=h$ 的具有齐次边界条件 $u=0$(在 Γ 上)的狄利克雷问题(问题 D),对于 $L_p(G+\Gamma)(p<2)$ 类中任何函数 h 有解,当且仅当相应的齐次问题 $\mathring{\mathrm{D}}$ 没有非显易解. 在这种情况下,对任意的 $h\in L_p(G+\Gamma)$,$p>2$,在 $D_{p,2}(G+\Gamma)(p>2)$ 类中问题有唯一解,它也属于类 $C_\alpha^1(G+\Gamma)$,$\alpha=\dfrac{p-2}{p}$.

这样一来,为使问题 D 可解,只需证明唯一性定理,即只需证明相应的齐次问题 $\mathring{\mathrm{D}}$ 无解.

2. 假如齐次问题 $\mathring{\mathrm{D}}$ 有解,那么它的线性独立解的个数,等于齐次方程

$$\rho - (I-P_2)^{-1}P_1\rho = 0$$

线性独立解的个数,且若 $\rho_1,\cdots,\rho_n$ 是这个方程的解完全组,那么函数

$$u_j(x,y) = \Pi_0\rho_j \equiv \iint_G g_0(z,\zeta)\rho_j(\zeta)\,\mathrm{d}\xi\mathrm{d}\eta \quad (j=1,\cdots,n)$$

就组成齐次问题 $\mathring{\mathrm{D}}$ 的解的完全组.

3. 若齐次问题 $\mathring{D}$ 有解，则当且仅当条件

$$\iint_G \chi_j(I-P_2)^{-1}h\,\mathrm{d}x\,\mathrm{d}y \equiv \iint_G h(I-P_2^*)^{-1}\chi_j\,\mathrm{d}x\,\mathrm{d}y = 0 \quad (j=1,\cdots,n) \tag{9.41}$$

成立时非齐次问题 D 可解，其中 χ_j 是相联齐次积分方程

$$\chi - P_1^*(I-P_2^*)^{-1}\chi = 0 \tag{9.42}$$

的解的完全组，其中 P_1^* 和 P_2^* 是与 P_1 和 P_2 共轭的算子(可以先在 L_2 中考虑它们，然后扩充到 L_p 上). 假如我们引入新的函数

$$v = (I-P_2^*)^{-1}\chi \tag{9.43}$$

来考察，那么 $\chi = (I-P_2^*)v$ 和方程(9.42) 取形

$$v - \widetilde{P}^* v = 0, \widetilde{P}^* = P_2^* + P_1^* \tag{9.44}$$

式(9.42) 还可以写成

$$v - (I-P_2^*)^{-1}P_1^* v = 0 \tag{9.44a}$$

这样一来，问题 D 可解的充要条件(9.41) 有形式

$$\iint_G h(z)v(z)\,\mathrm{d}x\,\mathrm{d}y = 0 \tag{9.45}$$

其中 v 是与式(9.39) 相联的齐次奇异积分方程(9.44) 的任意解. 这个方程等价于弗雷德霍姆方程(9.44a)，所以它有有限个线性独立解.

3. 现在我们对方程的系数作以下的补充假定：

(1) $a,b,c \in D_{2,p}(G+\Gamma), p>2$；

(2) $d,e \in D_{1,p}(G+\Gamma), p>2$.

在这些条件下，方程(9.44) 的解，将是共轭齐次问题 $\mathring{D}'$

$$L_*(v) \equiv (av)_{xx} + 2(bv)_{xy} + (cv)_{yy} - (dv)_x - (ev)_y + fv = 0$$
$$v = 0 \quad (\text{在 } \Gamma \text{ 上}) \tag{9.46}$$

的解. 因为

$$\widetilde{P}\rho \equiv -\iint_G \left\{\mathrm{Re}\left[A(z)\frac{\partial^2 g_0(z,\zeta)}{\partial z^2} + A_0(z)\frac{\partial g_0(z,\zeta)}{\partial z} + \frac{1}{4}f(z)g_0(z,\zeta)\right]\right\}\rho(\zeta)\,\mathrm{d}\xi\,\mathrm{d}\eta$$

所以

$$\widetilde{P}^* v \equiv -\iint_G \left\{\mathrm{Re}\left[A(\zeta)\frac{\partial^2 g_0(\zeta,z)}{\partial \zeta^2} + A_0(\zeta)\frac{\partial g_0(z,\zeta)}{\partial \zeta} + \right.\right.$$

$$\left.\left.\frac{1}{4}f(\zeta)g_0(\zeta,z)\right]\right\}v(\zeta)\mathrm{d}\xi\mathrm{d}\eta$$

若 $A\in D_{2,p}(G)$，$A_0\in D_{1,p}(G)$ 和 $f\in L_p(\overline{G})$，$p>2$，那么 $\widetilde{P}^*$ 是将 $D_{2,p}$ 变到 $D_{2,p}$ 的线性算子. 在这样的情形下，方程 $v-\widetilde{P}^*v\equiv 0$ 的解 v 也属于 $D_{2,p}(G+\Gamma)$，$p>2$. 利用格林公式变换二重积分之后，将有

$$\begin{aligned}I_1&=\iint_G A(\zeta)\frac{\partial^2 g_0(\zeta,z)}{\partial\zeta^2}v(\zeta)\mathrm{d}\xi\mathrm{d}\eta\\&=\lim_{\varepsilon\to 0}\iint_{|\zeta-z|\geqslant\varepsilon}A(\zeta)\frac{\partial^2 g_0(\zeta,z)}{\partial\zeta^2}v(\zeta)\mathrm{d}\xi\mathrm{d}\eta\\&=-\frac{1}{2\mathrm{i}}\int_\Gamma A(\zeta)\frac{\partial g_0(\zeta,z)}{\partial\zeta}v(\zeta)\mathrm{d}\bar{\zeta}+\\&\quad\frac{1}{2\mathrm{i}}\lim_{\varepsilon\to 0}\int_{|\zeta-z|=\varepsilon}A(\zeta)\frac{\partial g_0(\zeta,z)}{\partial\zeta}v(\zeta)\mathrm{d}\bar{\zeta}-\\&\quad\iint_G(Av)_\zeta\frac{\partial g_0(\zeta,z)}{\partial\zeta}\mathrm{d}\xi\mathrm{d}\eta\end{aligned}\tag{9.46a}$$

不难证明

$$\lim_{\varepsilon\to 0}\int_{|\zeta-z|=\varepsilon}A(\zeta)\frac{\partial g_0(\zeta,z)}{\partial\zeta}v(\zeta)\mathrm{d}\bar{\zeta}=0\quad(z\in G)$$

因此，对等式(9.46a)右边的二重积分再次应用格林公式，并注意到在 Γ 上 $g_0=0$，我们得到

$$I_1=-\frac{1}{2\mathrm{i}}\int_\Gamma A(\zeta)\frac{\partial g_0(\zeta,z)}{\partial\zeta}v(\zeta)\mathrm{d}\bar{\zeta}+\iint_G g_0(\zeta,z)\frac{\partial^2 Av}{\partial\zeta^2}\mathrm{d}\xi\mathrm{d}\eta\tag{9.47}$$

因为在 Γ 上

$$\frac{\partial g_0(\zeta,z)}{\partial\zeta}=\frac{1}{2\zeta}\frac{\partial g_0(\zeta,z)}{\partial v_\zeta}\quad(z\in G)$$

其中 v_ζ 是 Γ 在点 ζ 的外法线，所以式(9.47)还可以写成

$$\begin{aligned}\iint_G A(\zeta)\frac{\partial^2 g_0(\zeta,z)}{\partial\zeta^2}v(\zeta)\mathrm{d}\xi\mathrm{d}\eta=\frac{1}{4}\int_\Gamma\frac{A(\zeta)v(\zeta)}{\zeta^2}\frac{\partial g_0(\zeta,z)}{\partial v_\zeta}\mathrm{d}s+\\\iint_G g_0(\zeta,z)\frac{\partial^2 Av}{\partial\zeta^2}\mathrm{d}\xi\mathrm{d}\eta\end{aligned}\tag{9.48}$$

类似地，我们得到等式

$$\iint_G A_0(z)\frac{\partial g_0(\zeta,z)}{\partial\zeta}v(\zeta)\mathrm{d}\xi\mathrm{d}\eta=-\iint_G g_0(\zeta,z)\frac{\partial A_0 v}{\partial\zeta}\mathrm{d}\xi\mathrm{d}\eta\tag{9.49}$$

由式(9.48)和(9.49)，方程(9.44)可以写成形式

$$v(z)+\iint_G g_0(\zeta,z)\mathrm{Re}\left[\frac{\partial^2 A(\zeta)v(\zeta)}{\partial\zeta^2}-\frac{\partial A_0(\zeta)v(\zeta)}{\partial\zeta}+\frac{1}{4}f(\zeta)v(\zeta)\right]\mathrm{d}\xi\mathrm{d}\eta$$
$$=\frac{1}{4}\int_\Gamma \mathrm{Re}[A(\zeta)\zeta^{-2}]v(\zeta)\frac{\partial g_0(\zeta,z)}{\partial v_\zeta}\mathrm{d}s_\zeta \tag{9.50}$$

现在把算子 Δ 作用于这个等式的两端,并注意到 $\frac{1}{4}g_0(z,\zeta)=g(z,\zeta)$ 是对于圆的格林函数,我们就得到方程(9.46). 此外,在方程(9.50) 中让点 z 趋向于域 G 的边界 Γ,将有

$$v(z)=\mathrm{Re}\{A(z)\bar{z}^2\}v(z) \quad (在\ \Gamma\ 上)$$

因为 $|A|<1$,所以这个等式仅当在 Γ 上 $v\equiv 0$ 时才能成立. 这样一来,若 v 是方程(9.44) 的解,那么,它就是共轭齐次问题 $\mathring{\mathrm{D}}'$ 的解. 逆命题也成立. 我们考虑非齐次共轭边值问题 D′

$$L_v(v)=h_0 \quad (在\ G\ 中)$$
$$v=0 \quad (在\ \Gamma\ 上) \tag{9.51}$$

我们也将在类 $D_{2,p}(p>2)$ 中来求它的解,显然,它的解满足积分方程

$$v(z)=\iint_G g_0(z,\zeta)\mathrm{Re}\left[-\frac{\partial^2 A(\zeta)v(\zeta)}{\partial\zeta^2}+\frac{\partial A_0(\zeta)v(\zeta)}{\partial\zeta}-\frac{1}{4}f(\zeta)v(\zeta)\right]\mathrm{d}\xi\mathrm{d}\eta+$$
$$\frac{1}{4}\iint_G g_0(z,\zeta)h_*(\zeta)\mathrm{d}\xi\mathrm{d}\eta$$

利用格林公式来变换这里的第一个二重积分,并考虑到边界条件,我们就得到与问题等价的下面的积分方程

$$v(z)-\widetilde{P}^*v=\frac{1}{4}\iint_G g_0(z,\zeta)h_*(\zeta)\mathrm{d}\xi\mathrm{d}\eta \tag{9.52}$$

由此看出,齐次问题 $\mathring{\mathrm{D}}'$ 等价于齐次方程 $v-\widetilde{P}^*v=0$.

在一般情况下,当 A 是有界可测函数,而 $A_0\in L_p(G+\Gamma)$, $p>2$ 时,一般来说,方程(9.52) 的解不属于 $D_{2,p}$,因而就不能把它看作是在通常意义下的问题 D′ 的广义解. 在这种情况下,共轭算子要求特别定义.

4. 本节中所用的方法可应用于一系列的其他边值问题. 例如,我们考虑对线性方程(9.36) 的第二基本边值问题,或者像以后所命名的,称为问题 N

$$L(u)=h \quad (在\ G\ 内)$$
$$\frac{\partial u}{\partial v}=0 \quad (在\ \Gamma\ 上,v\ 是\ \Gamma\ 的外法线) \tag{9.53}$$

这个问题曾被 B.C. 维诺格拉多夫研究过(参看[15a]),我们将在这一段中引入他的结果.

域 G 仍然将认为是圆 $|z|<1$. 其余的关于方程的系数及自由项的假定仍然不变.

问题的解自然是在 $D_{2,p}(G+\Gamma)(p>2)$ 类中,去求. 这样它可以表示成

$$u(x,y)=\iint_G \hat{g}(z,\zeta)\rho(\zeta)\mathrm{d}\xi\mathrm{d}\eta+c\equiv\hat{\Pi}_0\rho+c \tag{9.54}$$

这里 c 是一个常数,$\rho=\Delta u$,而 $\hat{g}$ 是对单位圆的诺伊曼函数

$$\hat{g}(z,\zeta)=\frac{2}{\pi}\ln|(z-\zeta)(1-z\bar{\zeta})|-\frac{1}{\pi}(|z|^2+|\zeta|^2)+\frac{3}{4}$$

我们注意这个函数的下列性质:

(1) $\hat{g}(z,\zeta)=\hat{g}(\zeta,z)$;

(2) $\dfrac{\partial\hat{g}(z,\zeta)}{\partial v_z}=0$(在 Γ 上,$\zeta\in G$);

(3) $\Delta\hat{g}=-\dfrac{4}{\pi}$;

(4) $\iint_G \hat{g}(z,\zeta)\mathrm{d}\xi\mathrm{d}\eta=0$.

如果 $\rho\in L_p(G+\Gamma)$,$\rho>2$,那么 u 有按赫尔德连续的微商,这微商按公式

$$\partial_z u=\hat{\Pi}_1\rho\equiv\iint_G\frac{\partial\hat{g}(z,\zeta)}{\partial z}\rho(\zeta)\mathrm{d}\xi\mathrm{d}\eta$$

计算,并且,显然

$$\hat{\Pi}_1\rho\in C_\alpha(G+\Gamma)\quad\left(\alpha=\frac{p-2}{p}\right)$$

广义二阶微商也是存在的,它可按公式

$$\frac{\partial^2 u}{\partial z\partial\bar{z}}=\rho(z)-\frac{1}{\pi}\iint_G\rho(\zeta)\mathrm{d}\xi\mathrm{d}\eta$$

$$\frac{\partial^2 u}{\partial z^2}=\partial_z\hat{\Pi}_1\rho\equiv\hat{\Pi}_2\rho=\iint_G\frac{\partial^2\hat{g}(z,\zeta)}{\partial z^2}\rho(\zeta)\mathrm{d}\xi\mathrm{d}\eta$$

表示,并且后一个积分应当按柯西主值意义来理解;$\hat{\Pi}_2\rho$ 是在 $L_p(G+\Gamma)$,$p>2$ 中的线性算子(第一章,§9).

因此

$$L_p(\hat{\Pi}_2\rho,\bar{G})\leqslant\hat{\Lambda}_p L_p(\rho,\bar{G})\quad(\hat{\Lambda}_p=L_p(\hat{\Pi}_2))$$

和前面关于算子 Π_2 的做法完全一样,可证明

$$L_2(\hat{\Pi}_2)\equiv\hat{\Lambda}_2=1$$

所以根据$\hat{\Lambda}_p$对p的连续性,对于任一正数$q<1$可以找到这样的$\varepsilon>0$,使不等式

$$q\hat{\Lambda}_p<1\quad(2<p\leqslant 2+\varepsilon)$$

成立.现在把上面引入的未知函数u及它的一阶和二阶微商的表达式代入方程$L(u)=h$,我们得到与所提出的问题完全等价的奇异积分方程

$$\rho(z)-\hat{P}\rho=-\frac{1}{4}cf+\frac{1}{4}h \tag{9.55}$$

其中

$$\hat{P}\rho\equiv-\operatorname{Re}[A(z)\hat{\Pi}_2\rho+A_0(z)\hat{\Pi}_1\rho]-\frac{1}{4}f(z)\hat{\Pi}_0\rho-\frac{1}{\pi}\iint_G\rho(\zeta)\mathrm{d}\xi\mathrm{d}\eta$$

这个算子是线性的并且把$L_p(G+\Gamma)$变至$L_p(G+\Gamma)$,$p>2$.它有形式

$$\hat{P}\rho=\hat{P}_2\rho+\hat{P}_1\rho$$

其中

$$\hat{P}_2\rho=-\operatorname{Re}[A(z)\hat{\Pi}_2\rho]$$

$$P_1\rho=-\operatorname{Re}[A_0(z)\hat{\Pi}_1\rho]-\frac{1}{4}f(z)\hat{\Pi}_0\rho-\frac{1}{\pi}\iint_G\rho(\zeta)\mathrm{d}\xi\mathrm{d}\eta$$

根据不等式$q\hat{\Lambda}_p<1$,算子$I-\hat{P}_2$在$L_p(p>2)$中有逆算子$(1-\hat{P}_2)^{-1}$.

把它作用到方程(9.55)的两端以后,我们就得到弗雷德霍姆型的方程

$$\rho(z)-(I-\hat{P}_2)^{-1}\hat{P}_1\rho=\frac{1}{4}(I-\hat{P}_0)^{-1}(h-cf)$$

因而,我们可以把弗雷德霍姆的备择原理应用于方程(9.55).这个方程可解的条件将有下面的形式

$$\iint_G(cf-h)v\mathrm{d}x\mathrm{d}y=0$$

这里v是相联齐次方程

$$v-\hat{P}^*v=0 \tag{9.56}$$

的任意解.这个方程也等价于弗雷德霍姆齐次方程.因此它有n个(n有限)线性独立解.如果$n=0$,则问题N对任何右部h都有解.此外,在这种情况下齐次问题$\mathring{\mathrm{N}}$有一个(线性独立的)解.这是由于,问题$\mathring{\mathrm{N}}$可归结为方程$\rho-\hat{P}\rho=\frac{1}{4}cf$,这个方程对常数$c$的任何值都有解.在$n>0$的情况,考虑常数$f_j=\iint_G fv_j\mathrm{d}x\mathrm{d}y(j=1,\cdots,n)$,其中$v_j$是方程(9.56)的线性独立解.显然,可分为两种情形:

(1) $f_j=0$，对所有值 $j=1,2,\cdots,n$；

(2) $f_j\neq 0$，至少对于一个 j 的值.

在第一种情形，问题 N 仅当满足条件

$$h_j=\iint_G hv_j\mathrm{d}x\mathrm{d}y\quad (j=1,\cdots,n)$$

时可解，同时齐次问题 $\overset{\circ}{\mathrm{N}}$ 将有 $n+1$ 个解. 在第二种情形，问题 N 仅在满足下面条件时有解

$$c=\frac{h_1}{f_1}\quad (f_1\neq 0)$$

$$h_j-\frac{h_1}{f_1}f_j=0\quad (j=2,\cdots,n)$$

这样一来，在后一种情形，要对方程右端加上 $n-1$ 个积分条件. 因此若 $n=1$ 并满足条件 $f_1\neq 0$，则问题 N 永远有解而且有唯一解.

5. 在这一段我们要考虑共轭问题，并对上一段的结果做一点补充.

现在我们补充假设：(1) $a,b,c\in D_{2,p}(G+\Gamma)$；(2) $d,e\in D_{1,p}(G+\Gamma)$，$p>2$. 这样可以证明积分方程(9.55)的解属于 $D_{2,p}(G+\Gamma)$ 类，$p>2$. 此外，由于

$$\hat{P}^*v\equiv -\mathrm{Re}\iint_G\left[A(\zeta)\frac{\partial^2\hat{g}(\zeta,z)}{\partial\zeta^2}+A_0(\zeta)\frac{\partial\hat{g}(\zeta,z)}{\partial\zeta}+\right.$$
$$\left.\frac{1}{4}f(\zeta)\hat{g}(\zeta,z)+\frac{1}{\pi}\right]v(\zeta)\mathrm{d}\xi\mathrm{d}\eta$$

利用格林公式变换二重积分，得到

$$\hat{P}^*v\equiv -\mathrm{Re}\iint_G\left\{\left[(Av)_{\zeta\zeta}-(A_0v)_\zeta+\frac{1}{4}f(\zeta)v\right]\hat{g}(z,\zeta)+\frac{1}{\pi}v\right\}\mathrm{d}\xi\mathrm{d}\eta-$$
$$\int_\Gamma\Omega(\zeta)\hat{g}(z,\zeta)\mathrm{d}s\tag{9.57}$$

其中

$$\Omega(\zeta)=\mathrm{Re}\left[\frac{A(\zeta)\bar{\zeta}'^2}{4}\right]\frac{\mathrm{d}v}{\mathrm{d}\nu}+\mathrm{Re}\left[\frac{A(\zeta)\bar{\zeta}'^2}{2\mathrm{i}}\right]\frac{\mathrm{d}v}{\mathrm{d}s}+$$
$$\mathrm{Re}\left[\frac{1}{4}\frac{\mathrm{d}A}{\mathrm{d}\nu}\bar{\zeta}'^2+\frac{1}{2\mathrm{i}}\frac{\mathrm{d}A}{\mathrm{d}s}\bar{\zeta}'^2+\frac{1}{2\mathrm{i}}A\bar{\zeta}'\bar{\zeta}''-\frac{1}{2\mathrm{i}}A_0\bar{\zeta}'\right]v\tag{9.58}$$

应该指出，公式(9.57)和(9.58)不仅对圆成立，而且对于任意域也成立，只要函数 $g(z,\zeta)$ 满足条件

$$\hat{g}(z,\zeta)=\frac{2}{\pi}\ln|z-\zeta|+\hat{g}_0,\ \frac{\mathrm{d}\hat{g}}{\mathrm{d}\nu}=0\quad (\text{在 }\Gamma\text{ 上})$$

而 $\hat{g}_0$ 是在 $G+\Gamma$ 上连续可微的函数. 根据方程(9.57)，式(9.56)可以改写为

$$v(z)+\operatorname{Re}\iint_G\left\{\left[(Av)_{\zeta\zeta}-(A_0v)_\zeta+\frac{1}{4}fv\right]\hat{g}(z,\zeta)+\frac{1}{\pi}v\right\}\mathrm{d}\xi\mathrm{d}\eta+$$

$$\int_\Gamma\Omega(s)\hat{g}(z,\zeta)\mathrm{d}s=0$$

把算子 Δ 和 $\frac{\partial}{\partial\nu}$ 作用于这个方程，我们得到

$$L_*v=\iint_G fv\mathrm{d}\xi\mathrm{d}\eta\quad(\text{在 } G \text{ 内})$$

$$\frac{\mathrm{d}v}{\mathrm{d}\nu}-4\Omega=0\quad(\text{在 } \Gamma \text{ 上})\tag{9.59}$$

根据式(9.58)最后的边界条件有形式

$$\alpha_*\frac{\mathrm{d}v}{\mathrm{d}\nu}+\beta_*\frac{\mathrm{d}v}{\mathrm{d}s}+\gamma_*v=0\quad(\text{在 } \Gamma \text{ 上})$$

其中

$$\alpha_*=1-\operatorname{Re}[A(\zeta)\bar{\zeta}'^2],\beta_*=\operatorname{Re}[2\mathrm{i}A(\zeta)\bar{\zeta}'^2]$$

$$\gamma_*=\operatorname{Re}\left[-\frac{\mathrm{d}A}{\mathrm{d}\nu}\bar{\zeta}'^2+2\mathrm{i}\frac{\mathrm{d}A}{\mathrm{d}s}\bar{\zeta}'^2+2\mathrm{i}A\bar{\zeta}'\bar{\zeta}''-2\mathrm{i}A_0\bar{\zeta}'\right]$$

这样一来，积分方程(9.56)的解是边值问题(9.59)的确定的解，问题(9.59)很自然地叫作问题 N 的共轭问题. 因为 $|A(\zeta)|<1$，显然，在 Γ 上 $\alpha_*\neq0$.

6. 上述方法同样可用来研究不能化为标准型式的椭圆型方程组的黎曼－希尔伯特边界问题. 这也是 B. C. 维诺格拉多夫研究过的(参看[15б])，我们在下面叙述他的结果①.

正像我们在第三章(§17)中所看到的，这个方程组可以写为复数形式

$$\partial_{\bar{z}}w-q_1(z)\partial_z w-q_2(z)\partial_z\bar{w}+Aw+B\bar{w}=F\tag{9.60}$$

其中 q_1 和 q_2 是满足不等式

$$|q_1(z)|+|q_2(z)|\leqslant q_0<1\tag{9.61}$$

的可测函数，而函数 A,B 和 F 属于类 $L_p(G+\Gamma)$.

我们将对于圆域 G: $|z|<1$ 来研究问题，而将边界条件取为标准型形式

$$\operatorname{Re}[z^{-n}w(z)]=\gamma\quad(\text{在 } \Gamma: |z|=1 \text{ 上})\tag{9.62}$$

其中 n 是整数. 对于 $C^1_\mu(0<\mu<1)$ 类中任意的单连通域 G，一般的边界条件

$$\operatorname{Re}[\overline{\lambda(z)}w(z)]=\gamma\quad(\lambda=\alpha+\mathrm{i}\beta\in C_\nu(\Gamma))$$

可用形为式(9.2)的非奇异变换和某个形如

① B. C. 维诺格拉多夫把问题的提法做了一些改变以后，又把这个结果推广到拟线性椭圆型方程组的情形[15a,r].

$$w(z)\mathrm{e}^{\chi(z)}$$

的代换[它们保存方程的形式且不破坏条件(9.61)],将其化为式(9.62)的形式.

此外,不影响结果的一般性,我们可认为 $\gamma\equiv 0$.

于是,我们将研究下列边值问题.

问题 $\widetilde{\mathrm{A}}$ 求方程(9.60)在圆 G:$|z|<1$ 内的满足边界条件

$$\operatorname{Re}[z^{-n}w(z)]=0 \quad (\text{在 } \Gamma \text{ 上}) \tag{9.63}$$

的解.我们将在属于 $D_{1,p}(G+\Gamma)(p>2)$ 并在 $G+\Gamma$ 上连续的函数类中求问题的解.

首先研究非负指数 $n\geqslant 0$ 的情形.正如从公式(7.5)(参看[14₃])所得出的,在这种情况下,问题的未知解可以表示为

$$w(z)=P_n f+\Phi_0(z) \tag{9.64}$$

其中

$$P_n f=-\frac{1}{\pi}\iint_G\left(\frac{f(\zeta)}{\zeta-z}+\frac{z^{2n+1}\overline{f(\zeta)}}{1-z\bar{\zeta}}\right)\mathrm{d}\xi\mathrm{d}\eta$$

$$\Phi_0(z)=\mathrm{i}\alpha_n z^n+\sum_{k=0}^{n-1}\alpha_k(z^k-z^{2n-k})+\mathrm{i}\beta_k(z^k+z^{2n-k})$$

并且 $\alpha_0,\beta_0,\cdots,\alpha_{n-1},\beta_{n-1},\alpha_n$ 是任意实常数.对于 $L_p(G+\Gamma)(p>2)$ 类中任意一个函数 f,$P_n f\in C_\alpha(G+\Gamma)$,$\alpha=\dfrac{p-2}{p}$,而且对任意实常数 α_k,β_k,式(9.64)的右边满足边界条件(9.63).此外,w 有对 $\bar{z}$ 和 z 的广义微商,且这个微商依下面公式计算

$$\partial_{\bar{z}}P_n f=f$$

$$\partial_z P_n f=S_n f=-\frac{1}{\pi}\iint_G\left[\frac{f(\zeta)}{(\zeta-z)^2}+\frac{(2n+1-2n\bar{\zeta}z)z^{2n}\overline{f(\zeta)}}{(1-z\bar{\zeta})^2}\right]\mathrm{d}\xi\mathrm{d}\eta \tag{9.65}$$

根据齐格蒙特-卡尔台伦定理,$S_n f$ 是把 L_p 变到 $L_p(p>1)$ 的线性算子.把表示式(9.64)代入方程(9.60)并考虑到等式(9.65),对于 f 得到下列积分方程

$$f-Sf=F_0 \tag{9.66}$$

其中

$$Sf\equiv q_1S_n f+q_2\overline{S_n f}-AP_n-B\overline{P_n f}$$

$$F_0=F+q_1\Phi_0'(z)+q_2\overline{\phi_0'(z)}-A\overline{\phi_0'(z)}-B\overline{\phi_0'(z)}$$

算子 $S_n f$ 可表示为

$$S_n f = \hat{S}_n f + (2n+1) z^{2n} T_0 f$$

其中

$$\hat{S}_n f \equiv \frac{\partial Tf}{\partial z} + z^{2n+1} \frac{\partial T_0 f}{\partial z}$$

并且

$$Tf = -\frac{1}{\pi} \iint_G \frac{f(\zeta)\mathrm{d}\xi\mathrm{d}\eta}{\zeta - z}, T_0 f = -\frac{1}{\pi} \iint_G \frac{\overline{f(\zeta)}\mathrm{d}\xi\mathrm{d}\eta}{1 - z\bar{\zeta}}$$

所以我们还可以将方程(9.66)写为

$$f - \hat{S}f - \hat{P}_n f = F_0 \tag{9.67}$$

其中

$$\hat{S}f = q_1 \hat{S}_n f + q_2 \hat{S}_n \bar{f} \tag{9.68}$$

$$\hat{P}_n f = (2n+1) z^{2n} q_1 T_0 f + (2n+1) \bar{z}^{2n} q_2 T_0 f - AP_n f - B\overline{P_n f}$$

用完全类似于上面借以证明不等式(9.20)的计算,可证明

$$(\hat{S}_n f, \hat{S}_n f) \leqslant (f, f) \quad (f \in L_2(G+\Gamma))$$

并且在此等号也成立.这就表明

$$L_2(\hat{S}_n) \equiv \| \hat{S}_n \|_{L_2} = 1$$

用 Λ_p 记 S_n 在 L_p 中的范数:$\Lambda_p = L_p(S_n)$,由式(9.61)和(9.68),我们有

$$L_p(\hat{S}) \leqslant q_0 \Lambda_p \quad (p > 1)$$

因为 $\Lambda_2 = 1$,故可得出这样的 $p > 2$,使

$$q_0 \Lambda_p < 1$$

对于某个固定的 p,算子 $I - \hat{S}$ 在 L_p 中有逆算子 $(I - \hat{S})^{-1}$.因而,等价于原边值问题 $\widetilde{\mathrm{A}}$ 的方程(9.67)化为等价的弗雷德霍姆积分方程

$$f - (I - \hat{S})^{-1} \hat{P}_n f = (I - \hat{S})^{-1} F_0$$

这表示弗雷德霍姆定理可以应用于方程(9.66).我们要证明,齐次方程

$$f - Sf = 0$$

没有解.如果 f 是这个方程的解,则函数 $w = P_n f$ 是齐次问题 $\widetilde{\mathrm{A}}^\circ$ 的解,此外还满足条件

$$\int_\Gamma w(z) z^{-k-1} \mathrm{d}z = 0 \quad (k = 0, 1, \cdots, 2n) \tag{9.69}$$

因而,我们只需再证明,满足补充条件(9.69)的齐次问题 $\widetilde{\mathrm{A}}^\circ$ 的解恒等于零.

根据定理 3.31,函数 $w(z) = P_n f$,由于它是齐次方程

$$\partial_{\bar{z}} w - q_1 \partial_z w - q_2 \partial_z \bar{w} + Aw + B\bar{w} = 0 \tag{9.69a}$$

的解,故可表示为

$$w(z)=\Phi[W(z)]e^{\varphi(z)} \tag{9.70}$$

其中 $W(z)$ 是把 z 平面变到 W 平面的某个同胚映射，Φ 是域 $W(G)$ 内的全纯函数，而 $\varphi(z)$ 是 $D_{1,p}(E)(p>2)$ 类的函数，并且它在 G 外全纯，在无穷远处等于零. 由边界条件(9.63)，我们有

$$\mathrm{Re}\{z^{-n}\Phi[W(z)]e^{\varphi(z)}\}=0 \quad (\text{在 } \Gamma \text{ 上})$$

作变量替换 $\zeta=W(z)$ 后，对函数 $\Phi(\zeta)$ 我们将有边界条件

$$\mathrm{Re}[\zeta^{-n}\lambda_0(\zeta)\Phi(\zeta)]=0 \quad (\text{在 } \Gamma_\zeta \text{ 上}) \tag{9.71}$$

其中 $\Gamma_\zeta=W(\Gamma)$，$\lambda_0(\zeta)=e^{\varphi(z)}\left(\dfrac{\zeta(z)}{z}\right)^n$.

不难看出，对于边界 Γ_ζ，$\mathrm{ind}\,\lambda_0(\zeta)=0$. 由定理4.7，黎曼－希尔伯特边界问题(9.70)的解 $\Phi(\zeta)$ 在闭域 $G+\Gamma$ 中不能有多于 $2n$ 个零点. 因而，根据式(9.70)和函数 $w(z)$，在 $G+\Gamma$ 上不能有多于 $2n$ 个零点. 但由于边界条件(9.63)，$z^{-n}w(z)$ 在 Γ 上取纯虚数值. 设 $u_0(x,y)$ 是 G 内的调和函数，在 Γ 上等于 $iz^{-n}w(z)$

$$u_0=iz^{-n}w(z) \quad (\text{在 } \Gamma \text{ 上}) \tag{9.72}$$

由条件(9.69)，u_0 将满足等式

$$\int_0^{2\pi}u_0e^{ik\vartheta}d\vartheta=0 \quad (k=0,1,\cdots,n)$$

由此得出 $u_0(x,y)$ 为下列形式

$$u_0(x,y)=\mathrm{Re}[z^{n+1}\Phi_0(z)]$$

其中 Φ_0 是 G 内全纯函数. 这表示，通过坐标原点有不少于 $2n+2$ 条等值线 $u_0=0$. 如果 u_0 恒不为零，那么这些等值线将与圆周 Γ 交于 $2n+2$ 个不同的点. 但由于式(9.72)，便可知 $w(z)$ 在 Γ 上有不少于 $2n+2$ 个零点，即是说我们得出矛盾，从而证明了 $w=P_nf\equiv 0$.

这样一来，我们证明了方程(9.66)对于 L_p 中的任意右端都有解. 因为方程(9.66)的右端线性地含 $2n+1$ 个任意实常数，则它的解将线性地含有这些常数.

这样一来，证明了，并齐次问题 $\widetilde{\mathrm{A}}$ 总可解，而相应的齐次问题 $\widetilde{\mathrm{A}}^\circ$ 有 $2n+1$ 个线性独立解.

现在来讨论负指数的情形. 这时，正像从方程(7.32)得出的那样，问题 A 的未知解可表示为

$$w(z) \equiv P_k^* f = -\frac{1}{\pi}\iint_G \left(\frac{f(\zeta)}{\zeta - z} + \frac{\bar{\zeta}^{2k-1}\overline{f(\zeta)}}{1-\bar{\zeta}z}\right) d\xi d\eta \tag{9.73}$$

其中 $k=-n>0$，而 f 是 $L_p(G+\Gamma)(p>2)$ 类中应当满足下列等式的未知函数

$$a_j(f) \equiv -\frac{1}{\pi}\iint_G (f\zeta^{j-1} + \overline{f\zeta}^{2k-j-1}) d\xi d\eta = 0 \quad (j=1,\cdots,k) \tag{9.74}$$

这里总共有 $2k-1$ 个实的等式. 我们要考察空间 $L_p(G+\Gamma)$ 中满足条件(9.74)的子空间，用 $L_{p,2k-1}(G+\Gamma)$ 来记它. 对于子空间 $L_{p,2k-1}(G+\Gamma)$ 中的任意元素 f，函数(9.73) 将满足齐次边界条件(9.63). 将式(9.73) 代入微分方程(9.60)中，对于 f 得到下列积分方程

$$f - S^* f = F \tag{9.75}$$

其中

$$S^* f = q_1 \frac{\partial P_k^* f}{\partial z} + q_2 \frac{\partial \overline{P_k^* f}}{\partial z} - AP_k^* f - B\overline{P_k^* f}$$

考察奇异积分算子

$$S_k^* f \equiv \frac{\partial P_k^* f}{\partial z} = -\frac{1}{\pi}\iint \left[\frac{f(\zeta)}{(\zeta - z)^2} + \frac{\bar{\zeta}^{2k}\overline{f(\zeta)}}{1-\bar{\zeta}z}\right] d\xi d\eta$$

可以证明它在 L_2 中的范数等于 1，即

$$L_2(S_k^*) = 1 \tag{9.76}$$

现在把 $S_0^* f = q_1 S_k^* f + q_2 \overline{S_k^* f}$ 作为 $L_p(G+\Gamma)(p>2)$ 中的算子来研究，有

$$L_p(S_0^*) \leqslant q_0 L_p(S_k^*)$$

由式(9.76)，可找到这样的 $p>2$，使得

$$q_0 L(S_k^*) < 1 \quad (q_0 < 1)$$

因此算子 $I - S_0^*$ 在 $L_p(G+\Gamma)$ 中可逆. 把逆算子$(I-S_0^*)^{-1}$ 作用于方程(9.75)的两边，我们得到等价的具有全连续算子的方程. 由此得出弗雷德霍姆定理可应用于方程(9.75). 设 f 满足方程 $f - S^* f = 0$. 将 f 表示为 $f = f_0 + f_k$，其中 $f_0 \in L_{p,2k-1}(\bar{G})$，$f_k = c_0\bar{z}^{k-1} + c_1\bar{z}^{k-2} + \cdots (c_0 = \bar{c}_0)$. 多项式 f_k 由等式 $a_j(f - f_k) = 0 (j=1,\cdots,k)$ 单值确定. 如果把作为方程(9.69a) 的解的 $w = P_k^* f$ 表示为式(9.70) 的形式，并又考虑到 $P_k^* f_0$ 满足条件(9.63)，则有

$$\mathrm{Re}\{z^k \Phi[W(z)]e^{i\varphi(z)}\} = \mathrm{Re}\, f_k' \quad (在\ \Gamma\ 上)$$

其中 f_k' 是 z 的$(k-1)$ 次多项式. 其次，再做前面那样的讨论，我们可以证明 $f_k' \equiv 0$，$\Phi \equiv 0$，因而 $w \equiv 0$. 这证明了方程(9.75) 对于 $L_p(G+\Gamma)(p>2)$ 类中

任意右端可解. 这样一来，方程(9.75) 的解可表示为 $f=(I-S^*)^{-1}F$. 我们应该使这个解亦满足条件(9.74). 结果，我们得到非齐次问题 $\widetilde{\mathrm{A}}$ 可解的下列 $2k-1$ 个积分条件

$$\iint_G (\chi'_j F_1 + \chi''_j F_2)\mathrm{d}x\mathrm{d}y = 0 \quad (j=1,\cdots,2k-1) \tag{9.77}$$

其中 F_1 和 F_2 是函数 F 的实部和虚部，而 χ'_j 和 χ''_j 是完全确定的线性独立的函数.

这样一来，当 $n<0$ 时齐次问题 $\widetilde{\mathrm{A}}^\circ$ 没有非零解，而非齐次问题 $\widetilde{\mathrm{A}}$ 仅当满足等式(9.77) 时可解.

§10 与问题 A 有关的一些工作的附注·更一般的问题的某些提法

1. 上面已经指出，希尔伯特(参看[26a]) 首先研究了对于柯西 — 黎曼方程组的问题 A. 这个问题是黎曼在他的著名的学位论文(参看[76] 的 78 ～ 80 页) 中所提出的更为一般的问题的特殊情况. 黎曼问题可以叙述如下：求在域 G 内解析的函数 $w(z)=u+\mathrm{i}v$，它在每一个边界点满足关系式

$$F(u,v)=0 \quad (\text{在 } \Gamma \text{ 上})$$

然而黎曼仅发表了关于这个问题的可解性和它的解决方法的一般讨论，希尔伯特在他的两篇论文中首先研究了形如 $\alpha u+\beta v=\gamma$(在 Γ 上) 的线性边界条件的情况(参看[26a] 第十章). 在论文[26б] 内这个问题化为奇异积分方程. 但在研究这个方程时存在着一些不精确之处，从而引出了错误的结论. 后来希尔伯特在论文[26a](82 ～ 83 页) 中提出了对于单连通域解决问题的另一种方法. 克维谢拉瓦[39a] 首先研究了多连通域的情况. 她建立了问题可解性的一系列重要判别法，特别分析了 $n=0$ 的情形.

穆斯赫利什维利[60a] 研究了不连续系数的情况. 在加霍夫[23]、И. Н. 维库阿[146,ж]、谢尔曼[94*]、И. Н. 维库阿[14* a]、赫维利杰[91] 和其他作者的论文中研究了更一般的边值问题.

应当指出，希尔伯特发表的论文[26б] 虽然有缺点，但仍具有重要的历史意义. 这篇论文和庞加莱所提出的涨潮理论问题的论文[73] 一起在颇大的程

度上促进了关于奇异积分方程和解析函数边值问题的理论研究的发展.

希尔伯特首先对椭圆型方程组的边值问题

$$u_x - v_y + au + bv = f, u_y + v_x + cu + dv = g \tag{10.1}$$

$$u = \gamma \quad (\text{在 } \Gamma \text{ 上}) \tag{10.2}$$

做了研究(参看[26a] 第十七章). 他用弗雷德霍姆型积分方程来研究这个问题. 然而在他的论证中有不精确之处,并从而引出一系列不正确的结论(参看[26a],219 页,定理 43). 在海利维格的论文[24] 中指出了这些不精确性.

专门研究方程组(10.1) 的一般边值问题 —— 或上面称之为问题 A 的,有下列这些人的工作:古尔维茨[29]、乌斯曼诺夫[89a,б]、哈克和海利维格[21]、哈克[20]、海利维格[24a,в]、J. 尼采与 J. 尼采[62]、Joh. 尼采[63a,б,в]、Joachim 尼采[64a]、加霍夫和哈沙波夫[23* a,23a]. 在作者的论文[14a] 中研究了这个问题的更为一般的形式. 这篇论文的主要结果,再加上作者新得到的一些结果,以及保亚斯基(参看第四章的补充) 与维诺格拉多夫[15a,б] 的结果,我们都叙述在本章中了. 在 Л. С. 克拉布科娃的工作[40*] 中研究了解决问题 A 的近似方法. 倍尔斯和尼伦贝格则有论文[7a,б] 专门研究一般形式的椭圆方程组的边值问题.

保亚斯基研究了对于方程组(10.1) 的带有形如

$$\mathrm{Re}\left\{a_0(t)w(t) + \int_\Gamma b_0(t,t_1)w(t_1)\mathrm{d}t_1\right\} = \gamma(t) \tag{10.3}$$

和

$$\mathrm{Re}[a_0(t)\partial_t w + b_0(t)w] = \gamma(t) \quad (|a_0(t)| = 1) \tag{10.4}$$

的边界条件的边值问题. 他在研究中引进了与问题共轭的齐次问题,建立了问题(10.3) 和(10.4) 可解的必要和充分条件,而且还得到了重要的关系

$$l - l' = 2n - 3(m-1) \tag{10.4a}$$

其中 l 和 l' 是互相共轭的齐次问题的解的数目,n 是函数 $\overline{a_0(t)}$ 的指数,$m+1$ 是域的连通度.

最近丹尼刘克提出了研究问题(10.4) 的新方法(参看[32г,д,е]). 我们指出他的一些结果. 把原来的方程取作形式 $\partial_{\bar z}w + B\overline{w} = 0$,并在研究中引进以 $w = u + \mathrm{i}v, w_z$ 和 $\overline{w}$ 为分量的复矢量 $\boldsymbol{F}$,问题(10.4) 可以化为与之等价的问题

$$\begin{cases}\partial \bar z\boldsymbol{F} + \boldsymbol{A}_1\boldsymbol{F} + \boldsymbol{B}_1\overline{\boldsymbol{F}} = 0 & (\text{在 } G \text{ 内})\\ \mathrm{Re}[\boldsymbol{g}_1(t)\boldsymbol{F}] = \gamma & (\text{在 } \Gamma \text{ 上})\end{cases} \tag{*}$$

其中 $\boldsymbol{A}_1, \boldsymbol{B}_1$ 和 $\boldsymbol{g}_1$ 是矩阵,这些矩阵在可表为原问题系数的形式. 本章中对于解

决问题 A 所构思的方法可以应用到问题(*). 这里问题

$$\partial_{\bar{z}}F' - A_1'F' - \bar{B}_1'\bar{F}' = 0 \quad (\text{在 } G \text{ 内})$$

$$\operatorname{Re}[g_1'^{-1}(t)F'] = 0 \quad (\text{在 } \Gamma \text{ 内})$$

作为共轭的问题,并在相应的形式下得到问题(10.4) 可解的必要和充分条件. 特别地,给出了公式(10.4a) 的新的证明. 还要着重阐明,在怎样的情况下可以分别求得 l 和 l' 的值. 为此目的在研究中引进含有实参数:$B = \lambda B_0$,$b = \lambda b_0$ 的边值问题. 我们限于研究单连通域的情形,用上面在 §7(第 2 段与第 3 段) 中所叙述的方法,这个问题可化为形如 $F - T_\lambda F = \Phi$ 的弗莱特霍姆积分方程. 可以证明,算子 T_λ 只能够有离散的谱 Λ. 我们指出从这些研究中得到的一个重要结果. 如果 $n \geqslant 0$,且 $\lambda \overline{\in} \Lambda$,则 $l = 2n + 3$ 和 $l' = 0$. 如果 $n < 0$ 和 $\lambda \in \Lambda$,则 $l \leqslant 2$,而且所有的情况 $l = 0,1,2$ 都是实际上可以出现的.

2. 在第五章(§8) 中可以看到,许多几何问题都可以化为边值问题(10.4).

现在我们指出另外一些边值问题,特别从几何应用的观点来看,这些问题是值得研究的.

Ⅰ. 设 Γ 是 C_μ^1 类的简单闭曲线. 设 $v(t)$ 是 Γ 上点 t 的复函数实现了把 Γ 变到它自身的同胚映射. 假设曲线 Γ 围成域 G,在 G 内要找方程

$$\partial_{\bar{z}}w_j + A_j w_j + B_j \bar{w}_j = 0 \quad (j = 1,2) \tag{10.5}$$

的解 w_1 和 w_2,使 w_1 和 w_2 适合边界条件

$$\begin{aligned}&[\alpha_1(t)w(t) + \alpha_2(t)\overline{w_1(t)} + \alpha_3(t)\partial_t w_1(t) + \alpha_4(t)\partial_{\bar{t}}\bar{w}]_{t=v(z)} \\ &= \alpha_5(z)w_2(z) + \alpha_6(z)\overline{w_2(z)} + \alpha_7(z)\partial_z w_2 + \alpha_8(z)\partial_{\bar{z}}\bar{w}_2\end{aligned} \tag{10.6}$$

其中 $\alpha_j(t)$ 是曲线 Γ 上点的已知函数. 方程(10.5) 的系数属于类 $L_p(G + \Gamma)$,$p > 2$. 这个问题是对于解析函数的卡尔勒曼问题的推广(参看[38б]). 例如关于正曲率粘合空间的几何问题就可以化为这个卡尔勒曼问题的推广提法(参看第五章,§8).

这里有意义的是建立问题(10.6) 存在或者不存在非显易解的条件. 我们指出,在几何问题中可以看作 $v(t) \equiv t$.

Ⅱ. 假设 G^+ 和 G^- 是以曲线 Γ 为边界的内部区域和外部区域. 要在 G^+ 和 G^- 内寻求方程

$$\partial_{\bar{z}}w + Aw + B\bar{w} = 0 \quad (A, B \in L_{p,2}(E), p > 2) \tag{10.7}$$

的解,这个解适合边界条件

$$[\alpha_1(t)w^+(t)+\alpha_2(t)\overline{w^+(t)}+\alpha_3(t)(\partial_t w)^+ +\alpha_4(t)(\partial_t \overline{w})^+]_{t=v(z)}$$
$$=\alpha_5(t)w^-(t)+\alpha_6(t)\overline{w^-(t)} \tag{10.8}$$

其中 $v(t)$ 和以前一样是把曲线 Γ 变到自身的同胚，α_j 是点 $t\in\Gamma$ 的已知函数. 和上面的问题一样，这个问题的提法可以推广到多连通域的情形. 我们在上面所指出的几何问题可以归结为形如(10.7) 和(10.8) 问题.

Ⅲ. 在区域边界的一部分上函数 $\alpha_0(t)$ 为零的情况下研究问题(10.4) 也引起了我们的兴趣，存在着可以化为这种情况的简单的几何问题(第五章，§8).

第四章的补充

关于黎曼－希尔伯特问题的奇异情形

当黎曼－希尔伯特问题(问题 $\mathring{A}$)

$$\operatorname{Re}\{\bar{\lambda}\Phi\}=0 \quad (\text{在 } \Gamma \text{ 上}, \Phi \in \mathfrak{U}_0(G)) \tag{1}$$

的指数 n 满足不等式 $0 \leqslant n \leqslant m-1$ 时,我们称这样的情形为黎曼－希尔伯特问题的奇异情形. 今后,接着第四章 §7～§10 的讨论,我们引出关于黎曼－希尔伯特问题奇异情形的一系列结果. 这些结果阐明了在上述情况下有关问题 $\mathring{A}$ 可解性的概略情况.

根据 §4 的结果,我们限于讨论这样的一种情况,即设域 G 的边界 Γ 由圆周 $\Gamma_0, \Gamma_1, \cdots, \Gamma_m$ 所组成,而 Γ_0 是单位圆周且所有的 Γ_j, $j \geqslant 1$ 都在 Γ_0 的内部. 设点 $z=0$ 属于域 G. 将问题(1)化为标准型式(3.14),并且认为 $\overline{\Omega_n(z)}=(z-a)^{-n}$. 以 $\mathfrak{B}_n(a)$, $a \in G$, 来表示这样的一类函数 $\Phi(z)$,它们在 G 内是解析的,而在 $G+\Gamma$ 上则除了在点 $z=a$ 处 $\Phi(z)$ 可能有不超过 n 阶的极点以外是处处连续的. 当 $a=0$ 时我们假定 $\mathfrak{B}_n(0)=\mathfrak{B}_n$. 那么容易看到问题(1) 等价于下面的问题.

问题 A_n　按照边界条件

$$\operatorname{Re}[\mathrm{e}^{-\pi i\alpha(t)}\Phi(t)]=0 \tag{2}$$

来求函数 $\Phi(z) \in \mathfrak{B}_n(a)$,其中 $a(t)$ 是在 Γ 上逐段为常数的实函数: $\alpha(t)=\alpha_j=$ 常数(t 在 Γ_j 上, $j=1,2,\cdots,m$); $\alpha_0=0$. 如果

在边界 Γ 上给定函数 $\lambda(t)$ 和 G 内的固定点 a，则函数 $\alpha(t)$ 或数列 $\alpha_j(j=1,\cdots,m)$ 由公式(5.68)和(5.69)唯一确定. 如果数列 α_j 用数列 α'_j 替换，使对所有的 j 有 $\alpha_j \equiv \alpha'_j(\mathrm{mod}\ 1)$，则显然问题 A_n 不变. 因此自然可以把数列 $\alpha_j(j=1,\cdots,m)$ 看成是实的 m 维环面 T_m 上的点. 于是对每一个固定的 n，环面 T_m 是所有问题 A_n 的流形. 另一方面，根据公式(5.68)和(5.69)，每一个形式(1)的问题 $\mathrm{\mathring{A}}$ 在完全等价于问题 $\mathrm{\mathring{A}}$ 的各问题 A_n 之中有完全确定的代表. 关于问题 A_n 和 $\mathrm{\mathring{A}}$ 可解性在定性方面是完全相同的. 现在我们来分析这后一问题.

1. 我们首先引进关于问题 A_n 的解的两个简单的引理. 这些引理将陈述得比以后所需要的更广泛些.

引理 1 每一个在 G 内半纯在 Γ 上连续，且满足边界条件(2)的函数 $\Phi(z)$ 能解析开拓到 Γ 外.

证明 这可以直接根据对称原理得出，因为按照我们的假设，G 是圆域，而条件(2)表示在变量 Φ 的平面上函数 $\Phi(z)$ 在 Γ_j 上的边界值位于直线

$$\mathrm{Re}\{\mathrm{e}^{-\pi\mathrm{i}\alpha_j}\Phi\}=0$$

上.

如果假定在 Γ 上存在有限个这样的点，当 z 由 G 内趋向这些点时函数 $\Phi(z)$ 趋向于无穷，引理 1 仍然是成立的. 为证明这一点，只要在这些点的邻域来考察函数 $\Phi_1=\dfrac{1}{\Phi}$ 就行了. 根据引理 1，这些点是函数 $\Phi(z)$ 的有限阶的极点.

设满足边界条件(2)的半纯函数 $\Phi(z)$ 在 $G+\Gamma$ 上取某一值 h. 由引理 1，在 $G+\Gamma$ 上函数 $\Phi(z)$ 取值 h 的每一点都是确定的有限重的重点. 以 $N_G(h)$ 表示函数 $\Phi(z)$ 在 G 内的一切点 h(函数取 h 值的点)的重数之和. 以 $N_{\Gamma_j}(h)(j=0,1,\cdots,m)$ 表示函数 $\Phi(z)$ 在 Γ_j 上的点 h 的重数之和. 设 $N_\Gamma(h)=\sum\limits_{j=0}^{m}N_{\Gamma_j}(h)$.

引理 2 对于满足边界条件(2)，不恒等于常数且在 Γ 上连续的函数 $\Phi(z)$，其一切有限的点 h 有公式

$$2N_G(h)+N_\Gamma(h)=2N_G(\infty) \tag{3}$$

其中 $N_G(\infty)$ 是函数 $\Phi(z)$ 在 G 内所有的极点的重数之和. 所有的数 $N_{\Gamma_j}(h)$ 是偶数.

证明 考虑函数 $\varphi(z)=\Phi(z)-h$. 由于引理 1，这个函数在 $G+\Gamma$ 上仅有有限个零点. 设 $z_1,\cdots,z_p$ 是 $\varphi(z)$ 在 G 内的全部零点，而 $z'_1,z'_2,\cdots,z'_r$ 是其在 Γ 上的全部零点. 设 $\zeta_1,\cdots,\zeta_s$ 是 $\Phi(z)$ 在 G 内的极点. 选取这样小的 $\varepsilon>0$，使以函数 $\varphi(z)$ 的极点或在 Γ 上的零点为中心的各圆 K_ε 互不相交. 由域 G 除去这些圆

之和，我们得到某一以 Γ_ε 为边界的域 G_ε，并且当 ε 充分小时所有点 $z_1,\cdots,z_p$ 都在 G_ε 的内部，而点 $\zeta_1,\cdots,\zeta_s$ 和 $z'_1,\cdots,z'_r$ 在 G_ε 的外部. 根据辐角原理有

$$N_G(h)=\frac{1}{2\pi}\lim_{\varepsilon\to 0}\Delta_{\Gamma_\varepsilon}\arg\varphi(z)=\sum_{k=1}^{s}N(\zeta_k)-\sum_{k=1}^{r}\frac{N(z'_k)}{2} \tag{4}$$

其中 $N(\zeta_k)$ 是极点 ζ_k 的重数，$N(z'_k)$ 是零点 z'_k 的重数. 第一个和数不致引起怀疑. 因此仅考虑第二个. 它是 $\arg\varphi$ 沿某一稍微变形了的边界曲线 Γ_j 的增量的和数：当沿曲线 Γ_j 运动时，与任一零点 z'_k 接近到距离 ε 时，就转而到沿着以 z'_k 为中心、以 ε 为半径的圆弧移动. 但是由于边界条件(2)，在边界线 Γ_j 上两个邻近零点 z'_k，z'_i 之间的线段 $\Gamma_j^{z'_k z'_i}$ 上，$\arg\varphi(z)$ 不发生任何改变，因为在那一段上 $\varphi(z)=-h+\mathrm{i}\rho(z)\mathrm{e}^{\pi\mathrm{i}\alpha_j}$，$\rho(z)$ 是实的且不为零，即 $\varphi(z)$ 的值覆盖了某一直线的有限线段，并且 $\varphi(z)$ 的值在 $\Gamma_j^{z'_k z'_i}$ 的端点相等. 所以，如这直线不通过坐标原点，则 $\Delta_{\Gamma_j^{z'_k z'_i}}\arg\varphi=0$. 若所说的直线通过原点，则据这里的条件在 $\Gamma_j^{z'_k z'_i}$ 上，$\varphi(z)\neq 0$，$\varphi(z)$ 在 $\Gamma_j^{z'_k z'_i}$ 上的值仅分布在所考虑的直线的一个半轴上. 所以在这种情况下也有 $\Delta_{\Gamma_j^{z'_k z'_i}}\arg\varphi=0$.

于是，仅当 z 沿着以 z'_k 为中心、以 ε 为半径的圆弧上移动时 $\arg\varphi$ 才得到不为零的增量. 但是当 $\varepsilon\to 0$ 所考虑的弧变成半圆，于是由引理 1 可写出公式(4)从而就有公式(3). 同时我们也看到，$\frac{1}{2}N_{\Gamma_j}(h)$ 是整数，即对任何的 j 和 h，$N_{\Gamma_j}(h)$ 是偶数，引理 2 完全证明了.

引理 2 是把公式(4.17) 应用到问题 A_n 的明确说明. 两个公式的证明在本质上也是相同的.

必须注意，引理 2 不能用于一般情况的边值问题 Å，因为如 $h\neq 0$，在把问题化为标准型式时点 h 不是不变的. 由引理 2 立刻得到问题(5.2)(§5,1) 在不满足条件 $\alpha_j\equiv 0(\mathrm{mod}\ 1)$ 时不可解的新证明.

事实上，那时 $N_G(\infty)=0$，且由于公式(3)，$N_G(h)=N_\Gamma(h)=0$，即函数 $\Phi(z)=$常数$=c$. 由于边界条件(2)，仅在条件 $\alpha_j\equiv 0(\mathrm{mod}\ 1)(j=1,\cdots,m)$ 之下才有 $c\neq 0$.

为了在类 $\mathfrak{B}_1$ 中对问题 A_n 做全面的分析，我们需要下面的引理.

引理 3 设 E_z 是 z 平面上以有限长径向割线 $I_k(k=0,1,2,\cdots,m)$ 为界的域，而 I_k 则分别位于直线 l_k 上：$\mathrm{Re}(\mathrm{e}^{-\pi\mathrm{i}\alpha_k}z)=0$，$\alpha_0=0$. 如果函数 $\Phi=\Phi(z)$ 保角单叶地将 E_z 映射成 Φ 平面域 $\bar{E}_\Phi$，而 $\bar{E}_\Phi$ 以割线 I'_k 为界，I'_k 也分别位于同样的一些直线 l_k 上，且 $\Phi(\infty)=\infty$，则 $\Phi(z)=cz+\mathrm{i}\tilde{c}$，其中 c 和 $\tilde{c}$ 都是实常数. 只有对所有的 $k=1,2,\cdots,m$ 满足条件 $\alpha_k\equiv 0(\mathrm{mod}\ 1)$ 时 $\tilde{c}\neq 0$.

证明 根据引理的条件,函数 $\Phi(z)$ 在 $z=\infty$ 有简单极点,且 $\lim\limits_{z\to\infty}\dfrac{\Phi(z)}{z}=\gamma\neq 0$. 引理的要点在于:无论是对函数 $\Phi(z)$ 的零点的分布,或是对于数 γ,我们都没有做任何的假定.

首先讨论 $\Phi(0)=0$ 的情况. 不难看出,函数 $\varphi(z)=\dfrac{\Phi(z)}{z}$ 处处有界. 如果 $z=0$ 不在任何一个割线 I_k 上,结论是显然的. 如果 $z=0$ 位于线段 I_{k_0} 内$(0\leqslant k_0\leqslant m)$,则从引理 1 得出 $\varphi(z)$ 的有界性. 在 $z=0$ 是某一线段 I_k 的端点时,譬如说是 I_0 的端点,这时不能用引理 1. 把 I_0 放在正半实轴上,借助于函数 $\zeta=f(z)$ 将线段 I_0 外部映射到某一光滑曲线的内部,比方说映到圆周 K 的内部,使点 $z=0$ 保持不动,即 $f(0)=0$. 显然,在 $z=0$ 的邻域,$f(z)$ 有形式 $f(z)=f_1(\xi)$, $\xi=\sqrt{z}$,其中 $f_1(\xi)$ 是变量 ξ 的解析函数,$f_1(0)=0$,$\dfrac{f_1(\xi)}{\xi}$,当 $\xi\to 0$ 时有界. 函数 $\Phi_1(\xi)=\Phi(z)$ 在 $K+K'$ 上满足像(2) 那样的边界条件,其中 K' 是 $\zeta=f(z)$ 映射成的线段 $L_k(k\neq 0)$ 的全体. 此外,$\zeta=0$ 时 $\Phi_1(\zeta)=0$,而在 $\zeta=\infty$ 时 $\Phi_1(\zeta)$ 有一阶极点. Φ_1 与 $\Phi(z)$ 不会在 $K+K'$ 所界域内任一点 $\zeta\neq 0$ 处同时等于零,也不会在 $K+K'$ 上同时等于零. 由于 K 是圆周,因此,可用引理 2. 由公式(3) 知 $\Phi_1(\zeta)$ 在 $\zeta=0$ 有二阶零点. 也就是说

$$\left|\frac{\Phi(z)}{z}\right|=\left|\frac{\Phi_1(\zeta)}{\zeta^2}\cdot\frac{f^2(z)}{z}\right|=\left|\frac{\Phi_1(z)}{\zeta^2}\left(\frac{f_1(\xi)}{\xi}\right)\frac{\xi^2}{z}\right|\leqslant\left|\frac{\Phi_1}{\xi^2}\right|\left|\frac{f_1(\xi)}{\xi}\right|^2$$

就是说 $\dfrac{\Phi(z)}{z}$ 有界.

这样一来,$\varphi(z)$ 的有界性得证. 但是依据引理的条件,在 $I_k(k=0,1,\cdots,m)$ 上 $\operatorname{Im}\varphi(z)=0$,由此得知 $\varphi(z)$ 只可能等于实常数.

现设

$$\Phi(0)=\mathrm{i}\mathrm{e}^{-\pi\mathrm{i}\theta}\neq 0$$

再一次引用函数 $\varphi(z)=\dfrac{\Phi(z)-\Phi(0)}{z}$,并且还是和上面一样,可以看出 $\varphi(z)$ 在域 E_z 上处处有界,并且在 $z=\infty$ 也有界. 此外,$\varphi(z)$ 满足边界条件

$$\operatorname{Im}\varphi(z)=-\operatorname{Im}\frac{\Phi(0)}{z}=\frac{\rho_k}{t}\quad(z\in I_k,\ |z|=t)\tag{5}$$

$$0<t'_k\leqslant t\leqslant t''_k<\infty\quad(k-0,1,\cdots,m)\tag{6}$$

其中

$$\rho_k=-\operatorname{Im}\mathrm{e}^{2\pi\mathrm{i}(\alpha_k-\theta)}=-\sin 2\pi(\alpha_k-\theta)\tag{7}$$

如果 $z=0$(即 $t=0$),且是在线段 I_k 上的那个区间$[t'_k,t''_k]$,那么,由引理的条件

相应地有 $\rho_k=0$. 因此在边界条件的不等式(6)中应写成严格的不等号. 函数 $\varphi(z)=u+\mathrm{i}v$ 是域 E_z 的非齐次狄利克雷问题(5)的有界、单值解. 我们证明那样的解仅当 $\rho_k=0(k=0,1,\cdots,m)$ 时存在. 在这种情况下解是实常数.

讨论所有 $\rho_k\neq 0(k=0,1,\cdots,m)$ 的情况. 如果它们中间有负的又有正的, 那么立即得出矛盾. 事实上, 如果 $\varphi(z)$ 不是常数, 则由式(5)得出, 域 $\varphi(E_z)$[$\varphi(E_z)$ 是域 E_z 的象]的边界的每一连续统在轴 v 的线段上, $v=\frac{\rho_k}{t}$, $0<t_k'<t<t_k''$, 即整个在负虚半轴或正虚半轴上, 并且具有两种形式的连续统. 但是, 那样的域显然不会是有界的.

因此, 所有的 p_k 具有同一符号. 假设 $p_k>0(k=0,1,\cdots,m)$. 根据式(5)得出: 在正的一边 I_k^+ 上, $\frac{\mathrm{d}v}{\mathrm{d}s}=-\frac{\rho_k}{t^2}<0$; 在负的一边 I_k^- 上, $\frac{\mathrm{d}v}{\mathrm{d}s}=\frac{\rho_k}{t^2}>0$(所谓正的一边, 即在 I_k 上沿着 t 增大的方向移动时, 这一边总在 I_k 的左边).

由此

$$\frac{\mathrm{d}u}{\mathrm{d}n}=-\frac{\mathrm{d}v}{\mathrm{d}s}<0\quad(\text{在 } I_k^+ \text{ 上})$$

$$\frac{\mathrm{d}u}{\mathrm{d}n}<0\quad(\text{在 } I_k^- \text{ 上})$$

这就是说, 当以正方向沿着域 $\varphi(E_z)$ 的每一界线移动时, 应该总是使这些曲线的内部位于右边. 但在 $\varphi(E_z)$ 是有界域时, 这是不可能的, 因为那时至少要在一条环路上沿着相反的方向移动.

类似地可以讨论当 ρ_k 中有几个数等于零的情况. 这样一来, 对 $\varphi(z)$ 不是常数的假设就会引出矛盾. 所以 $\varphi(z)=c=$ 常数, 从而得出 $\rho_k=0(k=0,1,\cdots,m)$, 而 c 是实数. 这个结果仅当 $\alpha_k=0(k=1,2,\cdots,m)$ 时与式(7)一致, 且还有 $\theta=0$. 否则应有 $\Phi(0)=0$.

这样一来, 引理 3 完全得证.

由引理 2 和引理 3 得以下的定理:

定理 1 当 $n=1$ 时, 问题 A_1 在 $\mathfrak{B}_1$ 中的满足条件 $\Phi(\infty)=0$ 的任何解 $\Phi(z)$, 实现了把域 G 变到 Φ 平面上域 G_Φ 的保角映射, 而 G_Φ 是有割线位于直线 $\mathrm{Re}[\mathrm{e}^{-\pi\mathrm{i}\alpha_k}\Phi]=0(k=0,\cdots,m)$ 上的域.

若 Φ_1 与 Φ_2 是这样的两个解, 则 $\Phi_2=c\Phi_1+\Phi_0$, 其中 c 是实常数, 而 Φ_0 是问题 A_0 在 $\mathfrak{B}_0$ 中的解.

证明 根据条件 $\Phi(0)=\infty$ 和公式(3), 对函数 $\Phi(z)$ 在 $G+\Gamma$ 上所取的任何有限值 h, 我们有: $2N_G(h)+N_\Gamma(h)=2$. 由此, 若 $N_\Gamma(h)=0$, 则 $N_G(h)=1$, 即

若 $\Phi(z)$ 在边界 Γ 上不取值 h，那么 $\Phi(z)$ 在内部仅仅取一次 h 值. 如果 $\Phi(z)$ 在区域内部的点取 h 值，则 $N_G(h)=1, N_\Gamma(h)=0$，即 h 不属于 $\Phi(z)$ 在 Γ 上的边界值. 因为根据边界条件(2) 及 $\Phi(z)$ 在 Γ 上的连续性，$\Phi(z)$ 的边界值属于有界区间 I，而 I 在直线 l_k 上：$\Phi=\mathrm{i}\rho_k \mathrm{e}^{2\pi\mathrm{i}\alpha_k}$，$\rho_k$ 是 $t\in\Gamma_k$ 的实函数，故 $\Phi(z)$ 将域 G 单叶保角地映射到带有割线 I_k 的平面. 于是定理的第一部分得证. 应当指出，定理中所说的域与通常所用的带有割线的典型域可以有所不同，因为割线 I_k 中可以有一条通过原点. 显然，两条割线 I_k 都通过原点的情形是不可能的. 事实上，如果是这样，那么 $\Phi(z)$ 在 I_k 和 $I_{k'}$ 上都为 0. 于是将有 $N_{\Gamma_k}(0)>0$ 和 $N_{\Gamma_{k'}}(\theta)>0$，而由于 $N_{\Gamma_k}(0)$ 和 $N_{\Gamma_{k'}}(0)$ 是偶数，所以 $N_{\Gamma_k}(0)\geqslant 2, N_{\Gamma_{k'}}(0)\geqslant 2$，这就跟公式(3) 相矛盾.

剩下的只要证明定理的第二部分：

设 $\Phi_1(z)$ 和 $\Phi_2(z)$ 是所论问题的两个线性无关解. 这样，只要根据刚才证明的就可得出：复合函数 $\Phi_2(\Phi_1^{-1})=f(\Phi_1)$ 实现了把在直线 L_k 上带有割线的域变到在同样这些直线上带有割线的域的保角映射. 根据引理 3，$f(\Phi_1)=c\Phi_1+\mathrm{i}\tilde{c}$，其中 c 和 $\tilde{c}$ 是实常数. 如果 $\tilde{c}=0$，那么 $\Phi_2(z)=c\Phi_1(z)$，与假设矛盾. 如果 $\tilde{c}\neq 0$. 则根据引理 3，$\alpha_k\equiv 0(\mathrm{mod}\ 1)(k=1,2,\cdots,m)$. 那么常数 $\mathrm{i}\tilde{c}$ 是问题在 $\mathfrak{B}_0$ 中的解，于是我们得到 $\Phi_2(z)=c\Phi_1(z)+\mathrm{i}\tilde{c}$，这即是所要求的.

2. 为了今后的需要，我们来叙述问题 A_n 的共轭问题. 为方便起见将采取以下的定义.

问题 A_n'　求函数 $\psi(z)\in\mathfrak{R}_{n'}$，$n'=m-n+1$，满足边界条件

$$\mathrm{Re}[z^{m-1}z'\mathrm{e}^{\pi\mathrm{i}\alpha(z)}\psi(z)]=0 \quad (\text{在 } \Gamma \text{ 上}) \tag{8}$$

简单代换 $\psi=\dfrac{\psi_1}{z^{n'}}$，可把问题 A_n' 化为第四章 § 2 所定意义下的共轭问题. 特别是，设 l_n 和 l_n' 分别是问题 A_n 和 A_n' 的线性无关解的个数，则它们之间由关系式(4.24) 联系

$$l_n-l_n'=2n-m+1 \tag{9}$$

当 $n\leqslant m-1$，数 $l_n=l_n(\alpha)$ 和 $l_n'=l_n'(\alpha)$ 不仅依赖于 n 而且依赖于确定问题 A_n 的点 $\alpha\in T_m$. 下面列举数 l' 与 l_n' 依赖于 n 的性质

$$l_n\leqslant l_{n+1}\leqslant l_n+2, l_{n+1}'\leqslant l_n'\leqslant l_{n+1}'+2 \tag{10}$$

第一个不等式是根据这样的理由推出来的：$\mathfrak{B}_{n+1}\supset\mathfrak{B}_n$，并且从 $\mathfrak{B}_n$ 变到 $\mathfrak{B}_{n+1}$ 时只出现两个线性无关(关于 $\mathfrak{B}_n$) 的函数 $\dfrac{1}{z^{n+1}}$ 和 $\dfrac{\mathrm{i}}{z^{n+1}}$. 反之，当问题 A_n' 里的 n 从 n 变到 $n+1$ 时就有 $\mathfrak{B}_{m-n-1}\supset\mathfrak{B}_{m-n-2}$. 这就证明了不等式(10) 中的第二个.

以后我们要用到当 $n \leqslant m-1$ 时对 l_n 的下面估计

$$\max(0, 2n-m+1) \leqslant l_n \leqslant m \tag{11}$$

因为 $l'_n \geqslant 0$，所以从式(9) 就得估计式的第一部分. 根据式(10) 的第一个不等式，$l_n \leqslant l_{m-1} = l'_{m-1} + 2(m-1) - m + 1 = l'_{m-1} + m - 1 \leqslant m$，因 l'_{m-1} 是带有式(8) 这种边界条件的边值问题在类 $\mathfrak{B}_0$ 中线性无关解的个数. 然而这个问题与在类 $\mathfrak{B}$ 的问题 Å 等价，于是根据引理 2 的推论这个问题的解的个数不多于 1.

这样一来，估计式(11) 就证明了.

定理 2 若对某一 $n < m$，$l_n = 2n - m + 1$，则对所有的 $n' > n$ 有 $l_{n'} = 2n' - m + 1$.

证明 若 $l_n = 2n - m + 1$，则根据式(9)，$l'_n = 0$，但由式(10)，$l'_n = 0$，由此得出 $l_{n'} = 2n' - m + 1$.

定理 3 对任何 $n \leqslant m - 1$ 有估计式

$$l_n \leqslant n + 1 \tag{12}$$

且这个估计是精确的.

证明 首先，我们注意到：由式(9) 容易证明估计式(12) 等价于下面估计式：$l_n + l'_n \leqslant m + 1$. 为了方便起见，我们就证明后一个不等式. 设 $\Phi_1, \cdots, \Phi_{l_n}$ 和 $\psi_1, \cdots, \psi_{l'_n}$ 分别是齐次问题 A_n 和 A'_n 的线性独立解的完全组.

考察乘积 $\varphi_{jk} = \Phi_j \psi_k$，$j \leqslant l_n$，$k \leqslant l'_n$. 根据边界条件(2) 和(8) 与类 $\mathfrak{B}_n$ 和 $\mathfrak{B}_{n'}$ 的定义，这些乘积是边值问题

$$\mathrm{Re}\{\mathrm{i} z^{m-1} z' \varphi_{jk}\} = 0 \tag{13}$$

在类 $\mathfrak{B}_{m-1}$ 中的解，因 $n + n' = m - 1$. 设 $\tilde{l}$ 是问题(13) 在类 $\mathfrak{B}_{m-1}$ 中线性独立解的个数. 由于函数 $z^{m-1} z'$ 沿 Γ 的幅角的增量等于零，则代入式(5.68) 显然可以把这个问题化为类 $\mathfrak{R}_{m-1}$ 中的等价的问题 A_{n-1}. 由式(11) 就有 $\tilde{l} \leqslant m$.

为了证明定理只要再指出在乘积 φ_{jk} 中至少有 $l_n + l'_n - 1$ 个是线性独立的. 这样就有 $l_n + l'_n - 1 \leqslant \tilde{l} \leqslant m$，如我们已指出的这等价于式(12). 为了计算乘积 φ_{jk} 中线性独立函数的个数，不失一般性，我们可以假定函数列 $\Phi_1, \cdots, \Phi_{ln}$ 是按其在点 $z=0$ 的极点的阶的增大次序来排的，并且假若 Φ_j 和 Φ_{j+1} 有同阶的极点，例如都是 n_j 阶的，则我们认为：在 $z=0$ 的邻域内有 $\Phi_j(z) = \dfrac{1}{z^{n_j}} + \cdots$，$\Phi_{j+1}(z) = \dfrac{\mathrm{i}}{z^{n_j}} + \cdots$. 函数 $\psi_1, \cdots, \psi_{l'_n}$ 也照这样的次序排列. 这样就容易看出乘积 φ_{11}，$\varphi_{21}, \cdots, \varphi_{l_n,1}$ 和 $\varphi_{l_n,2}, \cdots, \varphi_{l_n,l'_n}$ 是线性独立的. 然而这样的乘积恰好有 $l_n + l'_n - 1$ 个，由此得出 $l_n + l'_n \leqslant \tilde{l} + 1$，定理证完.

至于如何说明估计式(12)的精确性,我们以下将给出例子(也可参看第四章,§5,8).

3.根据式(11),对 $n<0$ 与 $n>m-1$ 有

$$l_n=l_n(\alpha)=\max(0,2n-m+1) \tag{14}$$

将环面 T_m 上满足式(14)的点 $\alpha=(\alpha_1,\cdots,\alpha_m)$ 的集合记为 R_n.设 CR_n 是 T_m 上 R_n 的余集.这样定理4.10可以在集合 R_n 的术语下用以下方式来说明:在黎曼一希尔伯特问题的非奇异情形($n<0,n>m-1$)CR_n 是空集.反过来,如我们就要看到的,在奇异情形下,CR_n 绝不会是空的.这意味着,当 $0\leqslant n\leqslant m-1$,对任一区域,存在这样的问题 $\mathring{A}$(或 A_n),其线性无关解的个数是不能用公式(14)来计算的(个数比按公式算出的大).

我们来叙述集合 R_n 的性质,这是可从本节第1段与第2段中的事实立即得出的:

(1)$CR_0\subseteq CR_1\subseteq\cdots\subseteq CR_n\subseteq CR_{\left[\frac{m}{2}\right]}$,对 $n<\left[\dfrac{m}{2}\right]$;

(2)$CR_{\left[\frac{m}{2}\right]+1}\supseteq CR_n\supseteq\cdots\supseteq CR_{m-2}\supseteq CR_{m-1}$,对 $m-1\geqslant n\geqslant\left[\dfrac{m}{2}\right]$.

性质(1)同不等式(10)的右端一致,而性质(2)可以从定理2得出.

这样一来,集合 $CR_{\left[\frac{m}{2}\right]}$ 和 $CR_{\left[\frac{m}{2}\right]+1}$ 是最大的.

4.有了引理3、引理2的推论和定理1,我们就可以来描述集合 CR_0 和 CR_1 的结构,即:

(1)CR_0 只含一个点 $\alpha=(0,\cdots,0)=0$;

(2)CR_1 是域 G 的连续映象,再加上点 $\alpha=0$,即一般来说 CR_1 是在环面 T_m 上维数小于或等于2的某一个流形.结论(1)是显然的.

根据定理1,假如域 G 在遵守条件 $\Phi(0)=\infty$ 下,能保角变换到沿直线 $\mathrm{Re}(e^{-2\pi i\alpha_k}\Phi)=0(k=0,1,\cdots,m)$ 带有割线的区域(可以是非典型区域),且 $\alpha_0=0$,那么在这些条件下,而且也只在这些条件下,点 α 是属于 CR_1-CR_0 的.但是对任意的 $a\in G,a\neq 0$,由众所周知的定理,存在着将域 G 变到带有割线的区域的变换,此变换满足:(1)$\Phi(0)=\infty$,(2)$\Phi(a)=0$,(3)边界 Γ_0 变为实轴上的一区间(即 $\alpha_0=0$).这样一来,对于 G 内任意的点 $\alpha\neq 0$,存在某一个 $\alpha\in CR_1$,并且,显然,所有 $\alpha\in CR_1$,这样一来完全证毕.

类似地,假如 $n>1$,那么由引理2我们得出结论,问题 A_n 的在点 $z=0$ 有 n 阶极点的解,实现域 G 到一个黎曼曲面的保角映射,这个黎曼曲面是 Φ 平面上

具有分别位于直线 $\mathrm{Re}(\mathrm{e}^{-\pi i\alpha_k}\Phi)=0(k=0,\cdots,m)$ 上的有限长径向割线 I_k 的域重叠 n 次而成的. 这个曲面的边界投影到割线 I_k 上. 这样的曲面称为曲面类 F_n^{α}，$\alpha=(\alpha_0,\alpha_1,\cdots,\alpha_m)$. 由上所述，我们得出：问题 A_n 可解的必要和充分条件可以用如下方式来叙述：

定理 4 问题 A_n 在点 $z=0$ 具有 n 阶极点的解，当且仅当域 G 可为把 $z=0$ 变成 $z=\infty$ 的保角映射变到类 F_n^{α} 中的某个曲面.

一般地说，这样的映射在给定了其投影为零的区域 G 的 n 个点后，是完全确定的. 因此在几何上是完全显然的，当 $n<\dfrac{m}{2}$ 时 CR_n 是维数不高于 $2n$ 的环面 T_m 的某个点集. 由此我们指出，当 $n\geqslant\dfrac{m}{2}$，由于估计式(11)，我们恒可得到 $l_n>1$，而且一定存在点 $z=0$ 具有阶数为 $1\leqslant n'\leqslant n$ 的极点的解. 这样一来，不等式(11) 的右边的保角映射理论中有以下的解释.

设 $l_k(k=0,1,\cdots,m)$ 是任意的预先给定的经过坐标原点的直线集合，而 n 是给定的数，$n\geqslant\dfrac{m}{2}$. 直线 l_k 之间可以有相重的. 这时任何 $m+1$ 连通域 G 可以映射到某个黎曼曲面 F，它是由某些平面的无界域迭合 n' 次而成的，$0<n'\leqslant n$. 曲面 F 的棱投影到某个相应地位于直线 l_k 上的有限长线段 I_k，$k=0,1,\cdots,m$. 显然，若 $n\geqslant m$，可以陈述更为精确的命题. 特别，当 $m=2$ 时我们就由此得到熟知的定理，就是：任意的三连通域，可以保角和单叶地映射到有沿三条通过坐标原点的预选给定的直线的割线的域.

集合 R_n 和 $R_{n'}(n'=m-n-1)$ 的构造是相同的. 这些集合之间有以下形式的变换关系

$$\alpha'=\alpha-\alpha^0\quad(\alpha\in R_n,\alpha'\in R_{n'})\tag{15}$$

其中 α^0 是环面上依赖于域 G 的某点. 只需考虑 $n>\dfrac{m}{2}$ 的情形就够了. 由于式(9)，要计算数 l_n 只需计算数 $l_{n'}$. 问题 A_n 等价于问题 A_n'. 由第四章 §3 的公式，对于函数 $\psi_*(z)=\mathrm{e}^{-iq(z)}\prod\limits_{k=1}^{m}(z-z_k)\psi(z)$，在 $\mathfrak{R}_{n^*}$ 类中将有边界条件

$$\mathrm{Re}\{\mathrm{e}^{2\pi i(\alpha_k+\alpha_k^0)}\psi_*(z)\}=0\tag{16}$$

其中 $\psi(z)$ 是问题 A_n' 的解，α^0 由公式(5.68) 确定. 因此，若 $n\geqslant\dfrac{m}{2}$ 且点 $\alpha\in R_n$，则 $l_n=2n-m+1$，即 $l_n'=0$. 但所得到的问题(16) 完全等价于我们考虑的问题 A_n'. 因此对于它 $l_n'=0$，但按定义这表明，点 $\alpha-\alpha^0\in R_{n'}$.

于是,我们证明了,如果点$\alpha \in R_n$,则用公式(15)从α得到的点α'属于$R_{n'}$.逆定理也同样地证明.这就证明了式(15).

由于公式(15),第4段的命题(1)和(2)可转移到集合CR_{m-1}和CR_{m-2}上去.

5.现在我们来证明曾在定理5中陈述过的集合CR_n的重要性质的证明.首先,仿照着§5中的讨论办法,我们把问题A_n可解的必要且充分条件化为更方便的形式.同时将在类$\mathfrak{W}_n(a)$中来解问题A_n.

我们把问题

$$\mathrm{Re}\{z'\mathrm{e}^{\pi i\alpha_k}w_j\}=0 \quad (\text{在 } \Gamma_k \text{ 上}) \tag{17}$$

在类w_0中的线性独立解的完全组记作

$$\psi_j(z;a,\alpha)=\omega_j(z) \quad (j=1,\cdots,p)$$

设$\Phi(z)$是问题A_n在$\mathfrak{W}_n(a)$中的解.这样,把$\Phi(z)$表示为

$$\Phi(z)=\sum_{k=1}^{n}\frac{\gamma_k}{(z-a)^k}+\Phi_1(z)\equiv\Phi_0+\Phi_1$$

之后,对Φ_1我们就得到非齐次问题

$$\mathrm{Re}\{\mathrm{e}^{-\pi i\alpha_k}\Phi_1\}=-\mathrm{Re}\{\mathrm{e}^{-\pi i\alpha_k}\Phi_0\}\equiv\gamma \tag{18}$$

等式

$$\int_\Gamma\gamma(t)w_j(t)\mathrm{e}^{-\pi i\alpha(t)}\,\mathrm{d}t=0 \quad (j=1,2,\cdots,p)$$

是问题(18)在类$\mathfrak{W}_0$中可解的必要且充分条件,这个等式可改写为

$$\begin{aligned}0&=2\sum_{k=0}^{m}\int_{\Gamma_k}\mathrm{Re}(\Phi_0(t)\mathrm{e}^{-\pi i\alpha(t)})w_j(t)\mathrm{e}^{-\pi i\alpha(t)}\,\mathrm{d}t\\&=\sum_{s=1}^{n}\left[\gamma_s\int_\Gamma\frac{w_j(t)\mathrm{d}t}{(t-a)^s}+\bar{\gamma}_s\sum_{k=0}^{m}\int_{\Gamma_k}\frac{w_j(t)\mathrm{e}^{2\pi i\alpha_k}}{(\bar{t}-\bar{\alpha})^s}\mathrm{d}t\right]\\&=\sum_{s=1}^{n}\{\gamma'_s w_j^{(s-1)}(a)+\bar{\gamma}'_s\overline{w_j^{(s-1)}(a)}\}\end{aligned}$$

即

$$\mathrm{Re}\left\{\sum_{s=1}^{n}\gamma'_s w_j^{(s-1)}(a)\right\}=0 \quad (j=1,2,\cdots,p) \tag{19}$$

其中

$$\gamma'_s=\frac{\gamma_s\cdot 2\pi i}{(s-1)!}$$

因为

$$w_j(t)\mathrm{e}^{\pi i\alpha_k}t'=-\overline{w_j(t)}\mathrm{e}^{-\pi i\alpha_k}\bar{t}'$$

对固定的 $\gamma_s, s=1,\cdots,n$，条件(19) 是问题(18) 可解的必要和充分条件，即若给定了未知解在极点邻域展开式的主要部分，它们就表示问题(18) 在 $\mathfrak{B}_n(a)$ 中解的存在的条件. 我们感兴趣的是另外的问题：怎样来选取矢量 $\{\boldsymbol{\gamma}_s\}, s=1,\cdots,n$，才能使问题可解. 换言之：线性方程组(19) 在实数域中有多少个线性独立的解.

从式(19)，对 $\boldsymbol{\gamma}_s=\boldsymbol{\gamma}_s'+\mathrm{i}\boldsymbol{\gamma}_s''$ 的实部和虚部，我们得到带有一矩阵的实方程组，这个矩阵等价于矩阵

$$\boldsymbol{D}_n=\begin{pmatrix} w_1(a) & \cdots & w_1^{(n-1)}(a) & \overline{w_1(a)} & \cdots & \overline{w_1^{(n-1)}(a)} \\ \vdots & & \vdots & \vdots & & \vdots \\ w_p(a) & \cdots & w_p^{(n-1)}(a) & \overline{w_p(a)} & \cdots & \overline{w_p^{(n-1)}(a)} \end{pmatrix}$$

或

$$\boldsymbol{D}_n=\{\boldsymbol{\Delta}_n,\bar{\boldsymbol{\Delta}}_n\}$$

其中 $\boldsymbol{\Delta}_n$ 是矩阵 $\{w_j^{(s)}(a)\}, j=1,\cdots,p, s=0,\cdots,n-1$. 矩阵 $\boldsymbol{\Delta}_n$ 事实上是点 $a\in G$ 和点 $\alpha=(\alpha_1,\cdots,\alpha_m)\in T_m$ 的函数，并且 $\boldsymbol{\Delta}_n=\boldsymbol{\Delta}_n(a;\alpha)$ 是点 $a\in G$ 的全纯函数，在 $G+\Gamma$ 上连续，在变量 $\alpha_1,\alpha_2,\cdots,\alpha_m$ 实域内解析. 第一个结论是不需要说明的. 对第二个结论也容易看到：函数 $w_j(z,a,\alpha)$ 是这样一个积分方程的解，它的系数是解析地依赖于变量 $\alpha_1,\cdots,\alpha_m$（也依赖于所有其他的变量）的. 在 $\alpha_1=\alpha_2=\cdots=\alpha_m=0$ 的情形下，函数 $w_j(z)$ 由公式 $\dfrac{\partial u_j}{\partial z}=w_j$ 与调和测度 u_j 相联系（参看 §5). 我们注意在这个关系式中矩阵 $\boldsymbol{\Delta}_n$ 的某些子矩阵的一个有趣的性质. 对于 $n\leqslant m-1$ 我们考虑子矩阵 $\widetilde{\boldsymbol{\Delta}}_n=\{w_j^{(s)}\}, s=0,1,\cdots,n-1, j=1,2,\cdots,p$. 这样的子矩阵永远是存在的，因为容易看出，$p=m-1$ 或 $p=m$. 利用边界条件(17) 和行列式的最简单的性质，不难验证它是下面黎曼－希尔伯特问题的解

$$\begin{gathered}\mathrm{Re}\{g\widetilde{\boldsymbol{\Delta}}_n\}=0 \quad (\text{在 } \Gamma \text{ 上}) \\ g=\beta^n z'^N, \beta=\mathrm{e}^{-2\pi\mathrm{i}\alpha_k} \quad (\text{在 } \Gamma_{k'} \text{ 上}) \\ N=\frac{n(n-1)}{2}\end{gathered} \tag{20}$$

例如，根据引理 2，由此就得到：数 $N_G(\widetilde{\boldsymbol{\Delta}}_n)$ 和 $N_\Gamma(\widetilde{\boldsymbol{\Delta}}_n)$（也就是 $\widetilde{\boldsymbol{\Delta}}_n$ 的行列式分别在 G 内和在 Γ 上的零点数目）满足关系

$$2N_G(\widetilde{\boldsymbol{\Delta}}_n)+N_\Gamma(\widetilde{\boldsymbol{\Delta}}_n)=n(n+1)(m-1)$$

我们注意到：在我们对于曲线 Γ 的假定下，函数 $w_j(z)$ 可以到 Γ 之外解析开拓；因此在验证式(20) 时所必需的沿 Γ 对关系式(17) 微分 $n-1$ 次是完全可以的.

设 r 是矩阵 $\boldsymbol{D}_n$ 的秩，且 $\alpha\neq 0$，则方程组(19) 线性独立解的个数也就是问

题 A_n 在 $\mathfrak{B}_n(a)$ 类中线性独立解的个数，而这个数将等于 $l_n=2n-r$. 设 $n<\frac{m}{2}$，则 $r\leqslant p$. 显然当 $a=0$ 时集合 R_n 与环面 T_m 上的点 α 的集合相同，这时 $r=2n$. 在矩阵 $\boldsymbol{D}_n$ 中我们把所有秩如 $2n$ 的子式的模的平方和记作 $\varphi_n\{a;\alpha_1,\cdots,\alpha_n\}=\varphi_n(a;\alpha)$，则 $\varphi_n(a;\alpha)$ 在实区域内是点 $\alpha\in T_m$ 的解析函数. 显然集合 CR_n 是函数 $\varphi_n(0;\alpha)$ 的零点集合. 现在我们指出：对任何的 $a\in G$，$\varphi_n(a;\alpha)$ 在 T_m 上不恒等于零. 为了证明这一点，显然只需要指出当 $n<\frac{m}{2}$ 时能有一个问题 A_n(或 Å) 仅有显易解，即对该问题有 $l_n=0$. 这样在必要时所求问题化为标准型式之后，我们可找出这样的点 $\tilde{\alpha}\in T_m$，使 $\varphi_n(a;\tilde{\alpha})=0$. 但是由于第四章 §5,8 的定理，这样的问题必须在问题

$$\operatorname{Re}[(z-b)^n f(z)]=0\quad (f\in\mathfrak{U}_0, b\in G)$$

的集合中去找. 但在 $n\geqslant\frac{m}{2}$ 时的每一集合 R_n，按公式(15) 与某一 $R_{n'}\left(n'=m-1-n<\frac{m}{2}\right)$ 相联系. 这样一来，我们证明了下面的定理.

定理 5 CR_n 是在实域内点 $\alpha\in T_m$ 的某个解析的，且在 T_m 上不恒等于零的函数的零点集合.

从定理 5 可得出关于集合 R_n 和 CR_n 的一系列结果. 一般来说 CR_n 由一些解析流形和可能是维数小于 m 的交点所组成的；R_n 是开的且在 T_m 上处处稠密.

我们大致总结一下已经得到的结果. 在问题 Å 或 A_n 可解的关系式是非奇异的情形下，l_n 和 l'_n 被数 m 和 n 所完全确定，而 m 和 n 这些数只表示了问题的拓扑条件. 无论是域 G 的形状还是系数的特殊性质，甚至于在更一般的情形下，无论是广义解析函数类的性质(问题 Å 是在这个类中讨论的)，都不影响到 l_n 和 l'_n. 在我们的术语之下，这表示集合 CR_n 总是空的. 在问题 Å 的奇异情形下就不是这样的. 那时，如我们已指出的，对任何的域集合 CR_n 不是空的. 数 l_n 和 l'_n 要依赖于域 G 变化边界条件的性质，而可能在一定的范围内变动. 但是从以前的分析，特别是从定理 5 可以看出，在固定的 n 和 m 下，域和边条件仅在极少数的情形下才会对 l_n 和 l'_n 有影响. 在绝大多数的问题中，也可以说在"典型"问题中，当 $\alpha\in R_n$ 时，对问题的奇异情形，数 l_n 和 l'_n 也可用非奇异情形下的公式来确定. 与公式(14) 不合的情形是很少遇到的，在所有问题中，"只在维数较小的流形上"遇到，而我们这里只在环面 T'_m 上遇到. 这些情形的几何意义在定理 4 中已经说明了. 这些定性的讨论在一定的意义上可用于问题 Å 的一般情形. 于

是可以说，在绝大多数的问题里，在典型情形下，公式(14) 仍是成立的. 对于集合 R_n 以及问题 A 的其他性质也可以推到问题 $\mathring{A}$ 的一般情形上去. 首先，定理 3 的结果对所有问题 $\mathring{A}$ 是正确的. 现在来说明：R_n 为开集这一性质是怎样推到一般情形上去的. 为简单起见，设在 Γ 上 $|\lambda|=1$. 假定对充分小的 $\varepsilon>0$，函数 λ 和 λ' 在 Γ 上满足不等式 $|\lambda-\lambda'|\leqslant\varepsilon$，则由 λ 与 λ' 所定的两个问题 $\mathring{A}$ 便称作是足够接近的.

定理 6 问题 $\mathring{A}$ 和所有与它充分接近的问题有同样数目的解，当且仅当公式(14) 成立.

由 λ 和 λ' 变到 α 和 α' 的连续性[公式(5.69)]以及集合 R_n 为开集的性质，就可得到定理的证明.

6. 在某些极为特殊的情况下，问题 A_n 的解可以写成显式. 为了这个目的，变换域 G 到标准域 Δ，Δ 是变化了的平面上的域，具有径向割线 I_k，并且这个变换把点 $z=0$ 变为无穷远点，而使相应于 Γ_0 的割线 I_0 是在实轴上，设 $\zeta=\rho e^{\pi i\alpha_k}$，$0<\rho_k<\rho<\rho'_k$，$k=0,1,\cdots,m$，是割线的方程，根据假定 $d_0=0$.

在变为变量 ζ 之后，问题 $\mathring{A}$ 可叙述如下：求一个在区域 Δ 上全纯的函数 $\Phi(\zeta)$，在 $\zeta=\infty$ 有阶小于或等于 n 的极点，且满足边界条件

$$\operatorname{Re}\{e^{-\pi i\alpha_k}\Phi(\zeta)\}=0 \quad (\text{在 } I_k \text{ 上}) \tag{21}$$

这时假定函数 $\Phi(\zeta)$ 在割线 I_k 上的边界值 Φ^+ 和 Φ^- 满足边界条件. 这样叙述的问题在某些情形下可具有连续解，对于这些解有 $\Phi^+=\Phi^-$（在 Γ_k 上，$k=0,1,\cdots,m$)，显然，这样的解是次数小于或等于 n 的多项式，因此它们是很容易求的. 不难验证，为使边界问题(21) 有形如

$$\sum_{r=0}^{n}\rho_r e^{2\pi i\theta_r}\zeta^r$$

的多项式的解，必要与充分的条件是满足等式

$$2\theta_r-2rd_k+2\alpha_k\equiv\frac{1}{2}(\bmod 1) \tag{22}$$

若 $\alpha_k=0$，$k=0,1,\cdots,m$，那么，显然，在 $d_k=0$，$\theta_r=\dfrac{1}{4}$ 时式(22) 是满足的，并且解将是多项式 $i,i\zeta,i\zeta^2,\cdots,i\zeta^n$. 这样的解共有 $n+1$ 个. 所以根据定理 3，这些多项式是问题的所有线性无关的解. 显然，这种形式的解与 §5,8 中的解是一致的，同时这也验证了估计式(12) 的准确性. 这样一来，当 $d_k=0$ 时，也就是对于域可以保角变换为沿实轴具有径向割线的标准域的情形，有 $l_n=n+1$（对任何的 $n<m$). 由定理 1 显然可知，对任意的 $n<m$，等式 $l_n=n+1$ 只对上述形式

的域成立. 甚至可以更明确地说:若 $l_1=2$,则域 G 可映射为沿虚轴有割线的域,所有的 $\alpha_k=0$,而且对任意的 $n<m$ 有 $l_n=n+1$. 故当 $n=1$ 时估计式(12) 只对特殊的域才会变成等号. 对于其他的 n 值,估计式(12) 对任意域都对,例如,在 $n=m-1$ 时,对在 Γ 上 $\mathrm{Re}(z'f)=0$ 的问题,估计式(12) 在任一个域上都是正确的(见第四章,§ 5). 若割线的一部分在实轴上,一部分在虚轴上,那么当 $\alpha=0$ 时多项式解的序列将是序列 $\mathrm{i},\mathrm{i}\zeta^2,\cdots,\mathrm{i}\zeta^{2r},2r\leqslant n$. 一般地说,容易举例做出这样的域和问题,使它的多项式解的数目等于预先给定的数 $s,0\leqslant s\leqslant n+1$.

刘培杰数学工作室
已出版(即将出版)图书目录——高等数学

书　　名	出版时间	定　价	编号
距离几何分析导引	2015—02	68.00	446
大学几何学	2017—01	78.00	688
关于曲面的一般研究	2016—11	48.00	690
近世纯粹几何学初论	2017—01	58.00	711
拓扑学与几何学基础讲义	2017—04	58.00	756
物理学中的几何方法	2017—06	88.00	767
几何学简史	2017—08	28.00	833

复变函数引论	2013—10	68.00	269
伸缩变换与抛物旋转	2015—01	38.00	449
无穷分析引论(上)	2013—04	88.00	247
无穷分析引论(下)	2013—04	98.00	245
数学分析	2014—04	28.00	338
数学分析中的一个新方法及其应用	2013—01	38.00	231
数学分析例选:通过范例学技巧	2013—01	88.00	243
高等代数例选:通过范例学技巧	2015—06	88.00	475
基础数论例选:通过范例学技巧	2018—09	58.00	978
三角级数论(上册)(陈建功)	2013—01	38.00	232
三角级数论(下册)(陈建功)	2013—01	48.00	233
三角级数论(哈代)	2013—06	48.00	254
三角级数	2015—07	28.00	263
超越数	2011—03	18.00	109
三角和方法	2011—03	18.00	112
随机过程(Ⅰ)	2014—01	78.00	224
随机过程(Ⅱ)	2014—01	68.00	235
算术探索	2011—12	158.00	148
组合数学	2012—04	28.00	178
组合数学浅谈	2012—03	28.00	159
丢番图方程引论	2012—03	48.00	172
拉普拉斯变换及其应用	2015—02	38.00	447
高等代数.上	2016—01	38.00	548
高等代数.下	2016—01	38.00	549
高等代数教程	2016—01	58.00	579
数学解析教程.上卷.1	2016—01	58.00	546
数学解析教程.上卷.2	2016—01	38.00	553
数学解析教程.下卷.1	2017—04	48.00	781
数学解析教程.下卷.2	2017—06	48.00	782
函数构造论.上	2016—01	38.00	554
函数构造论.中	2017—06	48.00	555
函数构造论.下	2016—09	48.00	680
概周期函数	2016—01	48.00	572
变叙的项的极限分布律	2016—01	18.00	573
整函数	2012—08	18.00	161
近代拓扑学研究	2013—04	38.00	239
多项式和无理数	2008—01	68.00	22

刘培杰数学工作室
已出版(即将出版)图书目录——高等数学

书　　名	出版时间	定　价	编号
模糊数据统计学	2008－03	48.00	31
模糊分析学与特殊泛函空间	2013－01	68.00	241
常微分方程	2016－01	58.00	586
平稳随机函数导论	2016－03	48.00	587
量子力学原理·上	2016－01	38.00	588
图与矩阵	2014－08	40.00	644
钢丝绳原理:第二版	2017－01	78.00	745
代数拓扑和微分拓扑简史	2017－06	68.00	791
半序空间泛函分析.上	2018－06	48.00	924
半序空间泛函分析.下	2018－06	68.00	925
概率分布的部分识别	2018－07	68.00	929
Cartan 型单模李超代数的上同调及极大子代数	2018－07	38.00	932

受控理论与解析不等式	2012－05	78.00	165
不等式的分拆降维降幂方法与可读证明	2016－01	68.00	591

实变函数论	2012－06	78.00	181
复变函数论	2015－08	38.00	504
非光滑优化及其变分分析	2014－01	48.00	230
疏散的马尔科夫链	2014－01	58.00	266
马尔科夫过程论基础	2015－01	28.00	433
初等微分拓扑学	2012－07	18.00	182
方程式论	2011－03	38.00	105
Galois 理论	2011－03	18.00	107
古典数学难题与伽罗瓦理论	2012－11	58.00	223
伽罗华与群论	2014－01	28.00	290
代数方程的根式解及伽罗瓦理论	2011－03	28.00	108
代数方程的根式解及伽罗瓦理论(第二版)	2015－01	28.00	423
线性偏微分方程讲义	2011－03	18.00	110
几类微分方程数值方法的研究	2015－05	38.00	485
N 体问题的周期解	2011－03	28.00	111
代数方程式论	2011－05	18.00	121
线性代数与几何:英文	2016－06	58.00	578
动力系统的不变量与函数方程	2011－07	48.00	137
基于短语评价的翻译知识获取	2012－02	48.00	168
应用随机过程	2012－04	48.00	187
概率论导引	2012－04	18.00	179
矩阵论(上)	2013－06	58.00	250
矩阵论(下)	2013－06	48.00	251
对称锥互补问题的内点法:理论分析与算法实现	2014－08	68.00	368
抽象代数:方法导引	2013－06	38.00	257
集论	2016－01	48.00	576
多项式理论研究综述	2016－01	38.00	577
函数论	2014－11	78.00	395
反问题的计算方法及应用	2011－11	28.00	147
数阵及其应用	2012－02	28.00	164
绝对值方程—折边与组合图形的解析研究	2012－07	48.00	186
代数函数论(上)	2015－07	38.00	494
代数函数论(下)	2015－07	38.00	495

刘培杰数学工作室
已出版(即将出版)图书目录——高等数学

书　　名	出版时间	定　价	编号
偏微分方程论:法文	2015—10	48.00	533
时标动力学方程的指数型二分性与周期解	2016—04	48.00	606
重刚体绕不动点运动方程的积分法	2016—05	68.00	608
水轮机水力稳定性	2016—05	48.00	620
Lévy 噪音驱动的传染病模型的动力学行为	2016—05	48.00	667
铣加工动力学系统稳定性研究的数学方法	2016—11	28.00	710
时滞系统:Lyapunov 泛函和矩阵	2017—05	68.00	784
粒子图像测速仪实用指南:第二版	2017—08	78.00	790
数域的上同调	2017—08	98.00	799
图的正交因子分解(英文)	2018—01	38.00	881
点云模型的优化配准方法研究	2018—07	58.00	927
锥形波入射粗糙表面反散射问题理论与算法	2018—03	68.00	936
广义逆的理论与计算	2018—07	58.00	973

吴振奎高等数学解题真经(概率统计卷)	2012—01	38.00	149
吴振奎高等数学解题真经(微积分卷)	2012—01	68.00	150
吴振奎高等数学解题真经(线性代数卷)	2012—01	58.00	151
高等数学解题全攻略(上卷)	2013—06	58.00	252
高等数学解题全攻略(下卷)	2013—06	58.00	253
高等数学复习纲要	2014—01	18.00	384

超越吉米多维奇.数列的极限	2009—11	48.00	58
超越普里瓦洛夫.留数卷	2015—01	28.00	437
超越普里瓦洛夫.无穷乘积与它对解析函数的应用卷	2015—05	28.00	477
超越普里瓦洛夫.积分卷	2015—06	18.00	481
超越普里瓦洛夫.基础知识卷	2015—06	28.00	482
超越普里瓦洛夫.数项级数卷	2015—07	38.00	489
超越普里瓦洛夫.微分、解析函数、导数卷	2018—01	48.00	852

统计学专业英语	2007—03	28.00	16
统计学专业英语(第二版)	2012—07	48.00	176
统计学专业英语(第三版)	2015—04	68.00	465
代换分析:英文	2015—07	38.00	499

历届美国大学生数学竞赛试题集.第一卷(1938—1949)	2015—01	28.00	397
历届美国大学生数学竞赛试题集.第二卷(1950—1959)	2015—01	28.00	398
历届美国大学生数学竞赛试题集.第三卷(1960—1969)	2015—01	28.00	399
历届美国大学生数学竞赛试题集.第四卷(1970—1979)	2015—01	18.00	400
历届美国大学生数学竞赛试题集.第五卷(1980—1989)	2015—01	28.00	401
历届美国大学生数学竞赛试题集.第六卷(1990—1999)	2015—01	28.00	402
历届美国大学生数学竞赛试题集.第七卷(2000—2009)	2015—08	18.00	403
历届美国大学生数学竞赛试题集.第八卷(2010—2012)	2015—01	18.00	404

超越普特南试题:大学数学竞赛中的方法与技巧	2017—04	98.00	758
历届国际大学生数学竞赛试题集(1994—2010)	2012—01	28.00	143
全国大学生数学夏令营数学竞赛试题及解答	2007—03	28.00	15
全国大学生数学竞赛辅导教程	2012—07	28.00	189
全国大学生数学竞赛复习全书(第2版)	2017—05	58.00	787

刘培杰数学工作室
已出版(即将出版)图书目录——高等数学

书　　名	出版时间	定　价	编号
历届美国大学生数学竞赛试题集	2009—03	88.00	43
前苏联大学生数学奥林匹克竞赛题解(上编)	2012—04	28.00	169
前苏联大学生数学奥林匹克竞赛题解(下编)	2012—04	38.00	170
大学生数学竞赛讲义	2014—09	28.00	371
大学生数学竞赛教程——高等数学(基础篇、提高篇)	2018—09	128.00	968
普林斯顿大学数学竞赛	2016—06	38.00	669

初等数论难题集(第一卷)	2009—05	68.00	44
初等数论难题集(第二卷)(上、下)	2011—02	128.00	82,83
数论概貌	2011—03	18.00	93
代数数论(第二版)	2013—08	58.00	94
代数多项式	2014—06	38.00	289
初等数论的知识与问题	2011—02	28.00	95
超越数论基础	2011—03	28.00	96
数论初等教程	2011—03	28.00	97
数论基础	2011—03	18.00	98
数论基础与维诺格拉多夫	2014—03	18.00	292
解析数论基础	2012—08	28.00	216
解析数论基础(第二版)	2014—01	48.00	287
解析数论问题集(第二版)(原版引进)	2014—05	88.00	343
解析数论问题集(第二版)(中译本)	2016—04	88.00	607
解析数论基础(潘承洞,潘承彪著)	2016—07	98.00	673
解析数论导引	2016—07	58.00	674
数论入门	2011—03	38.00	99
代数数论入门	2015—03	38.00	448
数论开篇	2012—07	28.00	194
解析数论引论	2011—03	48.00	100
Barban Davenport Halberstam 均值和	2009—01	40.00	33
基础数论	2011—03	28.00	101
初等数论 100 例	2011—05	18.00	122
初等数论经典例题	2012—07	18.00	204
最新世界各国数学奥林匹克中的初等数论试题(上、下)	2012—01	138.00	144,145
初等数论(Ⅰ)	2012—01	18.00	156
初等数论(Ⅱ)	2012—01	18.00	157
初等数论(Ⅲ)	2012—01	28.00	158
平面几何与数论中未解决的新老问题	2013—01	68.00	229
代数数论简史	2014—11	28.00	408
代数数论	2015—09	88.00	532
代数、数论及分析习题集	2016—11	98.00	695
数论导引提要及习题解答	2016—01	48.00	559
素数定理的初等证明.第 2 版	2016—09	48.00	686
数论中的模函数与狄利克雷级数(第二版)	2017—11	78.00	837
数论:数学导引	2018—01	68.00	849
域论	2018—04	68.00	884
代数数论(冯克勤　编著)	2018—04	68.00	885

刘培杰数学工作室
已出版(即将出版)图书目录——高等数学

书　　名	出版时间	定　价	编号
新编 640 个世界著名数学智力趣题	2014—01	88.00	242
500 个最新世界著名数学智力趣题	2008—06	48.00	3
400 个最新世界著名数学最值问题	2008—09	48.00	36
500 个世界著名数学征解问题	2009—06	48.00	52
400 个中国最佳初等数学征解老问题	2010—01	48.00	60
500 个俄罗斯数学经典老题	2011—01	28.00	81
1000 个国外中学物理好题	2012—04	48.00	174
300 个日本高考数学题	2012—05	38.00	142
700 个早期日本高考数学试题	2017—02	88.00	752
500 个前苏联早期高考数学试题及解答	2012—05	28.00	185
546 个早期俄罗斯大学生数学竞赛题	2014—03	38.00	285
548 个来自美苏的数学好问题	2014—11	28.00	396
20 所苏联著名大学早期入学试题	2015—02	18.00	452
161 道德国工科大学生必做的微分方程习题	2015—05	28.00	469
500 个德国工科大学生必做的高数习题	2015—06	28.00	478
360 个数学竞赛问题	2016—08	58.00	677
德国讲义日本考题.微积分卷	2015—04	48.00	456
德国讲义日本考题.微分方程卷	2015—04	38.00	457
二十世纪中叶中、英、美、日、法、俄高考数学试题精选	2017—06	38.00	783

博弈论精粹	2008—03	58.00	30
博弈论精粹.第二版(精装)	2015—01	88.00	461
数学 我爱你	2008—01	28.00	20
精神的圣徒　别样的人生——60 位中国数学家成长的历程	2008—09	48.00	39
数学史概论	2009—06	78.00	50
数学史概论(精装)	2013—03	158.00	272
数学史选讲	2016—01	48.00	544
斐波那契数列	2010—02	28.00	65
数学拼盘和斐波那契魔方	2010—07	38.00	72
斐波那契数列欣赏	2011—01	28.00	160
数学的创造	2011—02	48.00	85
数学美与创造力	2016—01	48.00	595
数海拾贝	2016—01	48.00	590
数学中的美	2011—02	38.00	84
数论中的美学	2014—12	38.00	351
数学王者　科学巨人——高斯	2015—01	28.00	428
振兴祖国数学的圆梦之旅:中国初等数学研究史话	2015—06	98.00	490
二十世纪中国数学史料研究	2015—10	48.00	536
数字谜、数阵图与棋盘覆盖	2016—01	58.00	298
时间的形状	2016—01	38.00	556
数学发现的艺术:数学探索中的合情推理	2016—07	58.00	671
活跃在数学中的参数	2016—07	48.00	675

刘培杰数学工作室
已出版(即将出版)图书目录——高等数学

书　　名	出版时间	定　价	编号
格点和面积	2012—07	18.00	191
射影几何趣谈	2012—04	28.00	175
斯潘纳尔引理——从一道加拿大数学奥林匹克试题谈起	2014—01	28.00	228
李普希兹条件——从几道近年高考数学试题谈起	2012—10	18.00	221
拉格朗日中值定理——从一道北京高考试题的解法谈起	2015—10	18.00	197
闵科夫斯基定理——从一道清华大学自主招生试题谈起	2014—01	28.00	198
哈尔测度——从一道冬令营试题的背景谈起	2012—08	28.00	202
切比雪夫逼近问题——从一道中国台北数学奥林匹克试题谈起	2013—04	38.00	238
伯恩斯坦多项式与贝齐尔曲面——从一道全国高中数学联赛试题谈起	2013—03	38.00	236
卡塔兰猜想——从一道普特南竞赛试题谈起	2013—06	18.00	256
麦卡锡函数和阿克曼函数——从一道前南斯拉夫数学奥林匹克试题谈起	2012—08	18.00	201
贝蒂定理与拉姆贝克莫斯尔定理——从一个拣石子游戏谈起	2012—08	18.00	217
皮亚诺曲线和豪斯道夫分球定理——从无限集谈起	2012—08	18.00	211
平面凸图形与凸多面体	2012—10	28.00	218
斯坦因豪斯问题——从一道二十五省市自治区中学数学竞赛试题谈起	2012—07	18.00	196
纽结理论中的亚历山大多项式与琼斯多项式——从一道北京市高一数学竞赛试题谈起	2012—07	28.00	195
原则与策略——从波利亚“解题表”谈起	2013—04	38.00	244
转化与化归——从三大尺规作图不能问题谈起	2012—08	28.00	214
代数几何中的贝祖定理(第一版)——从一道 IMO 试题的解法谈起	2013—08	18.00	193
成功连贯理论与约当块理论——从一道比利时数学竞赛试题谈起	2012—04	18.00	180
素数判定与大数分解	2014—08	18.00	199
置换多项式及其应用	2012—10	18.00	220
椭圆函数与模函数——从一道美国加州大学洛杉矶分校(UCLA)博士资格考题谈起	2012—10	28.00	219
差分方程的拉格朗日方法——从一道 2011 年全国高考理科试题的解法谈起	2012—08	28.00	200
力学在几何中的一些应用	2013—01	38.00	240
高斯散度定理、斯托克斯定理和平面格林定理——从一道国际大学生数学竞赛试题谈起	即将出版		
康托洛维奇不等式——从一道全国高中联赛试题谈起	2013—03	28.00	337
西格尔引理——从一道第 18 届 IMO 试题的解法谈起	即将出版		
罗斯定理——从一道前苏联数学竞赛试题谈起	即将出版		
拉克斯定理和阿廷定理——从一道 IMO 试题的解法谈起	2014—01	58.00	246
毕卡大定理——从一道美国大学数学竞赛试题谈起	2014—07	18.00	350
贝齐尔曲线——从一道全国高中联赛试题谈起	即将出版		
拉格朗日乘子定理——从一道 2005 年全国高中联赛试题的高等数学解法谈起	2015—05	28.00	480
雅可比定理——从一道日本数学奥林匹克试题谈起	2013—04	48.00	249
李天岩一约克定理——从一道波兰数学竞赛试题谈起	2014—06	28.00	349
整系数多项式因式分解的一般方法——从克朗耐克算法谈起	即将出版		

刘培杰数学工作室
已出版(即将出版)图书目录——高等数学

书　　名	出版时间	定　价	编号
布劳维不动点定理——从一道前苏联数学奥林匹克试题谈起	2014－01	38.00	273
伯恩赛德定理——从一道英国数学奥林匹克试题谈起	即将出版		
布查特－莫斯特定理——从一道上海市初中竞赛试题谈起	即将出版		
数论中的同余数问题——从一道普特南竞赛试题谈起	即将出版		
范・德蒙行列式——从一道美国数学奥林匹克试题谈起	即将出版		
中国剩余定理:总数法构建中国历史年表	2015－01	28.00	430
牛顿程序与方程求根——从一道全国高考试题解法谈起	即将出版		
库默尔定理——从一道 IMO 预选试题谈起	即将出版		
卢丁定理——从一道冬令营试题的解法谈起	即将出版		
沃斯滕霍姆定理——从一道 IMO 预选试题谈起	即将出版		
卡尔松不等式——从一道莫斯科数学奥林匹克试题谈起	即将出版		
信息论中的香农熵——从一道近年高考压轴题谈起	即将出版		
约当不等式——从一道希望杯竞赛试题谈起	即将出版		
拉比诺维奇定理	即将出版		
刘维尔定理——从一道《美国数学月刊》征解问题的解法谈起	即将出版		
卡塔兰恒等式与级数求和——从一道 IMO 试题的解法谈起	即将出版		
勒让德猜想与素数分布——从一道爱尔兰竞赛试题谈起	即将出版		
天平称重与信息论——从一道基辅市数学奥林匹克试题谈起	即将出版		
哈密尔顿－凯莱定理:从一道高中数学联赛试题的解法谈起	2014－09	18.00	376
艾思特曼定理——从一道 CMO 试题的解法谈起	即将出版		
一个爱尔特希问题——从一道西德数学奥林匹克试题谈起	即将出版		
有限群中的爱丁格尔问题——从一道北京市初中二年级数学竞赛试题谈起	即将出版		
贝克码与编码理论——从一道全国高中联赛试题谈起	即将出版		
帕斯卡三角形	2014－03	18.00	294
蒲丰投针问题——从 2009 年清华大学的一道自主招生试题谈起	2014－01	38.00	295
斯图姆定理——从一道"华约"自主招生试题的解法谈起	2014－01	18.00	296
许瓦兹引理——从一道加利福尼亚大学伯克利分校数学系博士生试题谈起	2014－08	18.00	297
拉姆塞定理——从王诗宬院士的一个问题谈起	2016－04	48.00	299
坐标法	2013－12	28.00	332
数论三角形	2014－04	38.00	341
毕克定理	2014－07	18.00	352
数林掠影	2014－09	48.00	389
我们周围的概率	2014－10	38.00	390
凸函数最值定理:从一道华约自主招生题的解法谈起	2014－10	28.00	391
易学与数学奥林匹克	2014－10	38.00	392
生物数学趣谈	2015－01	18.00	409
反演	2015－01	28.00	420
因式分解与圆锥曲线	2015－01	18.00	426
轨迹	2015－01	28.00	427
面积原理:从常庚哲命的一道 CMO 试题的积分解法谈起	2015－01	48.00	431
形形色色的不动点定理:从一道 28 届 IMO 试题谈起	2015－01	38.00	439
柯西函数方程:从一道上海交大自主招生的试题谈起	2015－02	28.00	440

刘培杰数学工作室
已出版(即将出版)图书目录——高等数学

书　　名	出版时间	定　价	编号
三角恒等式	2015—02	28.00	442
无理性判定:从一道 2014 年"北约"自主招生试题谈起	2015—01	38.00	443
数学归纳法	2015—03	18.00	451
极端原理与解题	2015—04	28.00	464
法雷级数	2014—08	18.00	367
摆线族	2015—01	38.00	438
函数方程及其解法	2015—05	38.00	470
含参数的方程和不等式	2012—09	28.00	213
希尔伯特第十问题	2016—01	38.00	543
无穷小量的求和	2016—01	28.00	545
切比雪夫多项式:从一道清华大学金秋营试题谈起	2016—01	38.00	583
泽肯多夫定理	2016—03	38.00	599
代数等式证题法	2016—01	28.00	600
三角等式证题法	2016—01	28.00	601
吴大任教授藏书中的一个因式分解公式:从一道美国数学邀请赛试题的解法谈起	2016—06	28.00	656
易卦——类万物的数学模型	2017—08	68.00	838
"不可思议"的数与数系可持续发展	2018—01	38.00	878
最短线	2018—01	38.00	879

从毕达哥拉斯到怀尔斯	2007—10	48.00	9
从迪利克雷到维斯卡尔迪	2008—01	48.00	21
从哥德巴赫到陈景润	2008—05	98.00	35
从庞加莱到佩雷尔曼	2011—08	138.00	136

从费马到怀尔斯——费马大定理的历史	2013—10	198.00	Ⅰ
从庞加莱到佩雷尔曼——庞加莱猜想的历史	2013—10	298.00	Ⅱ
从切比雪夫到爱尔特希(上)——素数定理的初等证明	2013—07	48.00	Ⅲ
从切比雪夫到爱尔特希(下)——素数定理 100 年	2012—12	98.00	Ⅲ
从高斯到盖尔方特——二次域的高斯猜想	2013—10	198.00	Ⅳ
从库默尔到朗兰兹——朗兰兹猜想的历史	2014—01	98.00	Ⅴ
从比勃巴赫到德布朗斯——比勃巴赫猜想的历史	2014—02	298.00	Ⅵ
从麦比乌斯到陈省身——麦比乌斯变换与麦比乌斯带	2014—02	298.00	Ⅶ
从布尔到豪斯道夫——布尔方程与格论漫谈	2013—10	198.00	Ⅷ
从开普勒到阿诺德——三体问题的历史	2014—05	298.00	Ⅸ
从华林到华罗庚——华林问题的历史	2013—10	298.00	Ⅹ

数学物理大百科全书.第 1 卷	2016—01	418.00	508
数学物理大百科全书.第 2 卷	2016—01	408.00	509
数学物理大百科全书.第 3 卷	2016—01	396.00	510
数学物理大百科全书.第 4 卷	2016—01	408.00	511
数学物理大百科全书.第 5 卷	2016—01	368.00	512

朱德祥代数与几何讲义.第 1 卷	2017—01	38.00	697
朱德祥代数与几何讲义.第 2 卷	2017—01	28.00	698
朱德祥代数与几何讲义.第 3 卷	2017—01	28.00	699

刘培杰数学工作室
已出版(即将出版)图书目录——高等数学

书　　名	出版时间	定　价	编号
闵嗣鹤文集	2011—03	98.00	102
吴从炘数学活动三十年(1951～1980)	2010—07	99.00	32
吴从炘数学活动又三十年(1981～2010)	2015—07	98.00	491
斯米尔诺夫高等数学.第一卷	2018—03	88.00	770
斯米尔诺夫高等数学.第二卷.第一分册	2018—03	68.00	771
斯米尔诺夫高等数学.第二卷.第二分册	2018—03	68.00	772
斯米尔诺夫高等数学.第二卷.第三分册	2018—03	48.00	773
斯米尔诺夫高等数学.第三卷.第一分册	2018—03	58.00	774
斯米尔诺夫高等数学.第三卷.第二分册	2018—03	58.00	775
斯米尔诺夫高等数学.第三卷.第三分册	2018—03	68.00	776
斯米尔诺夫高等数学.第四卷.第一分册	2018—03	48.00	777
斯米尔诺夫高等数学.第四卷.第二分册	2018—03	88.00	778
斯米尔诺夫高等数学.第五卷.第一分册	2018—03	58.00	779
斯米尔诺夫高等数学.第五卷.第二分册	2018—03	68.00	780
zeta 函数,q-zeta 函数,相伴级数与积分	2015—08	88.00	513
微分形式:理论与练习	2015—08	58.00	514
离散与微分包含的逼近和优化	2015—08	58.00	515
艾伦·图灵:他的工作与影响	2016—01	98.00	560
测度理论概率导论,第 2 版	2016—01	88.00	561
带有潜在故障恢复系统的半马尔柯夫模型控制	2016—01	98.00	562
数学分析原理	2016—01	88.00	563
随机偏微分方程的有效动力学	2016—01	88.00	564
图的谱半径	2016—01	58.00	565
量子机器学习中数据挖掘的量子计算方法	2016—01	98.00	566
量子物理的非常规方法	2016—01	118.00	567
运输过程的统一非局部理论:广义波尔兹曼物理动力学,第 2 版	2016—01	198.00	568
量子力学与经典力学之间的联系在原子、分子及电动力学系统建模中的应用	2016—01	58.00	569
算术域:第 3 版	2017—08	158.00	820
算术域	2018—01	158.00	821
高等数学竞赛:1962—1991 年的米洛克斯·史怀哲竞赛	2018—01	128.00	822
用数学奥林匹克精神解决数论问题	2018—01	108.00	823
代数几何(德语)	2018—04	68.00	824
丢番图近似值	2018—01	78.00	825
代数几何学基础教程	2018—01	98.00	826
解析数论入门课程	2018—01	78.00	827
数论中的丢番图问题	2018—01	78.00	829
数论(梦幻之旅):第五届中日数论研讨会演讲集	2018—01	68.00	830
数论新应用	2018—01	68.00	831
数论	2018—01	78.00	832

刘培杰数学工作室
已出版(即将出版)图书目录——高等数学

书　　　名	出版时间	定　价	编号
湍流十讲	2018—04	108.00	886
无穷维李代数:第3版	2018—04	98.00	887
等值、不变量和对称性:英文	2018—04	78.00	888
解析数论	2018—09	78.00	889
《数学原理》的演化:伯特兰·罗素撰写第二版时的手稿与笔记	2018—04	108.00	890
哈密尔顿数学论文集(第4卷):几何学、分析学、天文学、概率和有限差分等	即将出版		891
数学王子——高斯	2018—01	48.00	858
坎坷奇星——阿贝尔	2018—01	48.00	859
闪烁奇星——伽罗瓦	2018—01	58.00	860
无穷统帅——康托尔	2018—01	48.00	861
科学公主——柯瓦列夫斯卡娅	2018—01	48.00	862
抽象代数之母——埃米·诺特	2018—01	48.00	863
电脑先驱——图灵	2018—01	58.00	864
昔日神童——维纳	2018—01	48.00	865
数坛怪侠——爱尔特希	2018—01	68.00	866
当代世界中的数学.数学思想与数学基础	2019—01	38.00	892
当代世界中的数学.数学问题	2019—01	38.00	893
当代世界中的数学.应用数学与数学应用	即将出版		894
当代世界中的数学.数学王国的新疆域(一)	2019—01	38.00	895
当代世界中的数学.数学王国的新疆域(二)	2019—01	38.00	896
当代世界中的数学.数林撷英(一)	即将出版		897
当代世界中的数学.数林撷英(二)	即将出版		898
当代世界中的数学.数学之路	即将出版		899
偏微分方程全局吸引子的特性:英文	2018—09	108.00	979
整函数与下调和函数:英文	2018—09	118.00	980
幂等分析:英文	2018—09	118.00	981
李群,离散子群与不变量理论:英文	2018—09	108.00	982
动力系统与统计力学:英文	2018—09	118.00	983
表示论与动力系统:英文	2018—09	118.00	984

联系地址:哈尔滨市南岗区复华四道街10号　哈尔滨工业大学出版社刘培杰数学工作室
网　　址:http://lpj.hit.edu.cn/
邮　　编:150006
联系电话:0451—86281378　　13904613167
E-mail:lpj1378@163.com